高等院校电气工程及其自动化专业系列精品教材

电　机　学

（第六版）

李发海　朱东起　编著

科　学　出　版　社

北　京

内 容 简 介

本书是在《电机学(第五版)》的基础上,根据新的教学大纲,适应科技发展的需要,集作者多年在清华大学的教学经验编著而成的.

全书共六篇:变压器;直流电机;交流电机的绕组电动势和磁动势;同步电机;异步电机和特种电机.

本书以电机的三相、对称、稳态运行为主进行分析,重点阐述各类电机的基本概念、基本理论和基本分析方法.对电机的非正常运行只作物理概念介绍,不作详细定量分析.每章后附思考题和习题.

本书可作为普通高等学校和成人高等学校电气工程及其自动化,以及其他强电类专业本科生的教材,也可供有关工程技术人员学习参考.

图书在版编目(CIP)数据

电机学/李发海,朱东起编著.—6版.—北京:科学出版社,2019.3
高等院校电气工程及其自动化专业系列精品教材
ISBN 978-7-03-060138-4

Ⅰ.①电… Ⅱ.①李… ②朱… Ⅲ.①电机学-高等学校-教材 Ⅳ.①TM3

中国版本图书馆CIP数据核字(2018)第288495号

责任编辑:余 江 张丽花/责任校对:郭瑞芝
责任印制:赵 博/封面设计:迷底书装

科学出版社出版
北京东黄城根北街16号
邮政编码:100717
http://www.sciencep.com

保定市中画美凯印刷有限公司印刷
科学出版社发行 各地新华书店经销

*

1982年8月第 一 版 开本:787×1092 1/16
2019年3月第 六 版 印张:18 3/4
2024年12月第三十九次印刷 字数:456 000

定价:69.00元

(如有印装质量问题,我社负责调换)

第六版前言

“电机学”是一门强电类专业的基础理论课程，在本科生教学中起着承上启下的重要作用. 本书作者在清华大学电机工程与应用电子技术系多年从事“电机学”的教学和电机的科学研究工作，具有丰富的教学经验. 本书的基本内容是阐述各类电机在稳态运行时的运行原理、分析方法和运行特性，这部分内容应该为本科生熟练掌握，从而为学习专业课程及今后从事强电类工作打下良好基础. 本书中的电机非正常运行内容，则作为非基本内容，只需学生了解即可. 书中有关特种电机、异步电机的矢量控制、直接转矩控制、移相变压器等内容，还可作为相关专业高年级学生毕业设计及研究生科研工作的学习参考. 本书的特点是对电机运行原理的分析由浅入深、循序渐进，物理概念清晰，突出对电机学的分析工具、分析方法的介绍和应用，加深学生对电机内部电磁关系的理解，并培养学生具备一定的分析和解决电机实际问题的能力.

本书第六版借助信息技术先进手段，把电机的非基本内容及新技术发展产生的电机新内容等编排为电子教材形式，当读者需要学习时，可扫描书中二维码阅读.

本书由李发海、朱东起教授编著并审定，在第六版修订中汲取了一些高校老师的反馈意见，在此深表谢意. 同时要感谢责任编辑为本书出版付出的辛勤劳动. 本书配套有《电机学习题精解（第三版）》.

本书蒙读者厚爱，前五版已印刷了 31 次，累计印数近 13 万册. 由于作者水平有限，本书难免存在不足和疏漏，欢迎读者批评指正.

作　者

2018 年 10 月

第五版前言

第四版前言

第一版前言

目　　录

第二篇 直流电机

第三篇 交流电机的绕组电动势和磁动势

第四篇 同步电机

第五篇 异步电机

第六篇 特种电机

绪　论

0-1　电机在国民经济中的作用

现代社会中，电能是使用最广泛的一种能源．在电能的生产、输送和使用等方面，电机起着重要的作用．

电机主要包括发电机、变压器和电动机等类型．发电机可把机械能转换为电能，主要用于生产电能的发电厂．在火电厂、水电厂和核电厂中，水轮机、汽轮机带动发电机，把燃料烧的热能、水流的机械能或原子核裂变的原子能都转变为电能．发电机发出的电压一般为10.5～20kV，为了减少远距离输电中的能量损失，应采用高压输电，输电电压为110kV、220kV、330kV、500kV或更高．把发电机发出的电压升高到输电电压是由变压器完成的．高压输电线将电能输送到各个用电区，由于各种用电设备如电动机、电炉、电灯等需要不同的低电压，例如6kV、1kV、380V、220V，因此再由变压器把高电压降为所需的低电压．

各种用电设备统称为负载．在电能的生产、输送、分配、消费中，发电机、变压器、电力线路、负载等连在一起构成统一的整体，这就是电力系统．电力系统中接有很多发电厂的发电机，每个发电机都向系统提供电能；电力系统中接有大量的、各式各样的负载，每个负载都从系统中取用电能．电力系统是一个十分庞大又十分复杂的系统，发电机与变压器则是电力系统中最重要的设备．

电动机将电能转换为机械能，用来驱动各种用途的生产机械．机械制造工业、冶金工业、煤炭工业、石油工业、轻纺工业、化学工业及其他各工矿企业中，广泛地应用各种电动机．例如用电动机拖动各种机床、轧钢机、电铲、卷扬机、纺织机、造纸机、搅拌机、压缩机、鼓风机等生产机械．

在交通运输中，铁道机车和城市电车是由牵引电机拖动的；在航运和航空中，使用船舶电机和航空电机．

在农业生产方面，电力排灌设备、打谷机、碾米机、榨油机、饲料粉碎机等都由电动机拖动．

在国防、文教、医疗及日常生活中，也广泛应用各种小功率电机和微型电机．随着国民经济的发展，工业生产自动化水平不断提高，各种高科技领域如计算机、通信、人造卫星等行业也广泛地应用各种控制电机．

20世纪七八十年代以来，大功率电力电子器件以及微电子技术、微型计算机技术的一系列进展促进了交流调速技术的发展，已经生产出多种电机交流调速系统，不仅提高了生产机械的性能，而且节省了大量电能．

随着现代社会的发展，电力和电机工业在国民经济中仍将起着重要作用，并将得到更大的发展．

0-2 电机的分类

电机在各个领域内都得到广泛的应用，种类繁多，性能各异，分类方法也很多. 主要有两种常用的分类方法.

从能量传递、转换的功能及用途来分，电机有下列几类：

(1) 变压器. 主要是改变交流电的电压，也有改变相数、阻抗及相位的.

(2) 发电机. 把机械能转换为电能.

(3) 电动机. 把电能转换为机械能.

(4) 控制电机. 作为自动控制系统的控制元件.

这一种分类方法中，电动机与发电机的功能不同，用途也不一样，但从运行原理上看，电动机运行和发电机运行不过是电机的两种运行状态，它们之间可逆，而且电机还可以运行于其他的状态.

另一种分类方法是按照电机的结构特点及电源性质分类，电机主要有下列几类：

(1) 变压器. 属于静止的不旋转设备.

(2) 旋转电机. 包括直流电机和交流电机，交流电机中因结构不同又分为同步电机和异步电机.

直流电机——电源为直流电的电机.

交流同步电机——交流电机的一种，运行中转速恒为同步转速. 电力系统中的发电机都是同步电机.

交流异步电机——也是一种交流电机，运行中转速不为同步转速. 异步电机主要用于电动机.

还有其他分类方法，但不论哪种方法都不是绝对的.

本教材按照变压器、直流电机、同步电机、异步电机的顺序分别进行阐述. 从具体电机入手，分析其主要原理，使初学者易于掌握.

0-3 电机学课程性质及学习方法

电机学是电气工程及其自动化等专业的主要技术基础理论课，电机学将系统地阐述变压器、直流电机、同步电机和异步电机的基本电磁关系、分析方法、运行性能、各种运行方式等内容，为进一步学习以上各有关专业的专业课程打下坚实的理论基础. 本课程的先修课程有高等数学、物理、电路及磁路等.

电机学与物理、电路及磁路等课程的性质有很多不同之处.

(1) 电机学是基础理论课，又带有专业性. 电机学具体分析各种类型电机，比较实际，不像电路及磁路课中分析的电阻、电感、电容电路不代表具体的电器设备.

(2) 电机学通过对具体电机的分析阐述基本电磁规律，具有复杂性和综合性的特点. 在电机中，各种电、磁、力、热等方面的物理定律同时在一台电机上起作用，相互制约，必须综合考虑.

根据电机学课程的性质，在学习方法上要掌握以下几点：

(1) 理论联系实际. 首先学好电机的基本理论，掌握电磁规律，加深对物理概念的理解．对具体电机结构也要有一定了解，否则不可能深入掌握理论．

（2）重视学习能力的培养．从具体电机入手掌握分析电机理论的工具，学习分析电机理论问题的方法并能灵活应用．重视数学计算，提高定量计算的能力．

（3）抓主要矛盾，培养工程观点．在分析复杂的实际问题时，常常需要忽略一些次要因素，抓主要矛盾加以解决，这样所得的结果在工程应用上已经足够正确．在某种条件下的次要因素，在另一条件下又可能成为有决定影响的主要因素，要根据研究的问题及条件而变．

（4）重视试验，培养动手能力．通过电机学实验，打好强电实验的基本功，为专业课程的实验打好基础．

0-4 电机学中常用的电工定律

1. 电路定律

1）基尔霍夫电流定律

在电路任意一个节点处，电流的代数和恒等于零．

$$\sum i = 0$$

对于正弦交流电路，则有

$$\sum \dot{I} = 0$$

本定律也可表达为流出节点的电流等于流入该节点的电流，这就是电流的连续性．

2）基尔霍夫电压定律

电路中任一回路内各段电压的代数和恒等于零．

$$\sum u = 0$$

对于正弦交流电路，则有

$$\sum \dot{U} = 0$$

亦可表达为任一电回路电压降的代数和等于电动势的代数和．

$$\sum u = \sum e$$

对于正弦交流电路，则有

$$\sum \dot{U} = \sum \dot{E}$$

如图 0-1 电路，可选定一个环绕回路的方向，电压降或电动势如果与环绕方向一致时取正号，相反时取负号．按照上述方程式电压降之和等于电动势之和，对图 0-1 电路可列出如下电路方程：

$$U - IR = E$$

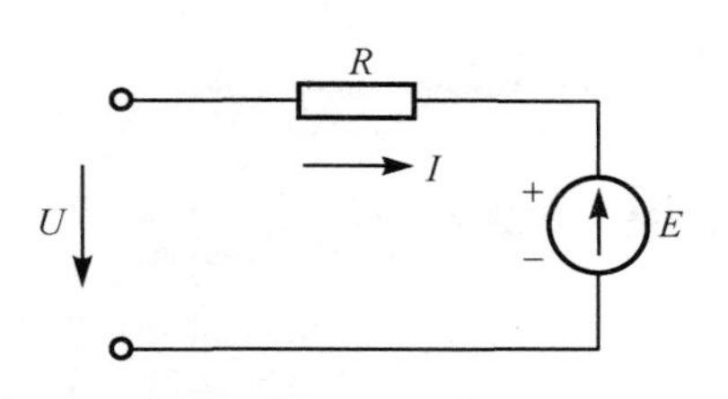

图 0-1 基尔霍夫电压定律

2. 磁路定律

1）*磁路欧姆定律*

磁路中通过的磁通等于磁路的磁动势除以磁路的磁阻．即

$$\Phi = \frac{F}{R_m}$$

F 是作用在磁路上的磁动势．若磁路上有多个线圈共同产生磁动势，则磁动势为

$$F = \sum N \cdot i$$

其中，磁路磁阻 $R_m = \frac{l}{\mu S}$，即磁阻与磁路长度 l 成正比，与磁路的磁导率 μ 及磁路截面积 S 成反比．电路的串并联规律同样可以应用．若磁路由 n 段磁路串联构成，则总的磁路磁阻 $R_m = R_{m1} + R_{m2} + \cdots + R_{mn}$.

2）*磁路节点定律*

磁路的节点上，磁通的代数和等于零，即

$$\sum \Phi = 0$$

这是由磁通的连续性原理得出的．若 Φ 按正弦变化，则有

$$\sum \dot{\Phi} = 0$$

3）*全电流定律（安培环路定律）*

磁场中沿任意一个闭合环路磁场强度的线积分等于穿过这个环路所有电流的代数和．即

$$\oint \boldsymbol{H} \cdot \mathrm{d}\boldsymbol{l} = \sum I = \sum N \cdot i$$

这一定律运用到电机、变压器中，如磁路不是同一种材料构成时，可以将磁回路按材料及截面不同分成 n 个磁路段，全电流定律写成

$$\sum_{k=1}^{n} H_k \cdot l_k = \sum I = \sum N \cdot i$$

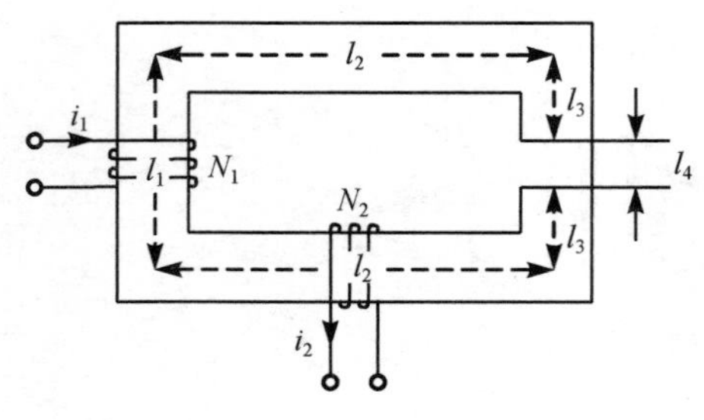

图 0-2 全电流定律

图 0-2 中磁路上绕了两个线圈，其匝数分别为 N_1 和 N_2，通过电流分别为 i_1 和 i_2，磁路则由五段铁心和一段气隙组成．按全电流定律，沿铁心磁路（如果设定磁路积分方向为顺时针方向）作磁场强度的闭合积分．可列出公式

$$H_1 l_1 + 2H_2 l_2 + 2H_3 l_3 + H_4 l_4 = N_1 i_1 - N_2 i_2$$

3. 电磁感应定律

当磁通在线圈中交变时，产生变压器电动势，如图 0-3 所示，如规定电动势正方向与磁通的正方向符合右手螺旋定则，用公式

$$e = -\frac{\mathrm{d}\psi}{\mathrm{d}t} = -N\frac{\mathrm{d}\Phi}{\mathrm{d}t}$$

当磁通与导体有相对运动而产生切割电动势时，用公式

$$e = Blv$$

切割电动势的方向用右手定则确定，如图 0-4 所示.

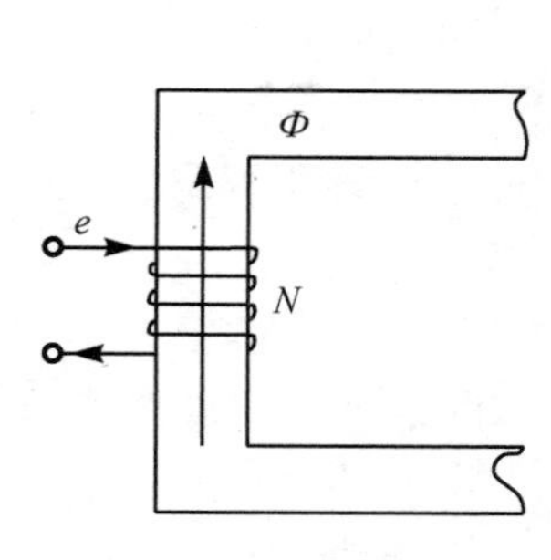

图 0-3　电磁感应定律

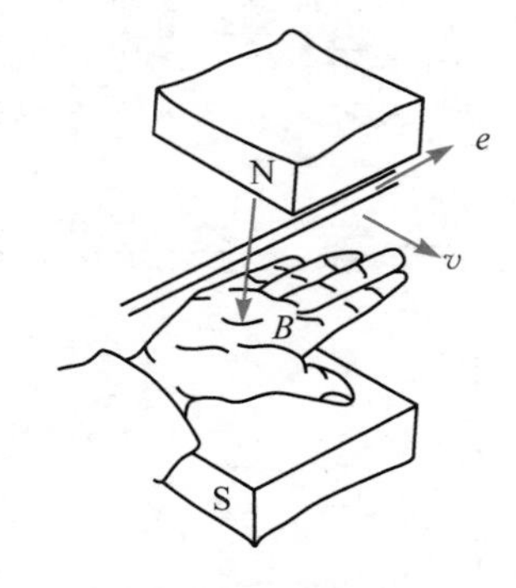

图 0-4　确定切割电动势方向的右手定则

4. 电磁力定律

载流导体在磁场中受力，用公式

$$f = Bli$$

导体受电磁力的方向用左手定则确定，如图 0-5 所示.

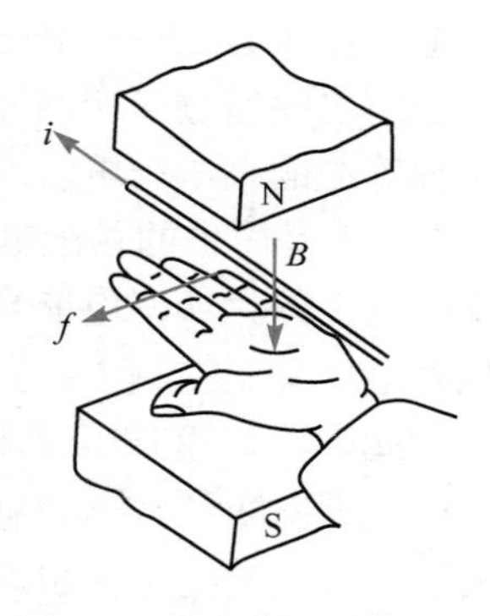

图 0-5　确定载流导体受力方向的左手定则

5. 能量守恒定律

电机、变压器在能量传递、转换过程中，应符合能量守恒定律：

$$\text{输入能量} = \text{输出能量} + \text{内部损耗}$$

磁路和电路有一定的相似性，为了更好理解，表 0-1 列出了对应的物理量和有关定律.

表 0-1　磁路和电路的比较

电　路	磁　路
电流 I [A]	磁通 Φ [Wb]
电流密度 J [A/m^2]	磁通密度 B [T=Wb/m^2]
电动势 E [V]	磁动势 F [A]
电阻 $R=\rho\frac{l}{S}$ [Ω]	磁阻 $R_m=\frac{l}{\mu S}$ [1/H]
电导 $G=\frac{l}{R}$ [S]	磁导 $\Lambda_m=\frac{1}{R_m}$ [H]
基尔霍夫电流定律 $\sum i=0$	磁路节点定律 $\sum \Phi=0$
基尔霍夫电压定律 $\sum u=\sum e$	全电流定律 $\sum H\cdot l=\sum N\cdot i$
电路欧姆定律 $I=\frac{E}{R}$	磁路欧姆定律 $\Phi=\frac{F}{R_m}$

第一篇　变　压　器

第一章　变压器的用途、分类与结构

1-1　变压器的用途与分类

1. 变压器的用途

为了把发电厂发出的电能经济地传输、合理地分配并安全地使用，都要用到电力变压器. 电力变压器是一个静止的电器，它是由绕在同一个铁心上的两个或两个以上的绕组组成的，绕组之间通过交变的磁通相互联系着. 它的功能是把一种等级的电压与电流变成同频率另一种等级的电压与电流.

图 1-1 是简单的输配电系统图. 发电机发出的电压不可能太高，一般只有 10.5～20kV，要想把发出的大功率电能直接送到很远的用电区去，几乎是不可能的. 这是因为，低电压大电流输电，除了在输电线路上产生很大的损耗外，线路上产生的压降也足以使电能送不出去. 为此，需要用升压变压器把发电机端电压升高到较高的输电电压. 当输电的功率一定时，电流就减小了，这样就能比较经济地把电能送出去. 一般，输电距离越远，输送的功率越大，要求的输电电压也越高. 例如，输电距离为 200～400km，输送容量为 200～300GW 的输电线，输电电压一般需要 220kV；输电距离在 1000km 以上，则要求有更高的输电电压.

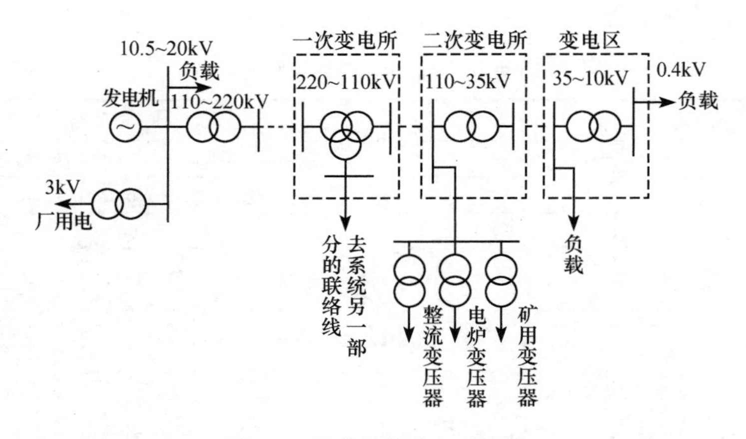

图 1-1　简单的输配电系统图

当电能送到用电地区后，还要用降压变压器把电压降低为配电电压，然后再送到各用电分区，最后再经配电变压器把电压降到用户所需要的电压等级，供用户使用. 大型动力设备，采用 6kV 或 10kV；小型动力设备和照明用电则为 380/220V.

为了把两个不同电压等级的电力系统彼此联系起来，常常用到三绕组变压器，如图 1-1 中的联络变压器. 此外，还有各种专门用途的变压器，如整流变压器、电炉变压器等.

由此可见，变压器的用途十分广泛，其品种、规格也很多. 通常，变压器的安装容量为发电机安装容量的 6～8 倍. 所以变压器的生产和使用具有重要意义.

2. 变压器的分类

变压器的种类很多，一般分为电力变压器和特种变压器两大类. 电力变压器是电力系统中输配电的主要设备，容量从几十千伏安到几十万千伏安；电压等级从几百伏到 500kV 以上.

电力变压器按用途分类：

①升压变压器；②降压变压器；③配电变压器；④联络变压器.

按变压器的结构分类：

①双绕组变压器；②三绕组变压器；③自耦变压器.

电力系统中用得最多的是双绕组变压器，其次是三绕组变压器和自耦变压器.

1-2　电力变压器的主要结构部件

1. 油浸式电力变压器

图 1-2 是一台双绕组变压器的示意图. 它是把两个线圈套在同一个铁心上构成的，这两个线圈都叫做绕组. 一般我们把接到交流电源的绕组称为一次绕组；把接到负载（也叫负荷）的绕组称为二次绕组. 变压器一次绕组的电压不等于二次绕组的电压. 一次电压大于二次电压时，叫做升压变压器；否则就是降压变压器. 电压高的绕组也叫高压绕组；电压低的叫低压绕组.

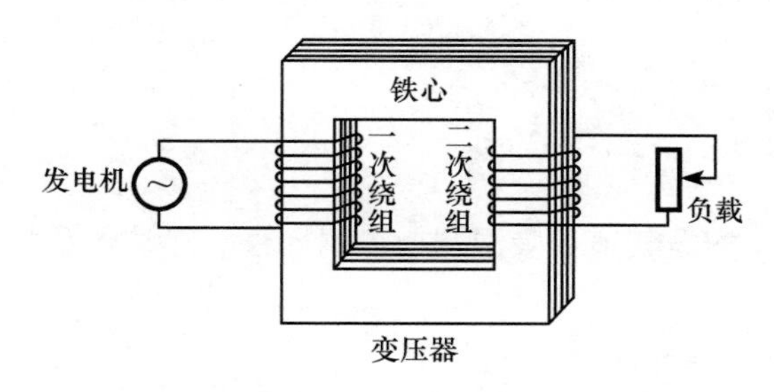

图 1-2　双绕组变压器

变压器的铁心和绕组是变压器的主要部分，统称为变压器器身. 如果是油浸式变压器，应把器身放在灌满变压器油的油箱内. 目前，油浸式变压器是生产量最大、应用最广的一种变压器. 它的外形结构如图 1-3 所示.

油浸式电力变压器的结构可分为：

（1）器身.

包括铁心、线圈、绝缘结构、引线和分接开关等.

（2）油箱.

包括油箱本体（箱盖、箱壁和箱底）和一些附件（放油阀门、小车、接地螺栓、铭牌等).

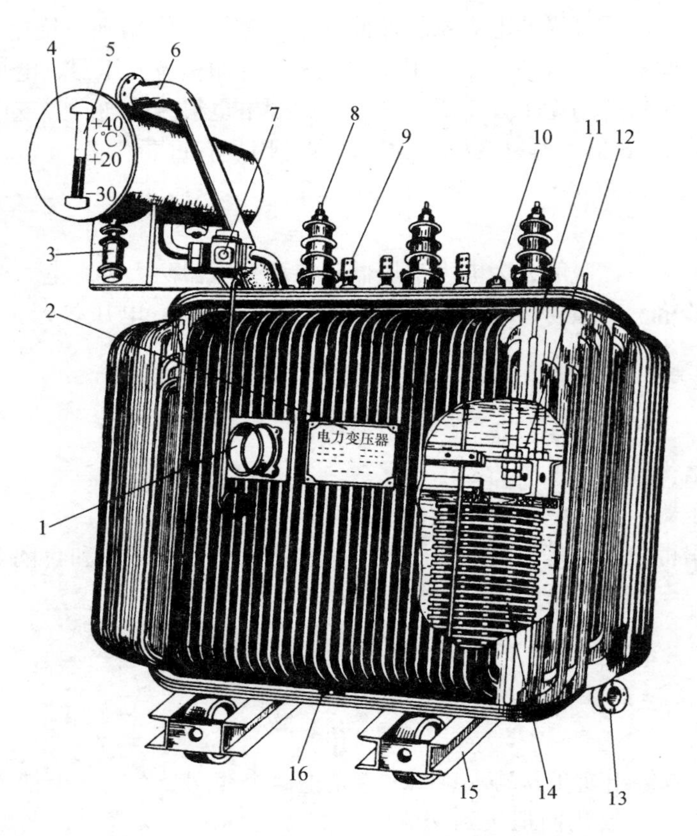

图 1-3 油浸式电力变压器

1—信号式温度计；2—铭牌；3—吸湿器；4—储油柜；5—油表；6—安全气道；7—气体继电器；8—高压套管；9—低压套管；10—分接开关；11—油箱；12—铁心；13—放油阀门；14—线圈及绝缘；15—小车；16—接地板

(3) 冷却装置.

包括散热器或冷却器.

(4) 保护装置.

包括储油柜、油表、安全气道、吸湿器、测温元件、净油器和气体继电器等.

(5) 出线装置.

包括高压套管、低压套管等.

2. 干式电力变压器

电力用干式变压器从结构上看，有两种：包封式和非包封式，它们都不用油冷却. 变压器采用环氧树脂真空浇注成为一体的，为包封式，否则为非包封式. 前者绕组多为 F 级绝缘，后者多为 H 级绝缘. 目前，广泛用于 35kV 及以下电压等级的配电系统中.

干式变压器有如下的特点：①无油，无污染；②阻燃、自熄；③机械强度高，抗突发短路能力强；④防潮性能好，适应恶劣环境能力强；⑤便于安装、维护；⑥包封式干式变压器损坏后修复困难.

1-3　变压器的发热与温升

变压器运行时，绕组里有铜损耗，铁心里有铁损耗以及各种附加损耗. 这些损耗，一方面影响变压器运行时的效率，一方面转变为热能，除导致变压器本身的温度升高外，还把热量散发到周围的介质里去.

运行中的变压器，各部分温度的高低对绝缘材料有很大的影响. 温度太高，会损坏绝缘材料，使它失去绝缘能力，或者缩短使用寿命. 当然，也不能认为温度越低越好，因为各种绝缘材料都各有其允许的工作温度，如果在较低的温度下工作，说明绝缘材料没有被充分利用，也不经济.

决定变压器运行时温度高低的因素一是变压器产生的总损耗；二是变压器的散热能力. 当变压器的发热量与散热量相等时，变压器各部分的温度就达到了稳定值. 这时变压器中某部分的温度与周围冷却介质温度之差称为该部分的温升. 变压器带额定负载长期运行时，各部分的温升都不应超过国家标准规定的数值，这样就可以保证变压器能够正常工作一定的年限（20～30 年）. 我国规定了环境最高温度为 40℃. 温升都是指比环境温度 40℃高出的温度值.

1-4　变压器的额定数据

每台变压器都有一个铭牌，包含下列数据：

（1）额定容量 S_N（V・A 或 kV・A）；

（2）额定线电压 U_{1N}/U_{2N}（V 或 kV）；

（3）额定线电流 I_{1N}/I_{2N}（A）；

（4）频率 f（Hz）；

（5）相数；

（6）绕组联结图与联结组标号；

（7）漏阻抗标幺值或阻抗电压 u_k；

（8）运行方式（长期或短期）；

（9）冷却方式.

此外，铭牌上还给出：

（1）变压器的总重量；

（2）变压器油的重量；

（3）变压器器身的重量.

变压器的额定电压是指：一次绕组额定电压是电网（电源）额定电压；二次绕组的额定电压，是在一次绕组加额定电压，变压器处于空载状态时的二次电压.

当知道了变压器的额定容量和一、二次绕组的额定电压 U_{1N}/U_{2N} 时，一、二次额定电流 I_{1N}/I_{2N} 就可以求出来了.

例如，一台三相双绕组变压器，额定容量 $S_N=100\text{kV}\cdot\text{A}$，一、二次额定电压 $U_{1N}/U_{2N}=6000/400\text{V}$. 于是，一、二次额定电流为

$$I_{1N}=\frac{S_N}{\sqrt{3}U_{1N}}=\frac{100\times10^3}{\sqrt{3}\times6000}=9.63\ (\text{A})$$

$$I_{2N}=\frac{S_N}{\sqrt{3}U_{2N}}=\frac{100\times10^3}{\sqrt{3}\times400}=144.34\ (\text{A})$$

变压器二次电流达额定值时，变压器的负载称为额定负载.

变压器实际使用时的功率往往与额定容量不相同. 这是因为，在实际使用时，变压器二次电流 I_2 不一定就是额定电流 I_{2N}，同时二次电压 U_2 又是变化的（变化较小）. 例如上述的变压器，当 $I_2=I_{2N}=144.34\text{A}$ 时，此时负载的 $\cos\varphi_2=0.8$（滞后），二次电压降至 $U_2=380\text{V}$（下面章节对 U_2 降低的原因进行详细介绍），则此时变压器实际输出的视在功率为

$$100\times\frac{380}{400}=95\ (\text{kV}\cdot\text{A})$$

思 考 题

1-1 电力变压器的主要功能是什么？它是通过什么作用来实现其功能的？

1-2 电力变压器的主要用途有哪些？为什么电力系统中变压器的安装容量比发电机安装容量大？

1-3 变压器的铁心为什么要用涂绝缘漆的薄硅钢片来叠成？若在铁心磁回路中出现较大的间隙，会对变压器有何影响？

1-4 变压器的主要额定值有哪些？一台单相变压器的一、二次额定电压为220/110V，额定频率为50Hz，试说明其意义. 若这台变压器的额定电流为4.55/9.1A，问在什么情况下称其运行在额定状态？

习 题

1-1 一台三相变压器的额定容量为 $S_N=3200\text{kV}\cdot\text{A}$，电压为35/10.5kV，一、二次绕组分别为星形、三角形联结，求：

(1) 这台变压器一、二次侧的额定线电压、相电压及额定线电流、相电流；

(2) 若负载的功率因数为0.85（滞后），则这台变压器额定运行时能带多少有功负载？输出的无功功率又是多少？

第二章　变压器的运行分析

2-1　变压器各电磁量正方向

图 2-1 是一台单相变压器的示意图，AX 是一次绕组，其匝数为 N_1，ax 是二次绕组，其匝数为 N_2.

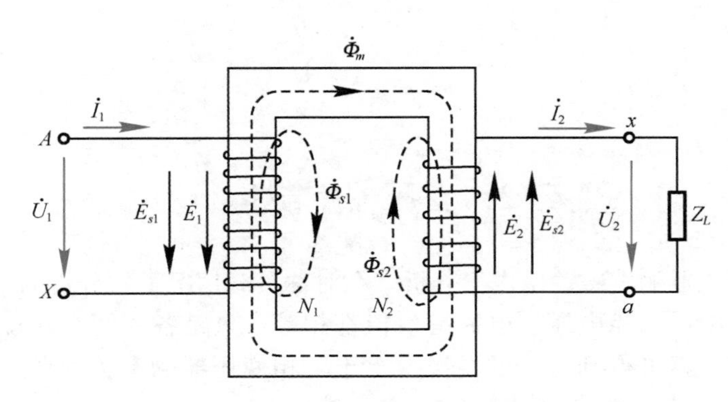

图 2-1　变压器运行时各电磁量规定正方向

变压器运行时，各电磁量都是交变的. 为了研究清楚它们之间的相位关系，必须事先规定好各量的正方向，否则无法列写有关电磁关系式. 例如，规定一次绕组电流 $\dot{I}_1$（在后面章节中，凡在大写英文字母上打"·"者，表示为相量）从 A 流向 X 为正，用箭头标在图 2-1里，这仅仅说明，当该电流在某瞬间的确是从 A 流向 X 时，其值为正，否则为负. 可见，规定正方向只起坐标的作用，不能与该量瞬时实际方向混为一谈.

正方向的选取是任意的. 在列写电磁关系式时，不同的正方向，仅影响该量为正或为负，不影响其物理本质. 这就是说，变压器在某状态下运行时，由于选取了不同的正方向，导致各方程式中正、负号不一致，但究其瞬时值之间的相对关系不会改变.

选取正方向有一定的习惯，称为惯例. 对分析变压器，常用的惯例如图 2-1 所示.

从图 2-1 中看出，变压器运行时，如果电压 $\dot{U}_1$ 和电流 $\dot{I}_1$ 同时为正或同时为负，即其间相位差 φ_1 小于 90°，则有功电功率 $U_1I_1\cos\varphi_1$ 为正值，说明变压器从电源吸收了这部分功率. 如果 φ_1 大于 90°，$U_1I_1\cos\varphi_1$ 为负，说明变压器从电源吸收负有功功率（实为发出有功功率）. 把图 2-1 中规定 $\dot{U}_1$、$\dot{I}_1$ 正方向称为"电动机惯例".

再看电压 $\dot{U}_2$、电流 $\dot{I}_2$ 规定正方向，如果 $\dot{U}_2$、$\dot{I}_2$ 同时为正或同时为负，有功功率都是从变压器二次绕组发出，称为"发电机惯例". 当然，$\dot{U}_2$、$\dot{I}_2$ 一正一负时，则发出负有功功率（实为吸收有功功率）.

关于无功功率，同是电流 $\dot{I}_1$ 滞后电压 $\dot{U}_1$90°时间电角度，对电动机惯例，称为吸收滞后性无功功率；对发电机惯例，称为发出滞后性无功功率.

图 2-1 中，在一、二次绕组绕向情况下，电流 $\dot{I}_1$、$\dot{I}_2$ 和电动势 $\dot{E}_1$、$\dot{E}_2$ 等规定正方向都

与主磁通 $\dot{\Phi}_m$ 规定正方向符合右手螺旋关系.

漏磁通 $\dot{\Phi}_{s1}$、$\dot{\Phi}_{s2}$ 正方向与主磁通 $\dot{\Phi}_m$ 一致. 漏磁电动势 $\dot{E}_{s1}$、$\dot{E}_{s2}$ 与 $\dot{E}_1$、$\dot{E}_2$ 正方向一致.

随时间变化的主磁通 ϕ，在环链该磁通的一、二次绕组中会感应电动势. 根据楞次定律，当磁通 ϕ 正向增加时，其变化率 $\mathrm{d}\phi/\mathrm{d}t$ 为正，如果感应的电动势能产生电流，该电流又能产生磁通，则其方向是企图阻止原磁通 ϕ 的增加. 可见，这个瞬间感应电动势 e 的实际方向与规定正方向相反. 又如，当磁通 ϕ 正向减小时，$\mathrm{d}\phi/\mathrm{d}t$ 为负，感应电动势 e 若产生电流，该电流若产生磁通，其方向则是企图阻止原磁通 ϕ 的减小. 这个瞬间感应电动势 e 实际方向与规定正方向一致. 这种规定电动势、磁通正方向符合右手螺旋关系时，反映楞次定律，感应电动势 e 公式前必须加负号. 即

$$e_1 = -N_1 \frac{\mathrm{d}\phi}{\mathrm{d}t} \tag{2-1}$$

$$e_2 = -N_2 \frac{\mathrm{d}\phi}{\mathrm{d}t} \tag{2-2}$$

2-2 变压器空载运行

本章对单相变压器的电磁关系进行分析. 在对称负载情况下，分析的结论也完全适用于三相变压器. 三相中，每相电压、电流有效值都相等，只是各相间在相位上互差 120°电角度而已，分析一相，就可得到三相的情况. 至于三相变压器的有关问题，将在第三章进行分析.

变压器一次绕组接在交流电源上，二次绕组开路称为空载进行.

1. 主磁通、漏磁通

变压器是一个带铁心的互感电路，因铁心磁路的非线性，在电机学里，一般不采用互感电路的分析方法，而是把磁通分为主磁通和漏磁通进行研究.

图 2-2 是单相变压器空载运行的示意图. 当二次绕组开路，一次绕组 AX 端接到电压 u_1 随时间按正弦变化的交流电网上时，一次绕组便有电流 i_0 流过，此电流称为变压器的空载电流（也叫励磁电流）. 空载电流 i_0 乘以一次绕组匝数 N_1 为空载磁动势，也叫励磁磁动势，用 f_0 表示，$f_0=N_1i_0$. 为了便于分析，直接研究磁路中的磁通. 在图 2-2 中，把同时链着一、二次绕组的磁通称为主磁通，其幅值用 Φ_m 表示，把只链一次绕组或二次绕组本身的磁通称为漏磁通. 空载时，只有一次绕组漏磁通，其幅值用 Φ_{s1} 表示. 从图中看出，主磁

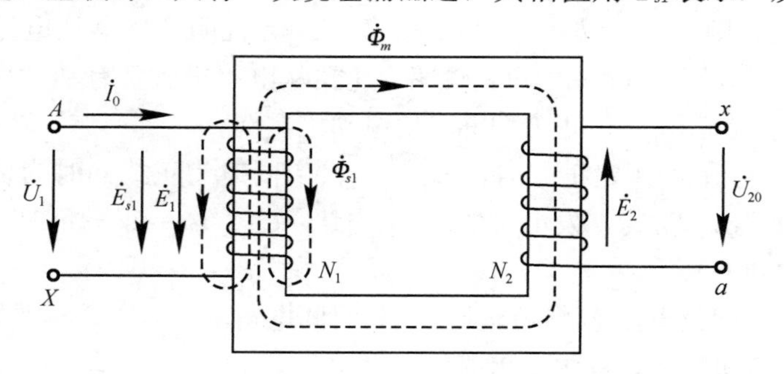

图 2-2 变压器空载运行时的各电磁量

通的路径是铁心，漏磁通的路径比较复杂，除了铁磁材料外，还要经空气或变压器油等非铁磁材料构成回路．由于铁心采用磁导率高的硅钢片制成，空载运行时，主磁通占总磁通的绝大部分，漏磁通的数量很小，仅占0.1%～0.2%．

不考虑铁心磁路饱和，由空载磁动势 f_0 产生的主磁通 ϕ，以电源电压 u_1 频率随时间按正弦规律变化．写成瞬时值为

$$\phi = \Phi_m \sin\omega t \tag{2-3}$$

一次绕组漏磁通 ϕ_{s1} 为

$$\phi_{s1} = \Phi_{s1} \sin\omega t \tag{2-4}$$

式中，Φ_m、Φ_{s1} 分别是主磁通和一次绕组漏磁通的幅值；$\omega=2\pi f$ 为角频率，f 为频率；t 为时间．

2. 主磁通感应电动势

把式（2-3）代入式（2-1），得主磁通在一次绕组感应电动势瞬时值 e_1 为

$$\begin{aligned} e_1 &= -N_1 \frac{\mathrm{d}\phi}{\mathrm{d}t} = -\omega N_1 \Phi_m \cos\omega t \\ &= \omega N_1 \Phi_m \sin\left(\omega t - \frac{\pi}{2}\right) = E_{1m} \sin\left(\omega t - \frac{\pi}{2}\right) \end{aligned} \tag{2-5}$$

同理，主磁通 ϕ 在二次绕组中感应电动势瞬时值 e_2 为

$$\begin{aligned} e_2 &= -N_2 \frac{\mathrm{d}\phi}{\mathrm{d}t} = \omega N_2 \Phi_m \sin\left(\omega t - \frac{\pi}{2}\right) \\ &= E_{2m} \sin\left(\omega t - \frac{\pi}{2}\right) \end{aligned} \tag{2-6}$$

式中，$E_{1m}=\omega N_1 \Phi_m$、$E_{2m}=\omega N_2 \Phi_m$ 分别是一、二次绕组感应电动势幅值．

用相量形式表示上述电动势有效值为

$$\dot{E}_1 = \frac{\dot{E}_{1m}}{\sqrt{2}} = -\mathrm{j}\frac{\omega N_1}{\sqrt{2}}\dot{\Phi}_m = -\mathrm{j}\frac{2\pi}{\sqrt{2}} f N_1 \dot{\Phi}_m = -\mathrm{j}4.44 f N_1 \dot{\Phi}_m \tag{2-7}$$

$$\dot{E}_2 = \frac{\dot{E}_{2m}}{\sqrt{2}} = -\mathrm{j}\frac{\omega N_2}{\sqrt{2}}\dot{\Phi}_m = -\mathrm{j}4.44 f N_2 \dot{\Phi}_m \tag{2-8}$$

式中，磁通的单位为Wb，电动势的单位为V．

从式（2-7）、式（2-8）看出，电动势 E_1 或 E_2 的大小与磁通交变的频率、绕组匝数以及磁通幅值成正比．当变压器接到固定频率电网时，由于频率、匝数都为定值，电动势有效值 E_1 或 E_2 的大小仅取决于主磁通幅值 Φ_m 的大小．

作为相量，$\dot{E}_1$、$\dot{E}_2$ 都滞后 $\dot{\Phi}_m$ $\pi/2$ 时间电角度．

3. 漏磁通感应电动势

式（2-4）一次绕组漏磁通感应漏磁电动势瞬时值 e_{s1} 为

$$\begin{aligned} e_{s1} &= -N_1 \frac{\mathrm{d}\phi_{s1}}{\mathrm{d}t} = \omega N_1 \Phi_{s1} \sin\left(\omega t - \frac{\pi}{2}\right) \\ &= E_{ms1} \sin\left(\omega t - \frac{\pi}{2}\right) \end{aligned}$$

式中，$E_{ms1}=\omega N_1\Phi_{s1}$为漏磁电动势幅值.

用相量表示，其有效值为

$$\dot{E}_{s1}=\frac{\dot{E}_{ms1}}{\sqrt{2}}=-\mathrm{j}\frac{\omega N_1}{\sqrt{2}}\dot{\Phi}_{s1}=-\mathrm{j}4.44fN_1\dot{\Phi}_{s1} \tag{2-9}$$

上式可写成

$$\dot{E}_{s1}=-\mathrm{j}\frac{\omega N_1\dot{\Phi}_{s1}}{\sqrt{2}}\cdot\frac{\dot{I}_0}{\dot{I}_0}=-\mathrm{j}\omega L_{s1}\dot{I}_0=-\mathrm{j}X_1\dot{I}_0 \tag{2-10}$$

式中，$L_{s1}=\dfrac{N_1\Phi_{s1}}{\sqrt{2}I_0}$称为一次绕组漏自感；$X_1=\omega L_{s1}$称为一次绕组漏电抗.

可见，漏磁电动势$\dot{E}_{s1}$可以用空载电流$\dot{I}_0$（相量）在一次绕组漏电抗X_1产生的负压降$-\mathrm{j}\dot{I}_0X_1$表示. 在相位上，$\dot{E}_{s1}$滞后$\dot{I}_0$ $\pi/2$时间电角度.

一次绕组漏电抗X_1还可写成

$$\begin{aligned}X_1&=\omega\frac{N_1\Phi_{s1}}{\sqrt{2}I_0}=\omega\frac{N_1(\sqrt{2}I_0N_1\Lambda_{s1})}{\sqrt{2}I_0}\\&=\omega N_1^2\Lambda_{s1}\end{aligned} \tag{2-11}$$

式中，Λ_{s1}是漏磁路的磁导.

为了提高变压器运行性能，在设计时希望漏电抗X_1数值小点为好. 从式（2-11）看出，影响漏电抗X_1大小的因素有三：角频率ω、匝数N_1和漏磁路磁导Λ_{s1}. 其中ω为恒值，匝数N_1的设计要综合考虑，只有用将漏磁路磁导Λ_{s1}减小的办法来减小X_1. 我们知道，漏磁路磁导Λ_{s1}的大小与磁路的材料，一、二次绕组相对位置以及磁路的几何尺寸有关. 已知漏磁路的材料主要是非铁磁材料，其磁导率μ很小，且为常数，再加上合理布置一、二次绕组的相对位置，就可以减小Λ_{s1}，从而减小漏电抗X_1，且为常数，即X_1不随电流大小而变化.

4. 空载运行电压方程

根据基尔霍夫定律，列出图 2-2 变压器空载时一次、二次绕组回路电压方程.

当变压器一次绕组接到电源电压为$\dot{U}_1$的电源时，一次绕组回路电压方程

$$\dot{U}_1=-\dot{E}_1-\dot{E}_{s1}+\dot{I}_0R_1$$

将式（2-10）代入上式，得

$$\begin{aligned}\dot{U}_1&=-\dot{E}_1+\dot{I}_0(R_1+\mathrm{j}X_1)\\&=-\dot{E}_1+\dot{I}_0Z_1\end{aligned} \tag{2-12}$$

式中，R_1是一次绕组电阻，单位为Ω；$Z_1=R_1+\mathrm{j}X_1$是一次绕组漏阻抗，单位为Ω.

空载时二次绕组开路电压用$\dot{U}_{20}$表示

$$\dot{U}_{20}=\dot{E}_2$$

变压器一次绕组加额定电压空载运行时，空载电流I_0不超过额定电流的10%，再加上漏阻抗Z_1值较小，产生的压降I_0Z_1也较小，可以认为式（2-12）近似为

$$\dot{U}_1\approx-\dot{E}_1 \tag{2-13}$$

仅考虑其大小，为

$$U_1 \approx E_1 = 4.44fN_1\Phi_m$$

可见，当频率 f 和匝数 N_1 一定时，主磁通 Φ_m 的大小几乎取决于所加电压 U_1 的大小．但是必须明确，主磁通 Φ_m 是由空载磁动势 $F_0 = I_0N_1$ 产生的．

一次电动势 E_1 与二次电动势 E_2 之比，称为变压器的变比，用 k 表示，即

$$k = \frac{E_1}{E_2} = \frac{4.44fN_1\Phi_m}{4.44fN_2\Phi_m} = \frac{N_1}{N_2} \tag{2-14}$$

变比 k 也等于一、二次绕组匝数比．空载时，$U_1 \approx E_1$，$U_{20} = E_2$，变比又为

$$k = \frac{E_1}{E_2} \approx \frac{U_1}{U_{20}}$$

对于三相变压器，变比定义为同一相一、二次相电动势之比．

只要 $N_1 \neq N_2$，$k \neq 1$，一、二次电压就不相等，实现了变电压的目的．$k>1$ 是降压变压器；$k<1$ 是升压变压器．

5. 励磁电流

1）铁心饱和的影响

几何尺寸一定的变压器铁心，因所用硅钢片磁化特性的非线性，使铁心里磁通 ϕ 与励磁电流 i_0 的关系，即 $\phi = f(i_0)$ 呈非线性关系，如图 2-3 所示．

由式（2-13）看出，当电源电压 u_1 随时间按正弦规律变化，则电动势 e_1、磁通 ϕ 必定都按同样规律变化，只是相位不同而已．把式（2-3）磁通 ϕ 的波形也画在图 2-3 里．

设计变压器时，为了充分利用铁磁材料，使额定运行时主磁通幅值 Φ_m 运行在图 2-3 所示的 $\phi = f(i_0)$ 曲线的 B 点，则对应励磁电流幅值为 I_{0m}，如图 2-3 所示．这样，随时间正弦变化的主磁通 ϕ 可查图 2-3 中 $\phi = f(i_0)$ 曲线，求出对应的励磁电流 i_0，其波形肯定偏离了正弦形，而呈现尖顶波形，如图 2-3 所示．经分析，呈尖顶波变化的励磁电流可以分解为基波（与主磁通 ϕ 同频率）及 3，5，7，…一系列奇次高次谐波，如图 2-4 所示．图中仅画出基波励磁电流 i_{01} 和 3 次谐波励磁电流 i_{03}，i_{03} 的频率是 i_{01} 的 3 倍．

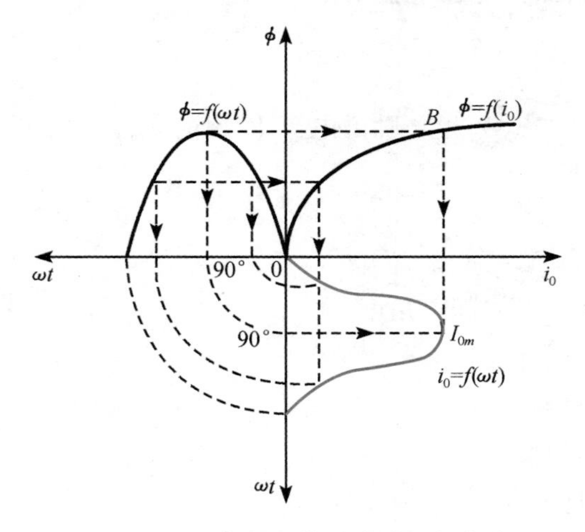

图 2-3　不考虑磁滞时励磁电流波形

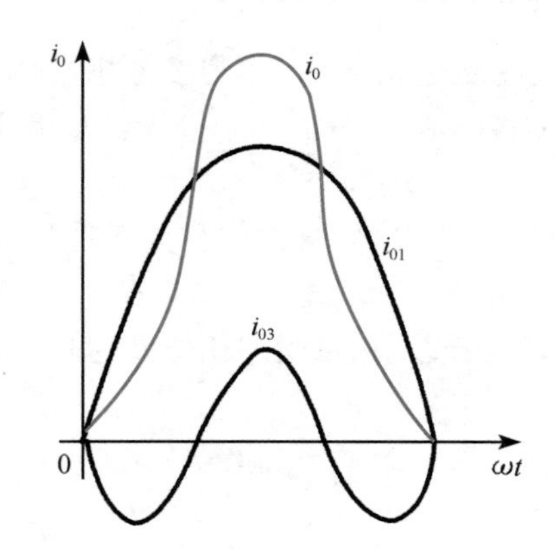

图 2-4　尖顶波励磁电流分解为基波及 3 次谐波电流

2）铁损耗的影响

铁心磁路除了饱和外，还有磁滞现象，即磁化曲线不是单一的，上升、下降特性不重合，呈磁滞回线，如图 2-5 所示．这种情况，不同瞬间磁通 ϕ 的瞬时值虽然一样，但对应的励磁电流却不相同．例如，图 2-5 中，在 $(\omega t)'$瞬间，磁通 ϕ'（趋于增大阶段）对应的励磁电流为 i_0'；在 $(\omega t)''$瞬间，还是同一大小的磁通 ϕ'（趋于减小阶段）对应的励磁电流则为 i_0''，$i_0'>i_0''$，励磁电流半波波形非对称．此外，励磁电流 i_0 波形还超前磁通 ϕ 波形一个角度．这个角度的出现，说明磁滞现象在铁心引起了损耗，叫磁滞损耗．实际上，交变的磁通还会在铁心中产生涡流损耗．涡流损耗也能使励磁电流 i_0 波形超前磁通 ϕ 波形．把磁滞损耗和涡流损耗统称为变压器铁损耗，用 p_{Fe}表示．由于铁损耗的存在，使励磁电流波形超前主磁通波形的角度称铁耗角，用 α 表示．

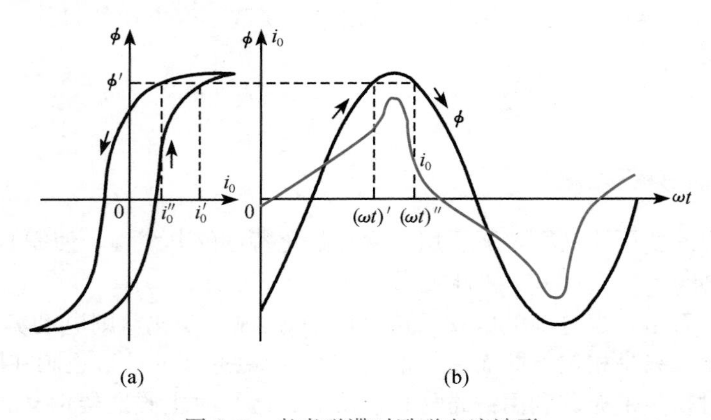

图 2-5 考虑磁滞时励磁电流波形

上述励磁电流 i_0 波形非正弦，不能用相量表示．工程上用等效正弦波概念来表征实际励磁电流 i_0，并用相量 $\dot{I}_0$ 表示．即该相量旋转角频率为 ω，有效值$I=\sqrt{I_{01}^2+I_{03}^2+I_{05}^2+\cdots}$，其中 I_{01}、I_{03}、I_{05} 等分别为基波、3 次、5 次谐波励磁电流有效值．在相位上，等效励磁电流 $\dot{I}_0$ 超前主磁通相量 $\dot{\Phi}_m$ α 角（为了方便，以后简称励磁电流）．

6. 变压器空载运行的相量图

先把主磁通相量 $\dot{\Phi}_m$ 作为参考相量画在图 2-6（a）里．励磁电流 $\dot{I}_0$ 超前 $\dot{\Phi}_m$ α 时间电角度．把励磁电流 $\dot{I}_0$ 分成两个分量：$\dot{I}_{0a}$和 $\dot{I}_{0r}$，即

$$\dot{I}_0=\dot{I}_{0a}+\dot{I}_{0r} \tag{2-15}$$

式中，$\dot{I}_{0a}$称为有功分量；$\dot{I}_{0r}$称为无功分量．

根据式（2-7）、式（2-8），$\dot{E}_1$、$\dot{E}_2$ 滞后 $\dot{\Phi}_m$ 90°时间电角度．

令 $\dot{I}_0$ 与 $-\dot{E}_1$ 相量间的相位差为 ψ_0，则

$$I_{0a}=I_0\cos\psi_0$$
$$I_{0r}=I_0\sin\psi_0$$
$$I_0=\sqrt{I_{0a}^2+I_{0r}^2}$$

于是，可以认为励磁电流的无功分量 $\dot{I}_{0r}$是产生主磁通 $\dot{\Phi}_m$ 的，而有功分量 $\dot{I}_{0a}$与电动势 $\dot{E}_1$ 的点积为负，说明发出负有功功率，实为从电源吸收正有功功率，以供给铁心中铁损耗 p_{Fe}．

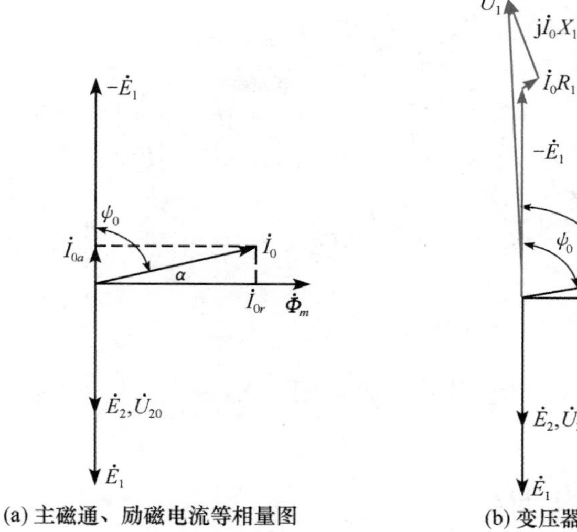

图 2-6　变压器空载运行相量图

根据式（2-12）画出电压 $\dot{U}_1$ 相量，如图 2-6（b）所示，为变压器空载运行相量图.

图 2-6（b）中，φ_0 是 $\dot{U}_1$ 与 $\dot{I}_0$ 之间的相位差. 因一次漏阻抗压降很小，$\dot{U}_1 \approx -\dot{E}_1$，所以 $\varphi_0 \approx \psi_0 \approx \pi/2$. 说明变压器空载运行时，功率因数很低（$\cos\varphi_0$ 值小），即从电源吸收很大的滞后性无功功率.

从电源吸收的有功功率为 $U_1 I_1 \cos\varphi_0$ 等于铁损耗 p_{Fe} 加上一次绕组铜损耗 $p_{\mathrm{Cu1}} = I_0^2 R_1$. 空载运行时，$p_{\mathrm{Cu1}}$ 很小，可以忽略不计，主要为铁损耗 p_{Fe} 部分.

7. 变压器空载运行的等效电路

仿效前面漏磁电动势 $\dot{E}_{s1}$ 用负漏抗压降 $-\mathrm{j}\dot{I}_0 X_1$ 表示的办法，电动势 $\dot{E}_1$ 也可用负电抗压降表示. 从图 2-6 知道，$\dot{I}_{0r}$ 超前 $\dot{E}_1$ $\pi/2$. 把 $\dot{E}_1$ 看成 $\dot{I}_{0r}$ 在一个电抗上的负压降，即

$$\dot{E}_1 = -\mathrm{j}\dot{I}_{0r}\frac{1}{B_0} \tag{2-16}$$

式中，B_0 是电纳（电抗的倒数）.

$\dot{I}_{0a}$ 超前 $\dot{E}_1$ π 角度，用负电阻压降表示为

$$\dot{E}_1 = -\dot{I}_{0a}\frac{1}{G_0} \tag{2-17}$$

式中，G_0 是电导（电阻的倒数）.

根据式（2-12）、式（2-15）～式（2-17），可以用等效电路的形式表达变压器空载运行的电路方程，如图 2-7 所示. 其中 $I_{0a}^2\dfrac{1}{G_0}$ 代表铁损耗，$I_0^2 R_1$ 代表一次绕组铜损耗.

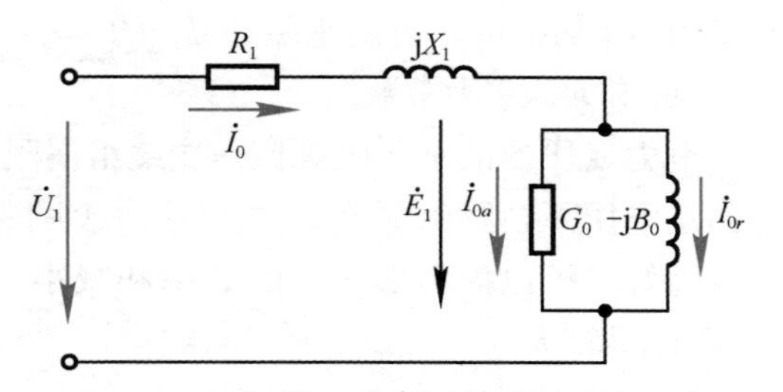

图 2-7　变压器空载运行并联型等效电路

实际应用中，常把图 2-7 的 G_0 和 B_0 并联电路转换为串联型电路. 换算如下：

将式（2-16）、式（2-17）代入式（2-15），得

$$\dot{I}_0=\dot{I}_{0a}+\dot{I}_{0r}=(-\dot{E}_1)(G_0-\mathrm{j}B_0)$$

写成

$$-\dot{E}_1=\frac{\dot{I}_0}{G_0-\mathrm{j}B_0}=\dot{I}_0\frac{G_0+\mathrm{j}B_0}{(G_0+\mathrm{j}B_0)(G_0-\mathrm{j}B_0)}$$
$$=\dot{I}_0\left(\frac{G_0}{G_0^2+B_0^2}\right)+\dot{I}_0\left(\frac{\mathrm{j}B_0}{G_0^2+B_0^2}\right)$$

即

$$-\dot{E}_1=\dot{I}_0R_m+\mathrm{j}\dot{I}_0X_m=\dot{I}_0Z_m \tag{2-18}$$

式中，$R_m=\dfrac{G_0}{G_0^2+B_0^2}$称为铁损耗等效电阻或励磁电阻；$X_m=\dfrac{B_0}{G_0^2+B_0^2}$称为励磁电抗；$Z_m=R_m+\mathrm{j}X_m$称为励磁阻抗.

把式（2-18）代入式（2-12）得

$$\dot{U}_1=-\dot{E}_1+\dot{I}_0(R_1+\mathrm{j}X_1)$$
$$=\dot{I}_0(R_m+\mathrm{j}X_m)+\dot{I}_0(R_1+\mathrm{j}X_1)$$
$$=\dot{I}_0(Z_m+Z_1) \tag{2-19}$$

根据上式可画出变压器空载运行的等效电路，如图 2-8 所示.

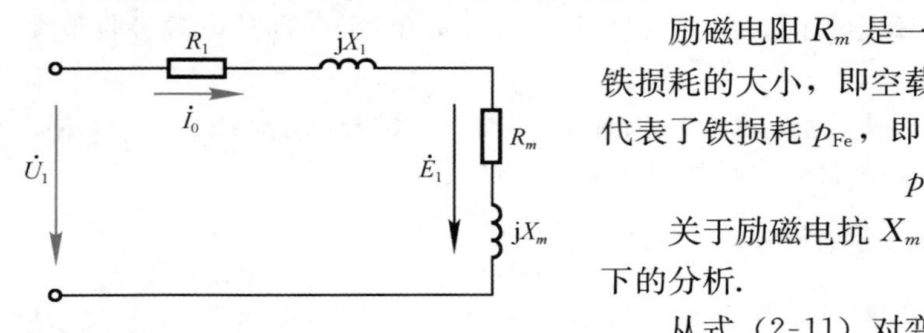

图 2-8 变压器空载运行等效电路

励磁电阻 R_m 是一个等效电阻，它反映了变压器铁损耗的大小，即空载电流 I_0 在 R_m 上的损耗 $I_0^2R_m$，代表了铁损耗 p_{Fe}，即

$$p_{\mathrm{Fe}}=I_0^2R_m$$

关于励磁电抗 X_m 的大小及其是否为常数，作如下的分析.

从式（2-11）对变压器一次绕组漏电抗 X_1 的分析知道，电抗的大小决定于频率、匝数平方和磁路磁导三者的乘积. 当频率、匝数一定时，看其磁路磁导 Λ 的大小. 对主磁通的路径主要是由硅钢片构成的铁心磁路，磁导率大，磁路磁阻小，磁导 Λ 很大. 为此，在相同的频率和匝数情况下，变压器的励磁电抗 X_m 远远大于其一次绕组漏电抗 X_1. 此外，由于铁心磁路存在着饱和现象，随着磁路的饱和，磁路的磁导值是变化的. 当磁路不饱和时，单位励磁电流产生主磁通的能力一定，即磁导为恒值，表现的励磁电抗 X_m 是常数. 当磁路饱和时，即单位励磁电流产生主磁通的能力减弱，表现为磁阻增大，磁导减小，励磁电抗 X_m 减小. 励磁电阻 R_m 的数值，也随主磁通 Φ_m 的大小变化. 变压器运行时，只有当电源电压为额定值时，X_m 和 R_m 才为常数.

电力变压器的励磁阻抗比一次绕组漏阻抗大很多，即 $Z_m\gg Z_1$. 从图 2-8 等效电路看出，在额定电压下，励磁电流 I_0 主要取决于励磁阻抗 Z_m 的大小. 变压器运行时，希望 I_0 数值小点为好，可以提高变压器的效率和减小电网供应滞后性无功功率的负担，因此，一般将 Z_m 设计得较大.

2-3 变压器负载运行

变压器一次绕组接电源，二次绕组接负载，称为变压器负载运行．负载阻抗 $Z_L=R_L+\mathrm{j}X_L$，其中 R_L 是负载电阻，X_L 是负载电抗．

1. 负载时磁动势及一、二次电流关系

变压器带负载时，二次绕组回路电压方程为

$$\dot{U}_2=\dot{I}_2Z_L=\dot{I}_2(R_L+\mathrm{j}X_L) \tag{2-20}$$

式中，$\dot{I}_2$ 是二次电流，又称为负载电流．

变压器负载运行时，一、二次绕组都有电流流过，都要产生磁动势．按照磁路的安培环路定律，负载时，铁心中的主磁通 $\dot{\Phi}_m$ 是由这两个磁动势共同产生的．也就是说，把作用在主磁路上的所有磁动势相量加起来，得到一个总合成磁动势产生主磁通．根据图 2-1 规定的正方向，负载时各磁动势相量和为

$$\dot{F}_1+\dot{F}_2=\dot{F}_0 \tag{2-21}$$

式中，$\dot{F}_1$ 为一次绕组磁动势，$\dot{F}_1=\dot{I}_1N_1$；$\dot{F}_2$ 为二次绕组磁动势，$\dot{F}_2=\dot{I}_2N_2$；$\dot{F}_0$ 为产生主磁通 $\dot{\Phi}_m$ 的一、二次绕组合成磁动势，即负载时的励磁磁动势．

$\dot{F}_0$ 的数值取决于铁心中主磁通 $\dot{\Phi}_m$ 的数值，而 $\dot{\Phi}_m$ 的大小又取决于一次绕组感应电动势 $\dot{E}_1$ 的大小．我们分析一下 $\dot{E}_1$ 的大小．负载运行时，一次电流不再是 $\dot{I}_0$，而变为 $\dot{I}_1$，一次绕组回路电压方程变为

$$\dot{U}_1=-\dot{E}_1+\dot{I}_1Z_1 \tag{2-22}$$

式中，$\dot{U}_1$ 是电源电压，大小不变；Z_1 是一次绕组漏阻抗，也是常数．与空载运行相比，由于 $\dot{I}_0$ 变为 $\dot{I}_1$，负载时的 $\dot{E}_1$ 与空载时的数值不会相同．但在电力变压器设计时，把 Z_1 设计得很小，即使在额定负载下运行，一次电流为额定值 $\dot{I}_{1N}$，其数值比空载电流 I_0 大很多倍，仍然还是 $I_{1N}Z_1\ll U_1$．这样，$\dot{U}_1\approx-\dot{E}_1$．由 $E_1=4.44fN_1\Phi_m$ 看出，空载、负载运行，其主磁通 Φ_m 的数值虽然会有些差别，但差别不大．这就是说，负载时的励磁磁动势 $\dot{F}_0$ 与空载时的在数值上相差不多．为此，仍用同一个符号 $\dot{F}_0$ 或 $\dot{I}_0N_1$ 表示．式（2-21）可以写成

$$\dot{I}_1N_1+\dot{I}_2N_2=\dot{I}_0N_1 \tag{2-23}$$

式（2-21）或式（2-23）是变压器负载运行的磁动势平衡方程式．

对于空载运行，励磁磁动势 $\dot{F}_0$ 是容易理解的，而负载运行，又如何理解它呢？二次绕组带上负载，有二次电流 $\dot{I}_2$ 流过，就要产生 $\dot{F}_2=\dot{I}_2N_2$ 的磁动势，如果一次绕组电流仍旧为 $\dot{I}_0$，那么，$\dot{F}_2$ 的作用必然要改变磁路的磁动势和主磁通大小．然而，主磁通 $\dot{\Phi}_m$ 不能变化太多，因此，一次绕组中必有电流 $\dot{I}_1$，产生一个 $-\dot{F}_2$ 大小的磁动势，以抵消或者说平衡二次绕组电流产生的磁动势 $\dot{F}_2$，以维持励磁磁动势为 $\dot{F}_0=\dot{I}_0N_1$．可见，这时一次绕组磁动势变为 $\dot{F}_1$ 了．为了更明确地表示出磁动势平衡的物理意义，把式（2-21）、式（2-23）改写为

$$\left.\begin{aligned}\dot{F}_1&=\dot{F}_0+(-\dot{F}_2)\\ \dot{I}_1N_1&=\dot{I}_0N_1+(-\dot{I}_2N_2)\end{aligned}\right\} \tag{2-24}$$

式（2-24）表明，一次绕组磁动势 $\dot{F}_1=\dot{I}_1N_1$ 由两个分量组成：一为励磁磁动势 $\dot{F}_0=$

$\dot{I}_0N_1$，用来产生主磁通 $\dot{\Phi}_m$，由空载到负载它的数值变化不大；另一分量为 $-\dot{F}_2=-\dot{I}_2N_2$，用来平衡二次绕组磁动势 $\dot{F}_2$，称为负载分量. 负载分量的大小与二次绕组磁动势 $\dot{F}_2$ 一样，而方向相反，它随负载变化而变化. 在额定负载时，电力变压器 $I_0=(0.02\sim0.1)I_{1N}$，即 F_0 在数量上比 F_1 小得多，F_1 中主要部分是负载分量.

把式（2-23）改写为

$$\dot{I}_1+\frac{N_2}{N_1}\dot{I}_2=\dot{I}_0$$

$$\dot{I}_1=\dot{I}_0+\left(-\frac{N_2}{N_1}\dot{I}_2\right)=\dot{I}_0+\left(-\frac{1}{k}\dot{I}_2\right)=\dot{I}_0+\dot{I}_L \tag{2-25}$$

式中，$\dot{I}_L=-\dfrac{N_2}{N_1}\dot{I}_2=-\dfrac{1}{k}\dot{I}_2$ 称为一次电流负载分量；$k=\dfrac{N_1}{N_2}$ 为变比.

式（2-25）表明，变压器负载运行时，一次电流 $\dot{I}_1$ 包含两个分量：励磁电流 $\dot{I}_0$ 和负载电流 $\dot{I}_L$. 从功率平衡角度看，二次绕组有电流，意味着有功率输出，一次绕组应增大相应的电流，增加输入功率，才能达到功率平衡.

变压器负载运行时，由于 $I_0\ll I_1$，可以认为一、二次电流关系为

$$\dot{I}_1\approx-\frac{\dot{I}_2}{k}$$

对降压变压器，$I_2>I_1$；对升压变压器 $I_2<I_1$. 无论是升压还是降压变压器，额定负载时，一、二次电流同时都为额定值（见变压器的铭牌）.

2. 负载时二次电压、电流的关系

二次绕组磁动势 $\dot{F}_2=\dot{I}_2N_2$ 还要产生只环链绕组本身（不环链一次绕组）的漏磁通，其幅值用 Φ_{s2} 表示. 它走的磁路如图 2-9 所示. 与一次绕组漏磁通 $\dot{\Phi}_{s1}$ 对照，虽然各自的路径不同，但磁路材料性质都基本一样，包括一段铁磁材料和一段非铁磁材料. 因此，$\dot{\Phi}_{s2}$ 走的磁路也可以近似认为是线性磁路，且漏磁导 Λ_{s2} 很小. $\dot{\Phi}_{s2}$ 在二次绕组中感应的电动势为 $\dot{E}_{s2}$. $\dot{\Phi}_{s2}$ 与 $\dot{E}_{s2}$ 的正方向如图 2-1 所示，两者符合右手螺旋关系.

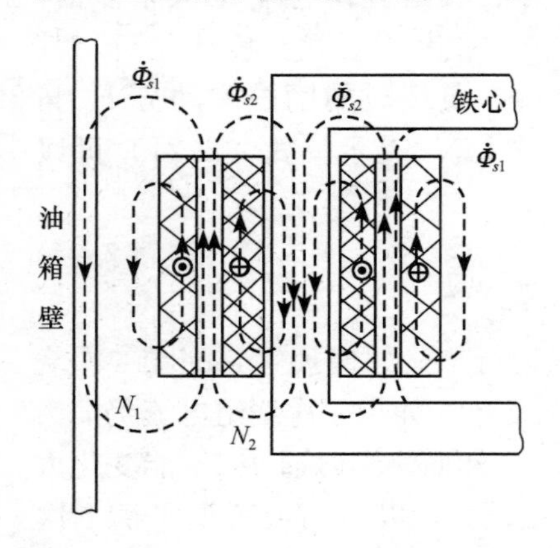

图 2-9 一、二次绕组的漏磁通

参照式（2-9），得

$$\dot{E}_{s2}=-\mathrm{j}\frac{\omega N_2}{\sqrt{2}}\dot{\Phi}_{s2}=-\mathrm{j}4.44fN_2\dot{\Phi}_{s2}$$

还可以写成

$$\dot{E}_{s2}=-\mathrm{j}\omega L_{s2}\dot{I}_2=-\mathrm{j}X_2\dot{I}_2 \tag{2-26}$$

式中，$L_{s2}=\dfrac{N_2\Phi_{s2}}{\sqrt{2}I_2}$ 称为二次绕组漏自感；$X_2=\omega L_{s2}$ 称为二次绕组漏电抗. 当频率 ω 恒定时，X_2 为一常数. X_2 的数值也很小.

二次绕组的电阻用 R_2 表示，当 $\dot{I}_2$ 流过 R_2 时，产生的压降为 $\dot{I}_2R_2$. 根据电路的基尔霍夫定律，参见图 2-1 中二次回路各电量的规定正方向，列出二次绕组回路电压方程为

$$\begin{aligned}\dot{U}_2&=\dot{E}_2+\dot{E}_{s2}-\dot{I}_2R_2\\&=\dot{E}_2-\dot{I}_2(R_2+\mathrm{j}X_2)=\dot{E}_2-\dot{I}_2Z_2\end{aligned} \tag{2-27}$$

式中，$Z_2=R_2+jX_2$ 称为二次绕组漏阻抗.

3. 变压器的基本方程式

综合前面推导各电磁量的关系，即式（2-22）、式（2-27）、式（2-14）、式（2-25）、式（2-18）和式（2-20），得变压器稳态运行时基本方程式：

$$\left.\begin{aligned} \dot{U}_1 &= -\dot{E}_1+\dot{I}_1Z_1 \\ \dot{U}_2 &= \dot{E}_2-\dot{I}_2Z_2 \\ \frac{\dot{E}_1}{\dot{E}_2} &= k \\ \dot{I}_1+\frac{\dot{I}_2}{k} &= \dot{I}_0 \\ \dot{I}_0 &= \frac{-\dot{E}_1}{Z_m} \\ \dot{U}_2 &= \dot{I}_2Z_L \end{aligned}\right\} \tag{2-28}$$

以上各方程虽然是一个个推导的，但实际运行的变压器，各电磁量之间是同时满足这些方程的. 即已知其中一些量，可以求出另一些物理量. 但未知量最多不超过 6 个，因为只有 6 个方程. 例如，已知 $\dot{U}_1$、k、Z_1、Z_2、Z_m 及负载阻抗 Z_L，就可计算出 $\dot{I}_1$、$\dot{I}_2$ 和电压 $\dot{U}_2$. 进而还可以计算变压器的运行性能（后面介绍）. 当 $Z_L=\infty$时，即为空载运行.

到此为止，把变压器空载和负载运行时的电磁关系都分析了，最终体现在式（2-28）的 6 个基本方程式上. 现把它们之间的关系总结如下：

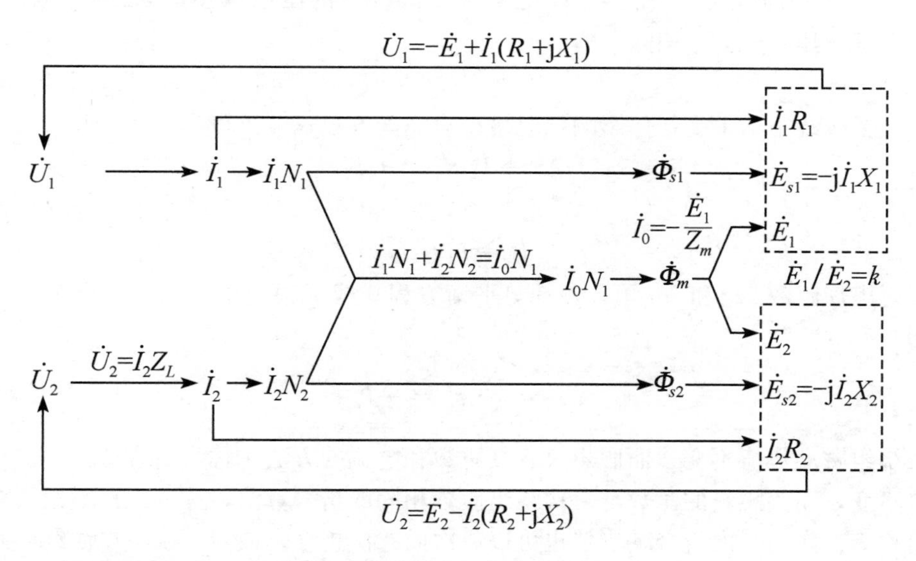

通过以上分析得出的结论都是很重要的，这里再强调以下几点：

（1）方程式中各量的正方向如图 2-1 所示.

（2）各方程式不仅适用于单相变压器的稳态运行，也适用于三相变压器的对称、稳态运行，全部电磁量都是指一相的.

（3）铁心里主磁通幅值 $\dot{\Phi}_m$ 虽然是由励磁磁动势 $\dot{F}_0$ 或励磁电流 $\dot{I}_0$ 产生的，但其数值大小却取决于端电压 U_1 的大小.

(4) 主磁路采用了硅钢片，磁导很大，即励磁电抗 X_m 很大. 换句话说，由很小的励磁电流就能产生较大的主磁通. 励磁电流 $I_0=(0.02-0.1)I_{1N}$，在运行中，其值变化不大.

(5) 漏磁路主要由非铁磁材料构成，对应的漏电抗 X_1、X_2 数值很小.

(6) 当变压器一次绕组接额定电压 $\dot{U}_{1N}$，负载运行时，由于主磁通 Φ_m、一次和二次电动势 E_1、E_2 数值变化不大，再加上一、二次漏阻抗 Z_1、Z_2 数值很小，二次电压 U_2 大小变化也不大，属恒压源性质. 若减小负载阻抗 Z_L，则能增大二次电流 $\dot{I}_2$，而一次电流 $\dot{I}_1$ 也相应增大（反之亦然）.

(7) 应掌握根据规定正方向判断变压器负载运行时功率（包括有功、无功）流动方向及性质.

4. 折合算法

通过分析变压器电磁关系，得出了式（2-28）6 个基本方程式，依此就可以分析其对称、稳态运行性能. 只要未知数不超过 6 个，解联立方程式，就能得到确定的解答. 但是，当变比 k 较大时，一、二次电压、电流和漏阻抗等在数值上相差很大，计算起来不方便，也不精确，用同一比例尺画相量图也很困难. 通常采用折合算法克服这一困难.

变压器的一、二次绕组在电路上没有直接联系，仅有磁路的联系. 从式(2-24) 磁动势平衡关系看出，二次绕组带负载时，二次绕组产生磁动势 $\dot{F}_2=\dot{I}_2N_2$，一次绕组磁动势中同时增加一个负载分量 $-\dot{F}_2=-\dot{I}_2N_2$ 与二次绕组磁动势相平衡. 这就是说，二次负载电流 $\dot{I}_2$ 是通过它产生的磁动势 $\dot{F}_2$ 与一次绕组联系的. 可见，只要保持 $\dot{F}_2$ 不变，就不会影响一次的 $\dot{F}_1$ 发生变化. 为此，我们完全可以把实际二次绕组的匝数假想成为 N_1、电流为 $\dot{I}'_2$，令 $\dot{I}'_2N_1$ 的大小和相位与原 $\dot{F}_2$ 相同，即

$$\dot{I}'_2N_1=\dot{I}_2N_2=\dot{F}_2$$

这样，一次绕组虽不受任何影响，但磁动势平衡方程式可改写为

$$\dot{I}_1N_1+\dot{I}'_2N_1=\dot{I}_0N_1$$

消去 N_1 则为

$$\dot{I}_1+\dot{I}'_2=\dot{I}_0$$

上式中不再出现匝数 N_1 和 N_2 了，磁动势平衡方程式成了很简单的电流平衡关系. $\dot{I}'_2$ 与 $\dot{I}_2$ 的关系为

$$\dot{I}'_2=\frac{N_2}{N_1}\dot{I}_2=\frac{1}{k}\dot{I}_2 \tag{2-29}$$

保持绕组磁动势值不变，而假想改变其匝数和电流的方法，称为折合算法. 保持二次绕组磁动势不变，而假想它的匝数与一次绕组匝数相同的折合算法，称为二次绕组折合成一次绕组或简称为二次向一次折合. 当然也可以一次向二次折合，或者一次、二次绕组匝数都折合到某一匝数 N 上.

实际绕组的各个量称为实际值或折合前的值，假想绕组的各个量称为折合值或折合后的值. 例如，二次绕组的实际值为 $\dot{U}_2$、$\dot{E}_2$、$\dot{I}_2$ 以及 $Z_2=R_2+\mathrm{j}X_2$，其折合值用上角加“′”做标记，为 $\dot{U}'_2$、$\dot{E}'_2$、$\dot{I}'_2$ 以及 $Z'_2=R'_2+\mathrm{j}X'_2$. 实际值与折合值或折合前的值与折合后的值之间有一定的关系，称为换算关系. 将二次绕组向一次绕组折合，其换算关系推导如下：

1）电动势换算关系

实际值

$$\dot{E}_2 = -\mathrm{j}4.44fN_2\dot{\Phi}_m$$

折合值

$$\dot{E}'_2 = -\mathrm{j}4.44fN_1\dot{\Phi}_m$$

于是

$$\dot{E}'_2 = \frac{N_1}{N_2}\dot{E}_2 = k\dot{E}_2 \tag{2-30}$$

2）阻抗换算关系

实际值

$$\dot{U}_2 = \dot{E}_2 - \dot{I}_2 Z_2$$
$$\dot{E}_2 = \dot{U}_2 + \dot{I}_2 Z_2 = \dot{I}_2(Z_L + Z_2)$$
$$\frac{\dot{E}_2}{\dot{I}_2} = Z_L + Z_2$$

折合值

$$Z'_L + Z'_2 = \frac{\dot{E}'_2}{\dot{I}'_2} = \frac{k\dot{E}_2}{\frac{1}{k}\dot{I}_2} = k^2\frac{\dot{E}_2}{\dot{I}_2} = k^2(Z_L + Z_2) = k^2 Z_L + k^2 Z_2$$

于是

$$\left.\begin{aligned} Z'_L &= k^2 Z_L \text{ 或 } R'_L = k^2 R_L, X'_L = k^2 X_L \\ Z'_2 &= k^2 Z_2 \text{ 或 } R'_2 = k^2 R_2, X'_2 = k^2 X_2 \end{aligned}\right\} \tag{2-31}$$

式（2-31）说明，阻抗折合值为实际值的 k^2 倍．由于电阻和电抗都同时差 k^2 倍，折合前后的阻抗角不会改变．

3）端电压换算关系

实际值

$$\dot{U}_2 = \dot{E}_2 - \dot{I}_2 Z_2$$

折合值

$$\dot{U}'_2 = \dot{E}'_2 - \dot{I}'_2 Z'_2 = k\dot{E}_2 - \frac{1}{k}\dot{I}_2 k^2 Z_2 = k(\dot{E}_2 - \dot{I}_2 Z_2) = k\dot{U}_2 \tag{2-32}$$

以上换算关系表明，电压、电流、电动势折合时，只变大小，相位不变；各参数折合时，只变大小，阻抗角不变．

折合算法不改变变压器的功率传递关系，证明如下．

先看一次侧．折合算法的依据是折合前后维持磁动势 $\dot{F}_2$ 不变，一次侧各量值都不变，当然不会改变一次侧的功率关系．

二次侧的功率关系计算如下．

二次侧铜损耗，用 p_{Cu2} 表示为

$$p_{\mathrm{Cu2}} = mI'^2_2 R'_2 = m\frac{1}{k^2}I_2^2 k^2 R_2 = mI_2^2 R_2$$

式中，m 为相数. $m=1$ 是单相变压器，$m=3$ 是三相变压器. 此式说明，折合前后二次绕组铜损耗大小一样.

二次侧的有功功率

$$P_2 = mU'_2 I'_2 \cos\varphi_2 = mkU_2 \frac{1}{k} I_2 \cos\varphi_2 = mU_2 I_2 \cos\varphi_2$$

式中，$\cos\varphi_2$ 是二次侧负载的功率因数. φ_2 是负载阻抗 Z_L 的阻抗角，折合前后不变，因此，$\cos\varphi_2$ 也不应变化. 此式说明，折合前后二次侧有功功率不改变.

二次侧的无功功率

$$Q_2 = mU'_2 I'_2 \sin\varphi_2 = mkU_2 \frac{1}{k} I_2 \sin\varphi_2 = mU_2 I_2 \sin\varphi_2$$

此式说明，折合前后无功功率也不变化.

以上分析说明，折合算法仅仅作为一个方法来使用，不改变变压器运行的物理本质. 例如，并不改变电源向变压器输入功率，也不改变它向负载输出功率，更不改变它自身的损耗.

当二次向一次折合时，一次侧各量为实际值，二次侧变为带“′”的量，如果想得到二次回路各量的实际值，再按上述公式把折合值换算为实际值.

5. 等效电路

采用折合算法后，变压器一次侧量为实际值、二次侧量为折合值，基本方程式就成为

$$\left.\begin{aligned} \dot{U}_1 &= -\dot{E}_1 + \dot{I}_1 Z_1 \\ \dot{U}'_2 &= \dot{E}'_2 - \dot{I}'_2 Z'_2 \\ \dot{E}_1 &= \dot{E}'_2 \\ \dot{I}_1 + \dot{I}'_2 &= \dot{I}_0 \\ \dot{I}_0 &= -\frac{\dot{E}_1}{Z_m} \\ \dot{U}'_2 &= \dot{I}'_2 Z'_L \end{aligned}\right\} \tag{2-33}$$

根据以上 6 个方程式，得出变压器的等效电路如图 2-10 所示. 图中二次绕组两端接的负载阻抗为折合值 Z'_L. 若只看变压器本身的等效电路，其形状像字母“T”，故称为 T 形等效电路.

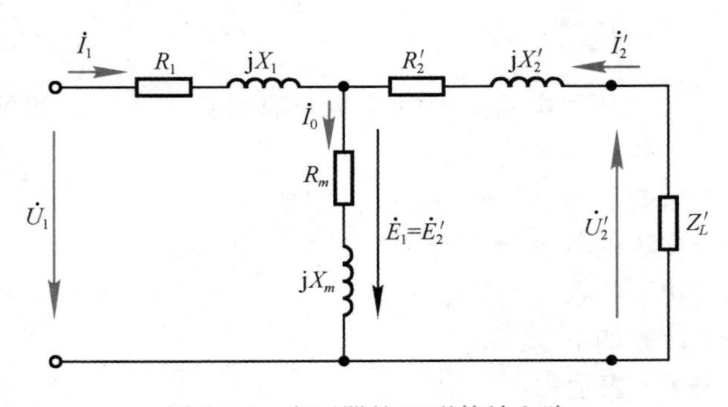

图 2-10 变压器的 T 形等效电路

采用折合算法后，原本无电路联系的双绕组变压器，其一、二次电动势相等了，$\dot{E}_1=\dot{E}'_2$，且磁动势平衡方程变为电流平衡关系，即 $\dot{I}_1+\dot{I}'_2=\dot{I}_0$. 这样一来，一、二次绕组间似乎就有了电路的联系，可以用图 2-10 所示 T 形等效电路来模拟. 折合算法表面上看好像很麻烦，但它使变压器的计算变得非常方便、简单.

T 形等效电路只适用于变压器对称、稳态运行. 如果运行在不对称、动态乃至于故障状态，如绕组匝间短路等，就不能简单地采用 T 形等效电路了.

这里再强调一下，式（2-33）基本方程式和图 2-10 中 T 形等效电路都是指一相的值. 对于三相变压器来说，应根据电路上的联结方式，如星形与三角形联结，正确计算各量的相值与线值.

变压器负载运行时，$I_1\gg I_0$，为了简单，可以忽略 I_0，表现在 T 形等效电路上，因 $Z_m\gg Z'_2+Z'_L$，可以认为 Z_m 无限大而断开，于是等效电路变成了“一”字形，称为简化等效电路，如图 2-11（a）所示.

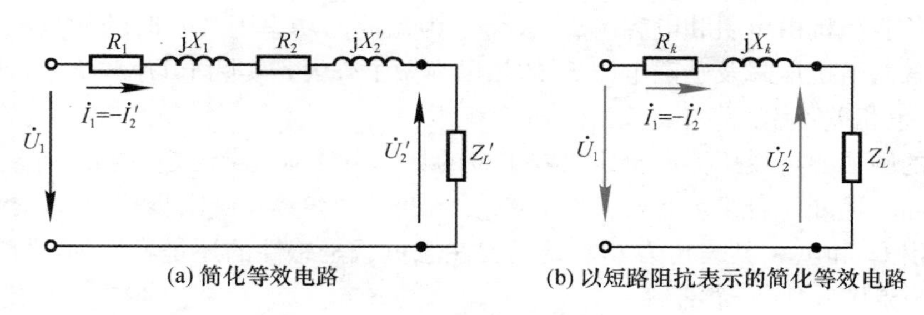

图 2-11　变压器的简化等效电路

对图 2-11（a）所示的等效电路，令

$$\left.\begin{aligned} Z_k &= Z_1+Z'_2=R_k+jX_k \\ R_k &= R_1+R'_2=R_1+k^2R_2 \\ X_k &= X_1+X'_2=X_1+k^2X_2 \end{aligned}\right\} \tag{2-34}$$

式中，Z_k 可以通过变压器的短路试验求出，因此称为短路阻抗，R_k 叫短路电阻，X_k 叫短路电抗. 用短路阻抗表示的简化等效电路如图 2-11（b）所示.

要注意，空载运行时，不能用简化等效电路. 对于电力变压器，如果空载，为了减小电网的无功功率负担和变压器的铁损耗，干脆将变压器从电网切除.

简化等效电路虽然会有些误差，但在工程应用上已足够准确，得到广泛的应用.

从变压器的 T 形和简化等效电路中看出，接在变压器二次侧的负载阻抗 Z_L 折合到一次侧以后就变成 $Z'_L=k^2Z_L$. 也就是说，一个阻抗直接接入电路与经过变比为 k 的变压器接入电路，对电路而言，二者的阻抗数值就差了 k^2 倍. 这就是变压器变阻抗的作用. 例如，在电子学中，带一只扬声器的功率放大器，为了能够输出最大功率，需要一定的负载阻抗值，而扬声器线圈的阻抗数值往往又与需要的数值相差太远，直接接上去，输出功率太小. 因此，就采用在功率放大器与扬声器之间接一个输出变压器（选择合适的变比 k）的方法来实现扬声器阻抗变换，达到最大功率输出，实现了阻抗匹配的要求.

前面讨论折合算法时曾提到，也可以把一次绕组折合到二次绕组匝数的基础上. 这样，二次各量都用实际值，一次各量都加“′”，为折合值. 如果还用同一变比 $k=N_1/N_2$，则一

次各量分别为

$$R'_1=\frac{1}{k^2}R_1,\quad X'_1=\frac{1}{k^2}X_1$$

$$R'_m=\frac{1}{k^2}R_m,\quad X'_m=\frac{1}{k^2}X_m$$

$$\dot{U}'_1=\frac{1}{k}\dot{U}_1,\quad \dot{I}'_1=k\dot{I}_1,\quad \dot{I}'_0=k\dot{I}_0$$

6. 相量图

根据变压器折合后的基本方程式（2-33）及T形等效电路或简化等效电路，可以画出变压器负载运行的相量图.

变压器带感性负载，即负载阻抗由电阻和电感组成，$\cos\varphi_2$ 即 $\cos\varphi_L$ 为滞后的功率因数. 此时的6个基本方程式及T形等效电路画出的相量图见图2-12（a）. 图2-12（b）为带容性负载（即负载阻抗由电阻和电容组成，$\cos\varphi_2$ 为超前的功率因数）时的相量图. 为了清楚起见，图中各漏阻抗压降及励磁电流 $\dot{I}_0$ 的相量都做了夸大，实际上 U_1 与 E_1 大小相差不多，U'_2 与 E'_2 大小也相差不多.

相量图的画法要视变压器所给定的及求解的具体条件而定. 给定量和求解量不同，画图步骤也不一样. 例如，若给定 U_2、I_2、$\cos\varphi_2$、k 及各个参数，画图步骤为：

（1）画出 $\dot{U}'_2$ 和 $\dot{I}'_2$，其夹角为 φ_2. 这里要注意负载是感性的还是容性的，才能正确画出 $\dot{U}'_2$ 与 $\dot{I}'_2$ 哪一个超前，哪一个滞后.

（2）在 $\dot{U}'_2$ 相量上，加上 $\dot{I}'_2R'_2$ 和 $\mathrm{j}\dot{I}'_2X'_2$ 得出 $\dot{E}'_2$.

（3）$\dot{E}_1=\dot{E}'_2$.

（4）画出超前 $\dot{E}_1$ 90°的主磁通 $\dot{\Phi}_m$.

（5）根据 $\dot{I}_0=-\dot{E}_1/Z_m$，画出 $\dot{I}_0$，它超前 $\dot{\Phi}_m$ 一个铁耗角.

（6）画出（$-\dot{I}'_2$），它与 $\dot{I}_0$ 的相量和为 $\dot{I}_1$.

（7）画出（$-\dot{E}_1$），加上 $\dot{I}_1R_1$ 和 $\mathrm{j}\dot{I}_1X_1$ 得到 $\dot{U}_1$.

通过以上7步，完成了相量图. 画相量图的步骤可以不同，但是，每一步或每画一个相量，都应依据相应的基本方程式. 相量图是基本方程式的图形表示法. 6个基本方程式都在图上表示清楚了，相量图也就画完了，其结果并不因画图步骤不同而有什么变化.

从图2-12相量图中看出，变压器一次电压 $\dot{U}_1$ 与电流 $\dot{I}_1$ 的夹角为 φ_1，称为变压器负载运行的功率因数角，$\cos\varphi_1$ 为功率因数. 对于运行着的变压器，负载的性质和大小决定了 $\dot{U}_1$ 是超前还是滞后于 $\dot{I}_1$，决定了 φ_1 的数值以及 $\cos\varphi_1$ 的大小. 实际上，由于 $I_0\ll I_1$，$I_1Z_1\ll U_1$，$I_2Z_2\ll U_2$，$\cos\varphi_1$ 的数值接近于 $\cos\varphi_2$，图2-12中由于夸大了 $\dot{I}_0$、$\dot{I}_1Z_1$ 和 $\dot{I}'_2Z'_2$ 相量，这一关系不明显.

图2-12相量图最大的优点是直观，它把6个基本方程式的关系清清楚楚地体现出来了.

图2-12中的相量图在理论分析上是有意义的，但已制好的变压器，很难用试验方法把 X_1 和 X'_2 分开. 因此，实际应用时常常采用简化相量图，它与简化等效电路相对应. 图2-13（a）、（b）分别画出了感性负载和容性负载时变压器的简化相量图. 显然，其中短路阻抗上的压降也夸大了.

从简化等效电路中看出，$\dot{U}'_2=\dot{I}'_2Z'_L$，$\dot{I}_1=-\dot{I}'_2$，$\dot{U}_1=-\dot{U}'_2+\dot{I}_1(R_k+\mathrm{j}X_k)=-\dot{U}'_2+$

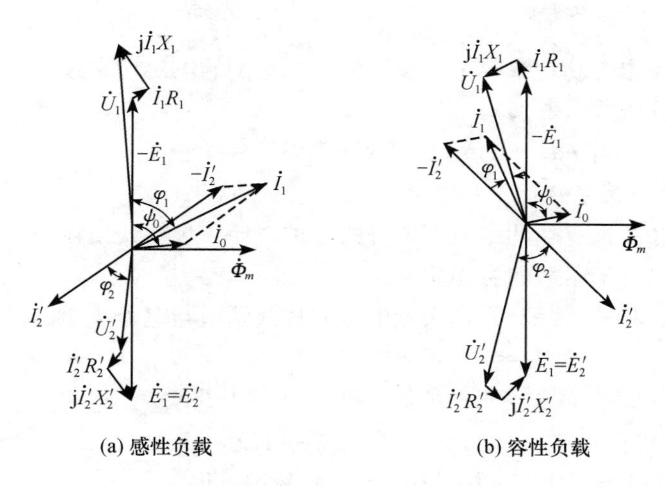

图 2-12　负载运行时变压器相量图

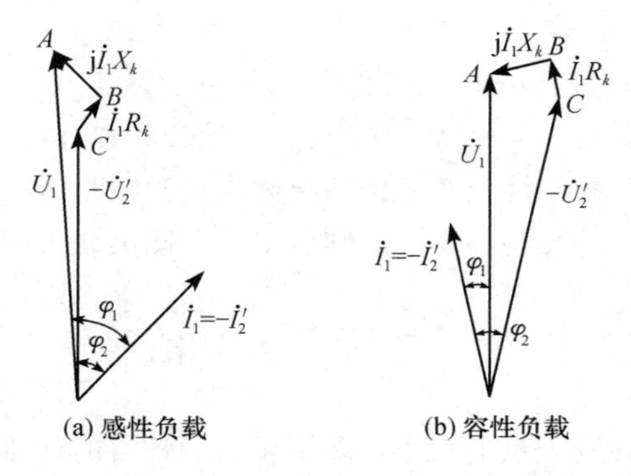

图 2-13　负载运行时变压器简化相量图

$\dot{I}_1Z_k$，这三个关系式是画简化相量图的依据．为了简单，可以不画出 $\dot{U}_2'$ 和 $\dot{I}_2'$ 两个相量，而直接画出 $-\dot{U}_2'$ 与 $-\dot{I}_2'$，它们之间的夹角显然也是 φ_2．

从图 2-13 中看出，短路阻抗的电压降，形成一个三角形 ABC，称为短路阻抗三角形．对同一台变压器，三角形的大小与负载电流成正比．额定电流时的三角形，称为短路三角形．

当电力变压器二次侧带上不同负载后，其电压 $-\dot{U}_2'$ 如何变化，见 2-6 节变压器的运行性能．

7. 功率关系

将式（2-33）一次侧电压方程式两边与一次电流相量 $\dot{I}_1$ 取点积（标量积），得

$$\begin{aligned}\dot{U}_1\cdot\dot{I}_1&=(-\dot{E}_1)\cdot\dot{I}_1+[\dot{I}_1(R_1+\mathrm{j}X_1)]\cdot\dot{I}_1\\&=(-\dot{E}_1)\cdot(\dot{I}_0-\dot{I}_2')+I_1^2R_1\\&=I_0^2R_m+\dot{E}_2'\cdot\dot{I}_2'+I_1^2R_1\end{aligned}\tag{2-35}$$

表示变压器一次侧输入的有功功率等于铁损耗加上传给二次侧的电磁功率，再加上一次侧的铜损耗．

将式（2-33）二次侧电压方程式两边与二次电流相量 $\dot{I}_2'$ 取点积，得

$$\dot{U}'_2 \cdot \dot{I}'_2 = \dot{E}'_2 \cdot \dot{I}'_2 - [\dot{I}'_2(R'_2 + jX'_2)] \cdot \dot{I}'_2 = \dot{E}'_2 \cdot \dot{I}'_2 - I'^2_2 R'_2 \quad (2\text{-}36)$$

表示变压器二次侧输出有功功率等于一次侧传给二次侧的电磁功率减去二次侧的铜损耗.

将式（2-36）代入式（2-35），得

$$\dot{U}_1 \cdot \dot{I}_1 - I_0^2 R_m + I_1^2 R_1 - I'^2_2 R'_2 = \dot{U}'_2 \cdot \dot{I}'_2$$

$$U_1 I_1 \cos\varphi_1 - I_0^2 R_m - I_1^2 R_1 - I'_2 R'_2 = U'_2 I'_2 \cos\varphi_2 \quad (2\text{-}37)$$

表示变压器一次侧输入的有功功率减去本身的各种损耗（包括铁损耗和一、二次侧铜损耗），剩下的才是二次侧输出给负载的有功功率.

关于无功功率，将式（2-33）一次侧电压方程式两边与电流 $\dot{I}_1$ 取叉积，得

$$\begin{aligned}\dot{U}_1 \times \dot{I}_1 &= (-\dot{E}_1) \times \dot{I}_1 + [\dot{I}_1(R_1 + jX_1)] \times \dot{I}_1 \\ &= (-\dot{E}_1) \times (\dot{I}_0 - \dot{I}'_2) + I_1^2 X_1 \\ &= I_0^2 X_m + \dot{E}'_2 \times \dot{I}'_2 + I_1^2 X_1\end{aligned} \quad (2\text{-}38)$$

将式（2-33）二次侧电压方程式两边与电流 $\dot{I}'_2$ 取叉积，得

$$\begin{aligned}\dot{U}'_2 \times \dot{I}'_2 &= \dot{E}'_2 \times \dot{I}'_2 - [\dot{I}'_2(R'_2 + jX'_2)] \times \dot{I}'_2 \\ &= \dot{E}'_2 \times \dot{I}'_2 - I'^2_2 X'_2\end{aligned} \quad (2\text{-}39)$$

将式（2-39）代入式（2-38），得

$$U_1 I_1 \sin\varphi_1 - I_0^2 X_m - I_1^2 X_1 - I'^2_2 X'_2 = U'_2 I'_2 \sin\varphi_2$$

如果变压器二次侧带的是感性负载，则一次侧从电源吸收滞后性无功功率，减去励磁电抗和一、二次漏电抗上需要的无功，余下的则供给二次侧负载所需要的滞后性无功功率.

2-4 标 幺 值

在变压器和电机里，各物理量的大小，除了用它们各自的计量单位表示外，还可用标幺值来表示. 所谓标幺值，就是某一个物理量的实际值与选定一个同单位的固定数值进行比较，它们的比值就是这个物理量的标幺值. 把选定同单位的固定数值称为基值.

$$标幺值 = \frac{实际值(任意单位)}{基值(与实际值同单位)}$$

例如，有两个电压：U_1=99kV；U_2=110kV，如果选 110kV 作为电压的基值，这两个电压用标幺值表示，用 $\underline{U}_1$ 和 $\underline{U}_2$ 表示，即

$$\underline{U}_1 = \frac{U_1}{U_2} = \frac{99}{110} = 0.9$$

$$\underline{U}_2 = \frac{U_2}{U_2} = \frac{110}{110} = 1.0$$

这就是说，电压 U_1 是所选基值 110kV 的 0.9 倍；电压 U_2 是基值的 1 倍.

既然各物理量用标幺值表示时，都要被各自选定的基值去除，所以，选基值就显得很重要了. 在变压器和电机里，一般都选额定值作为自己的基值. 关于选基值的个数，不是任意的，还应注意各基值之间的一定联系. 例如，对单相变压器，选额定电压、额定电流分别作为基值，其容量（或功率）和阻抗的基值就不能任意选择. 容量（或功率）的基值用 S_N 表示，为

$$S_N = U_N I_N$$

阻抗的基值用 z_N 表示，为

$$z_N = \frac{U_N}{I_N}$$

对三相变压器，选额定线电压、额定线电流分别作为基值，其容量（或功率）的基值为

$$S_N = \sqrt{3} U_N I_N$$

阻抗基值分两种情况：

对星形联结

$$z_N = \frac{U_N}{\sqrt{3} I_N}$$

对三角形联结

$$z_N = \frac{U_N}{\dfrac{I_N}{\sqrt{3}}} = \frac{\sqrt{3} U_N}{I_N}$$

采用标幺值有以下优点：

（1）采用标幺值表示电压、电流时，可以直观地看出变压器的运行情况. 例如，已知两台变压器运行时，它们的一次电压、电流分别为 6kV、9A 和 35kV、20A，在不知道它们的额定值的情况下，无法判断其运行工况. 如果给出它们的标幺值分别为 $\underline{U}_1 = 1.0$、$\underline{I}_1 = 1.0$ 和 $\underline{U}_1 = 1.0$、$\underline{I}_1 = 0.6$，我们立刻就知道，第一台变压器已处于额定负载下运行，第二台变压器仅带了 60%的额定容量，即欠载运行. 通常，称 $\underline{I}_1 = 1$ 的负载为满载，$\underline{I}_1 = 0.5$ 为半载，$\underline{I}_1 = 0.25$ 为 1/4 负载等.

（2）三相变压器中，由于绕组联结的不同，其线值与相值不相等，相差$\sqrt{3}$倍. 如果用标幺值表示，线值的基值也应用线值，这样，由于线值与相值的基值之间同样也差 $\sqrt{3}$倍，于是，线值的标幺值与其相值标幺值相等. 同样，在交流电路中，最大值、有效值的标幺值也彼此相等.

（3）在折合算法中，不管是一次向二次折合，或是二次向一次折合，折合前后的电压、电流其大小是不一样的，相差 k 或 $1/k$ 倍. 采用标幺值时，由于基值之间同样差 k 或 $1/k$ 倍，同一量折合前后其标幺值一样. 以 U_2 为例，以 V 为单位表示时

$$U_2 = \frac{U_2'}{k}$$

用标幺值表示时，为

$$\underline{U}_2 = \frac{U_2}{U_{2N}} = \frac{U_2'/k}{U_{1N}/k} = \frac{U_2'}{U_{1N}} = \underline{U}_2'$$

可见，用标幺值表示电压、电流大小时，不必考虑折合到哪一边了.

（4）负载时，一、二次电流大小相差 $1/k$ 倍，而一、二次电流基值也同样相差 $1/k$ 倍，所以，$\underline{I}_1 = \underline{I}_2 = \beta$，$\beta$ 称为负载系数，它反映了负载的大小.

（5）关于阻抗、阻抗压降和铜损耗用标幺值表示的优点. 以三相星形联结变压器为例，U_{1N}、I_{1N}、U_{2N}和 I_{2N}均为线值，参数折合时，一、二次数值相差 k^2 倍，例如，一次电阻 R_1 向二次折合，其值为 $R_1' = R_1/k^2$. 用标幺值表示时，为

$$\underline{R}_1' = \frac{R_1'}{\dfrac{U_{2N}}{\sqrt{3} I_{2N}}} = \frac{k^2 R_1'}{\dfrac{k U_{2N}}{\sqrt{3}\,\dfrac{I_{2N}}{k}}} = \frac{R_1}{\dfrac{U_{1N}}{\sqrt{3} I_{1N}}} = \underline{R}_1$$

不难导出，$\underline{R}_2=\underline{R}_2'$，$\underline{X}_1=\underline{X}_1'$，$\underline{X}_2=\underline{X}_2'$，$\underline{R}_m=\underline{R}_m'$，$\underline{X}_m=\underline{X}_m'$，$\underline{R}_L=\underline{R}_L'$和$\underline{X}_L=\underline{X}_L'$.

额定电流时，一次绕组铜损耗用标幺值表示为

$$\frac{3I_{1N}^2R_1}{\sqrt{3}U_{1N}I_{1N}}=\frac{R_1}{\dfrac{U_{1N}}{\sqrt{3}I_{1N}}}=\underline{R}_1$$

额定电流时，定子电阻压降用标幺值表示为

$$\frac{I_{1N}R_1}{\dfrac{U_{1N}}{\sqrt{3}}}=\frac{R_1}{\dfrac{U_{1N}}{\sqrt{3}I_{1N}}}=\underline{R}_1$$

可见，用标幺值表示一次绕组电阻、额定电流时的铜损耗和电阻压降，其值彼此相等. 对于电力变压器，容量从几十千伏安到几十万千伏安，电压从几百伏到几十万伏，相差极其悬殊，它们的阻抗参数若用Ω表示，也相差悬殊. 采用标幺值表示时，所有电力变压器的各阻抗值都在一个较小的范围内. 例如，$|\underline{Z}_k|=0.04\sim0.14$（见表 2-1）. 电力变压器的$R_k$与$X_k$的比值也有个范围（见表 2-2），容量越大，$R_k$值相对较小，反映了大容量变压器的铜损耗相对较小.

表 2-1

容量/（kV·A）	额定电压/kV	$\|\underline{Z}_k\|$
10～6300	6～10	0.04～0.055
50～31500	35	0.065～0.08
2500～12500	110	0.105
3150～125000	220	0.12～0.14

表 2-2

容量/（kV·A）	$\underline{X}_k/\underline{R}_k$
50	1.3
630	3.0
6300	6.5

（6）采用标幺值可以简化某些公式.

已知电动势$E=4.44fN\Phi_m$，选额定电压U_N为E的基值，于是电动势E用标幺值表示为

$$\frac{E}{U_N}=\frac{4.44fN\Phi_m}{U_N}$$

选磁通的基值Φ_{mN}为

$$\Phi_{mN}=\frac{U_N}{4.44fN}$$

则

$$\underline{E}=\frac{4.44fN\Phi_m}{U_N}=\frac{\Phi_m}{\Phi_{mN}}=\underline{\Phi}_m$$

E和Φ_m的标幺值相等了.

2-5 变压器参数的测定

变压器的参数是根据其使用的材料、结构形状和几何尺寸决定的. 有两种途径可得到变压器的参数：一种是在设计时计算出来；另一种则是对现成的变压器用试验办法测出. 本节仅介绍由试验测定变压器参数.

1. 变压器的空载试验

从变压器空载试验可以求出变比 k、空载损耗 p_0 和励磁阻抗 Z_m 等.

图 2-14 是变压器空载试验的线路图，图（a）是单相变压器，图（b）是三相变压器.

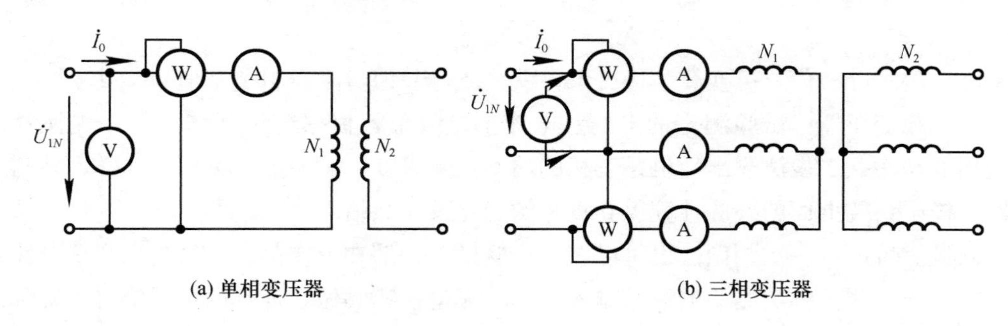

图 2-14　空载试验线路

空载试验时，一次绕组加上额定电压 U_{1N}，二次绕组开路，量测二次空载电压 U_{20}（即二次额定电压 U_{2N}）、空载电流 I_0 及空载输入功率 p_0. 在试验三相变压器时，由于三相磁路不对称，各相空载电流可能不等，取三个相空载电流的平均值作为励磁电流值.

空载试验时，变压器没有输出有功功率，它本身有哪些有功功率损耗呢？从图 2-15 空载试验时的等效电路看出：有一次绕组铜损耗 $I_0^2R_1$ 及铁损耗 $I_0^2R_m$ 两部分. 由于 $R_1 \ll R_m$，因此 $I_0^2R_1 \ll I_0^2R_m$，可以忽略前者，近似认为只有铁损耗这一项. 空载试验时，一次加的电压为额定电压 U_{1N}，因此主磁通为正常运行时的大小，铁心中的涡流和磁滞损耗都是正常运行时的大小. 所以，空载试验输入功率 p_0 近似等于变压器的铁损耗 p_{Fe}. 于是，便可根据量测的数据计算出变压器的参数.

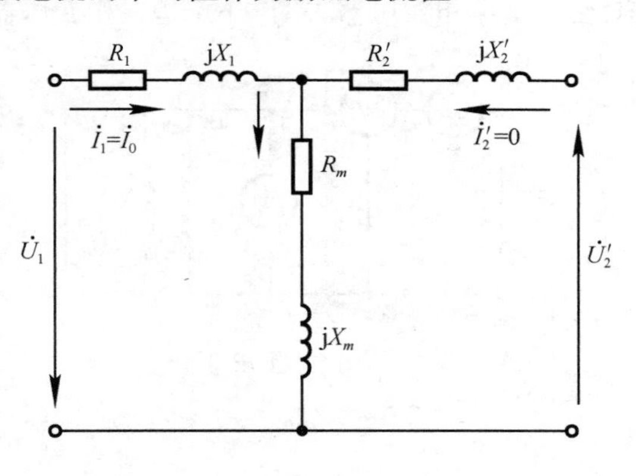

图 2-15　空载试验时的等效电路

对于单相变压器，变比

$$k = \frac{U_{1N}}{U_{20}}$$

空载阻抗

$$|Z_0| = \frac{U_{1N}}{I_0}$$

$$R_0 = \frac{p_0}{I_0^2}$$

式中，$Z_0 = Z_1 + Z_m$；$R_0 = R_1 + R_m$. 由于 $R_1 \ll R_m$ 和 $Z_1 \ll Z_m$，因此，可以认为励磁电阻

$$R_m \approx R_0 = \frac{p_0}{I_0^2}$$

励磁阻抗

$$|Z_m| \approx |Z_0| = \frac{U_{1N}}{I_0}$$

励磁电抗

$$X_m = \sqrt{|Z_m|^2 - R_m^2}$$

以上是阻抗的欧(姆)值，可换算为标幺值，就是欧(姆)值再除以阻抗基值U_{1N}/I_{1N}.

对于三相变压器，试验测定的电压、电流都是线值，根据绕组联结方式，先换算成相值，测出的功率（二表法测出）也是三相的功率，除以 3，取一相的功率. 这样，就与单相变压器一样了，按上面的办法计算得到每相的变比及参数值.

空载试验可以在一次侧做，也可以在二次侧做. 所谓在一次侧做，就是二次侧开路，在一次侧加电压，测量一次侧的电流及输入功率. 无论在哪侧做，计算的结果都是一样的. 一般为了方便，试验都在低压侧做.

2. 变压器的短路试验

从变压器短路试验可求出其负载损耗、短路阻抗和阻抗电压. 试验线路如图 2-16 所示，图（a）是单相变压器，图（b）是三相变压器.

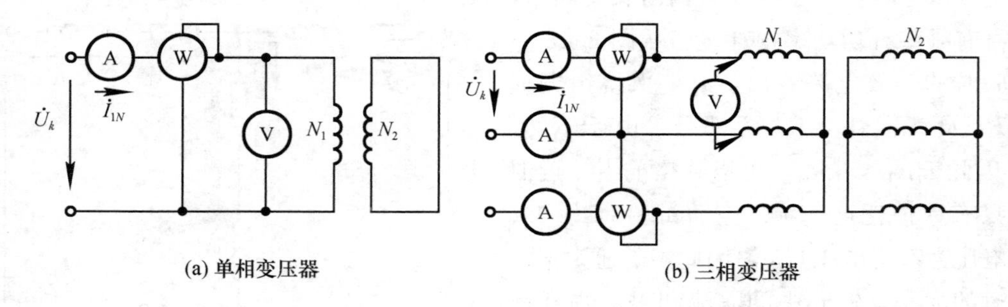

图 2-16 短路试验线路

我们知道，一次绕组接额定电压U_{1N}，二次绕组接负载阻抗Z_L，对单相变压器，其电流为（忽略励磁电流）

$$\dot{I}_1 = -\dot{I}_2' = \frac{\dot{U}_{1N}}{Z_k + Z_L'}$$

正常运行时，$Z_k \ll Z_L'$，电流的大小取决于Z_L'的值. 如果把二次绕组短路，$Z_L'=0$，这时的电流称为稳态短路电流，用$\dot{I}_k$表示，大小为

$$I_k = \frac{U_{1N}}{|Z_k|}$$

数值非常大，为额定电流的十几倍甚至 20 倍. 这是一种故障状态，不允许. 因此短路试验时，一、二次绕组电流维持为额定值，一次侧加的电压为U_k，$U_k < U_{1N}$. 试验操作步骤应是：二次绕组先短路，一次绕组再加电压，电压从零逐渐升高，到$I_k = I_{1N}$为止，停止升压，再测量I_k、U_k及输入功率p_k.

短路试验时的等效电路如图 2-17 所示. 一般地说，$R_1 \approx R'_2$，$X_1 \approx X'_2$ 即 $Z_1 \approx Z'_2$，这样，显然有

$$\dot{E}_1 = \dot{E}'_2 \approx \frac{1}{2}\dot{I}_k(Z_1 + Z'_2) = \frac{1}{2}\dot{U}_k$$

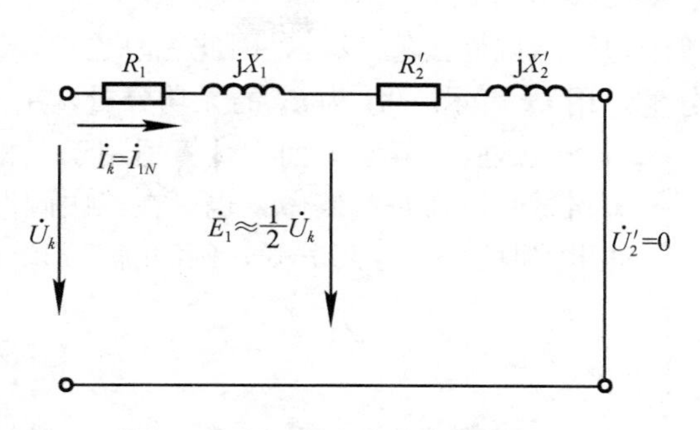

图 2-17　短路试验时的等效电路

短路试验时，二次侧不输出有功功率，但一次侧却有有功功率输入，那么变压器里面又有哪些有功功率损耗呢？一次绕组有铜损耗 $I_1^2R_1$，二次绕组有铜损耗 $I_1^2R_2$，由于短路试验时绕组中流过的电流为额定值，因此铜损耗等于额定负载时的铜损耗，还有铁心中的涡流和磁滞损耗，但这时由于 $E_1 \approx \frac{1}{2}U_k \ll U_{1N}$，与 E_1 成正比的主磁通比正常运行时小得多，铁损耗则比正常时也小得多，与铜损耗相比，可以忽略不计. 因此，短路试验时输入的功率 p_k 近似认为等于变压器的铜损耗 $p_{\mathrm{Cu}} = I_1^2(R_1 + R'_2)$. 根据测量的数据，可以计算变压器的短路阻抗.

对于单相变压器，短路阻抗

$$|Z_k| = \frac{U_k}{I_1}$$

短路电阻

$$R_k = \frac{p_k}{I_1^2}$$

短路电抗

$$X_k = \sqrt{|Z_k|^2 - R_k^2}$$

按照技术标准规定，在计算变压器的性能时，油浸电力变压器绕组的电阻要换算到 75℃时的数值（对 A、E、B 级绝缘，参考温度为 75℃，对其他绝缘为 115℃）. 对铜线的变压器，换算公式为

$$R_{k75℃} = R_k \frac{234.5 + 75}{234.5 + \theta}$$

式中，θ 为试验时的室温. 对铝线的变压器，换算公式为

$$R_{k75℃} = R_k \frac{225 + 75}{225 + \theta}$$

75℃时阻抗为

$$|Z_{k75℃}| = \sqrt{R_{k75℃}^2 + X_k^2}$$

以上阻抗为欧姆值，也可换算为标幺值.

变压器做短路试验，当 $I_1 = I_{1N}$ 时，一次所加电压 U_{kN} 的标幺值为

$$\underline{U}_{kN} = \frac{U_{kN}}{U_{1N}} = \frac{I_{1N}|Z_k|}{U_{1N}} = \frac{|Z_k|}{\dfrac{U_{1N}}{I_{1N}}} = |\underline{Z}_k|$$

等于短路阻抗标幺值 $|\underline{Z}_k|$，因此有时也把$|\underline{Z}_k|$称为阻抗电压，用 u_k 表示. $\underline{R}_k$ 为 u_k 的有功分量，用 u_{ka} 表示. $\underline{X}_k$ 为 u_k 的无功分量，用 u_{kr}表示.

与空载试验一样，上面的计算适用于三相变压器，但必须注意都应使用相值.

短路试验可在一次侧做，也可在二次侧做，结果一样. 一般为了方便都在高压侧做.

如果需要把 Z_1 与 Z_2'分开，例如画 T 形等效电路等，可认为 $Z_1 \approx Z_2'$，$R_1 \approx R_2'$，$X_1 \approx X_2'$.

2-6 变压器的运行性能

1. 变压器的电压调整率

当变压器一次绕组接额定电压，二次绕组开路时，二次绕组电压 U_{20} 就是二次绕组额定电压 U_{2N}.

带上负载以后，二次绕组电压变为 U_2，与空载时二次绕组端电压 U_{2N} 相比，变化了 $U_{2N}-U_2$，它与额定电压 U_{2N} 的比值称为电压调整率，用 ΔU 表示为

$$\Delta U = \frac{U_{2N}-U_2}{U_{2N}} \times 100\%$$

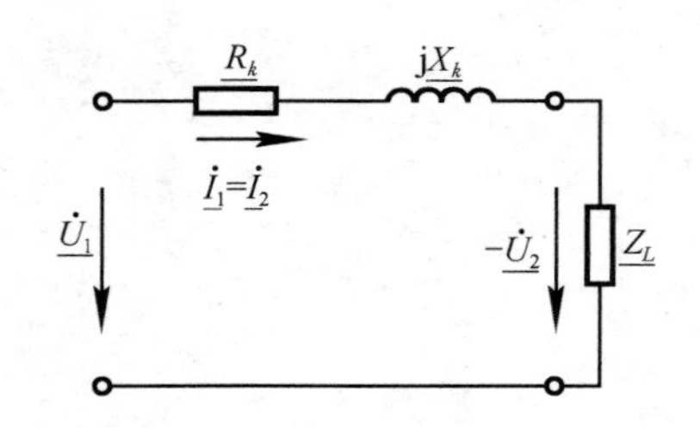

图 2-18 用标幺值的简化等效电路

变压器带负载后漏阻抗上的压降，是引起二次绕组端电压发生变化的原因. 采用标幺值表示为

$$\Delta U = 1 - \underline{U}_2 = 1 - \underline{U}_2'$$

负载时的电压调整率，可以用简化等效电路及其相量图求得. 图 2-18 是以标幺值画的简化等效电路，图 2-19 是以标幺值画的简化相量图. 其中 $\dot{\underline{U}}_1 = 1$ 为额定电压，图 (a) 为感性负载，图 (b) 为容性负载.

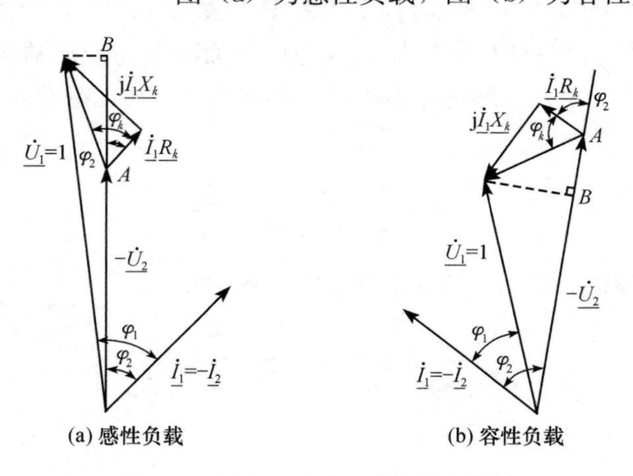

图 2-19 用标幺值表示的简化相量图

从图2-19 相量图中代表各电压值的几何线段长度之间的关系，可以推导出电压调整率 ΔU 与短路阻抗 $\underline{Z}_k$、负载的大小和性质之间的关系表达式. 例如图 2-19 (a) 中，$-\dot{\underline{U}}_2$ 的端点为 A，相量 $\dot{\underline{U}}_1$ 在相量$-\dot{\underline{U}}_2$ 线上的投影，其端点为 B. 电力变压器中，由于 $\underline{I}_1|\underline{Z}_k|$ 很小，因此认为

$$\Delta U \approx \overline{AB} = \underline{I}_1 \mid \underline{Z}_k \mid \cos(\varphi_k - \varphi_2)$$

$$= I_1 |Z_k| (\cos\varphi_k \cos\varphi_2 + \sin\varphi_k \sin\varphi_2)$$
$$= \beta(R_k \cos\varphi_2 + X_k \sin\varphi_2) \tag{2-40}$$

式中，φ_k 为 Z_k 的阻抗角；$\beta=\dfrac{I_2}{I_{2N}}$，忽略 $\dot{I}_0$ 时，$\beta=\dfrac{I_2}{I_{2N}}=\dfrac{I_1}{I_{1N}}$是负载系数.

当变压器带容性负载时，根据图 2-19（b）可列出

$$\Delta U \approx \overline{AB} = I_1 |Z_k| \cos(180° - \varphi_k - \varphi_2)$$
$$= \beta(R_k \cos\varphi_2 - X_k \sin\varphi_2) \tag{2-41}$$

在 $|X_k \sin\varphi_2| > |R_k \cos\varphi_2|$ 时，ΔU 为负值，即二次绕组端电压升高了.

实际运行中，电力变压器带的负载经常是电感性负载，所以端电压是下降的.

变压器二次绕组端电压与负载电流的关系称为变压器的外特性，画成曲线如图 2-20 所示. 图中电压、电流用标幺值表示.

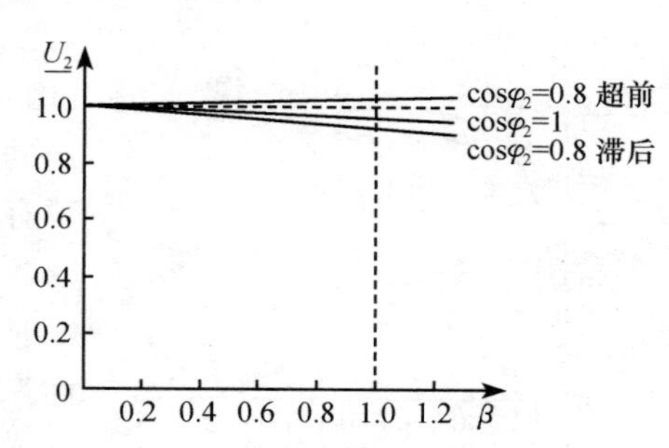

图 2-20　变压器的外特性

从电压调整率看，变压器短路阻抗 $|Z_k|$ 越小，则 ΔU 越小，供电电压越稳定. 因此，设计电力变压器时，让一、二次绕组漏阻抗都很小.

变压器短路阻抗 $|Z_k|$ 数值虽小，但直接影响变压器的性能，是一个非常重要的参数，其值在国家有关标准中有规定，并且在变压器铭牌上标注该变压器的 $|Z_k|$ 值（或标注阻抗电压 u_k）.

2. 变压器的效率

变压器的效率也要通过计算得出，其计算公式为

$$\eta = \frac{P_2}{P_1} = \frac{P_1 - \sum p}{P_1} = 1 - \frac{\sum p}{P_2 + \sum p} \tag{2-42}$$

式中，P_2 为二次绕组输出的有功功率；P_1 为一次绕组输入的有功功率；$\sum p$ 为变压器的总损耗.

二次绕组输出的有功功率 P_2 计算如下：

单相变压器

$$P_2 = U_2 I_2 \cos\varphi_2 \approx U_{2N} \beta I_{2N} \cos\varphi_2 = \beta S_N \cos\varphi_2$$

三相变压器

$$P_2 \approx \sqrt{3} U_{2N} \beta I_{2N} \cos\varphi_2 = \beta S_N \cos\varphi_2$$

式中，U_{2N}、I_{2N}都是线值.

上两式最后结果一样，都忽略了二次绕组端电压在负载时发生的变化，认为 $U_2 \approx U_{2N}$.

总损耗 $\sum p$ 包括铁损耗 p_{Fe} 和铜损耗 p_{Cu}，即

$$\sum p = p_{Fe} + p_{Cu}$$

前面分析过变压器空载和负载时铁心中的主磁通基本不变，因此，铁损耗对于具体的变压器就基本不变，称为不变损耗. 额定电压下的铁损耗近似等于空载试验时输入的有功功率 p_0，即 $p_{Fe} \approx p_0$. 铜损耗 p_{Cu} 是一、二次绕组中电流在电阻上的有功功率损耗，是与负载电

流的平方成正比的，随负载而变化，称为可变损耗. 额定电流下的铜损耗近似等于短路试验电流为额定值时输入的有功功率 p_{kN}. 依旧忽略空载电流 I_0 在一次绕组电阻上产生的损耗，负载不为额定负载时，铜损耗与负载系数的平方成正比，即 $p_{Cu}=\beta^2 p_{kN}$.

上面关于 P_2、p_{Fe}及 p_{Cu}的计算，都是在一定假设条件下的近似值，会造成一定的计算误差，但是误差都不超过 0.5%. 而且对所有的电力变压器都规定用这种方法来计算效率，可以在相同的基础上比较. 将 P_2、p_{Fe}及 p_{Cu}分别代入式（2-42），效率计算公式则变为

$$\eta = 1-\frac{p_0+\beta^2 p_{kN}}{\beta S_N\cos\varphi_2+p_0+\beta^2 p_{kN}} \tag{2-43}$$

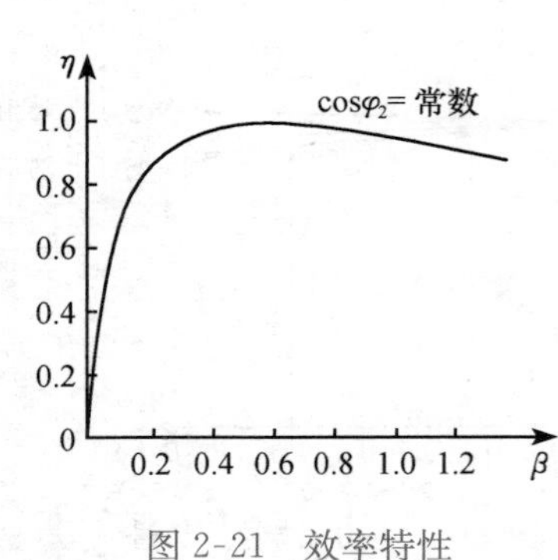

图 2-21 效率特性

对于给定的变压器，p_0 和 p_{kN}是一定的，可以用空载试验和短路试验测定. 从式（2-43）中看出，对于一台给定的变压器，运行效率的高低与负载的大小和负载功率因数有关. 当 β 一定，即负载电流大小不变时，负载的功率因数 $\cos\varphi_2$ 越高，效率 η 越高. 当负载功率因数 $\cos\varphi_2$ 为一定时，效率 η 与负载系数的大小有关，用 $\eta=f(\beta)$ 表示，称为效率特性，如图 2-21 所示. 从效率特性上看出，当变压器输出电流为零时，效率为零. 输出电流从零增加时，输出功率增加，铜损耗也增加，但由于此时 β 较小，铜损耗较小，铁损耗相对较大，因此总损耗虽然随 β 增加，但是没有输出功率增加得快，因此效率 η 也是增加的. 当铜损耗随着 β 增加，而达到 $p_{Fe}=p_{Cu}$时，效率达到最高值（下面推导），这时负载系数叫 β_m. 当 $\beta>\beta_m$ 后，p_{Cu}成了损耗中的主要部分，而且由于 $p_{Cu}\propto I_1^2\propto\beta^2$，$P_2\propto I_1\propto\beta$，因此 η 随着 β 增加反而降低了.

效率特性是一条具有最大值的曲线，最大值出现在$\frac{d\eta}{d\beta}=0$ 处，因此，取 η 对 β 的微分，其值为零时的 β 即为最高效率时的负载因数 β_m. 推导过程如下：

$$\eta=\frac{\beta S_N\cos\varphi_2}{\beta S_N\cos\varphi_2+p_0+\beta^2 p_{kN}}=\frac{S_N\cos\varphi_2}{S_N\cos\varphi_2+\frac{I_{2N}}{I_2}p_0+\frac{I_2}{I_{2N}}p_{kN}}$$

$$\frac{d\eta}{dI_2}=-\frac{S_N\cos\varphi_2}{\left(S_N\cos\varphi_2+\frac{I_{2N}}{I_2}p_0+\frac{I_2}{I_{2N}}p_{kN}\right)^2}\cdot\left(-\frac{I_{2N}}{I_2^2}p_0+\frac{1}{I_{2N}}p_{kN}\right)=0$$

即

$$-\frac{I_{2N}}{I_2^2}p_0+\frac{1}{I_{2N}}p_{kN}=0,\quad \frac{I_{2N}^2}{I_2^2}p_0=p_{kN}$$

最后得到的结果是

$$\beta_m^2 p_{kN}=p_0 \text{ 或 } \beta_m=\sqrt{\frac{p_0}{p_{kN}}} \tag{2-44}$$

式（2-44）表明，最大效率发生在铁损耗 p_0 与铜损耗 $\beta^2 p_{kN}$相等的时候.

一般电力变压器带的负载都不会是恒定不变的，而有一定的波动，因此变压器就不可能总运行在额定负载情况，设计变压器时取 $\beta_m<1$，到底为多大要视变压器负载的实际情况而定.

思考题

2-1 变压器的正方向和惯例的选择是不可改变的吗？规定不同的正方向对变压器各电磁量之间的实际关系有无影响？教材中一次绕组电路采用电动机惯例，是否意味着变压器的功率总是从一次侧流向二次侧？应该如何判断其实际的功率流向？

2-2 变压器空载运行时的磁通是由什么电流产生的？主磁通和一次漏磁通在磁通路径、数量和与二次绕组的关系上有何不同？由此说明主磁通与漏磁通在变压器中的不同作用.

2-3 变压器造好以后，其铁心中的主磁通与外加电压的大小、频率有何关系？与励磁电流有何关系？一台频率为50Hz、额定电压为220/110V的变压器，如果把一次绕组接到50Hz、380V或110V电源上，主磁通和励磁电流会如何变化？如果把一次绕组接到220V、60Hz交流电源或直流电源上，主磁通和励磁电流又会如何变化？以上各种情况下二次空载电压是多少？

2-4 变压器二次绕组开路、一次绕组加额定电压时，虽然一次绕组电阻很小，但一次电流并不大，为什么？Z_m 代表什么物理意义？电力变压器不用铁心而用空气心行不行？

2-5 在制造同一规格的变压器时，如误将其中一台变压器的铁心截面做小了（是正常铁心截面的一半），问：在做空载试验时，当这台变压器的外加电压与其他正常变压器的相同时，它的主磁通、励磁电流、励磁阻抗和其他正常变压器的有什么不同？又如误将其中一台变压器的一次绕组匝数少绕一半，做上述试验时，这台变压器的主磁通、励磁电流、励磁阻抗和其他正常变压器的有什么不同（忽略漏阻抗、设磁路线性）？

2-6 变压器的电抗参数 X_m、X_1、X_2 各与什么磁通相对应？说明这些参数的物理意义以及它们的区别，从而分析它们的数值在空载试验、短路试验和正常负载运行时是否相等.

2-7 在单相电力变压器中，为了得到正弦的感应电动势，若不考虑磁滞与涡流效应，在铁心不饱和与饱和两种情况下，空载励磁电流各呈何种波形？该电流与主磁通在时间上同相位吗？若考虑磁滞和涡流，情况又如何？

2-8 电力变压器空载运行时功率因数高吗？这时输入变压器的功率主要消耗在何处？

2-9 变压器二次侧带负载运行时，铁心中的主磁通还是仅由一次电流产生的吗？励磁所需的有功功率（铁损耗）是由一次侧还是二次侧提供的？

2-10 变压器一、二次绕组在电路上并没有联系，但在负载运行时，二次电流大，则一次电流也变大，为什么？由此说明“磁动势平衡”的概念及其在定性分析变压器时的作用.

2-11 说明变压器折合算法的依据及具体方法．可以将一次侧的量折合到二次侧吗？折合后各电压、电流、电动势及阻抗、功率等量与折合前的量分别是何关系？

2-12 变压器一、二次侧间的功率传递靠什么作用来实现？在等效电路上可用哪些电量的乘积来表示？由此说明变压器能否直接传递直流电功率.

2-13 变压器的简化等效电路与T形等效电路相比，忽略了什么量？这两种等效电路各适用于什么场合？

2-14 变压器二次侧带电阻和电感性负载时，从一次侧输入的无功功率是什么性质的？

2-15 画出变压器二次侧带纯电容负载时的相量图，并说明这时变压器的励磁无功功率实际上是由负载侧供给的.

2-16 变压器做空载和短路试验时，从电源输入的有功功率主要消耗在什么地方？在一、二次侧分别做同一试验，测得的输入功率相同吗？为什么？

2-17 试证明：当忽略铜损耗时，在高压侧和低压侧做空载试验所测得的两条空载特性曲线，当用标幺值表示时是重合的.

2-18 变压器负载运行时引起二次电压变化的原因是什么？电压调整率的大小与这些因素有何关系？二次侧带什么性质负载时，有可能使电压调整率为零？

2-19 变压器带额定负载时，其效率是否不变，为常数？效率的高低与负载性质有关吗？

2-20　变压器运行时，内部哪些损耗是基本不变的，哪些又是随负载而变的？

2-21　某单相变压器的额定电压为 220/110V，在高压侧测得的励磁阻抗 $|Z_m|=240\Omega$，短路阻抗 $|Z_k|=0.8\Omega$. 则在低压侧测得的励磁阻抗和短路阻抗分别应为多大？

2-22　某单相变压器的额定容量 $S_N=100\text{kV}\cdot\text{A}$，额定电压 $U_{1N}/U_{2N}=3300/220\text{V}$，参数为 $R_1=0.45\Omega$，$X_1=2.96\Omega$，$R_2=0.0019\Omega$，$X_2=0.0137\Omega$. 分别求折合到高、低压侧的短路阻抗，它们之间有什么关系？

2-23　某台三相电力变压器，$S_N=560\text{kV}\cdot\text{A}$，额定电压 $U_{1N}/U_{2N}=10/0.4\text{kV}$，高、低压绕组分别为三角形联结和星形联结，低压绕组每相电阻和漏电抗分别为 $R_2=0.004\Omega$，$X_2=0.0058\Omega$. 将低压侧的量折合到高压侧，折合值 R_2'、X_2' 分别是多大？

2-24　一台三相变压器二次绕组为三角形联结，变比 $k=4$. 带每相阻抗 $Z_L=3+\text{j}0.9(\Omega)$ 的三相对称负载稳态运行时，若负载为三角形联结，则在变压器的等效电路中 Z_L' 应为多少？若负载为星形联结，Z_L' 又是多少？

2-25　试证明：在额定电压时，变压器空载电流标幺值等于励磁阻抗模的标幺值的倒数.

2-26　试证明：变压器在额定电流下做短路试验时，所加短路电压的标幺值等于短路阻抗模的标幺值.

2-27　一台变压器二次电压、电流的正方向采用发电机惯例，如果二次电流超前电压 60°，则二次侧有功功率和无功功率的传输方向是怎样的？

2-28　一台电力变压器，负载性质一定，当负载大小分别为 $\beta=1$、$\beta=0.8$、$\beta=0.1$ 及空载时，其效率分别为 η_1、η_2、η_3、η_0，试比较各效率的大小.

习　题

2-1　变压器铭牌数据为 $S_N=100\text{kV}\cdot\text{A}$，$U_{1N}/U_{2N}=6300/400\text{V}$，高、低压绕组均为星形联结，低压绕组每相匝数为 40 匝，求：

(1) 高压绕组每相匝数；

(2) 如果高压侧额定电压由 6300V 改为 1000V，保持主磁通及低压绕组额定电压不变，则新的高、低压绕组每相匝数应是多少？

2-2　一台变压器主磁通正方向如题图 2-1 所示，设 $\phi=\Phi_m\sin\omega t$，已知线圈 AX 感应电动势有效值为 E_1，试分别对下面 (a)、(b) 两种 $\dot{E}_1$ 正方向的规定：

(1) 写出 e_1 的瞬时值表达式，画出 ϕ 和 e_1 的波形图及 $\dot{\Phi}_m$、$\dot{E}_1$ 的相量图；

(2) 说明在 $\omega t=0\sim\dfrac{\pi}{2}$ 的时间内，铁心中主磁通的变化规律，以及线圈端 A 与 X 哪点的电位高.

(a) $\dot{E}_1$ 的正方向从 A 点指向 X 点；(b) $\dot{E}_1$ 的正方向从 X 点指向 A 点.

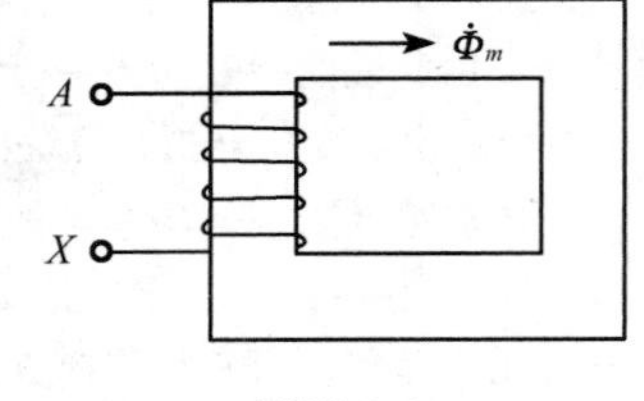

题图 2-1

2-3　变压器一次与二次绕组的电压、电动势正方向如题图 2-2 (a) 所示，设变比 $k=2$，一次电压 u_1 波形如题图 2-2 (b) 所示. 试画出 e_1、e_2、主磁通 ϕ 和 u_2 随时间变化的波形，并用相量图表示 $\dot{E}_1$、$\dot{E}_2$、$\dot{\Phi}_m$、$\dot{U}_2$ 和 $\dot{U}_1$ 的关系（忽略漏阻抗压降）.

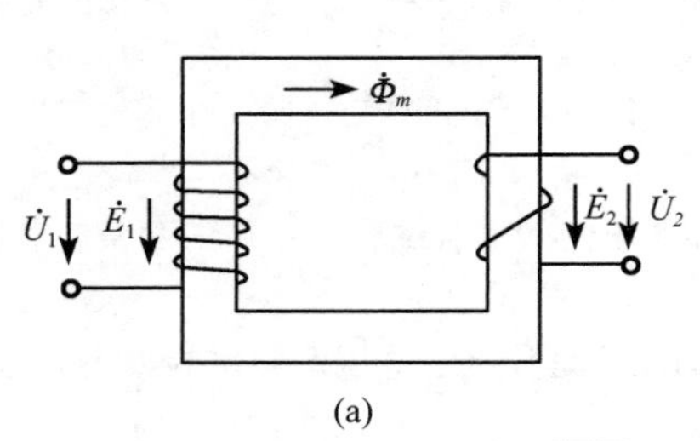

题图 2-2

2-4　一台变压器各电磁量的正方向如题图 2-3 所示，试写出一、二次侧感应电动势的表达式及空载时一次侧的电压平衡方程式.

2-5　如题图 2-4 所示，单相变压器 $U_{1N}/U_{2N}=220/110\text{V}$，高压绕组出线端为 A、X，低压绕组出线端为 a、x，A 和 a 为同极性端. 今在 A 和 X 两端加 220V，ax 开路时的励磁电流为 I_0，主磁通为 Φ_m，励磁磁动势为 F_0，励磁阻抗为 $|Z_m|$. 求下列三种情况下的主磁通、励磁磁动势、励磁电流和励磁阻抗：

（1）AX 侧开路，ax 端加 110V 电压；

（2）X 和 a 相连，Ax 端加 330V 电压；

（3）X 和 x 相连，Aa 端加 110V 电压.

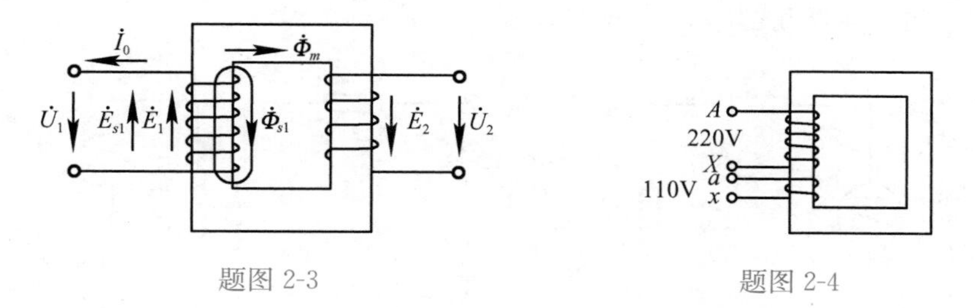

题图 2-3　　　　题图 2-4

2-6　A 和 B 两台单相变压器，额定电压都是 220/110V，且高压绕组匝数相等. 当将高压绕组接 220V 电源做空载试验时，测得它们的励磁电流相差 1 倍. 设磁路线性，现将两台变压器的高压绕组串联起来接到 440V 电源上，二次绕组开路，求两台变压路的主磁通的数量关系，其二次电压各为多少？

2-7　一台三相电力变压器，一、二次绕组均为星形联结，额定容量 $S_N=100\text{kV}\cdot\text{A}$，额定电压 $U_{1N}/U_{2N}=6000/400\text{V}$，额定电流 $I_{1N}/I_{2N}=9.62/144.3\text{A}$，每相参数：一次绕组漏阻抗 $Z_1=R_1+\text{j}X_1=4.2+\text{j}9(\Omega)$，励磁阻抗 $Z_m=R_m+\text{j}X_m=514+\text{j}5526(\Omega)$. 计算：

（1）励磁电流及其与额定电流的比值；

（2）空载运行时的输入功率；

（3）一次绕组相电压、相电动势及漏阻抗压降，并比较它们的大小.

2-8　变压器一、二次绕组匝数比为 $N_1/N_2=4.5/1.5$，如题图 2-5 所示. 若 $i_1=10\sin\omega t$（A），试写出题图 2-5（a）与（b）两种情况下二次电流 i_2 的瞬时值表达式（忽略励磁电流）.

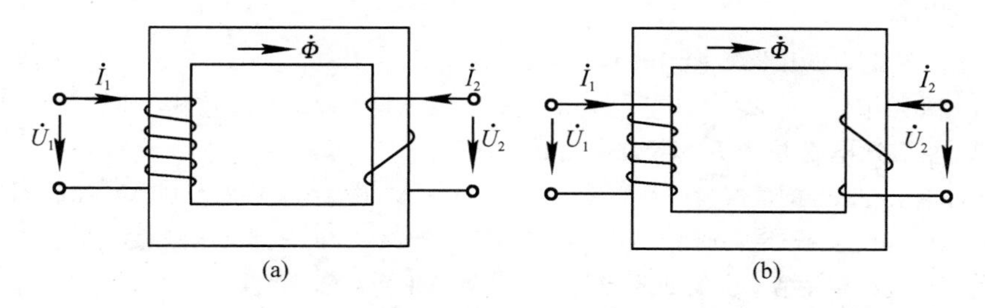

题图 2-5

2-9　一台单相降压变压器，额定容量 200kV·A，额定电压 1000/230V，一次绕组参数为 $R_1=0.1\Omega$，$X_1=0.16\Omega$，$R_m=5.5\Omega$，$X_m=63.5\Omega$，已知额定负载运行时 $\dot{I}_1$ 滞后 $\dot{U}_1$ 的相位差为 30°，求空载与额定负载运行时的一次电动势 E_1 的大小.

2-10　某台三相电力变压器，$S_N=600\text{kV}\cdot\text{A}$，$U_{1N}/U_{2N}=10000/400\text{V}$，一、二次绕组分别为三角形、星形联结，短路阻抗 $Z_k=1.8+\text{j}5(\Omega)$. 二次侧带星形联结的三相负载，每相负载阻抗 $Z_L=0.3+\text{j}0.1(\Omega)$. 计算该变压器的以下几个量：

（1）一次电流 I_1 及其与额定电流 I_{1N} 的百分比 β_1；

（2）二次电流 I_2 及其与额定电流 I_{2N} 的百分比 β_2；

（3）二次电压 U_2 及其与额定电压 U_{2N} 相比降低的百分值；

（4）变压器输出容量．

2-11 晶体管功率放大器对输出信号来说，相当于一个交流电源，其电动势 $E_s=8.5\text{V}$，内阻 $R_s=72\Omega$．另有一扬声器电阻 $R=8\Omega$．现采用两种方法把扬声器接入放大器电路作为负载，一种直接接入，另一种是经过变比 $k=3$ 的变压器接入，分别如题图 2-6（a）、（b）所示．忽略变压器的漏阻抗和励磁电流．求：

（1）两种接法时扬声器获得的功率；

（2）要使放大器输出功率最大，变压器变比应为多少？

（3）变压器在电路中作用是什么？

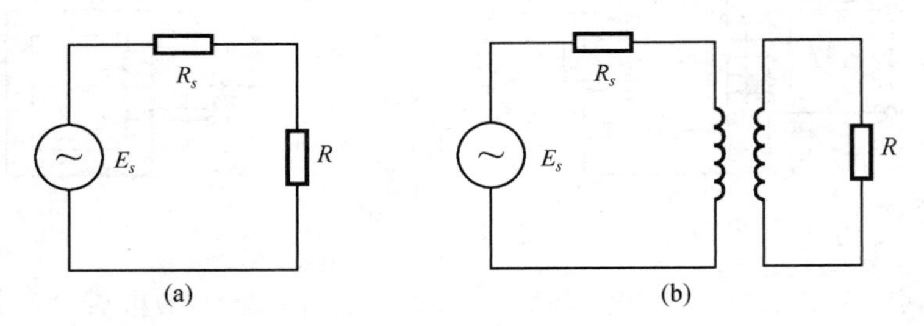

题图 2-6

2-12 一台单相变压器，$S_N=2\text{kV}\cdot\text{A}$，$U_{1N}/U_{2N}=1100/110\text{V}$，$R_1=4\Omega$，$X_1=15\Omega$，$R_2=0.04\Omega$，$X_2=0.15\Omega$；负载阻抗 $Z_L=10+\text{j}5(\Omega)$ 时，求：

（1）一、二次电流 I_1 和 I_2；

（2）二次电压 U_2 比 U_{2N} 降低了多少？

2-13 一台三相变压器，$S_N=2000\text{kV}\cdot\text{A}$，$U_{1N}/U_{2N}=1000/400\text{V}$，一、二次绕组均为星形联结．一次绕组接额定电压，二次绕组接三相对称负载，负载为星形联结，每相阻抗为 $Z_L=0.96+\text{j}0.48(\Omega)$．变压器折合到高压侧的每相短路阻抗为 $Z_k=0.15+\text{j}0.35(\Omega)$．计算该变压器负载运行时的：

（1）一、二次电流 I_1 和 I_2；

（2）二次端电压 U_2．

2-14 一台三相电力变压器 $S_N=1000\text{kV}\cdot\text{A}$，$U_{1N}/U_{2N}=10000/3300\text{V}$，一、二次绕组分别为星形、三角形联结，短路阻抗标幺值 $\underline{Z}_k=0.015+\text{j}0.053$，带三相三角形联结对称负载，每相负载阻抗 $Z_L=50+\text{j}85(\Omega)$，计算一、二次电流 I_1 和 I_2 以及二次端电压的大小．

2-15 两台单相变压器的数据为：第Ⅰ台，$S_N=1\text{kV}\cdot\text{A}$，$U_{1N}/U_{2N}=240/120\text{V}$，折合到高压侧的短路阻抗为 $4\angle 60^\circ(\Omega)$；第Ⅱ台，$S_N=1\text{kV}\cdot\text{A}$，$U_{1N}/U_{2N}=120/24\text{V}$，折合到高压侧的短路阻抗为 $1\angle 60^\circ(\Omega)$．现将第Ⅱ台的高压绕组接在第Ⅰ台的低压绕组上，再将第Ⅰ台高压绕组接到 240V 交流电源作连续降压，如题图 2-7 所示，忽略励磁电流．

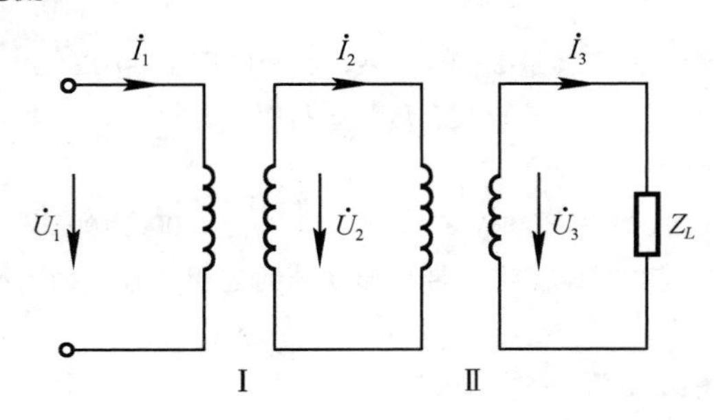

题图 2-7

（1）当所接负载 $Z_L=10+\mathrm{j}\sqrt{300}(\Omega)$ 时，求各级电压和电流的大小；

（2）若负载侧短路，求各级电压和电流大小.

2-16　两台完全相同的单相变压器，$S_N=1\mathrm{kV\cdot A}$，$U_{1N}/U_{2N}=220/110\mathrm{V}$，$Z_1=Z_2'$，$Z_2=0.1+\mathrm{j}0.15(\Omega)$，忽略励磁电流．求题图 2-8 中（a）、（b）、（c）、（d）四种情况下二次绕组的循环电流分别是多少？

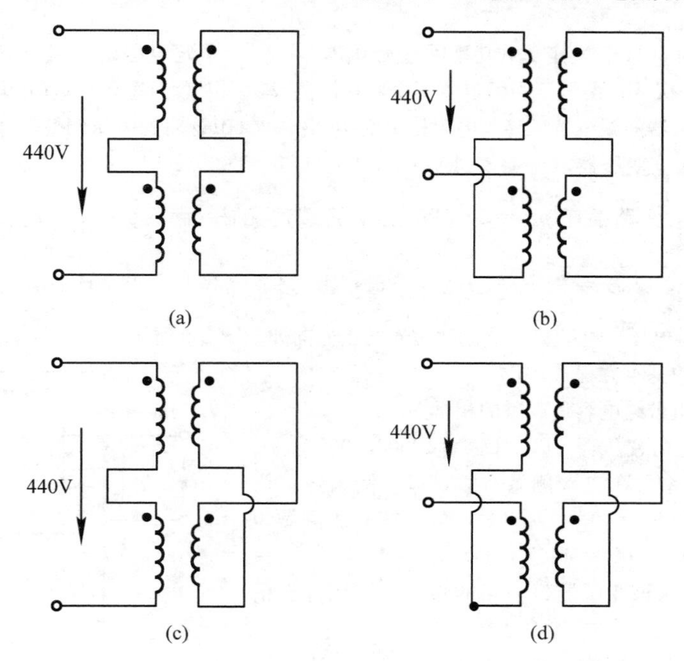

题图 2-8

2-17　一台三相变压器，$S_N=750\mathrm{kV\cdot A}$，$U_{1N}/U_{2N}=10000/400\mathrm{V}$，一、二次绕组分别为星形、三角形联结．在低压侧做空载试验，数据为 $U_{20}=400\mathrm{V}$，$I_{20}=65\mathrm{A}$，$p_0=3.7\mathrm{kW}$．在高压侧做短路试验，数据为 $U_{1k}=450\mathrm{V}$，$I_{1k}=35\mathrm{A}$，$p_k=7.5\mathrm{kW}$．设 $R_1=R_2'$，$X_1=X_2'$，求变压器参数.

2-18　将上题变压器计算结果用标幺值表示，并证明：把折合到一侧的参数取标幺值，与参数不折合而直接取标幺值所得的结果一样.

2-19　一台三相变压器，$U_{1N}/U_{2N}=110/6.3\mathrm{kV}$，一、二次绕组均为星形联结，短路阻抗标幺值 $\underline{Z}_k=0.008+\mathrm{j}0.1$．带三相对称星形联结负载，每相负载阻抗标幺值 $\underline{Z}_L=1+\mathrm{j}0.3$．求二次电压 U_2 比额定值降低了多少？

2-20　一台单相变压器，$S_N=600\mathrm{kV\cdot A}$，$U_{1N}/U_{2N}=35/6.3\mathrm{kV}$．当电流为额定时，变压器漏阻抗压降占额定电压的 6.5%，绕组的铜损耗为 9.5kW；当一次绕组加额定电压时，励磁电流占额定电流的 5.5%，功率因数为 0.1．求这台变压器的短路阻抗和励磁阻抗的标幺值和实际值.

2-21　一台三相变压器，$S_N=100\mathrm{kV\cdot A}$，$U_{1N}/U_{2N}=6/0.4\mathrm{kV}$，一、二次绕组均为星形联结，在高压侧做短路试验，测得短路电流为 9.4A 时的短路电压为 251.9V，输入功率为 1.92kW，求短路电压标幺值的有功分量和无功分量.

2-22　一台三相变压器，$S_N=5600\mathrm{kV\cdot A}$，$U_{1N}/U_{2N}=35/6.3\mathrm{kV}$，一、二次绕组分别为星形、三角形联结．在高压侧做短路试验，测得 $U_{1k}=2610\mathrm{V}$，$I_{1k}=92.3\mathrm{A}$，$p_k=53\mathrm{kW}$．当 $U_1=U_{1N}$、$I_2=I_{2N}$ 时，测得二次电压 $U_2=U_{2N}$．求此时负载的性质及功率因数角 φ_2 的大小.

2-23　一台三相变压器，$S_N=5600\mathrm{kV\cdot A}$，$U_{1N}/U_{2N}=6000/3300\mathrm{V}$，一、二次绕组分别为星形、三角形联结．空载损耗 $p_0=18\mathrm{kW}$，额定电流时短路损耗 $p_{kN}=56\mathrm{kW}$．求：

（1）当输出电流 $I_2=I_{2N}$、$\cos\varphi_2=0.8$ 时的效率 η；

(2) 效率最大时的负载因数 β_m.

2-24 某台单相变压器满载时，二次电压为 115V，电压调整率为 2%，一次绕组与二次绕组的匝数比为 20∶1，试求一次端电压.

2-25 某台单相变压器的一、二次电压比在空载时为 14.5∶1，在额定负载时为 15∶1，求此变压器的匝数比及电压调整率.

2-26 额定频率为 50Hz、额定负载功率因数为 0.8（滞后）、额定电压调整率为 10%的变压器，现将它接到 60Hz 电源上，保持一次电压为额定值不变，且使负载功率因数仍为 0.8（滞后），电流仍为额定值. 已知在额定状态下变压器的漏电抗压降为电阻压降的 10 倍，求 60Hz 时的电压调整率.

2-27 某工厂一配电变压器，$S_N=315\text{kV}\cdot\text{A}$，$U_{1N}/U_{2N}=6000/400\text{V}$，一、二次绕组均为星形联结，空载损耗 $p_0=1150\text{W}$，短路损耗 $p_{kN}=5066\text{W}$. 全日负载情况是：满载 10h，$\cos\varphi_2=0.85$；$\frac{3}{4}$负载 4h，$\cos\varphi_2=0.8$；$\frac{1}{2}$负载 5h，$\cos\varphi_2=0.5$；$\frac{1}{4}$负载 4h，$\cos\varphi_2=0.9$；空载 1h. 求全日平均效率是多少?

2-28 规定变压器电压、电动势、电流和磁通的正方向如题图 2-9 所示，

(1) 写出变压器的基本方程式；

(2) 画出二次绕组带纯电容负载时的相量图.

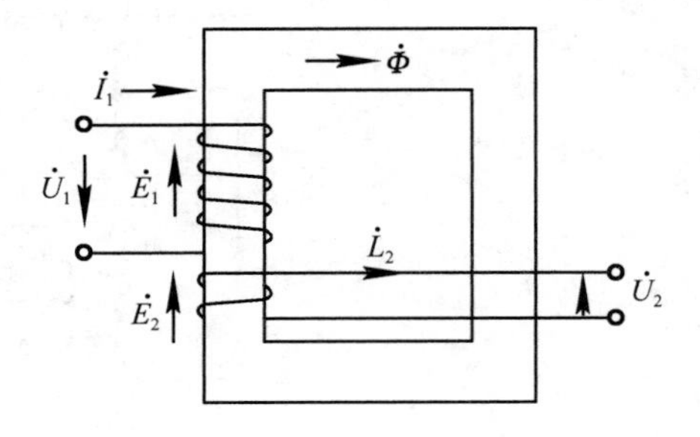

题图 2-9

2-29 一台三相电力变压器，$U_{1N}/U_{2N}=10000/400\text{V}$，一、二次绕组均为星形联结. 在二次侧做空载试验，测出数据为 $U_2=U_{2N}=400\text{V}$，$I_2=I_{20}=60\text{A}$，$p_0=3800\text{W}$. 在一次侧做短路试验，测出数据为 $U_1=U_{1k}=440\text{V}$，$I_1=I_{1N}=43.3\text{A}$，$p_k=10900\text{W}$，室温 20℃. 求该变压器每一相的参数值（用标幺值表示）.

2-30 一台三相变压器额定数据为：$S_N=1000\text{kV}\cdot\text{A}$，$U_{1N}/U_{2N}=10000/6300\text{V}$，一、二次绕组分别为星形、三角形联结. 已知空载损耗 $p_0=4.9\text{kW}$，短路损耗 $p_{kN}=15\text{kW}$. 求：

(1) 当该变压器供给额定负载且 $\cos\varphi_2=0.8$（滞后）时的效率；

(2) 当负载 $\cos\varphi_2=0.8$（滞后）时的最高效率；

(3) 当负载 $\cos\varphi_2=1.0$ 时的最高效率.

第三章　三相变压器

3-1　概　　述

第二章分析单相变压器的等效电路、相量图时曾指出，分析的方法与结果完全适用于三相对称运行的变压器. 也就是说，它是三相对称运行变压器一相的等效电路与相量图. 但是，没有介绍三相变压器的磁路系统，以及与磁路系统有密切关系的电动势波形问题，这些问题在本章要仔细讨论.

对有些负载，只要求变压器能提供合用的电压就足够了，至于在变电压的同时，变压器一、二次绕组线电压相位的变化无关紧要. 但是，对某些使用场合则不然，不仅要知道变压器电压大小的变化，还要了解一、二次绕组线电压相位移情况. 为了这个目的，本章先介绍绕组的标志方法，然后介绍绕组的联结问题.

3-2　三相变压器的磁路系统

三相变压器的磁路系统主要有两种：一种是由三个单相变压器的铁心组成的，称为三相变压器组；另一种是三铁心柱变压器. 前者的磁路各相独立，各相磁通走的磁路互无影响，如图 3-1（a）所示. 后者，三相的磁路连在一起，如图 3-2 所示.

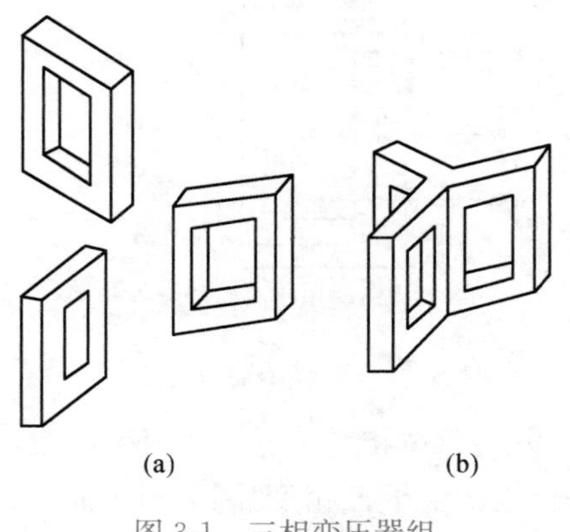

图 3-1　三相变压器组

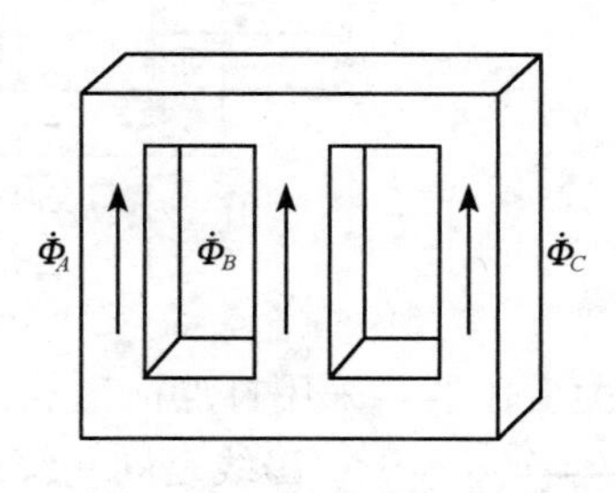

图 3-2　三铁心柱变压器

如果把三个单相变压器的铁心按照图 3-1（b）方式并联在一起，各相磁通都会以中间的那条铁心柱构成回路. 中间铁心柱的磁通应等于三相磁通的总和. 由于外加三相电压是对称的，三相磁通的总和应为

$$\dot{\Phi}_A+\dot{\Phi}_B+\dot{\Phi}_C=0$$

既然三相磁通总和等于零，可以把图 3-1（b）中间的铁心柱拿掉，对三相磁路不会产生任何影响. 这样，各相磁通都以另外两相的磁路作为自己的回路.

在实际制造时，为了简化结构，把图 3-1（b）三铁心柱放在同一个平面上，如图 3-2 所示．这种磁路结构，三相之间不那么对称，各相的励磁电流略有不同，但影响不大．

不论是三相变压器组，还是三铁心柱变压器，各相基波磁通经过的路径均为铁心磁路，遇到的磁阻都较小．

3-3 变压器的联结组标号

变压器能够变电压、变电流、变阻抗，前面已经讨论过了．现在讨论变压器还有变相位的功能．对于某些负载，如晶闸管主电路，为了保证触发脉冲的同步，不仅要求知道变压器的变比，也要知道它的一、二次绕组电压相位的变化，也就是要知道变压器绕组的联结组标号．此外，两台以上的电力变压器并联运行时，其联结组标号也至关重要．

1. 单相变压器绕组的标志方式

变压器绕组感应电动势是随时间交变的，单就一个绕组而言，无所谓固定极性．如果是链着同一主磁通 Φ_m 的两个绕组，当主磁通变化时，两个绕组感应电动势之间会有相对极性关系．

图 3-3（a）中画出了套在同一铁心上的两个绕组，它们的出线端分别为 1、2 和 3、4．当主磁通 Φ_m 瞬时值在图示箭头方向增加时，根据楞次定律，两绕组中感应电动势的瞬时实际方向是从 2 指向 1，从 4 指向 3．可见，1 和 3 为同极性端，2 和 4 为同极性端，可以在 1 和 3 两端打上“·”做标记．同极性端也叫同名端．图 3-3（b）中的两个绕组，由于绕向不同，1 和 4 为同极性端．

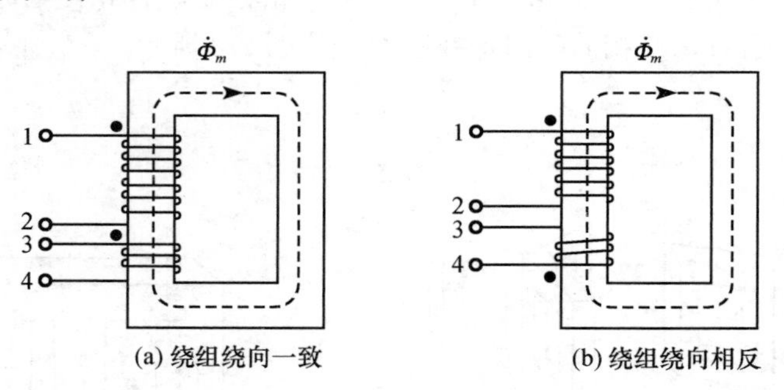

图 3-3 单相变压器的极性

对电力变压器，采用打点标记的方法使用不方便，单相变压器有 4 根引出线，哪两根引出线是同一绕组的都不知道，至于三相变压器，困难就更大了．标志变压器高、低压绕组之间相位关系，国际上都采用时钟表示法．这种方法事先把变压器每一根引出线都标上英文字母，高压绕组首端标记为 A、尾端标记为 X，低压绕组首端标记为 a、尾端标记为 x．变压器箱盖上出线标志如图 3-4 所示．

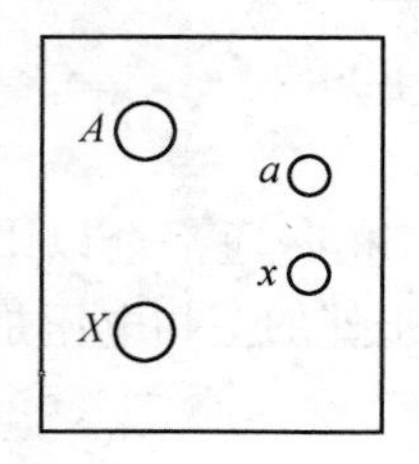

图 3-4 单相变压器箱盖出线标志

我们可以把同极性端标记为 A 和 a，如图 3-5（a）、（c）所示；也可以把异极性端标记为 A 和 a，如图 3-5（b）、（d）所示．但是，不论采用哪种标记法，在研究两个绕组电动势相位关系时，都规定各绕组电动势从首端指向尾端，高压绕组电动势从 A 到 X 为 $\dot{E}_{AX}$，为了简单，用 $\dot{E}_A$ 表示，低压绕组电动势从 a 到 x 为 $\dot{E}_{ax}$，用 $\dot{E}_a$ 表示.

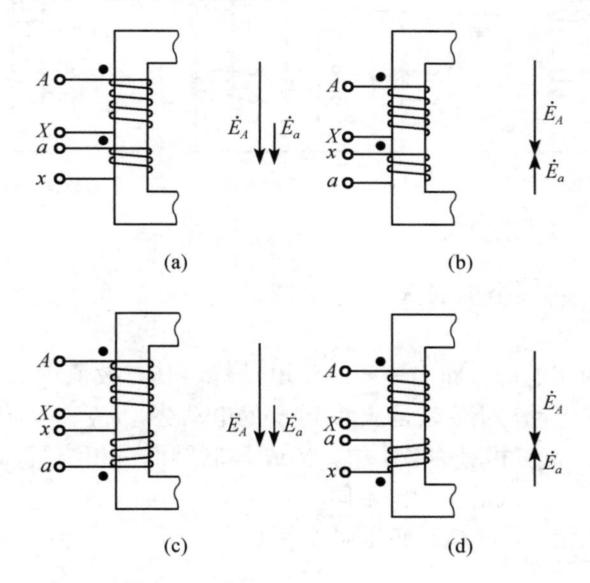

图 3-5　不同标记和绕向时，一、二次电动势相位关系

若高、低压绕组的首端 A 和 a 标为同极性端，则高、低压绕组电动势 $\dot{E}_A$ 和 $\dot{E}_a$ 同相位，如图 3-5（a）、（c）所示. 若高、低压绕组的首端 A 和 a 标为异极性端，则高、低压绕组电动势 $\dot{E}_A$ 与 $\dot{E}_a$ 反相，如图 3-5（b）、（d）所示.

所谓时钟表示法，就是把电动势相量图中的高压绕组电动势 $\dot{E}_A$ 看作时钟的长针，永远指向钟面上的“12”，低压绕组电动势 $\dot{E}_a$ 看作时钟的短针，根据短针的指向，来确定变压器的联结组标号. 可见图 3-5（a）、（c），$\dot{E}_a$ 指向钟面上的“12”，该单相变压器的联结组标号标为ⅠⅠ0，其中罗马字母ⅠⅠ分别代表高、低压绕组. 图 3-5（b）、（d）$\dot{E}_a$ 指向钟面的“6”，其联结组标号为ⅠⅠ6.

对三相三铁心柱变压器，除每相一、二次绕组之间存在极性问题外，相绕组之间也有一定极性关系. 如果分别单独从三个相绕组的首端 A、B、C 流入电流瞬间，在各相铁心柱里产生的磁通方向都能指向同一个磁路节点，则 A、B、C 为同极性端.

如果三相绕组 AX、BY、CZ 极性正确，则在三相绕组上加三相对称电源，三相主磁通之和为零，即

$$\dot{\Phi}_A+\dot{\Phi}_B+\dot{\Phi}_C=0$$

三相变压器中，除了每相可以把同极性端标为首端如图 3-6（a），或把异极性端作为首端如图 3-6（b）外，还有图 3-6（c）的标法，即同一铁心柱上的一、二次绕组，不属于同一相.

2. 三相变压器绕组的联结

三相变压器中，三个相高压绕组的首端用 A、B、C 表示，低压绕组的首端用 a、b、c 表示；三个相的尾端相应地用 X、Y、Z 和 x、y、z 表示. 首端 A、B、C 为高压绕组引出端，首端 a、b、c 为低压绕组引出端. 三相绕组可以连成星形（Y）联结或三角形（D）联

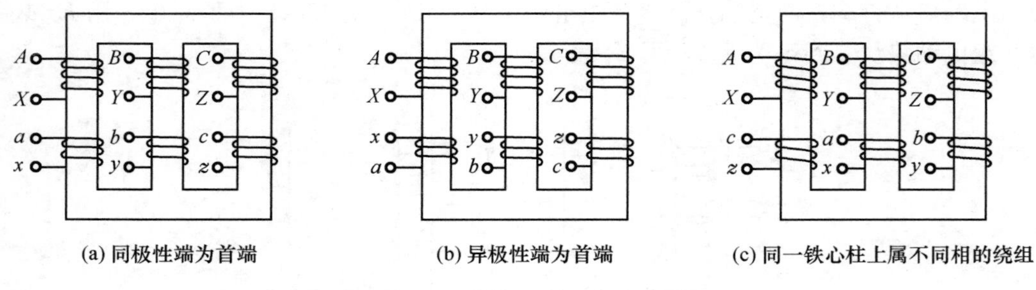

(a) 同极性端为首端　(b) 异极性端为首端　(c) 同一铁心柱上属不同相的绕组

图 3-6　不同标记的三相变压器

结，当连成 Y 联结时，将三个尾端 X、Y、Z 或 x、y、z 连在一起为中点. 若要把中点引出，则以“N 或 n”标志.

三相变压器每相的相电动势即为该相绕组电动势，其有效值用 E 表示. 线电动势是指引出端的电动势，如线电动势 $\dot{E}_{AB}$ 就是从 A 到 B 的电动势，$\dot{E}_{BC}$ 是从 B 到 C 的电动势，$\dot{E}_{CA}$ 是从 C 到 A 的电动势. 在三相对称系统中，Y 或 D 联结的三相绕组，其相电动势与线电动势之间的关系随绕组联结方式的不同而不同.

此外，还有曲折联结（Z 联结）变压器等.

1） 星形联结（Y 联结）

绕组联结图见图 3-7（a），在绕组联结图中，绕组按相序自左向右排列.

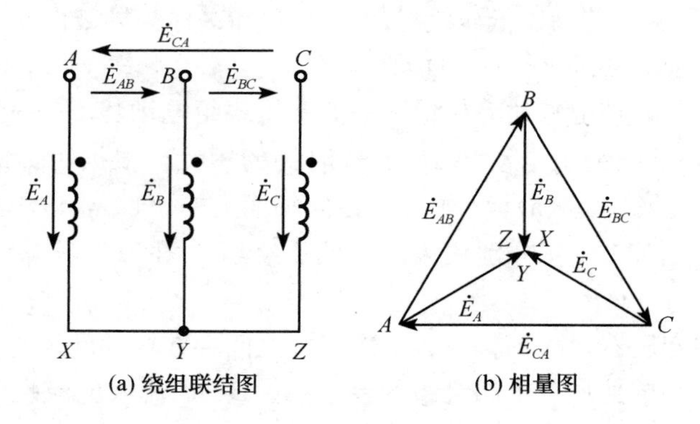

(a) 绕组联结图　(b) 相量图

图 3-7　星形联结（Y 联结）

各相电动势为

$$\dot{E}_A = E\,\underline{/0^\circ}$$
$$\dot{E}_B = E\,\underline{/-120^\circ}$$
$$\dot{E}_C = E\,\underline{/-240^\circ}$$

线电动势为

$$\dot{E}_{AB} = \dot{E}_A - \dot{E}_B$$
$$\dot{E}_{BC} = \dot{E}_B - \dot{E}_C$$
$$\dot{E}_{CA} = \dot{E}_C - \dot{E}_A$$

图 3-7（b）是它的相量图，它是一个位形图，其特点是图中重合在一处的各点是等电位的，如 X、Y、Z，并且图中任意两点间的有向线段就表示该两点的电动势相量，如$\overrightarrow{AX}$即

$\dot{E}_{AX}=\dot{E}_A$、$\overrightarrow{AB}$即$\dot{E}_{AB}$. 该相量图可先画它的相电动势部分，注意 X、Y、Z 要重合，相序要正确；然后画出$\overrightarrow{AB}$、$\overrightarrow{BC}$ 和 $\overrightarrow{CA}$，即为线电动势相量.

从图 3-7（b）看出，$\triangle ABC$ 是一个等边三角形，外加电源电压是正相序时，三相电动势也为正相序.

2）三角形联结（D 联结）

三角形联结有两种：一种为图 3-8（a）；另一种为图 3-9（a）.

先看图 3-8（a）所示的一种，其联结顺序为 $AX—CZ—BY—AX$.

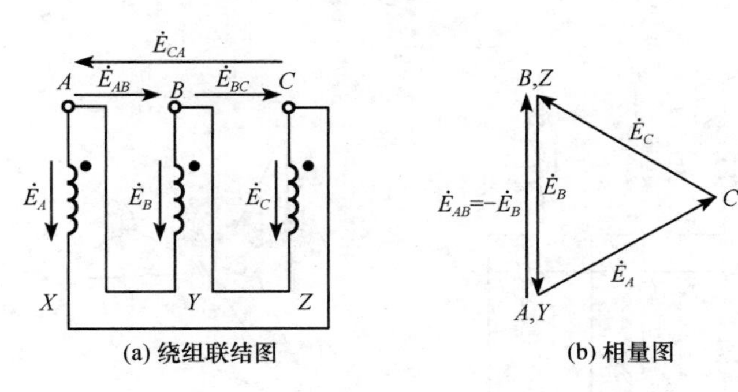

图 3-8　第一种三角形联结

这种联结，线电动势与相电动势的关系为

$$\dot{E}_{AB}=-\dot{E}_B$$
$$\dot{E}_{BC}=-\dot{E}_C$$
$$\dot{E}_{CA}=-\dot{E}_A$$

其相量图如图 3-8（b）所示. 这也是个位形图，可先画相电动势，再画线电动势.

第二种三角形联结如图 3-9（a）所示，联结顺序是 $AX—BY—CZ—AX$.

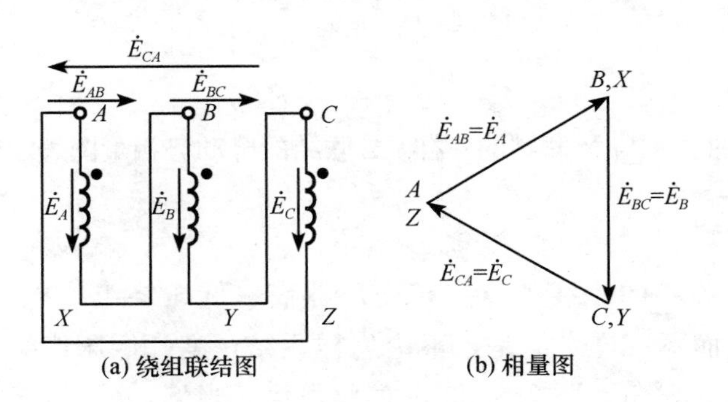

图 3-9　第二种三角形联结

这种联结线电动势与相电动势的关系为

$$\dot{E}_{AB}=\dot{E}_A$$
$$\dot{E}_{BC}=\dot{E}_B$$
$$\dot{E}_{CA}=\dot{E}_C$$

其相量图如图 3-9（b）所示，也是个位形图.

从Y和D联结的电动势相量位形图看出，只要三相电动势的相序为$A—B—C—A$，则A、B、C三个点顺时针方向依次排列，$\triangle ABC$是个等边三角形，这个结果可以帮助我们正确地画出电动势相量位形图.

三相变压器高、低压绕组都可用Y或D联结，用Y联结时中点可出线，也可不出线.

3）曲折联结（Z联结）

曲折联结（Z联结）是把每相绕组分成两半，把一相的上半绕组与另一相的下半绕组反串起来，组成一相，把A_1、B_1、C_1引出，把A_2、B_2、C_2连在一起，可作为中点引出，如图3-10（a）所示.

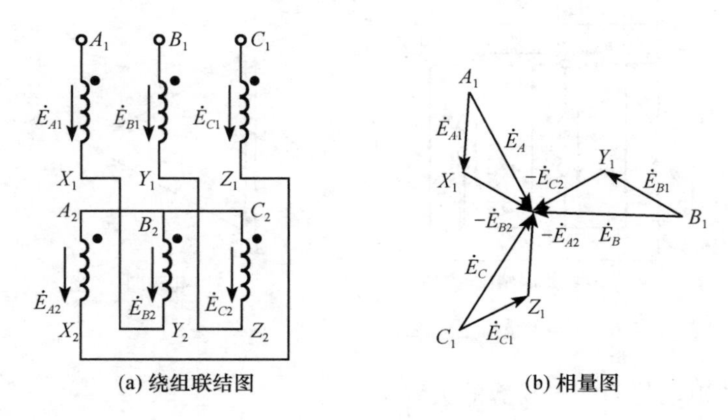

(a) 绕组联结图　　(b) 相量图

图3-10　曲折（Z）联结

各相半绕组的电动势正方向如图3-10(a)所示，已知$\dot{E}_{A1}$、$\dot{E}_{B1}$、$\dot{E}_{C1}$和$\dot{E}_{A2}$、$\dot{E}_{B2}$、$\dot{E}_{C2}$分别都是三相对称电动势，令$\dot{E}_A$、$\dot{E}_B$、$\dot{E}_C$分别是从A_1、B_1、C_1至中点的电动势，于是

$$\dot{E}_A=\dot{E}_{A1}+(-\dot{E}_{B2})$$

$$\dot{E}_B=\dot{E}_{B1}+(-\dot{E}_{C2})$$

$$\dot{E}_C=\dot{E}_{C1}+(-\dot{E}_{A2})$$

线电动势和相电动势的关系与Y联结的一样. Z联结的电动势相量图表示在图3-10（b）中.

3. 三相变压器的联结组

在三相系统中，关心的是线值. 三相变压器高、低压绕组线电动势之间的相位差，因其联结方法的不同而不一样. 但是，不论怎样联结，高、低压绕组线电动势$\dot{E}_{AB}$与$\dot{E}_{ab}$之间的相位差，要么为0°角，要么为30°角的整数倍. 当然，$\dot{E}_{BC}$与$\dot{E}_{bc}$、$\dot{E}_{CA}$与$\dot{E}_{ca}$也有同样的关系. 因此，国际上仍采用时钟表示法标志三相变压器高、低压绕组线电动势的相位关系. 即规定高压绕组线电动势$\dot{E}_{AB}$为长针，永远指向钟面上的“12”，低压绕组线电动势$\dot{E}_{ab}$为短针，它指向的数字，表示为三相变压器联结组标号的时钟序数，其中指向“12”，时钟序数为0. 联结组标号书写的形式是：用大写、小写英文字母Y或y分别表示高、低压绕组星形联结；D或d分别表示高、低压绕组为三角形联结，在英文字母后边写出时钟序数.

下面分别对高、低压绕组Yy联结及Yd联结确定其联结组标号.

1）Yy 联结

以绕组联结图如图 3-11（a）所示的 Yy 联结三相变压器为例，确定其联结组标号.

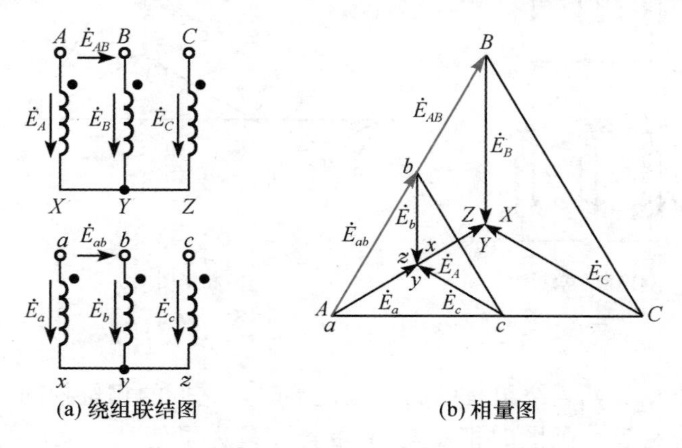

图 3-11　Yy0 联结

三相变压器绕组联结图中，A 相、B 相和 C 相的高、低压绕组分别套在同一个铁心柱上. 图 3-11（a）中的绕组上，A 与 a、B 与 b、C 与 c 打“·”，表示每个铁心柱的高、低压绕组都是首端为同极性端，三相对称.

当已知三相变压器绕组联结及同极性端时，确定变压器的联结组标号的方法是：分别画出高压绕组和低压绕组电动势的相量位形图，从图中高压边线电动势 $\dot{E}_{AB}$ 与低压边线电动势 $\dot{E}_{ab}$ 的相位关系，便可确定其联结组标号. 具体步骤为：

（1）在绕组联结图上标出各个相电动势与线电动势. 如图 3-11（a）所示，标出了 $\dot{E}_A$、$\dot{E}_B$、$\dot{E}_C$、$\dot{E}_{AB}$ 及 $\dot{E}_a$、$\dot{E}_b$、$\dot{E}_c$、$\dot{E}_{ab}$ 等.

（2）按照高压绕组联结方式，首先画出高压绕组电动势相量位形图. 如图 3-11（b）所示，高压边为 Y 联结，绕组电动势相量图与图 3-7（b）完全一样.

（3）根据同一铁心柱上高、低压绕组的相位关系，先确定低压绕组相电动势相位，然后按照低压绕组的联结方式，画出低压绕组电动势相量位形图. 从图 3-11（a）看出，同一铁心柱上的绕组 AX 和 ax，两绕组首端是同极性端，因此，高、低压绕组电动势 $\dot{E}_A$ 和 $\dot{E}_a$ 同相（即单相变压器是Ⅰ Ⅰ0 联结）；同理 $\dot{E}_B$ 和 $\dot{E}_b$ 同相位，$\dot{E}_C$ 和 $\dot{E}_c$ 同相位. 画低压绕组电动势相量图时，可以把 a 点重合在高压边的 A 点上，先画 $\dot{E}_a$ 向量，定出 a、x 两点，这样 $\dot{E}_a$ 与 $\dot{E}_A$ 不仅同方向，而且共起点. 低压绕组也是 Y 联结，其电动势相量图见图 3-11（b），也与图 3-7（b）一样.

（4）从高、低压绕组电动势相量图中 $\dot{E}_{AB}$ 与 $\dot{E}_{ab}$ 的相位关系，根据时钟表示法的规定，$\dot{E}_{AB}$ 指向钟面 12 的位置，由 $\dot{E}_{ab}$ 指向的数字确定其联结组标号. 如图 3-11（b）所示，$\dot{E}_{ab}$ 与 $\dot{E}_{AB}$ 同方向，因此该变压器联结组标号为 Yy0.

如果把图 3-11（a）每相高、低压绕组异极性作为首端，在画它们的相量图时，把相电动势 $\dot{E}_A$、$\dot{E}_B$、$\dot{E}_C$ 分别与 $\dot{E}_a$、$\dot{E}_b$、$\dot{E}_c$ 反相即可. 这种情况联结组标号为 Yy6，见图 3-12.

以上确定联结组标号的步骤，对各种接线情况的三相变压器都适用. 在画图中有两点要注意：①会根据高、低压绕组的联结方式画出各自的相、线电动势相量图；②高压绕组相电动势相量图与低压绕组相电动势相量图之间的相位关系要画对. 其依据是套在同一铁心柱上

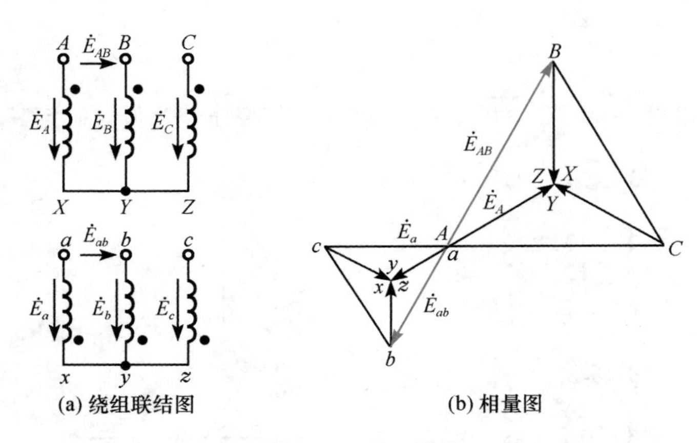

图 3-12 Yy6 联结

的高、低压绕组相电动势，当绕组首端为同极性端时，它们的相位相同；当绕组首端为异极性端时，它们的相位相反. 画图时把 a 与 A 重合，是为了使高、低压绕组线电动势 $\dot{E}_{AB}$ 与 $\dot{E}_{ab}$ 有共同的参考点，它们的相位关系更为直观.

考虑到高、低压绕组首端既可为同极性端，也可为异极性端，绕组既可为 ax、by 与 cz 的标记，又可为 cz、ax 与 by 的标记，还可为 by、cz 与 ax 的标记等 Yy 联结的三相变压器，可以得到 Yy0、Yy2、Yy4、Yy6、Yy8 和 Yy10 几种联结组标号，时钟序数都是偶数.

2） Yd 联结

Yd 联结的三相变压器，根据低压绕组的不同联结，也有两种标号.

第一种，高压绕组按图 3-7（a）星形联结，低压绕组按图 3-8（a）第一种三角形联结，如图 3-13（a）所示. 已知，高、低压绕组首端都为同极性端，$\dot{E}_A$ 与 $\dot{E}_a$ 同相，把图 3-7（b）与图 3-8（b）画在一起，如图 3-13（b）所示，并把 A、a 点重合. 可见，这种情况下，$\dot{E}_{ab}$ 指向钟面上的 11 位置，故标号为 Yd11.

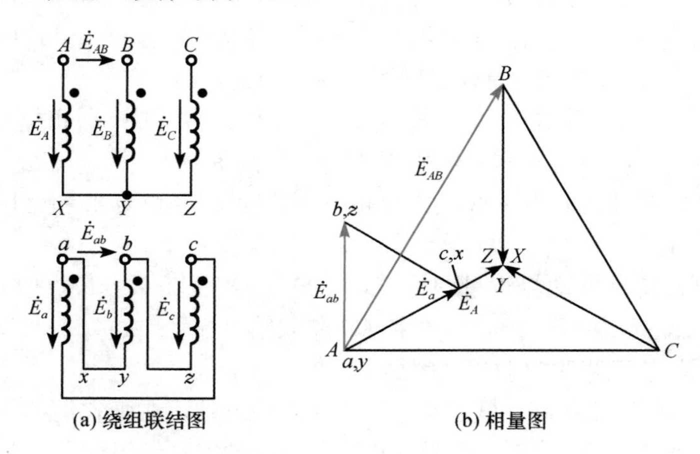

图 3-13 Yd11 联结

第二种，高压绕组按图 3-7（a）联结，低压绕组按图 3-9（a）联结，如图 3-14（a）所示. 图 3-14（b）画出了电动势相量图，可见，这种情况 $\dot{E}_{ab}$ 指向钟面上 1 位置，标号为 Yd1.

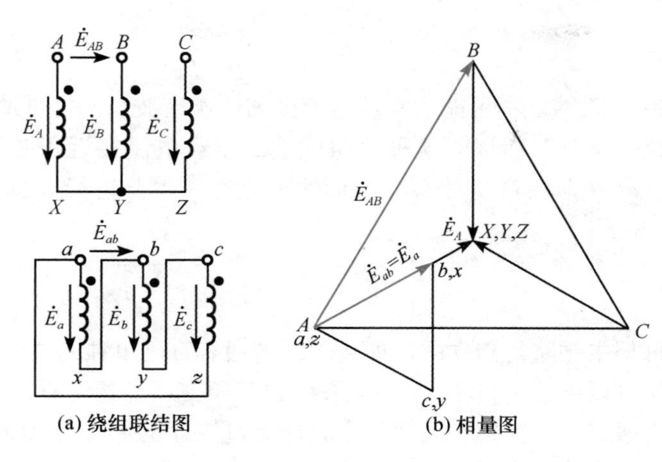

图 3-14　Yd1 联结

Yd 联结的变压器，还可以得到 Yd3、Yd5、Yd7、Yd9 联结组标号，时钟序数都是奇数.

此外，Dd 联结可以得到与 Yy 联结一样时钟序数的联结组标号，Dy 联结也可以得到与 Yd 联结一样时钟序数的联结组标号.

电力变压器常用的联结组标号为 Yyn0、Dyn11 和 YNd11 等. 其中，N、n 分别代表高、低压侧有中线引出.

Yyn0、Dyn11 主要用于配电变压器. 其中 Yyn0 二次有中线引出，作为三相四线制供电，既可供照明，又可供动力用电.

3-4　三相变压器空载运行电动势波形

在讨论单相变压器空载运行时曾经指出，当外加电压 u_1 为正弦波时，与它平衡的电动势 e_1 以及主磁通 ϕ 都为正弦波. 如果磁路有饱和，空载电流 i_0 呈现尖顶波形，除基波外，尚有较大的 3 次谐波电流及其他高次谐波电流. 关于空载电流中的高次谐波分量，因其数值较小，暂不去管它，仅分析 3 次谐波电流的情况.

如果三相变压器每相空载电流中有 3 次谐波电流，用 i_{03A}、i_{03B}、i_{03C}表示，则有

$$
\begin{aligned}
i_{03A} &= I_{03m}\sin 3\omega t \\
i_{03B} &= I_{03m}\sin 3(\omega t - 120^\circ) = I_{03m}\sin 3\omega t \\
i_{03C} &= I_{03m}\sin 3(\omega t - 240^\circ) = I_{03m}\sin 3\omega t
\end{aligned}
$$

式中，I_{03m}是 3 次谐波电流的幅值.

由上式看出，三相的 3 次谐波电流幅值彼此相等，在时间上同相位.

对三相变压器，在电路联结上如果没有 3 次谐波电流的通道，势必反过来要影响主磁通 ϕ 的波形. 若主磁通 ϕ 不为正弦波，根据谐波分析法，同样能得到除基波外，也存在较大的 3 次谐波磁通和其他高次谐波磁通. 显然，各相 3 次谐波磁通 ϕ_{03} 其幅值彼此相等，在时间相位上同相. 这样一来，需要研究三相变压器的磁路结构，分析 3 次谐波磁通所走磁路的特点，从而确定其影响大小.

1. Yy 联结

由于一次绕组为 Y 联结，不可能为空载电流中的 3 次谐波电流提供通道，5 次以上的谐波电流很小，可以忽略不计，所以，这种绕组联结的空载电流接近正弦波．当磁路有饱和时，接近正弦波的空载电流 i_0 产生什么样波形的主磁通 ϕ 需要进行分析．下面分两种磁路结构进行分析．

1）三相变压器组

三相变压器组每相主磁路是独立的，即各相主磁通有自己单独的磁路，互不干涉．在分析磁路问题时，各相可以单独进行考虑．Yy 联结的三相变压器组，在电路上不可能为同相的 3 次谐波电流提供通道，这就是说，绕组中只能流过接近正弦波的电流．在主磁路饱和的情况下，接近正弦波的空载电流 i_0 不可能产生接近正弦波的主磁通 ϕ．根据图 3-15（a）所示的磁化特性 $\phi=f(i_0)$，只能产生如图 3-15（b）所示的平顶波的主磁通 $\phi=f(\omega t)$．

对图 3-15（b）平顶波形的主磁通 $\phi=f(\omega t)$，经谐波分析，得基波磁通 ϕ_1 和 3 次谐波磁通 ϕ_3 等（高次谐波磁通因较小，暂不考虑）．对三相变压器组，单看每相 3 次谐波磁通 ϕ_3，虽然在相位上彼此同相，但各相有自己的独立磁路，且为铁心磁路，磁阻很小，所以，这种磁路结构的三相变压器，3 次谐波磁通 ϕ_3 数值很大．磁通 ϕ_1、ϕ_3 等都要在变压器一、二次各相绕组里感应电动势 e_1 和 e_3．e_1、e_3 分别滞后磁通 ϕ_1、ϕ_3 $90°$角度，如图 3-16 所示（其他高次谐波磁通、电动势都未画出）．把电动势 e_1、e_3 等相加，就是绕组相电动势 e，可见，电动势 $e=f(\omega t)$ 的波形为尖顶波形．因各相的 3 次谐波电动势 e_3 在相位上彼此同相，不会出现在线电动势中，即线电动势仍接近正弦形．

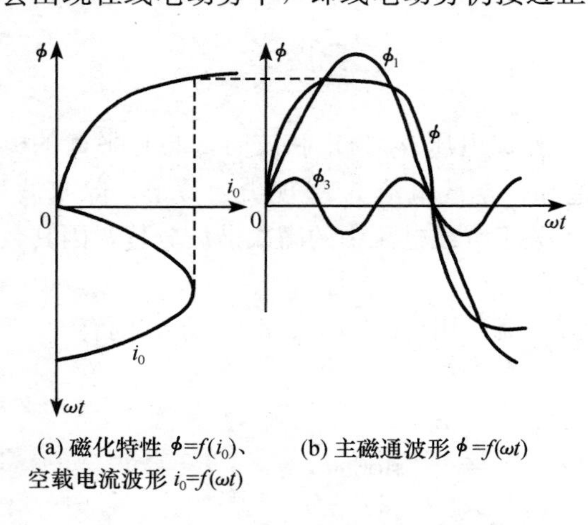

图 3-15 Yy 联结三相变压器组磁路有饱和时产生主磁通波形

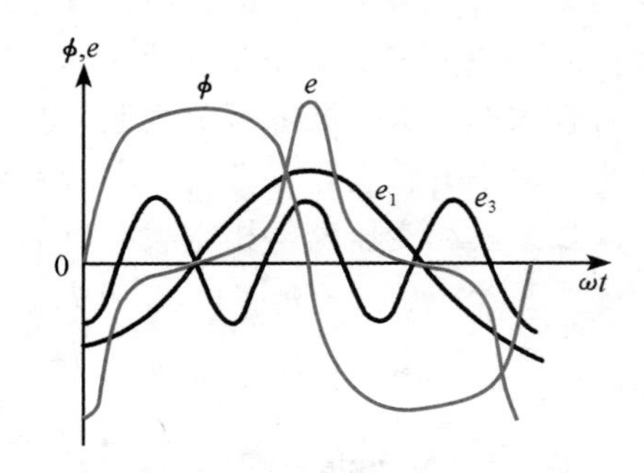

图 3-16 平顶波形主磁通产生电动势的波形

相电动势中的 3 次谐波电动势 e_3 的大小，视主磁路铁心饱和程度而定，主磁路越饱和，e_3 值越大．具有尖顶波形的相电动势，对变压器的绝缘材料构成很大的威胁．特别是高电压、大容量三相变压器组，威胁更大．因此，这种磁路结构的电力变压器，不采用 Yy 联结方式．

顺便指出，曲折联结的三相变压器组（见图 3-10），每相中 3 次谐波电动势互相抵消，相电动势接近正弦波了.

2）三铁心柱变压器

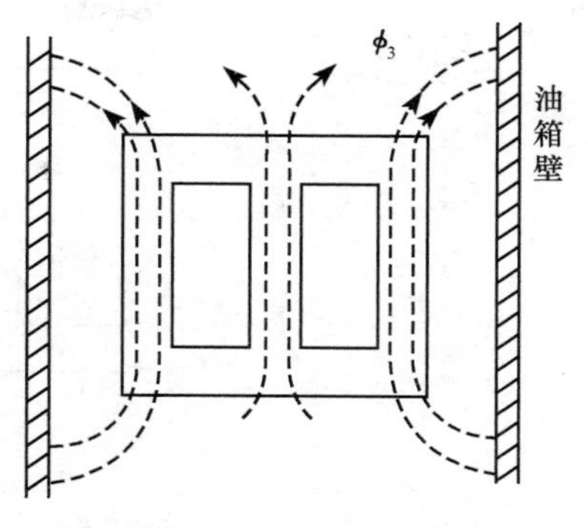

图 3-17　三铁心柱变压器 3 次谐波磁通走的路径

三铁心柱变压器主磁路结构（见图 3-2）各相不独立，彼此连在一起. 对时间同相的 3 次谐波磁通 ϕ_3，其磁路为每相的铁心柱，然后出铁心，如果是干式变压器，则经绕组或空气等介质，再回到每相铁心柱，构成回路；如果是油浸变压器，则经绕组、油及油箱等结构部件，再回到每相铁心柱，见图 3-17. 可见，3 次谐波磁通 ϕ_3 所经过的路径，其磁阻很大. 这就是说，ϕ_3 的数值不可能很大. 为此，由 ϕ_3 感应的电动势 e_3 也不会太大. 这样，一、二次绕组为 Yy 联结、磁路结构为三铁心柱的变压器，不管其主磁路饱和与否，其相、线电动势波形都接近正弦形.

以上结论看起来似乎有些问题，既然变压器主磁路运行时有饱和，为什么接近正弦波形的励磁电流，却能产生接近正弦波形的主磁通？这个问题很容易回答. 因为，上述的情况，主磁通 ϕ_1 走的磁路与 3 次谐波磁通 ϕ_3 走的磁路，其结构与介质都不一样，其中 ϕ_3 的磁路很复杂，不能简单地用铁心磁路情况来考虑. 在实际应用中，三铁心柱变压器可以采用 Yy 联结.

对油浸式 Yy 联结三铁心柱变压器，3 次谐波磁通 ϕ_3 经过铁轭夹件和油箱等，会产生附加损耗，降低变压器效率，还可能引起某些铁轭夹件局部过热. 设计变压器时，应注意此问题.

2. Dy 和 Yd 联结的三相变压器

当三相变压器采用 Dy 联结时，一次绕组相电动势中的 3 次谐波电动势 e_3，在三角形内产生 3 次谐波电流 i_{03}，此电流具有励磁电流的性质（因为二次绕组不可能有 3 次谐波电流流通，不可能平衡一次绕组的 3 次谐波电流），产生的 3 次谐波磁通，最终使主磁通 ϕ 的波形接近正弦形，由它感应的一、二次绕组相电动势都接近正弦形了.

当三相变压器采用 Yd 联结时，如图 3-18 所示，这时一次绕组回路空载电流中不可能有 3 次谐波电流分量，如前所述，主磁通 ϕ 为平顶波，相电动势为尖顶波. 如果把图 3-18 二次绕组打开，如图中的 K，这时一、二次绕组都没有 3 次谐波电流的通路，这种情况下，磁路主磁通 ϕ 与相电动势 e 与 Yy 联结时完全一样. 但是，不同之处是在二次绕组开口处却存在 3 倍 e_3 的电动势，其中 e_3 是每相 3 次谐波电动势，且此 $3e_3$ 数值很大. 将开口 K 闭合，二次变为三角形联结，$3e_3$ 的 3 次谐波电动势将在三角形回路中产生时间同相的 3 次谐波电流. 此电流也为励磁电流性质. 这是因为，一次绕组不可能有 3 次谐波电流与之平衡. 既然是励磁电流，也要产生 3 次谐波磁通. 经分析知道，此 3 次谐波磁通会削弱原磁路饱和引起的 3 次谐波磁通，也就是说，变压器主磁通是由一次绕组正弦波形的空载电流和二次绕组的 3 次谐波电流共同产生的，其效果与 Dy 联结的一样，因此，主磁通接近正弦波形. 顺便指出，为了产生正弦波形的主磁通，所需 3 次谐波电流是很小的，对变压器正常运行无很大影响.

大容量电力变压器中，当需要一、二次绕组为 Yy 联结时，可以在铁心柱上再加上一个 D 联结绕组，如图 3-19 所示. D 联结绕组不带负载，主要目的是提供 3 次谐波电流的通路，以保证主磁通接近正弦形，改善电动势波形.

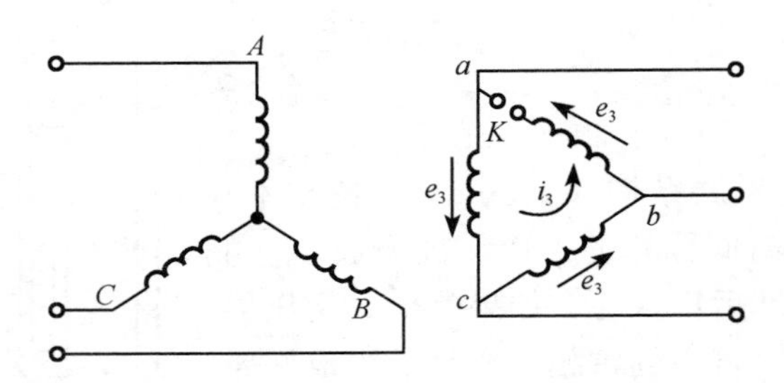

图 3-18 Yd 联结二次绕组中 3 次谐波电流

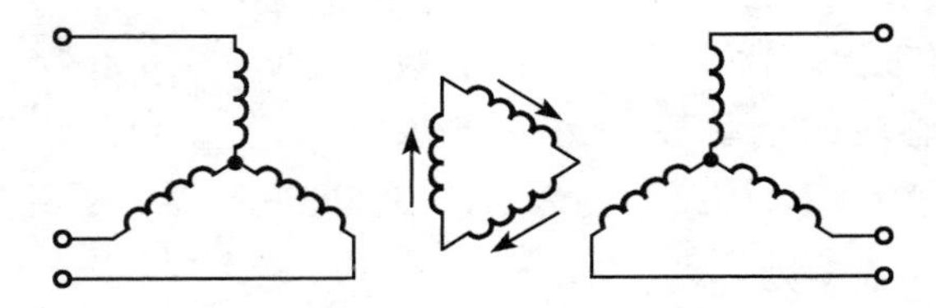

图 3-19 带附加 D 联结绕组的 Yy 联结变压器

3-5 变压器的并联运行

现代电力系统容量越来越大，发电厂和变电站的容量也很大，一台变压器往往不能担负起全部容量的传输或配电任务，为此采用两台或多台变压器并联运行.

并联时，把变压器一、二次绕组相同标志的出线端连在一起，分别接到母线上，这种运行方式称为变压器的并联运行，如图 3-20（a）所示，图 3-20（b）是它的简化图.

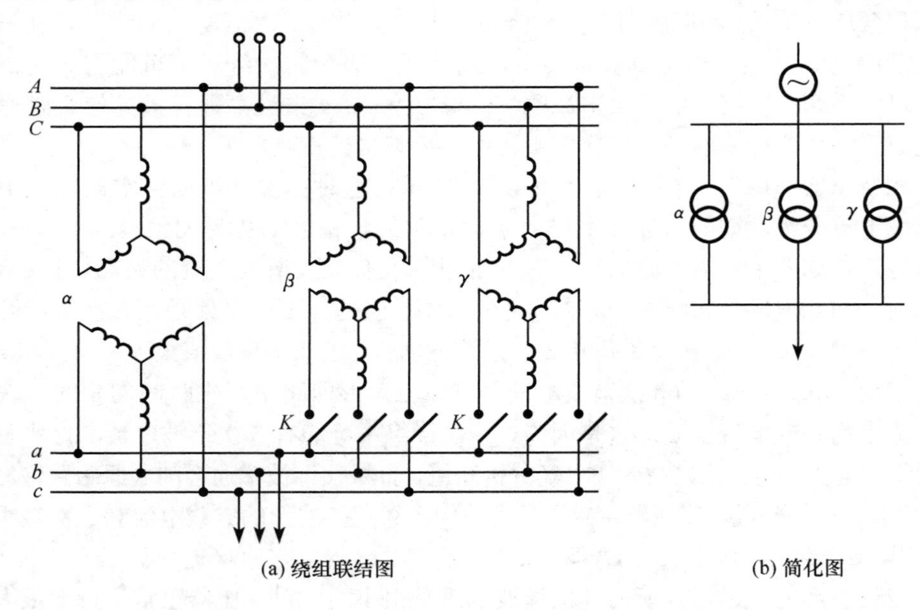

图 3-20 变压器并联运行

有些大型变电站的负载通常是逐年发展的，如果一下子就装上一台变电站最终设计容量的变压器，就不如根据负载发展，陆续添设变压器运行更经济些. 这就需要把变压器并联运行.

当负载随着昼夜或季节发生变化时，采用并联运行可以节电. 负载小时，让一部分变压器退出运行，剩下的都接近满载. 这样，不仅能提高系统的运行效率，节约电能，还可以改善系统的功率因数.

为了便于检修变压器，也需要并联运行. 可以逐台退出运行进行检修. 如有备用变压器，其容量也较小，节约投资.

不过，当变电站总容量一定时，并联运行变压器的台数不宜过多. 否则每台变压器的容量很小，效率低、费材料、占地面积大，操作也不方便.

理想运行的各并联变压器空载时，各台变压器之间无循环电流，带载后，各台变压器按其额定容量比分担负载.

理想运行的并联变压器必须满足下列三个条件：

(1) 一次与二次绕组额定电压彼此相同（变比相等）；

(2) 二次线电压对一次线电压的相位移相同（联结组标号相同）；

(3) 短路阻抗标幺值相等.

如果满足了前两个条件，图 3-20 (a) 中刀闸 K 两端之间的电位在合闸之前为零；合闸后，变压器中无循环电流.

实际运行中，上述的第二个条件必须严格遵守，至于第一个和第三个条件允许稍有出入，分别介绍如下.

1. 变压器变比不等并联运行

只讨论变比不等而联结组标号相同时的并联运行情况. 图 3-21 所示的两台单相变压器并联运行联结图中，变压器二次侧经刀闸 K' 接负载，其中 β 变压器的二次侧通过开关 K 接到母线上. 先分析 K' 打开，变压器空载运行情况.

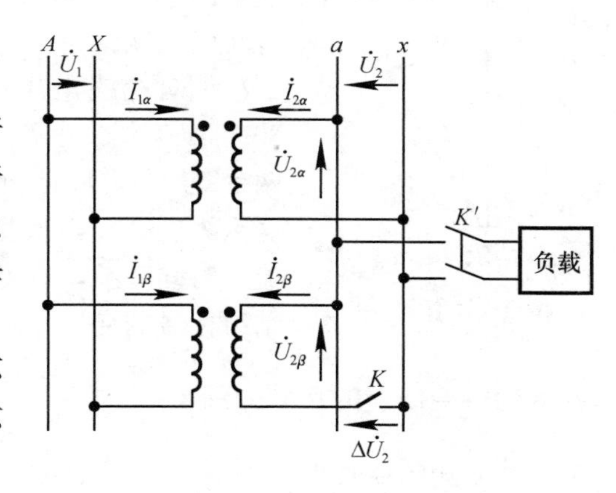

图 3-21　变压器变比不等时并联运行联结图

若开关 K 打开，由于两台变压器变比不等，即 $k_\alpha \neq k_\beta$，则它们的二次侧空载电压也不相等，即 $U_{20\alpha} \neq U_{20\beta}$，开关 K 两边电压为

$$\Delta\dot{U}_2 = \dot{U}_{20\alpha} - \dot{U}_{20\beta} = \frac{-\dot{U}_1}{k_\alpha} - \frac{-\dot{U}_1}{k_\beta} = \dot{U}'_{1\beta} - \dot{U}'_{1\alpha}$$

再把 K 合上，两变压器二次侧闭合回路中就产生与 $\Delta\dot{U}_2$ 同方向的循环电流，简称环流，它不经过负载. 根据磁动势平衡关系，一次侧闭合回路中也相应产生环流. 由于变压器短路阻抗值很小，当两台变压器变比相差不多，即 ΔU_2 数值不大时，环流却已经比较大了，此时的等效电路见图 3-22，图中各量都是折合到二次侧的量. 从该等效电路知道，环流 $\dot{I}_c$ 的大小为

$$\dot{I}_c = \frac{\dot{U}'_{1\alpha} - \dot{U}'_{1\beta}}{Z'_{k\alpha} + Z'_{k\beta}} \tag{3-1}$$

刀闸 K' 合上，变压器带负载运行时，各变压器的电流除了负载时分配的电流之外，还各自增加了一个环流.

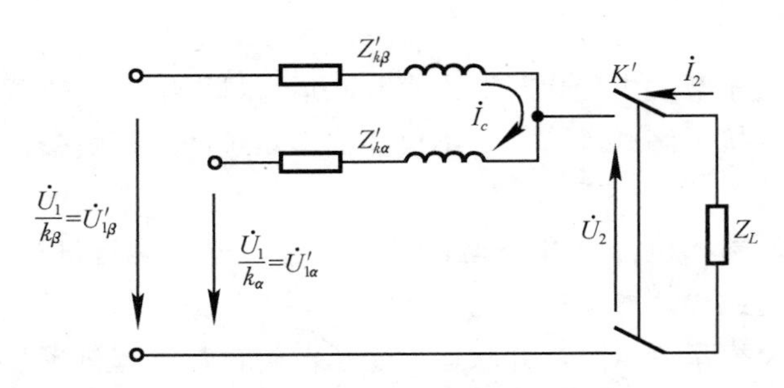

图 3-22 变压器变比不等并联运行的等效电路

由于变比不等的变压器并联运行时，一、二次绕组中都产生很大的环流，既占用了变压器的容量，又增加了它的损耗，是很不利的. 因此，为了限制环流，通常规定并联运行的变压器变比之间相差必须小于 0.5%.

2. 变压器联结组标号对并联运行的影响

变压器并联运行时，尽量要限制循环电流的数值，也就是要尽量减小二次电压差 ΔU_2 的大小. 因为，$\Delta\dot{U}_2=\dot{U}_{20\alpha}-\dot{U}_{20\beta}$是相量差，要想让 $\Delta\dot{U}_2=0$，不但要让 $\dot{U}_{20\alpha}$和 $\dot{U}_{20\beta}$的大小相等，在时间相位上也应同相. 否则，即使各电压的有效值相等，仍会产生循环电流.

在 3-3 节中指出，变压器联结组标号一定时，二次线电压对一次线电压就有固定的相位关系. 并联运行时，要求各台变压器二次对应线电压都同相. 这就要求并联运行的各变压器有相同的联结组标号. 如果把不同联结组标号的变压器并联起来，二次侧对应线电压相位差可能是 30°的倍数. 如果相位差就等于 30°，ΔU_2 的大小就已达到额定电压的 51.8%. 例如，把 Yy0 与 Yd11 两台变压器并联运行，就是这种情况. 它的相量图如图 3-23 所示. 这么大的 ΔU_2，根据式（3-1)，能产生几倍于额定电流的循环电流. 时间一长，有可能损坏参加并联运行的变压器. 所以，不同联结组标号的变压器绝对不允许并联运行.

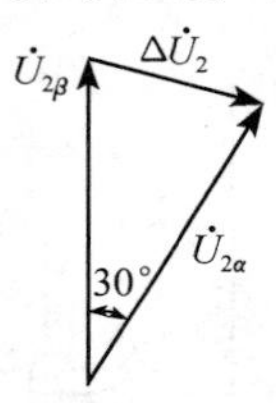

图 3-23 Yy0 与 Yd11 并联二次电压差 $\Delta\dot{U}_2$

3. 并联运行变压器的负载分配

只讨论并联运行的变压器一、二次绕组额定电压相同，又属同一联结组标号，只是短路阻抗不等的运行情况. 设 α、β、γ 三台变压器并联运行，采用简化等效电路分析负载运行情况，如图 3-24 所示，$\dot{U}_1$ 和 $\dot{U}'_2$为一、二次绕组并联运行时的相电压，下面分析负载的分配情况.

等效电路中 a、b 两点间的电压 $\dot{U}_{ab}$ 等于每一台变压器的负载电流与其漏阻抗的乘积，即 $\dot{U}_{ab}=\dot{I}_\alpha Z_{k\alpha}=\dot{I}_\beta Z_{k\beta}=\dot{I}_\gamma Z_{k\gamma}$. 因此，对并联运行的各台变压器则有

$$\dot{I}_\alpha : \dot{I}_\beta : \dot{I}_\gamma = \frac{1}{Z_{k\alpha}} : \frac{1}{Z_{k\beta}} : \frac{1}{Z_{k\gamma}} \tag{3-2}$$

此式表明各台变压器负载电流与它们的短路阻抗成反比. 另外 $\dot{I}_\alpha+\dot{I}_\beta+\dot{I}_\gamma=\dot{I}_1$. 从上面关系式看出，若各台变压器短路阻抗的阻抗角相等，则各负载电流相位也一样，各负载电流的相量和就等于算术和. 或者可以说，当总的负载电流 I_1 的大小一定时，若各短路阻抗的阻抗角相等，各台变压器承担的负载电流数值则为最小. 理想的情况当然是这样的，而实际上并

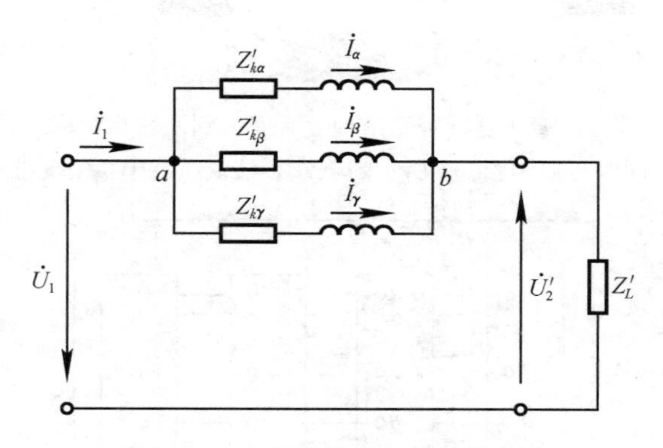

图 3-24　变压器并联运行等效电路

联运行时，各台电流的相量和与算术和相差不多，可以不考虑相位问题．这样，在计算电流时用短路阻抗的模代入式中运算，各电流有效值之和即为总电流．

上面是采用实际值，若采用标幺值，则有 $\underline{U}_{ab}=\underline{I}_\alpha|\underline{Z}_{k\alpha}|=\underline{I}_\beta|\underline{Z}_{k\beta}|=\underline{I}_\gamma|\underline{Z}_{k\gamma}|=\beta_\alpha|\underline{Z}_{k\alpha}|=\beta_\beta|\underline{Z}_{k\beta}|=\beta_\gamma|\underline{Z}_{k\gamma}|$，因此，并联运行的变压器之间则有

$$\beta_\alpha:\beta_\beta:\beta_\gamma=\frac{1}{|\underline{Z}_{k\alpha}|}:\frac{1}{|\underline{Z}_{k\beta}|}:\frac{1}{|\underline{Z}_{k\gamma}|}\tag{3-3}$$

此式表明并联运行的各台变压器负载系数 β 与短路阻抗标幺值成反比．各台变压器若 $|\underline{Z}_k|$ 相同，则 β 也相等，负载的分配最合理．由于容量相近的变压器 $|\underline{Z}_k|$ 值相差较小，因此，一般并联运行的变压器它们的容量比不超过 3∶1.

在计算变压器并联运行时的负载分配问题时，还经常采用下面的计算方法：

（1）由于有

$$\frac{1}{|Z_k|}=\frac{1}{|\underline{Z}_k|}\cdot\frac{\sqrt{3}I_{1N}}{U_{1N}}=\frac{1}{|\underline{Z}_k|}\cdot\frac{S_N}{U_{1N}^2}$$

因此，实际各台变压器分担的电流比为

$$I_\alpha:I_\beta:I_\gamma=\frac{S_{N\alpha}}{|\underline{Z}_{k\alpha}|}:\frac{S_{N\beta}}{|\underline{Z}_{k\beta}|}:\frac{S_{N\gamma}}{|\underline{Z}_{k\gamma}|}$$

（2）由于

$$S=\sqrt{3}\,U_{1N}I_1$$

实际各台变压器分担的容量比为

$$S_\alpha:S_\beta:S_\gamma=I_\alpha:I_\beta:I_\gamma$$

3-6　三相移相变压器

请扫描二维码查看三相移相变压器的详细内容。

3-6 节

思考题

3-1 三相变压器组和三铁心柱变压器在磁路结构上有何区别？三相对称的磁通和三相同相磁通在这两种磁路中遇到的磁阻有何不同？在如题图 3-1 所示的五铁心柱变压器中，情况又是怎样的？

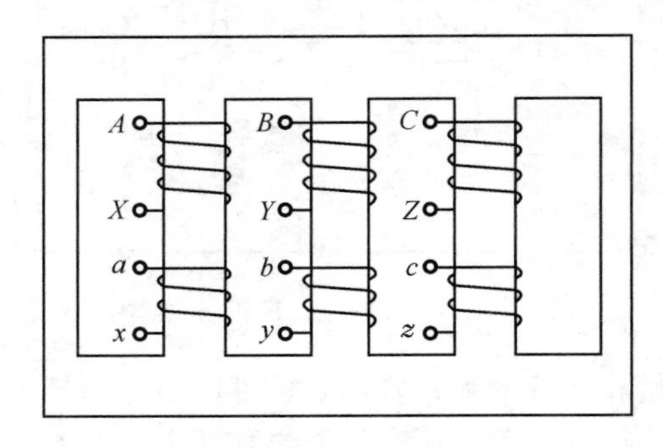

题图 3-1

3-2 单相双绕组变压器各绕组的极性端与其出线端的标志有关吗？单相双绕组变压器可能有几种不同的联结组标号？并进一步说明用电压表确定单相变压器绕组极性端和联结组标号的方法.

3-3 三相变压器的联结组标号是以一、二次相电动势还是线电动势的相位关系来决定的？不用线电动势 $\dot{E}_{AB}$ 与 $\dot{E}_{ab}$，而用 $\dot{E}_{BC}$ 与 $\dot{E}_{bc}$ 的相位关系来确定联结组标号行吗？用 $\dot{E}_{BA}$ 与 $\dot{E}_{ba}$ 行吗？

3-4 试从三相变压器联结组标号的时钟表示法定义，说明当只将二次绕组标志 a、b、c 相应改标为 c、a、b 后，所得到的联结组标号的时钟序数将如何变化？

3-5 有三台相同的单相变压器，已经知道每台一、二次绕组各自的出线端，但不知它们的极性端，如果只有一块只能用于低压侧测电压的电压表，能否在未确定每一单相变压器的极性端的情况下，将变压器正确地联结成：(1) Dy；(2) Yd.

3-6 一台三相变压器，Yy0 联结，但一次绕组的 B 和 Y 接反，二次绕组联结无误. 如果这是三台单相变压器联结成的，它会出现什么现象？能否在二次绕组中予以改正？

3-7 如果上题的错误出现在一台三铁心柱变压器上，又应如何改正？

3-8 Yd 联结的三相变压器，当一次绕组接三相对称电源时，试分析下列各量有无 3 次谐波：(1) 一、二次相、线电流；(2) 主磁通；(3) 一、二次相、线电动势；(4) 一、二次相、线电压.

3-9 Yd 联结的三相变压器一次侧加额定电压，将二次侧的闭合三角形打开，用电压表量测开口处电压；再将三角形闭合，用电流表测量回路电流. 请问在三相变压器组与三铁心柱变压器中，各次测得的电压和电流有何不同？为什么？

3-10 试标出题图 3-2 (a)、(b)、(c)、(d) 各图中的绕组同极性端，并画出高、低压绕组电动势相量图，指出其联结组标号.

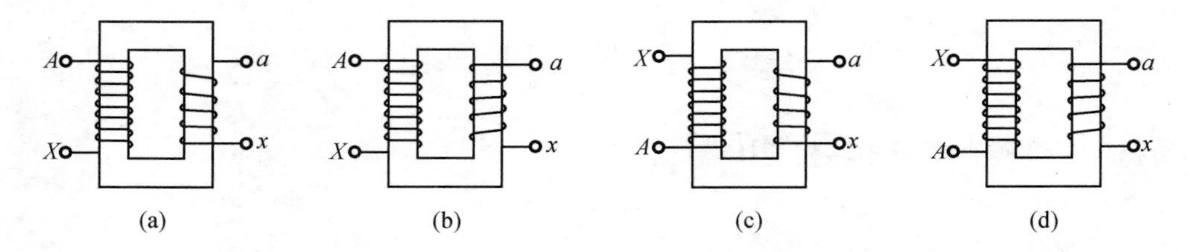

题图 3-2

3-11 变压器并联运行的条件有哪些？哪一个条件是要严格保证的？为什么？

3-12 两台变比相同的三相变压器，一次额定电压也相同，联结组标号分别为 Yyn0 和 Yyn8，能否设法使它们并联运行？

3-13　联结组标号与一、二次电压都相同的变压器并联运行时，若短路阻抗标幺值不同，对负载分配有何影响？若并联运行的各变压器容量大小不同，为尽量提高设备容量利用率，则它们的额定容量与其短路阻抗标幺值最好满足什么关系？

3-14　联结组标号与短路阻抗标幺值都相同的降压变压器并联运行时，若其变比不等，会发生什么情况？为充分利用并联运行各变压器的容量，对容量大的变压器，希望其变比大些还是小些好？为什么？

习　题

3-1　根据题图 3-3 所示的绕组联结图确定出联结组标号.

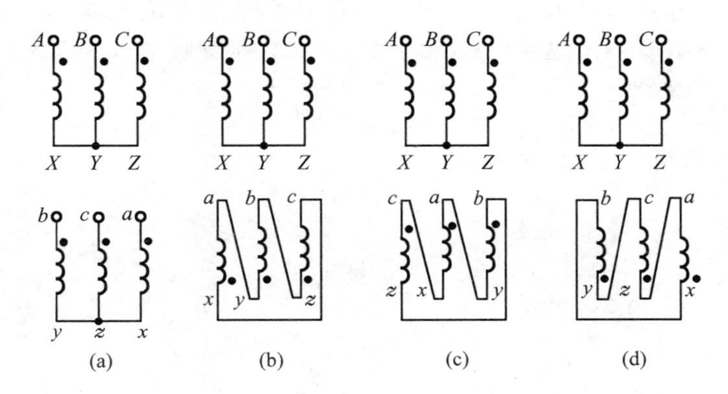

题图 3-3

3-2　根据下列联结组标号画出绕组联结图：

(1) Yy2；(2) Yd5；(3) Dy1；(4) Yy8.

3-3　一台三相变压器联结组标号为 Yy2，如果需要改接为 Yy0，怎样改？

3-4　一台三相变压器联结组标号为 Yd5，请分别改接为 Yd1 和 Yd11.

3-5　α 和 β 两台变压器并联运行，已知 $S_{N\alpha}=20000\text{kV}\cdot\text{A}$，$|\underline{Z}_{k\alpha}|=0.08$；$S_{N\beta}=10000\text{kV}\cdot\text{A}$，$|\underline{Z}_{k\beta}|=0.06$；负载电流 $I=200\text{A}$. 求两台变压器的电流 I_α 和 I_β 各为多少？(设并联变压器的 φ_k 相等，下同)

3-6　有 α 和 β 两台变压器并联运行，已知 $S_{N\alpha}=10\text{kV}\cdot\text{A}$，$u_{k\alpha}=5\%$；$S_{N\beta}=30\text{kV}\cdot\text{A}$，$u_{k\beta}=3\%$. 在二次侧带 30kV・A 的负载时，试求各变压器的负载.

3-7　A 和 B 两台单相变压器，一次和二次额定电压相同，$S_{NA}=30\text{kV}\cdot\text{A}$，$u_{kA}=3\%$；$S_{NB}=50\text{kV}\cdot\text{A}$，$u_{kB}=5\%$. 将此两台变压器并联运行，在二次侧带 70kV・A 的负载时，A 变压器过载的百分率是多少？

3-8　有一台 Dd 联结的变压器组，各相变压器的容量为 2000kV・A，额定电压为60/6.6kV，满载时的铜损耗为 15kW，在二次侧测定的短路电压为 160V；另有一台 Yy 联结的变压器组，各相变压器的容量为 3000kV・A，额定电压为 34.7/3.82kV，满载时的铜损耗为 22.5kW，在一次侧测得的短路电压为 840V. 这两组变压器能并联运行吗？

3-9　具有相同联结组标号的 3 台三相变压器 α、β、γ，它们的数据为：$S_{N\alpha}=1000\text{kV}\cdot\text{A}$，$|\underline{Z}_{k\alpha}|=0.0625$；$S_{N\beta}=1800\text{kV}\cdot\text{A}$，$|\underline{Z}_{k\beta}|=0.066$；$S_{N\gamma}=3200\text{kV}\cdot\text{A}$，$|\underline{Z}_{k\gamma}|=0.07$. 把它们并联后接上共同的负载为 5500kV・A.

(1) 确定每台变压器的负载是多少？

(2) 3 台变压器在不允许任何一台过载的情况下所能担负的最大总负载是多少？这时变压器总设备容量的利用率是多少？

3-10　某变电所共有 3 台变压器，数据如下：

变压器 A　$S_N=3200\text{kV}\cdot\text{A}$，$U_{1N}/U_{2N}=35/6.3\text{kV}$，$u_k=6.9\%$；

变压器 B　$S_N=5600\text{kV}\cdot\text{A}$，$U_{1N}/U_{2N}=35/6.3\text{kV}$，$u_k=7.5\%$；

变压器 C　$S_N=3200\text{kV}\cdot\text{A}$，$U_{1N}/U_{2N}=35/6.3\text{kV}$，$u_k=7.6\%$.

3 台变压器的联结组标号均为 Yy0，求：

(1) 变压器 A 与变压器 B 并联运行，当总负载为 $8000\text{kV}\cdot\text{A}$ 时，每台变压器分担多少负载？

(2) 3 台变压器并联运行时，在不许任何一台变压器过载的条件下，求输出最大总负载.

3-11　某工厂由于生产发展，用电容量由 $500\text{kV}\cdot\text{A}$ 增为 $800\text{kV}\cdot\text{A}$. 原有一台变压器，$S_N=560\text{kV}\cdot\text{A}$，$U_{1N}/U_{2N}=6300/400\text{V}$，Yyn0，$u_k=6.5\%$. 今有 3 台备用变压器，数据如下：

变压器 A　$S_N=320\text{kV}\cdot\text{A}$，$U_{1N}/U_{2N}=6300/400\text{kV}$，Yyn0，$u_k=5\%$；

变压器 B　$S_N=240\text{kV}\cdot\text{A}$，$U_{1N}/U_{2N}=6300/400\text{kV}$，Yyn4，$u_k=6.5\%$；

变压器 C　$S_N=320\text{kV}\cdot\text{A}$，$U_{1N}/U_{2N}=6300/440\text{kV}$，Yyn0，$u_k=6.5\%$.

试计算在不允许变压器过载的情况下，选用哪一台与原有变压器并联运行最为恰当？如负载进一步增加后，需用 3 台变压器并联运行，选两台变比相等的与原有的一台并联运行，问最大总负载容量可能是多少？哪一台变压器最先满载？

第四章　其他类型的变压器

4-1　概　　述

在发电厂里，发电机发出的电能需要经过升压变压器将其电压升高到输电等级电压，传输功率. 但是，发电厂本身又是一个用电单位，不能直接使用输电等级电压. 为此，需要用另一台双绕组变压器，把电压变成厂用电压的等级. 如果用一台能变成两种等级电压的变压器代替两台双绕组变压器，可能更经济. 这种本身有三种电压等级的变压器，称为三绕组变压器，也就是每相铁心上有三个绕组.

在电力系统里，有时需要把不同电压等级的系统彼此连起来，也可以直接用三绕组变压器. 从原理上讲，变压器可以做成多绕组的，但是，作为电力变压器，多于三个绕组的变压器很少使用.

三绕组变压器的工作原理与双绕组变压器有类似之处，也有它独特的地方. 在性能方面与双绕组比较，有优点，也有缺点. 究竟用哪一种，应根据具体情况选定.

近年来，在高电压输电中，自耦变压器用得多了，例如，联结 110kV 和 220kV 的电力系统，有用自耦变压器的. 当电压变化不大时，用自耦变压器比较经济. 当然也存在一些不利的因素，需要具体分析.

还有，在大容量三绕组变压器里，把高压、中压连成自耦，成为三绕组自耦变压器，由于它兼有两者的优点，也得到了广泛的应用.

除了双绕组、三绕组和自耦变压器外，还有许多特殊变压器，如调压变压器、焊接变压器、电炉变压器、整流变压器、电流互感器、电压互感器等. 限于篇幅，不一一介绍了.

4-2　三绕组变压器

1. 工作原理

图 4-1 是三绕组变压器结构示意图，在每个铁心上，套有三个绕组. 当其中一个绕组接上电源后，另外两个绕组就有不同的电压输出. 在制造三绕组变压器时，从绝缘方便上考虑，把高压绕组放在最外层，低压或中压绕组放在最里层.

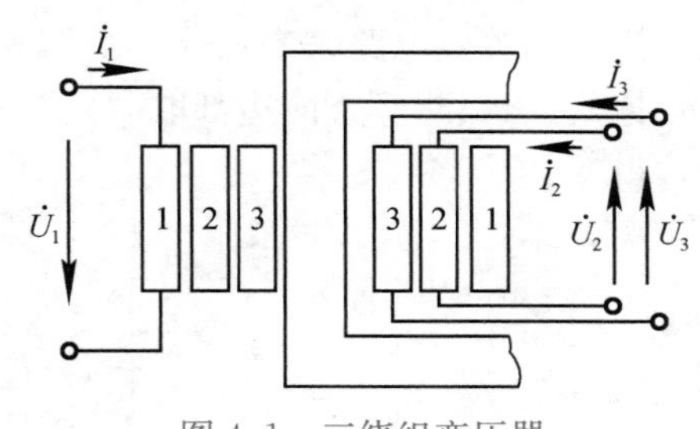

图 4-1　三绕组变压器

三绕组变压器的一次绕组接到电压为 $\dot{U}_1$ 的电源上，二次、三次绕组开路，这是空载运行状态. 空载时，与双绕组变压器没有什么差别，只是有三个变比. 令 N_1、N_2、N_3 分别是一次、二次和三次绕组的匝数，k_{12}、k_{13}、k_{23} 分别是三个绕组之间的变比，即

$$\left.\begin{aligned} k_{12} &= \frac{N_1}{N_2} \approx \frac{U_1}{U_2} \\ k_{13} &= \frac{N_1}{N_3} \approx \frac{U_1}{U_3} \\ k_{23} &= \frac{N_2}{N_3} \approx \frac{U_2}{U_3} \end{aligned}\right\} \tag{4-1}$$

式中，U_1、U_2、U_3 是一、二、三次绕组的端电压.

分析三绕组变压器时，由于三个绕组之间互相耦合，不能再用分析双绕组变压器时主磁通、漏磁通概念. 双绕组时，漏磁通的概念十分明确，即只链绕组本身，不链另一绕组的磁通，就是漏磁通. 现在有三个绕组，从图 4-1 中看出，对三次绕组来说，不链一次绕组的磁通是有的，但还有链着二次绕组的，到底什么样的磁通才算三次绕组的漏磁通，要重新定义. 为此，还是回到用自感、互感的概念来分析更为方便. 令 R_1、R_2、R_3 分别为各绕组的电阻；L_1、L_2、L_3 是各绕组的全自感；$M_{12}=M_{21}$ 为一、二次绕组之间的互感；$M_{13}=M_{31}$ 是一、三次绕组之间的互感；$M_{23}=M_{32}$ 是二、三次绕组之间的互感.

在列式之前，把三绕组变压器二、三次绕组的各量都折合到一次绕组，即

$$\begin{aligned} &U'_2 = k_{12}U_2 && U'_3 = k_{13}U_3 \\ &I'_2 = \frac{I_2}{k_{12}} && I'_3 = \frac{I_3}{k_{13}} \\ &R'_2 = k_{12}^2 R_2 && R'_3 = k_{13}^2 R_3 \\ &L'_2 = k_{12}^2 L_2 && L'_3 = k_{13}^2 L_3 \\ &M'_{12} = k_{12}M_{12} = M'_{21} && M'_{13} = k_{13}M_{13} = M'_{31} \\ &M'_{23} = k_{12}k_{13}M_{23} = M'_{32} \end{aligned}$$

当一次绕组加的电压为 $\dot{U}_1$，并且三个绕组回路各量的正方向与分析双绕组时的一样，如图 4-1 所示. 根据基尔霍夫定律写出下列三个方程式，为

$$\dot{U}_1 = \dot{I}_1 R_1 + \mathrm{j}\omega L_1 \dot{I}_1 + \mathrm{j}\omega M'_{12}\dot{I}'_2 + \mathrm{j}\omega M'_{13}\dot{I}'_3 \tag{4-2}$$

$$\dot{U}'_2 = -\dot{I}'_2 R'_2 - \mathrm{j}\omega L'_2 \dot{I}'_2 - \mathrm{j}\omega M'_{12}\dot{I}_1 - \mathrm{j}\omega M'_{23}\dot{I}'_3 \tag{4-3}$$

$$\dot{U}'_3 = -\dot{I}'_3 R'_3 - \mathrm{j}\omega L'_3 \dot{I}'_3 - \mathrm{j}\omega M'_{13}\dot{I}_1 - \mathrm{j}\omega M'_{23}\dot{I}'_2 \tag{4-4}$$

严格来说，上式是一组非线性方程组，因为在铁磁路里的自感、互感并非常数. 和双绕组变压器一样，三绕组变压器运行时，电压 U_1 大小也基本不变，因此，铁心里磁导变化不大，近似地认为自感、互感都是常数，即认为上式是一组线性方程组了.

负载时，忽略励磁电流，三个绕组里电流（折合到一次）应为

$$\dot{I}_1 + \dot{I}'_2 + \dot{I}'_3 = 0 \tag{4-5}$$

为了用等效电路来表示式（4-2）～式（4-5），作如下的运算.

把式（4-3）等式两边都取“－”号，并与式（4-2）相减，在考虑了式（4-5）的关系后，得

$$\begin{aligned} \Delta\dot{U}_{12} &= \dot{U}_1 - (-\dot{U}'_2) \\ &= \dot{I}_1[R_1 + \mathrm{j}\omega(L_1 - M'_{12} - M'_{13} + M'_{23})] \\ &\quad - \dot{I}'_2[R'_2 + \mathrm{j}\omega(L'_2 - M'_{12} - M'_{23} + M'_{13})] \\ &= \dot{I}_1(R_1 + \mathrm{j}X_1) - \dot{I}'_2(R'_2 + \mathrm{j}X'_2) \\ &= \dot{I}_1 Z_1 - \dot{I}'_2 Z'_2 \end{aligned} \tag{4-6}$$

把式（4-4）等式两边都取“—”号，也与式（4-2）相减，同样考虑式（4-5）的关系后得

$$\begin{aligned}\Delta\dot{U}_{13} &= \dot{U}_1 - (-\dot{U}'_3)\\ &= \dot{I}_1[R_1 + \mathrm{j}\omega(L_1 - M'_{12} - M'_{13} + M'_{23})]\\ &\quad - \dot{I}'_3[R'_3 + \mathrm{j}\omega(L'_3 - M'_{13} - M'_{23} + M'_{12})]\\ &= \dot{I}_1(R_1 + \mathrm{j}X_1) - \dot{I}'_3(R'_3 + \mathrm{j}X'_3)\\ &= \dot{I}_1 Z_1 - \dot{I}'_3 Z'_3\end{aligned} \tag{4-7}$$

式中

$$\begin{aligned} Z_1 &= R_1 + \mathrm{j}X_1, & X_1 &= \omega(L_1 - M'_{12} - M'_{13} + M'_{23})\\ Z'_2 &= R'_2 + \mathrm{j}X'_2, & X'_2 &= \omega(L'_2 - M'_{12} - M'_{23} + M'_{13})\\ Z'_3 &= R'_3 + \mathrm{j}X'_3, & X'_3 &= \omega(L'_3 - M'_{13} - M'_{23} + M'_{12})\end{aligned}$$

Z_1、Z'_2、Z'_3为等效阻抗，其中 X_1、X'_2、X'_3是由各绕组的自感和绕组之间的互感组合而成的. 由于它们并不是漏电抗，所以才称为等效电抗. 这点与双绕组是不同的，要十分明确才行.

根据式（4-5）、式（4-6）和式（4-7）可以画出三绕组变压器的等效电路，如图 4-2 所示. 图 4-3 是二、三次绕组带滞后性负载时的相量图.

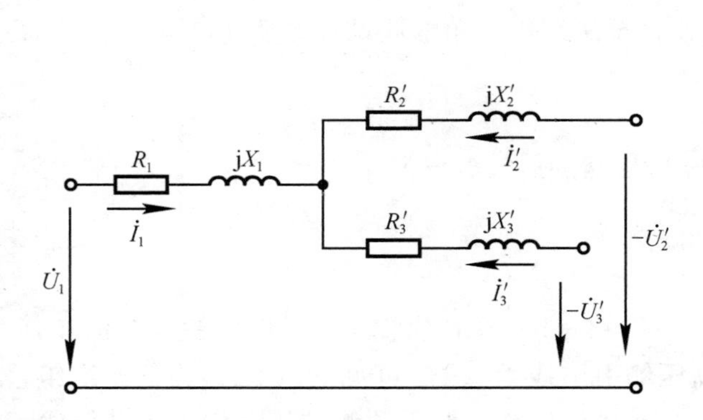

图 4-2　三绕组变压器的等效电路

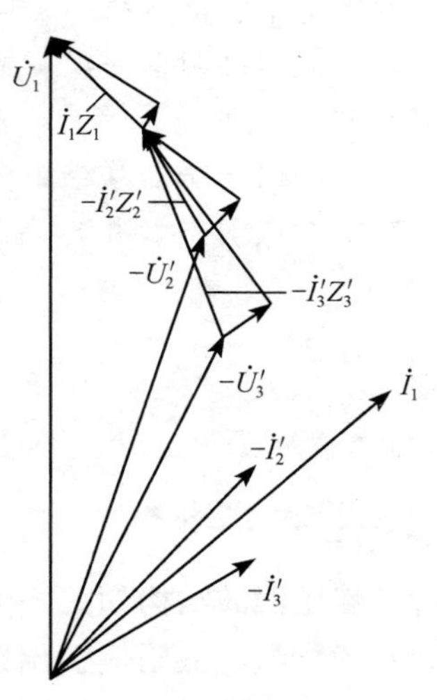

图 4-3　三绕组变压器的相量图

三绕组变压器的电压调整率为

$$\Delta U_{12} = \frac{U_1 - U'_2}{U_1} \times 100\%$$

$$\Delta U_{13} = \frac{U_1 - U'_3}{U_1} \times 100\%$$

效率计算公式为

$$\eta = \left(1 - \frac{p_{\mathrm{Cu1}} + p_{\mathrm{Cu2}} + p_{\mathrm{Cu3}} + p_{\mathrm{Fe}}}{P_2 + P_3 + p_{\mathrm{Cu1}} + p_{\mathrm{Cu2}} + p_{\mathrm{Cu3}} + p_{\mathrm{Fe}}}\right) \times 100\%$$

式中，p_{Cu1}、p_{Cu2}、p_{Cu3}是一、二、三次绕组的铜损耗；p_{Fe}是铁损耗；P_2、P_3 是二、三次绕组输出的有功功率.

2. 三绕组变压器的额定容量及联结组标号

三绕组电力变压器的容量是按每个绕组分别计算的，它等于每个绕组的额定电压乘以额定电流. 一般，三个绕组的容量是按表 4-1 的比例搭配的. 可根据电力系统运行的需要进行选用.

表 4-1 三绕组变压器容量搭配关系

高压绕组	中压绕组	低压绕组
100	100	100①
100	50	100
100	100	50

①三绕组容量都是 100 的品种，仅供升压变压器.

表 4-1 里三个绕组容量搭配关系，并不是说三绕组变压器按此比例传递功率，而只代表每个绕组传递功率的能力. 在具体运行时，仍然应符合能量守恒定律，输入多少功率除去变压器本身的损耗外，其余的都是输送出去. 但是，输出功率的能力可以不一样. 例如，一台容量搭配为 100、100、50 的三绕组变压器，当高压绕组输入 100%额定容量，由中压、低压绕组输出，中、低压绕组可以各输出 50%的额定容量；也可以中压绕组单独输出 100%额定容量，而低压绕组这时没有输出. 相反地，如果让低压绕组单独输出 100%额定容量，中压绕组不输出，那就不行了. 因为低压绕组本身容量小，不可能输出 100%的容量.

关于三绕组变压器联结组标号，已知高压绕组星形联结，有中性点引出；中压绕组星形联结，有中性点引出，并与高压绕组同相位；低压绕组三角形联结，滞后 150°，其标号为 YNyn0d5.

4-3 自耦变压器

1. 自耦变压器的结构特点

自耦变压器的结构如图 4-4（a）所示，图 4-4（b）是它的绕组联结图. 铁心上仍套有两个同心的绕组，低压侧引出线为 ax，高压侧引出线为 AX. 可见，ax 绕组为低压绕组，而高压侧由 Aa 绕组和 ax 绕组组成. 其中 ax 绕组供高、低压两侧共用，称为公共绕组. Aa 绕组称为串联绕组. Aa 绕组的匝数一般比 ax 绕组的要少（最多二者相等）. 自耦变压器可以用作升压或降压变压器使用.

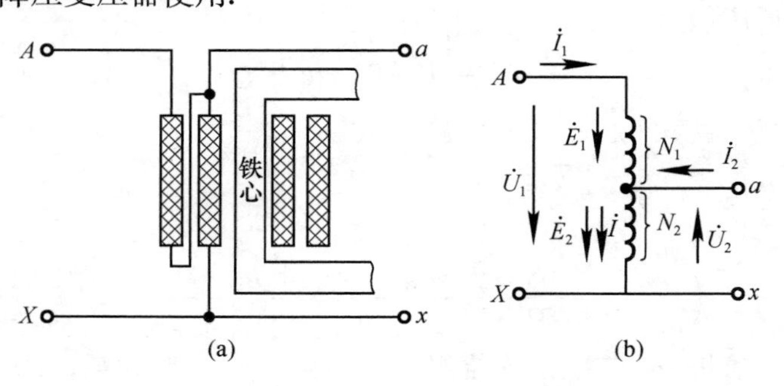

图 4-4 自耦变压器

2. 基本方程式、等效电路、相量图和容量关系

1）基本方程式

图 4-5 给出自耦变压器各物理量的正方向. 下面分析自耦变压器的基本方程式.

高压侧回路电压方程式，为

$$\dot{U}_1=-\dot{E}_1-\dot{E}_2+\dot{I}_1Z_{Aa}+\dot{I}Z_{ax} \quad (4\text{-}8)$$

式中，$\dot{U}_1$ 是高压侧电压；$\dot{E}_1$、$\dot{I}_1$、Z_{Aa} 分别是串联绕组 Aa 的电动势、电流和漏阻抗.

低压侧回路电压方程式，为

$$\dot{U}_2=\dot{E}_2-\dot{I}Z_{ax} \quad (4\text{-}9)$$

式中，$\dot{U}_2$ 是低压侧电压（负载上的电压）；$\dot{E}_2$、$\dot{I}$、Z_{ax} 分别是公共绕组 ax 的电动势、电流和漏阻抗.

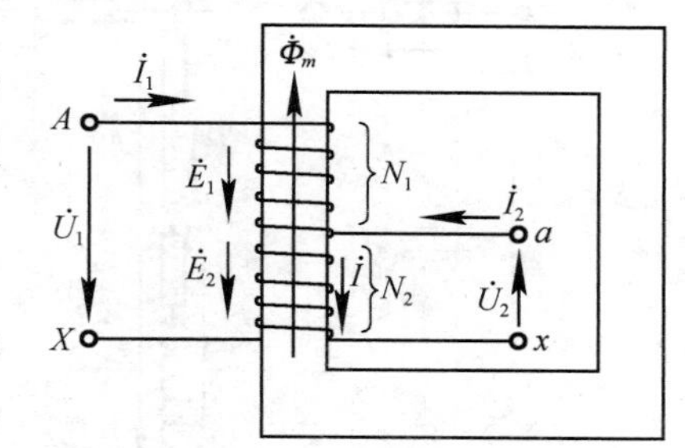

图 4-5　自耦变压器绕组联结与磁路

在图 4-5 节点 a，电流关系为

$$\dot{I}_1+\dot{I}_2=\dot{I} \quad (4\text{-}10)$$

按照全电流定律，自耦变压器串联绕组磁动势 $\dot{I}_1N_1$ 与公共绕组磁动势 $\dot{I}N_2$ 之和为励磁磁动势 $\dot{I}_0(N_1+N_2)$，即

$$\dot{I}_1N_1+\dot{I}N_2=\dot{I}_0(N_1+N_2) \quad (4\text{-}11)$$

类似于双绕组变压器，把 $-(\dot{E}_1+\dot{E}_2)$ 用励磁电流 $\dot{I}_0$ 在励磁阻抗 Z_m 上的压降表示，即

$$-(\dot{E}_1+\dot{E}_2)=\dot{I}_0Z_m \quad (4\text{-}12)$$

令 k_A 为自耦变压器的变比，为

$$k_A=\frac{E_1+E_2}{E_2}=\frac{N_1+N_2}{N_2}$$

用折合算法，把自耦变压器低压侧的量折合到高压侧.

把式（4-10）的 $\dot{I}$ 代入式（4-11），并在等式两边同除以 N_1+N_2，得

$$\dot{I}_1+\dot{I}_2\frac{N_2}{N_1+N_2}=\dot{I}_0$$

用

$$\dot{I}'_2=\dot{I}_2\frac{N_2}{N_1+N_2}=\dot{I}_2\frac{1}{k_A}$$

代入上式，得

$$\dot{I}_1+\dot{I}'_2=\dot{I}_0 \quad (4\text{-}13)$$

把式（4-9）等号两边同乘以 k_A，得

$$\dot{U}_2k_A=\dot{E}_2k_A-\dot{I}k_AZ_{ax}$$

用 $\dot{U}'_2=\dot{U}_2k_A$ 代入上式，并考虑 $\dot{E}_1+\dot{E}_2=\dot{E}_2k_A$，得

$$\dot{U}'_2=\dot{E}_1+\dot{E}_2-\dot{I}k_AZ_{ax} \quad (4\text{-}14)$$

把式（4-8）与式（4-14）相加，并考虑 $\dot{I}=\dot{I}_2+\dot{I}_1=k_A\dot{I}'_2+\dot{I}_1$ 的关系，得

$$\dot{U}_1+\dot{U}'_2=\dot{I}_1[Z_{Aa}+(1-k_A)Z_{ax}]+\dot{I}'_2(1-k_A)k_AZ_{ax} \quad (4\text{-}15)$$

2）等效电路

根据式（4-8）～式（4-15）的推导，可以画出自耦变压器折合到高压边的等效电路，

如图 4-6 所示.

由于励磁电流只占额定电流的百分之几，为了简单，可以忽略，于是得到图 4-7 所示自耦变压器的简化等效电路.

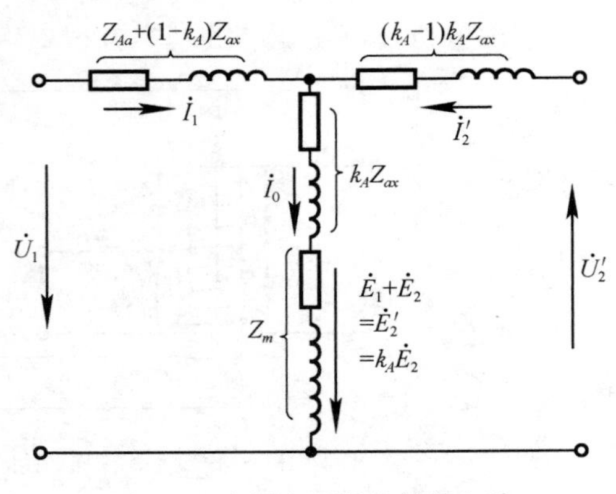

图 4-6 自耦变压器的等效电路

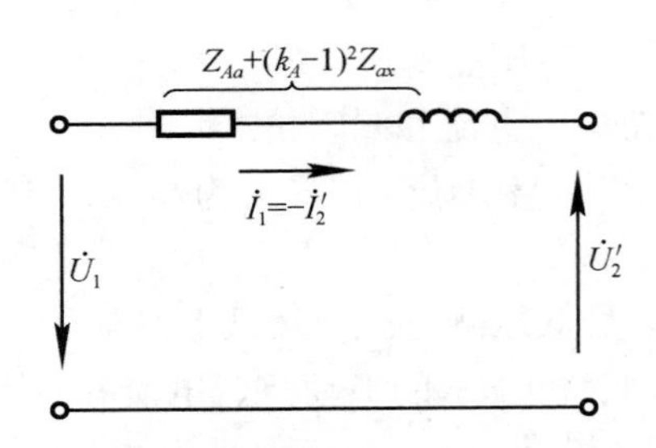

图 4-7 自耦变压器的简化等效电路

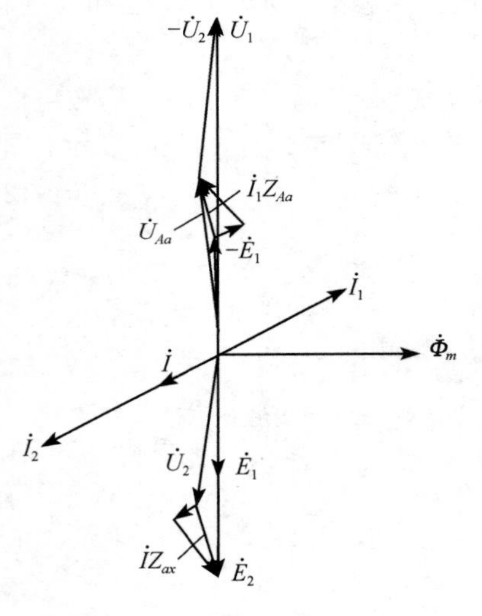

图 4-8 自耦变压器的相量图

3）相量图

图 4-8 是自耦变压器带感性负载的相量图.

4）容量关系

自耦变压器的额定容量和绕组容量（又称为电磁容量）二者不相等. 额定容量用 S_{NA} 表示，是指自耦变压器总的输入或输出容量. 例如，高压侧的额定容量 S_{1NA} 为

$$S_{1NA}=U_{1N}I_{1N}$$

低压侧的额定容量为

$$S_{2NA}=U_{2N}I_{2N}$$

高、低压侧的额定容量彼此相等，即 $S_{1NA}=S_{2NA}=S_{NA}$.

电磁容量是指绕组电压与电流的乘积. 串联绕组 Aa 的电磁容量为

$$U_{Aa}I_{1N}\approx\frac{N_1}{N_1+N_2}U_{1N}I_{1N}=1-\frac{1}{k_A}=k_{xy}S_{NA}$$

公共绕组 ax 的电磁容量为

$$U_{ax}I_N\approx U_{2N}(I_{2N}-I_{1N})=\left(1-\frac{1}{k_A}\right)U_{2N}I_{2N}=k_{xy}S_{NA}$$

式中，$k_{xy}=1-\frac{1}{k_A}$是效益因数.

由于 $k_A>1$，故 $k_{xy}<1$. 因此，在自耦变压器中，电磁容量总是小于额定容量的. 参看图 4-5自耦变压器的联结图，如果它不作自耦联结，是一个双绕组变压器，当串联绕组 Aa 是高压绕组，公共绕组 ax 是低压绕组时，它们的电压、电流相应为 $\dot{U}_{Aa}$、$\dot{I}_1$ 和 $\dot{U}_2$、$\dot{I}$. 当接成自耦变压器后，低压侧电压 $\dot{U}_2$ 不变，但其电流却由 $\dot{I}$ 变成了 $\dot{I}_2$. 从数值上看，$\dot{I}_2=\dot{I}+\dot{I}_1$，

比 $\dot{I}$ 增加了一个由传导而来的电流 $\dot{I}_1$. 这就使低压侧输出容量为

$$S_2 = U_2 I_2 = U_2(I + I_1) = U_2 I + U_2 I_1 = S_M + S_C$$

比公共绕组 ax 的电磁容量 S_M 增加了一项传导容量 S_C. S_C 可以看成电流 $\dot{I}_1$ 通过传导作用直接传到负载去的，没有经过绕组的电磁作用，因而它不占用绕组的容量. 这种现象在双绕组变压器里是不存在的. 可见，自耦变压器多了一项传导容量. 至于高压侧的情况，接成自耦后，高压侧电压在数值上变为 $U_1 = U_{Aa} + U_2$，当然比 U_{Aa} 增大了. 这样，高压侧的容量为

$$S_1 = U_1 I_1 = (U_{Aa} + U_2) I_1 = U_{Aa} I_1 + U_2 I_1 = S_M + S_C$$

也比串联绕组 Aa 的电磁容量增加了同样的一项传导容量.

下面将自耦变压器和双绕组变压器进行比较，比较的前提是二者的额定容量相同. 由于变压器的有效材料，如硅钢片和铜线的用量与绕组容量有关，自耦变压器的绕组容量（电磁容量）小，当然所用的材料也少，可以降低成本. 在同样的电流密度和磁通密度下，自耦变压器的铜损耗和铁损耗以及励磁电流都比较小，从而提高了效率. 相应地，自耦变压器的重量及外形尺寸也都比较小，可以减小变电站占地面积和减少变压器运输及安装的困难.

还可看出，效益因数 $k_{xy} = 1 - \frac{1}{k_A}$ 越小，上述的优点就越显著. 为此，自耦变压器的变比 k_A 越接近 1 越好，一般不超过 2，若 k_A 大，其绕组容量就接近于自耦变压器额定容量，优越性就明显降低. 此外，变比太大，高、低压绕组电压值相差悬殊，自耦变压器高、低压回路没有隔离，会给低压侧的绝缘及安全用电带来一定困难.

3. 短路试验、短路阻抗、短路电流和电压调整率

当知道自耦变压器的短路阻抗 Z_{kA}，便可算出它的短路电流和电压调整率. Z_{kA} 可以在设计变压器时计算出来，也可以对制造好的自耦变压器用短路试验测出来. 图 4-9（a）是在自耦变压器高压侧测短路阻抗 Z_{kA} 的线路. 低压侧 ax 短路，高压绕组 AX 加电压.

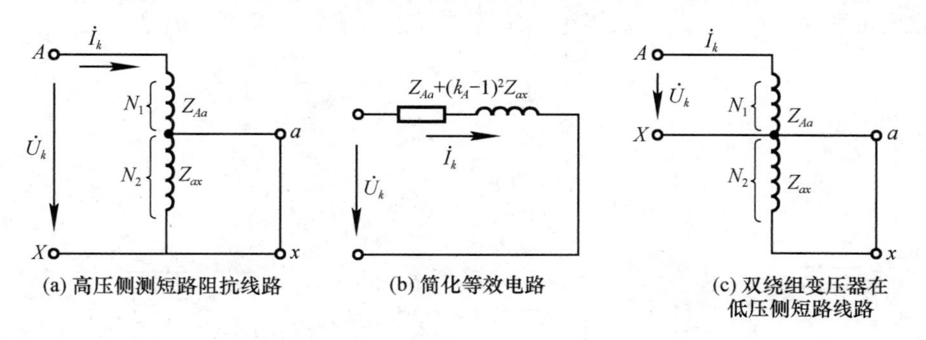

图 4-9 从自耦变压器高压侧进行短路试验

根据量测出来的短路电压 U_k、电流 I_k 和功率 p_k，可以算出短路阻抗值为

$$|Z_{kA}| = \frac{U_k}{I_k}$$

$$R_{kA} = \frac{p_k}{I_k^2}$$

$$X_{kA}=\sqrt{|Z_{kA}|^{2}-R_{kA}^{2}}$$

从图 4-9（b）自耦变压器的简化等效电路看出，上述试验测得的 Z_{kA} 就是等效电路的参数，即

$$Z_{kA}=Z_{Aa}+(k_A-1)^2Z_{ax}$$

在图 4-9（a）里，由于 ax 绕组短接，电压 U_k 实际上加到串联绕组 Aa 上了．这是一个以 Aa 为一次绕组、ax 为二次绕组的双绕组变压器短路试验，见图 4-9（c）．短路阻抗 Z_k 为

$$Z_k=Z_{Aa}+\left(\frac{N_1}{N_2}\right)^2Z_{ax}=Z_{Aa}+(k_A-1)^2Z_{ax}=Z_{kA}$$

这说明，降压自耦变压器的短路阻抗在数值上等于把串联绕组作为一次，把公共绕组作为二次绕组时的双绕组变压器的短路阻抗 Z_k．

上述两种情况的短路阻抗在绝对值上虽然相等，但是，它们的标幺值却不等．这是因为，作为自耦变压器，它的阻抗基值不一样了．参看图 4-5，它们的阻抗基值之比为

$$\frac{z_{NA}}{z_N}=\frac{U_{1N}/I_{1N}}{U_{Aa}/I_{1N}}=\frac{N_1+N_2}{N_1}=\frac{1}{k_{xy}}$$

因此，它们的短路阻抗的标幺值之比应为

$$\frac{\underline{Z}_{kA}}{\underline{Z}_k}=\frac{Z_{kA}/z_{NA}}{Z_k/z_N}=k_{xy} \tag{4-16}$$

可见，自耦变压器的短路阻抗标幺值 $|\underline{Z}_{kA}|$，比改成双绕组变压器使用时（这时容量已变小）短路阻抗标幺值要小，是后者的 k_{xy} 倍．

下面分析在自耦变压器低压侧做短路试验的情况．

图 4-10（a）是在自耦变压器低压侧进行短路试验的线路图．测得的短路阻抗 Z'_{kA}，从图 4-10（b）对应的等效电路看出，为

$$Z'_{kA}=\frac{\dot{U}_k}{\dot{I}_k}=\frac{1}{k_A^2}[Z_{Aa}+(k_A-1)^2Z_{ax}]$$

另外，如果按图 4-10（c）改成双绕组变压器进行短路试验，求得的短路阻抗 Z'_k 应为

$$Z'_k=Z_{ax}+\left(\frac{N_2}{N_1}\right)^2Z_{Aa}=Z_{ax}+\left(\frac{1}{k_A-1}\right)^2Z_{Aa}$$

它们的比值为

$$\frac{Z'_{kA}}{Z'_k}=\frac{(k_A-1)^2}{k_A^2}=\left(1-\frac{1}{k_A}\right)^2=k_{xy}^2$$

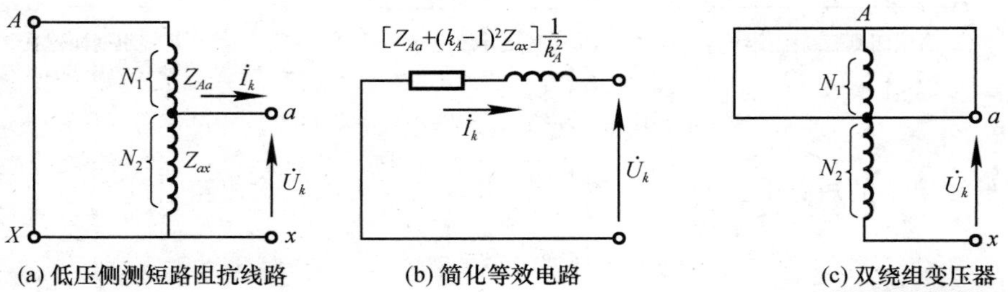

(a) 低压侧测短路阻抗线路

(b) 简化等效电路

(c) 双绕组变压器高压侧短路线路

图 4-10 从自耦变压器低压侧进行短路试验

显然，它们的绝对值是不相等的．这从图 4-10(a)和(c)中可以看出，两个短路试验接线图就完全不一样．

下面再分析一下它们的标幺值关系．从低压侧看，它们的阻抗基值之比为

$$\frac{z'_{NA}}{z'_N}=\frac{U_{2N}/I_{2N}}{U_{2N}/I_N}=\frac{I_N}{I_{2N}}=k_{xy}$$

因而它们的短路阻抗的标幺值之比为

$$\frac{\underline{Z}'_{kA}}{\underline{Z}'_k}=\frac{Z'_{kA}/z'_{NA}}{Z'_k/z'_N}=k_{xy} \tag{4-17}$$

在双绕组变压器中，无论从哪一侧看，短路阻抗的标幺值都是一样的．即 $\underline{Z}_k=\underline{Z}'_k$.

比较式（4-16）和式（4-17）可以看出，在自耦变压器中，从两侧看进去的短路阻抗的标幺值也是一样的，即 $\underline{Z}_{kA}=\underline{Z}'_{kA}$．说明在低压侧进行自耦变压器短路试验也是可以的.

上面已指出，自耦变压器的短路阻抗标幺值，大致是同容量双绕组变压器短路阻抗标幺值 $\underline{Z}_{kA}$ 的 k_{xy} 倍，因此，自耦变压器负载时的电压调整率也较小，约为双绕组变压器的 k_{xy} 倍.

自耦变压器的短路电流大约为同容量双绕组变压器的 $1/k_{xy}$ 倍．这点对自耦变压器安全运行是不利的.

4. 自耦变压器的运行问题

（1）由于自耦变压器高、低压侧有电的联系，为了防止高压侧单相接地故障而引起低压侧过电压，应把三相自耦变压器的中性点可靠接地，如图 4-11 所示.

（2）由于高、低压侧有电路上的联系，高压侧遭受雷电等过电压时，也会传到低压侧，为此，应在两侧都装上避雷器.

（3）应尽量防止发生突发短路.

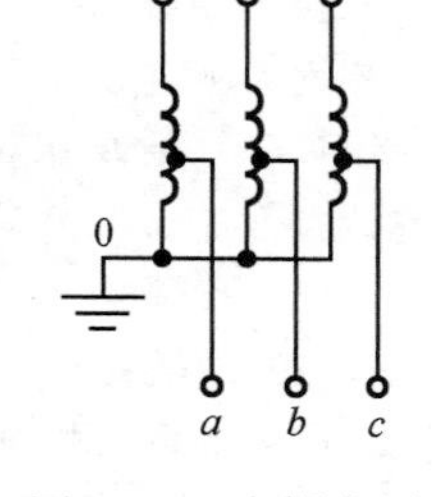

图 4-11 自耦变压器中性点接地

4-4 量测用的互感器

请扫描二维码查看量测用的互感器的详细内容。

4-4 节

思 考 题

4-1 三绕组变压器一次绕组的额定容量与二、三次绕组的额定总容量总是相同的吗？为什么？

4-2 三绕组变压器一次绕组接额定电压运行时，二次绕组负载发生变化，是否会对三次绕组的端电压产生影响？为什么？

4-3 三绕组变压器等效电路中的等效电抗与双绕组变压器等效电路中的漏电抗在概念上有何异同？

4-4 三绕组变压器二、三次绕组均短路，一次绕组接到额定电压，如何计算各个绕组的短路电流？

4-5 自耦变压器的绕组容量总是与变压器容量相同吗？其高、低压绕组之间的功率是如何传递的？变压器一次额定容量与二次额定容量相同吗？

4-6　自耦变压器的变比 k_A 通常在什么范围内？k_A 太大、太小各有何优缺点？

4-7　一台 2300/230V、10kV·A 的单相双绕组变压器，若将其一、二次绕组串联改接成一台自耦变压器，可以有几种接法？各种接法的一、二次额定电压分别是多大？哪种接法得到的自耦变压器的额定容量为最大？

习　题

4-1　一台单相三绕组变压器额定电压为：高压侧 100kV，中压侧 20kV，低压侧 10kV. 在中压侧带上功率因数为 0.8（滞后）、10000kV·A 的负载，在低压侧带上 6000kV·A 的进相无功负载（电容性负载）时，求高压侧的电流（不考虑变压器的损耗及励磁电流）.

4-2　三相三绕组变压器额定电压为 60/30/10kV，联结组标号为 Yd11d11. 中压侧带功率因数为 0.8（滞后）的 5000kV·A 负载，在低压侧接入进相电容器以改善功率因数. 当高压侧的功率因数改善到 0.95（滞后）的时候，求接入低压侧电容器的容量是多少？在这种情况下，高压、中压及低压绕组流过的电流大约是多少？

4-3　一台三相三绕组变压器的额定容量为 10000/10000/10000kV·A，额定电压 $U_{1N}/U_{2N}/U_{3N}=110/38.5/11$kV，YNyn0d11 联结. 短路试验数据为：

$p_{k12}=148.75$kW，$u_{k12}=10.1\%$；

$p_{k13}=111.2$kW，$u_{k13}=16.95\%$；

$p_{k23}=82.7$kW，$u_{k23}=6.06\%$.

电流均为额定值，试计算其简化等效电路中的各参数.

4-4　一台单相双绕组变压器的额定数据为 $U_{1N}/U_{2N}=220/110$V，$S_N=20$kV·A，$|\underline{Z}_k|=0.05$. 现把它改接为 330/220V 的自耦变压器，求：

（1）自耦变压器的高、低压侧额定电流是多少？

（2）自耦变压器的额定容量是多少？

（3）从高压侧看自耦变压器短路阻抗的实际值与标幺值各为多大？

（4）从低压侧看自耦变压器短路阻抗的实际值与标幺值各为多大？

（5）双绕组变压器和自耦变压器高压侧接额定电压、低压侧短路时，稳态短路电流标幺值各为多大？

4-5　一台 Yyn0 联结的三相变压器，$S_N=320$kV·A，$U_{1N}/U_{2N}=6300/400$V，空载损耗 $p_0=1.524$kW，短路损耗 $p_{kN}=5.5$kW，$u_k=4.5\%$. 求：

（1）带额定负载且功率因数为 0.8（滞后）时的电压调整率和效率；

（2）若改为 6300/6700V 的升压自耦变压器，其额定容量为多少？带额定负载且功率因数为 0.8（滞后）时，其电压调整率和效率为多少？

4-6　一台单相双绕组变压器额定容量为 200kV·A，额定电压为 1000/230V，若将其改装成自耦变压器，可有几种不同的一、二次电压变比方案？各种方案中一、二次额定电流及变压器容量各为多少？

4-7　有一台双绕组变压器数据如下：$S_N=5600$kV·A，$U_{1N}/U_{2N}=6.6/3.3$kV，联结组标号为 Yyn0，$u_k=10.5\%$. 今改为自耦变压器，电压为 $U_{1N}/U_{2N}=9.9/3.3$kV，求：

（1）改为自耦变压器后的容量 S_{NA} 与原来双绕组变压器容量 S_N 之比；

（2）改为自耦变压器后，在额定电压时稳态短路电流与额定电流之比，即稳态短路电流的标幺值. 稳态短路电流与双绕组变压器的稳态短路电流之比是多少？

4-8　一台三相变压器，$S_N=31500$kV·A，$U_{1N}/U_{2N}=400/110$kV，联结组标号为 Yyn0，$u_k=14.9\%$，空载损耗 $p_0=105$kW，短路损耗 $p_{kN}=205$kW. 现将其改装成自耦变压器，改装前后的一相线路分别如题图 4-1（a）、（b）所示. 求：

（1）改装后的变压器容量、电磁容量、传导容量以及改装后变压器增加了多少容量？

（2）改为自耦变压器后，在额定负载及 $\cos\varphi_2=0.8$（滞后）时，效率比未改前提高了多少？

（3）改为自耦变压器后，在额定电压时稳态短路电流是改装前额定电压下的稳态短路电流的多少倍？

改装前后稳态短路电流各为其额定电流的多少倍？

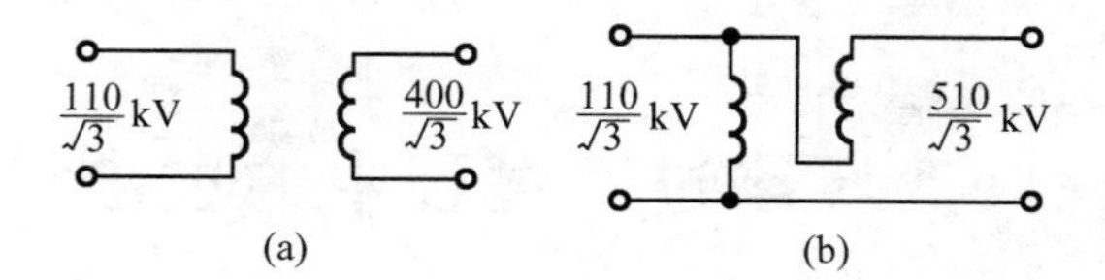

题图 4-1

4-9　一台单相变压器数据如下：$S_N=1\text{kV}\cdot\text{A}$，$U_{1N}/U_{2N}=220/110\text{V}$，$I_{1N}/I_{2N}=4.55/9.1\text{A}$. 今将它改接为自耦变压器，接法如题图 4-2（a）、（b）两种，求这两种自耦变压器当低压绕组 ax 接于 110V 电源时，AX 侧的电压 U_1 及变压器容量各为多少？

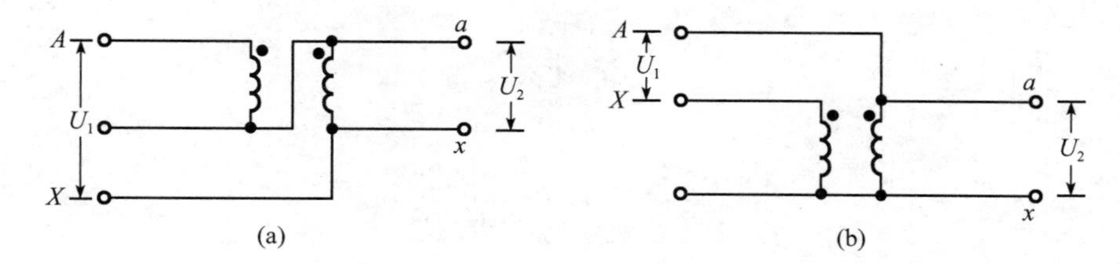

题图 4-2

4-10　一台额定容量为 20kV・A 的单相双绕组变压器，高压绕组是一个线圈，匝数为 N_1，额定电压为 2400V；低压绕组是两个线圈，每个线圈匝数为 N_2、额定电压为 1200V. 现将它改接成如题图 4-3 所示的各种联结的自耦变压器，在每一个线圈的电压、电流都不超过额定值的情况下，试求每一种联结方式下自耦变压器高压、低压侧的额定电压、额定电流、额定容量及公共绕组的额定电流.

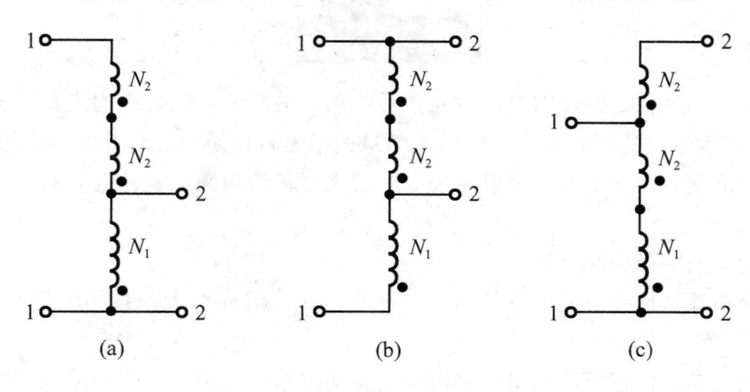

题图 4-3

第五章　变压器过渡过程中的过电流现象

5-1　概　　述

请扫描二维码查看有关变压器过渡过程中的过电流现象的概述内容。

5-1 节

5-2　过电流现象

请扫描二维码查看过电流现象的详细内容。

5-2 节

思 考 题

5-1　变压器空载合闸到额定电压的电源时，在最不利的情况下，铁心中的主磁通瞬时最大值是稳态运行时主磁通最大值的多少倍？这时，空载合闸电流的最大值是否也是稳态时励磁电流的同样倍数？为什么？

5-2　在什么情况下变压器的空载合闸电流最大、最小？各约为额定励磁电流的多少倍？这个电流对变压器本身的直接危害大吗？

5-3　怎样避免过大的空载合闸电流？

5-4　单相变压器在什么情况下的突发短路电流最小？什么时候最大？各约为稳态短路电流的多少倍？突发短路电流对变压器有何危害？

5-5　突发短路电流与变压器短路阻抗标幺值$|\underline{Z}_k|$有何关系？从限制突发短路电流的角度看，此值应选择大些还是小些好？这样选择$|\underline{Z}_k|$对变压器稳态运行性能有何影响？

习　　题

5-1　一台三相变压器，联结组标号为 Yyn0，$S_N=180\text{kV}\cdot\text{A}$，$U_{1N}/U_{2N}=10/0.4\text{kV}$，$p_{kN}=3.53\text{kW}$，$u_k=4\%$. 求：

(1) 二次绕组短路时一次绕组的稳态短路电流 I_k；

(2) 在$\alpha=0°$二次绕组突发短路时一次绕组短路电流的最大值（α为突发短路开始即 $t=0$ 时一次电压的初相角）.

第二篇 直流电机

第六章 直流电机的用途、基本工作原理与结构

6-1 直流电机及其用途

电机是使机械能与电能相互转换的机械. 直流发电机把机械能变为直流电能；直流电动机把直流电能变为机械能.

历史上，最早的电源是电池，只能供应直流电能，所以直流电机的发展比交流电机早. 后来交流电机发展比较快，这是因为交流电机与直流电机相比有许多优点，如易生产、成本低、能做到较大的容量等. 目前电站的发电机全都是交流电机；用在各行各业的电机，大部分也是交流电机. 然而，直流电机目前仍有相当多的应用.

直流电动机有以下几方面的优点：①调速范围广，且易于平滑调节；②过载、启动、制动转矩大；③易于控制，可靠性高；④调速时的能量损耗较小. 所以，在调速要求高的场所，如轧钢机、轮船推进器、电车、电气铁道牵引、高炉送料、造纸、纺织拖动、吊车、挖掘机械、卷扬机拖动等方面，直流电动机均得到广泛的应用.

直流发电机用作直流电动机、电解、电镀、电冶炼、充电以及交流发电机的励磁等的直流电源.

直流电机的主要缺点是换向困难，它使直流电机的容量受到限制，不能做得很大. 目前极限容量也不过 1 万千瓦左右. 而且由于有换向器，使它比交流电机费工费料，造价昂贵. 运行时换向器需要经常维修，寿命也较短. 所以很多人做了不少工作，以求用其他装置或改进交流电机的性能，来代替直流电机. 拿直流电源来讲，很早就有用电力整流元件，直接由交流电源变成直流，以代替直流发电机. 早期的器件有水银整流器、引燃管等. 这些器件在价格、使用方便、可靠性等方面，不及直流发电机. 近年来，大功率半导体元件发展很快，它的可靠性、价格、控制方便等指标日益改进，在某些场合，已经可以成功地用可控整流电源代替直流发电机了. 不过，有些性能（如波形平滑等）仍不及直流发电机. 至于电动机方面，采用电力电子技术配合同步电动机，构成电子换向的无换向器电动机，也可具有直流电动机的性能，已在大容量、高电压、高转速方面显示了很大优越性，并得到实际应用. 但总的来说，还未做到全面代替直流电动机的程度.

6-2 直流电机的基本工作原理

直流电机使绕组在恒定磁场中旋转感生出交流电，再依靠换向装置，将此交流电变为直流电. 通常采用的换向装置是机械式的，称为换向器. 本篇介绍这种具有机械式换向器的直流电机.

1. 直流电动势的产生

图 6-1 是交流电机的工作原理图. 设线圈 $abcd$ 在恒定磁场中匀速旋转，则线圈中会感应出一个交变电动势. 因为，线圈转至如图 6-1（a）所示的位置时，导线段 ab、cd 所感应的电动势方向，按右手定则可判定如图 6-1 中所示. 此时集电环 1 呈正极性；集电环 2 呈负极性. 当线圈转过去 180°至图 6-1（b）所示的位置时，导线段 ab 和 cd 互换了位置，各线段中感应电动势的方向恰与在图 6-1（a）中的方向相反. 此时，集电环 1 呈负极性；集电环 2 呈正极性. 这样，由集电环 2 指向集电环 1 的电动势 e_{21} 是交变电动势. 由于电刷 A、B 分别与集电环 1、2 相接触，所以

$$e_{BA}=e_{21}$$

也是一个交变电动势. 如设垂直于导线运动方向上的磁通密度在空间按正弦规律分布，那么 e_{21}、e_{BA} 也将随着时间按正弦规律变化，如图 6-1（c）所示. 图中 t_1、t_2 分别对应于图 6-1（a）、（b）的时刻.

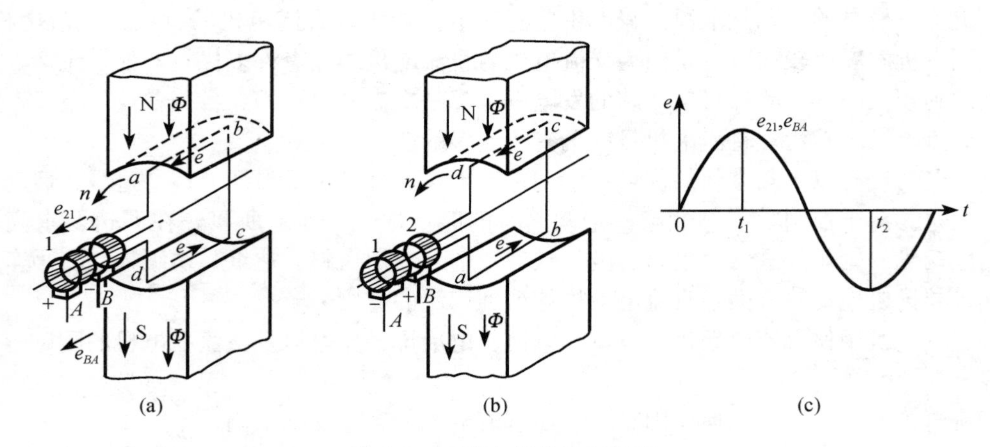

图 6-1 交流电机的工作原理

如果在线圈旋转、e_{21} 改变方向的过程中，将电刷 A、B 与集电环 1、2 的接触加以变换，就可以在电刷 A、B 两端获得直流电动势.

图 6-2 是对图 6-1 略加改变后的情况. 此时集电环 1、2 被改为对径放置的两个弧形导电片，这两个导电片在未与线圈相连时，彼此间是相互绝缘的. 这就是最简单的换向器，导电片 1、2 称为换向片. 电刷 A、B 的位置也改为沿换向器对径放置，且当线圈转至如图 6-2（a）、（b）的位置时，电刷 A、B 正好在换向片 1、2 的中心. 由图 6-2（a）可以看出，此时 e_{21} 为正值，$e_{BA}=e_{21}$ 也为正值. 当线圈转至图 6-2（b）的位置时，e_{21} 变为负值，此时电刷 A 已改为与换向片 2 接触，而电刷 B 与换向片 1 接触. 因此

$$e_{BA}=e_{12}=-e_{21}$$

仍为正值. 电动势波形如图 6-2（c）所示. 由图可以看出，线圈电动势 e_{21} 虽仍是交变的，但电刷间的电动势 e_{BA} 已是有脉动的直流电动势了. 这完全是由于有换向器而造成的.

图 6-2（c）中的直流电动势有很大的脉动，实际应用时，总是希望脉动值小点好. 通常只要把感应电动势的线圈数目增多就能办到. 图 6-3（a）是有 4 个线圈的直流电机，图 6-3（b）是各感应电动势随时间变化的波形. 在电刷 A、B 间的电动势 e_{BA} 等于其间串联

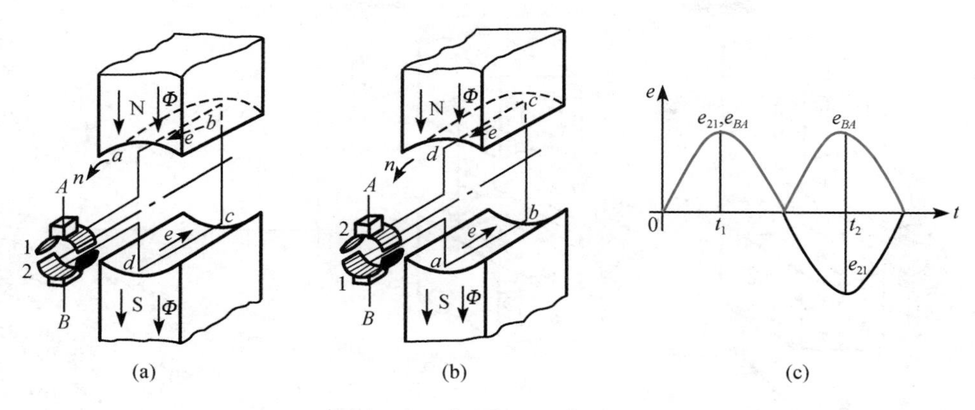

图 6-2　直流电机工作原理

各线圈电动势的代数和，它的波形如图 6-3（b）所示. 可以看出，电刷间电动势的脉动已大为减小. 线圈的数目不同，电动势的脉动情况也不一样. 电动势最大或最小瞬时值与平均值之差称为电动势的脉动值. 如果每极下有 8 个线圈，脉动值最大也不会达到其平均值的 1%.

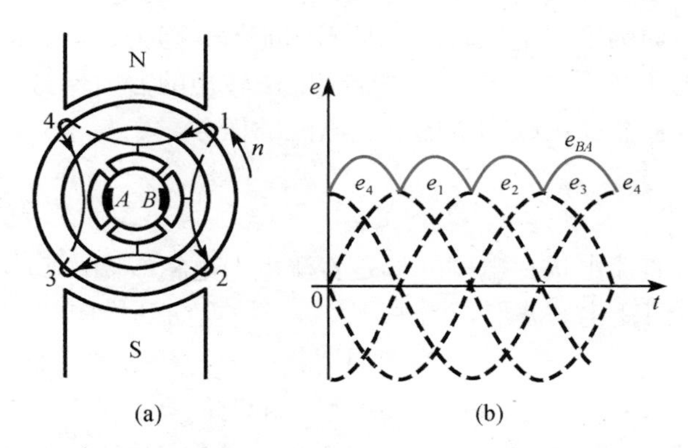

图 6-3　有 4 个线圈的直流电机及其电动势波形

上面所介绍的电动势情况，无论对直流发电机还是直流电动机都同样适用. 即只要直流电机的电枢绕组在磁场中旋转，由于换向器的作用，在其电刷间都会产生一个带有脉动分量的平均直流电动势.

2. 平均电磁转矩的产生

图 6-4 是和图 6-2 有同样结构的电机. 现在我们考虑通过电刷 A、B 流过一个直流电流 i 时的情况. 假设电流 i 的方向为从电刷 A 流进电枢后，自电刷 B 流出. 电机中磁场的方向如图 6-4 所示. 根据左手定则，可以看出，在图 6-4（a）、（b）中，载流导体 ab、cd 受电磁力而产生的转矩方向都是逆时针方向. 如果 i 的大小不变，磁通密度在垂直于导体运动方向的空间按正弦规律分布，电枢为匀速转动时，此电机由电流 i 和磁场所产生的电磁转矩随时间变化的波形，如图 6-4（c）所示，其中 t_1、t_2 分别对应载流导体在图 6-4（a）、（b）所示的位置.

由图可以看出，转矩是变化的，除了平均转矩外，还包含着交变转矩. 与前述的情形相仿，增多电枢线圈的数目，可以减小此交变转矩分量的大小. 平均电磁转矩则是直流电机运

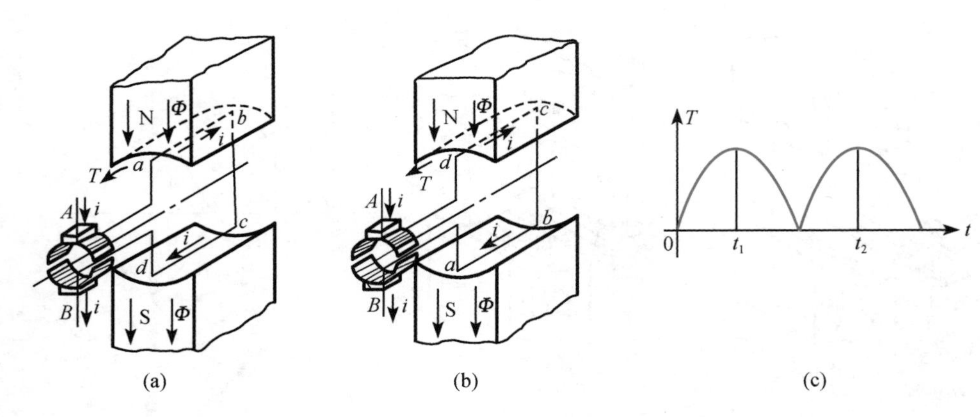

图 6-4　平均电磁转矩的产生

转所必需的. 同样，无论在直流发电机还是在直流电动机中，只要电枢绕组中有电流，都会有这样一个平均电磁转矩存在. 在第八章和第九章，将仔细分析这个平均电磁转矩在直流电机工作中的作用.

显然，如果在图 6-1 那样具有集电环结构的电机中，由电刷 A、B 通入一个直流电流时，要想产生一个单方向的平均电磁转矩，是不可能的. 因为，当导体位于不同极性的磁极下时，导体中流过的电流必须改变方向，才能使电磁转矩的方向保持不变. 换向器恰好又担负了把电刷外的直流电流改变为线圈内的交流电流的任务.

3. 直流电机的换向

由上述分析可知，直流电机在电刷外部是直流电，电枢线圈内部却是交流电. 图 6-5 是一个线圈中电流 i 随时间变化的波形，图中 T_K 是开始换向到换向结束所经历的时间，称为换向周期，一般为几毫秒；而 T_P 是线圈电流在一种方向下经历的时间，一般为几十毫秒.

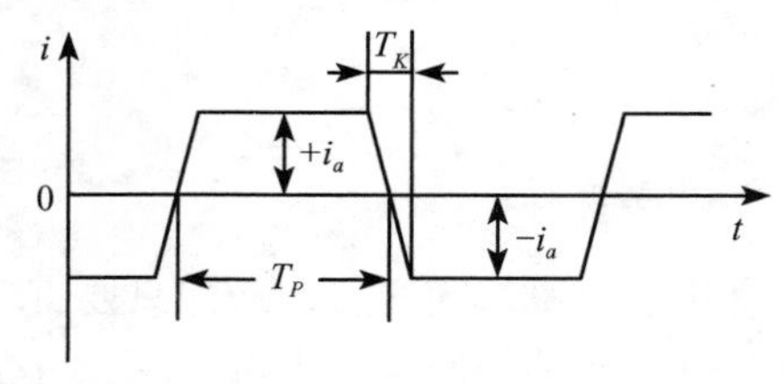

图 6-5　线圈中电流随时间变化波形

直流电机换向不好时，会在电刷与换向器之间产生火花，火花超过一定限度时，会使电刷和换向器磨损加剧，大大缩短电机的寿命. 严重时，甚至还会使换向器表面发生环火，损坏电机. 此外，电刷下的火花还会对无线电通信产生干扰.

换向问题是限制直流电机进一步发展的主要问题，其影响因素相当复杂. 一般来说有电磁原因、机械原因和物理化学原因. 电磁原因是指当一个线圈中的电流进行换向时，该线圈中感生的各种电动势会影响电流换向的过程. 电流的变化是线性变化，称为直线换向，直线换向不会产生火花，如果电流的变化是非线性的，就有可能在换向过程中在换向器与电刷之间产生火花. 机械原因是指直流电机加工制造质量差或运行维护不好，造成诸如换向器偏心、换向器片间绝缘突出、换向器表面不清洁或因磨损而变粗糙、电刷上压力不合适、电刷接触而研磨得不好与换向器表面接触不良等，由此也会造成直流电机运行时在换向器与电刷之间产生火花. 物理化学原因是指直流电机运行时，换向器表面会形成氧化亚铜薄膜，这层薄膜电阻较大，对改善换向有积极作用，但如果电机运行环境恶劣，如潮湿、缺氧、电刷压力过大等，就会破坏表面薄膜，容易引起火花.

为了改善换向，除了保证电机的制造工艺，加强运行维护，使电机不会因为机械原因产生火花，提高电刷质量也可改善换向，而最常用的方法是对于容量大于 1kW 的直流电机，为了消除换向不良的电磁原因，可在主磁极之间加装换向极，能有效地改善电机的换向，防止火花产生.

6-3　直流电机的主要结构

直流发电机和直流电动机在结构上没有差别.

直流电机工作时，其磁极和电枢绕组间必须有相对运动. 理论上讲，这两部分，可任选其一放在定子上，而把另一个放在转子上. 实际上，如果把磁极放在转子上，就要求电刷装置也随转子一道旋转. 运行时，电刷势必无法维护，且易出故障. 所以目前几乎所有的直流电机，电枢绕组都是装在转子上，而磁极则静止不动，装在定子上. 这样，静止的电刷装置就便于检修维护了.

图 6-6 是一种常用的小型直流电机的剖面图.

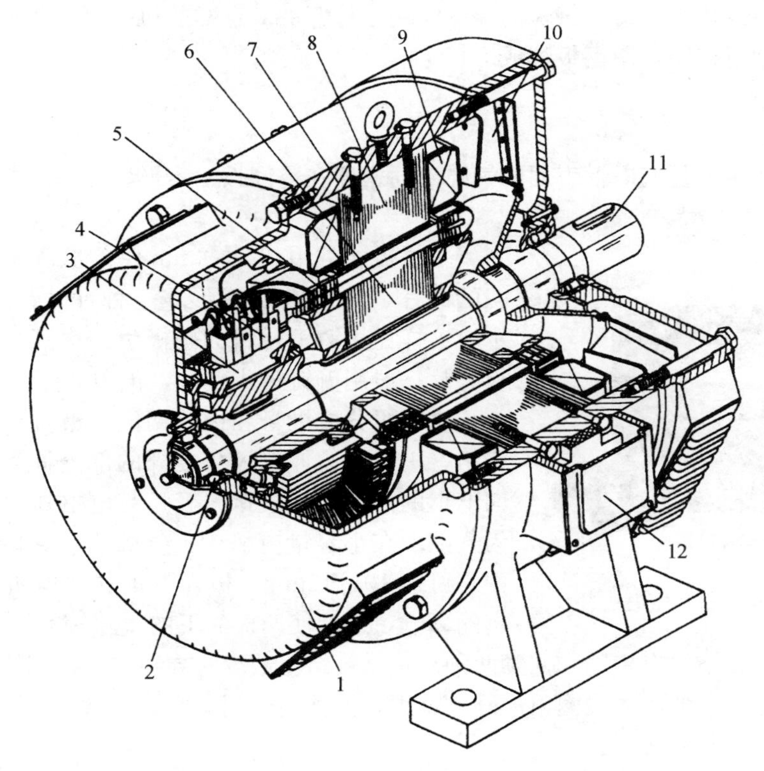

图 6-6　小型直流电机的剖面图

1—端盖；2—轴承；3—换向器；4—刷架；5—电枢线圈；6—电枢铁心；7—机座；8—磁极铁心；9—励磁绕组；10—风扇；11—转轴；12—出线盒

下面对各部分进行简要的介绍.

1. 定子部分

定子通常指磁路中静止部分及其机械支撑，包括机座、磁轭、主磁极、换向极等.

1）机座和磁轭

直流机的机座有两种型式：整体（磁轭）机座和叠片（磁轭）机座.

整体（磁轭）机座，如图 6-6 中所示，它担负着双重的任务，既作为电机的机械支撑（机座），又是磁极间磁通的通路（磁轭）. 所用的材料要求具有较好的导磁性能，因此一般不用铸铁，而用铸钢或钢筒做成. 并且，为了使磁路中的磁通密度不致太高，要求有一定的导磁截面积. 这常使其在机械强度和刚度上大有富余.

在调速要求高的电机中，这种整块钢做成的磁轭，比较不利. 因为调速而要求主极磁通相应地有快速变化时，定子磁轭中的涡流效应常常阻尼了这种变化，使时间常数变大. 同样的原因也会对换向不利. 在这种情况下，就必须采用叠片（磁轭）机座以减少涡流效应. 它的磁轭是用几毫米厚的薄钢板叠成的，钢板间涂漆，相互绝缘. 整个叠片磁轭固定在机座上. 此时，机座的机械支撑与磁轭的导磁作用是分开的. 这样的机座可以用铸铁；微电机则可用铸铝；大型电机中常用钢板焊成.

2）主磁极

主磁极的作用，是使电枢表面的气隙磁通密度在空间按一定形状分布，并且能在磁极上固定励磁绕组.

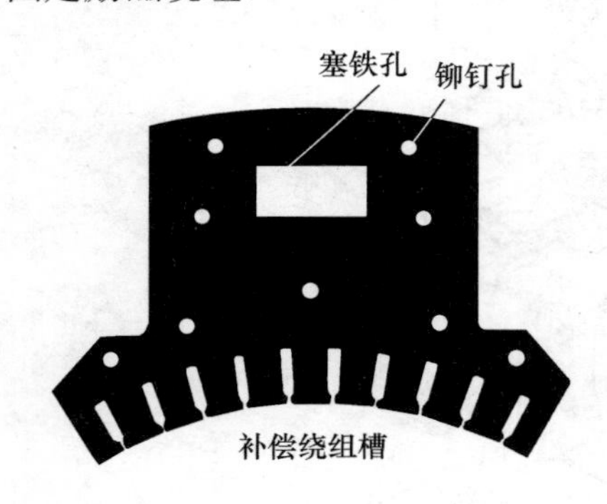

图 6-7 大型直流电机主磁极冲片

主磁极通常用 0.5～3mm 厚的低碳钢板冲成一定形状的冲片，然后叠压成形. 一种冲片形状如图 6-7 所示. 这样比用铸钢材料的磁极生产率高且质量好. 主磁极叠片一般用铆钉铆成整体，再用螺钉固定在磁轭上.

主磁极分成极身和极靴两段. 极身较窄，外装励磁绕组，极靴两边伸出极身之外的部分称为极尖. 极靴面向电枢的曲面称为极弧，极弧与电枢外圆之间的间隙称为气隙. 在小容量电机中，气隙为 1～3mm；在大电机中，可达 10～12mm. 极弧的形状对电机运行性能有一定的影响，通常使两极尖下的气隙较大.

主磁极的励磁绕组有串励和并励两种. 串励绕组匝数少，导线粗；并励绕组匝数多，导线细. 各个主磁极上的励磁线圈组成励磁绕组，彼此间常用串联方式联结，这样可以保证各主磁极线圈的电流一样大.

主磁极在电机中总是成对出现，其极性沿圆周是 N、S 交替的，因此串联时，相邻两主磁极线圈中电流环绕的方向是相反的.

大型直流电机常有补偿绕组. 补偿绕组放于主磁极极靴上的槽内，如图 6-7 所示.

3）换向极

容量大于 1kW 的直流电机，在相邻两主磁极之间有一小极，称为换向极，或称附加极. 它的作用是帮助换向，一般有几个主磁极就有几个换向极；个别小电机，换向极的数目也可以少于主磁极的数目.

换向极形状比较简单，因此常用厚钢板略加刨削而成. 同样，在磁通变化快而换向要求高的场合，换向极也要求用钢片绝缘后叠装而成.

换向极的气隙通常分在两处；极弧与电枢表面间形成的气隙，称为换向极第一气隙，其值较主磁极气隙为大；在换向极与磁轭接触处，常用非导磁性材料垫出第二气隙，以减少漏磁.

换向极上装有换向极绕组，一般由粗的扁铜线绕成，只有几匝，换向极绕组总是与电枢绕组串联的.

2. 转子部分

转子部分包括电枢铁心、电枢绕组、换向器、风扇、转轴和轴承.

1) 电枢铁心

它提供主极下磁通的通路. 当电枢在磁场中旋转时，铁心中的磁通方向不断变化，因而也会产生涡流及磁滞损耗. 通常用 0.5mm 厚的低硅硅钢片或冷轧硅钢片叠成，片间涂绝缘漆以减少损耗. 硅钢片上还冲出转子槽，以便嵌放电枢绕组.

图 6-8 是转子电枢冲片示意图.

容量稍大的电机，常把电枢铁心在轴向分成几段，各段间留出 10mm 左右的间隙，作为径向通风沟. 有时在绕组槽底至轴孔之间另冲出轴向通风孔，这些通风沟和通风孔，当电机运转时形成风路，以降低绕组及铁心的温升.

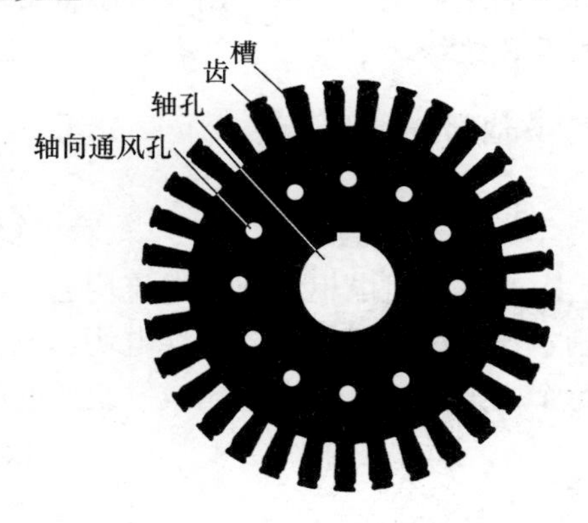

图 6-8　电枢冲片

2) 电枢绕组

用带绝缘的铜导线绕成一个一个的线圈元件，嵌放在电枢铁心的槽中，各元件按一定的规律联结到相应的换向片上，全部这些元件就组成了电枢绕组.

元件可能是多匝的，也可能只有一匝. 在小容量电机中常是多匝的；在大电机中常是单匝的，每个元件可预先做成相同的形状，而使嵌放到槽中时可以彼此错开，如图 6-9 (a) 所示. 可以看出，元件的一个边放在一个槽内，占着槽的上半部位置，另一边放在另一个槽内，占着槽的下半部位置. 相邻的槽内将同样地安放其他元件，依次排列下去，直到填满所有的槽. 每个元件嵌放在电枢槽中的直线部分是电机运行时感应电动势的有效部分，称为线圈边或元件边. 在电枢槽外两端的部分起着把两个元件边联结起来的作用，称为端部. 端部由上层弯到下层的拐弯部分称为鼻端.

微型直流电机的电枢绕组有时直接用导线绕在槽中，而不预先做成元件的形式.

绕组导线的截面积决定于元件内通过电流的大小，几千瓦以下的小电机一般用带绝缘的圆导线；电流较大的电机，一般用矩形截面的导线. 图 6-9 (b) 表示一个大容量直流电机电枢槽中的截面图，槽中上下层各包括 3 个元件边，每一个元件边就是一根矩形导线. 在实际电机中常将几个元件边并排放在一个槽内，这样可以减少槽的数目. 除了每根导线上都包有绝缘外，每一层的各元件边外面还包有绝缘，上下层之间有绝缘垫片，最外与铁心接触处

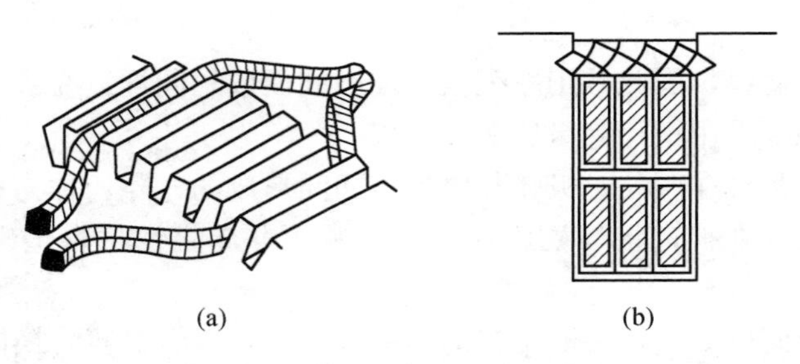

图 6-9 绕组元件在槽中的位置

还有槽绝缘，在槽口用槽楔将元件压住，以免转动时元件因离心力而甩出.

3）换向器

换向器由许多换向片组成. 这些换向片彼此以云母片相互绝缘，全部又以云母环对地绝缘. 换向片由铜料制成，尾端开沟或接有联结片（称升高片），以供电枢绕组元件端线焊于其中.

换向器的结构型式有多种. 中小型电机常用一种燕尾式结构，如图 6-6 所示. 它的换向片下面呈燕尾式，以便用 V 形截面的压圈夹紧. 在燕尾与 V 形压圈间垫以 V 形云母环，使其互相绝缘.

3. 其他部分

1）电刷装置

直流电机电枢绕组和电流均通过电刷装置与外电路相接，电刷装置如图 6-10 所示. 电刷本身是由石墨等做成的导电块，放在刷握内. 刷握再装于刷架上. 根据电流大小的不同，每个刷架上装有一个电刷或一组并联的电刷，同极性刷架上的电流汇集到一起后，引向接线板，再通向机外.

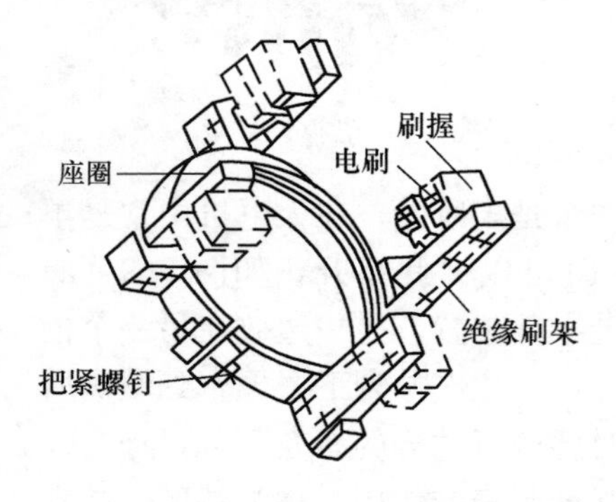

图 6-10 直流电机的电刷装置

电刷组的数目一般等于主极的数目，各电刷组在换向器表面的分布应是等距的. 在正常运行时，电刷有其一定的正确位置，为了便于对电刷的位置进行调整，在小型直流电机中，各刷架都装在一个可以转动的座圈上. 座圈套在端盖或轴承盖的凸出部位上（见图 6-6）. 松开把紧螺钉，座圈可以转动，当电刷位置找对后，再将座圈固定住. 大中型电机，对每个刷架要求能单独进行调整.

电刷后面镶有细铜丝编织成的引线（称刷辫），以便引出电流. 电刷装于刷握中时. 还压以弹簧，保证电枢转动时电刷与换向器表面有良好的接触. 弹簧的压力可以进行调节. 电刷与刷握的配合也不能太松或太紧. 电刷装置的好坏直接影响到直流电机是否能正常地工作.

2）轴承支撑

中小电机一般用滚动轴承；大型电机用滑动轴承. 中小电机的轴承座固定于机座两端的

端盖上，如图 6-6 所示．这种方式在安装和运行时都比较方便．在大型电机中，用端盖轴承已不够坚固，这时轴承通过座式轴承座直接支撑在电机底板上．安装时，要求有较高的技术来调整轴的中心位置．

3）结构型式

直流电机的结构型式与其他交流电机一样，根据不同的冷却和保护方式，分为开启式、防护式、封闭式和防爆式几种．

最简单的结构是开启式，电机无专门的防护装置，并只靠转子本身在旋转时带动的空气来冷却电机．图 6-6 是一般中小型电机常采用的防护式结构．此时垂直下落的异物已不易进入电机内部．在两端的端盖上开了进风口和出风口，在转轴上装有风扇．运转时，机外的冷空气在换向器端被吸入机内，经过一定的路径冷却换向器、磁极线圈、电枢铁心及绕组，然后由风扇从出风口将其排出机外．在端盖的进、出风口上都装有带孔的网罩，以防止外物落入电机．在空气中含尘或空气中腐蚀性成分较多的场合，电机做成封闭式的，电机内腔与机外不连通，只靠电机外表面的散热来冷却．此时机壳外表面常带有筋状散热片以增加其散热面积．大容量电机常用管道式通风．用另外的风机对电机进行吹风循环，冷风由管道引向电机，又由管道将热风带走．有些电机使用在含有可燃气体的场合如矿井中，电机就做成防爆式．这种电机的机壳有较高的机械强度，封闭得更严密，包括轴伸出处的轴封部分．以保证当电机内部逐渐积累的可燃气，因偶然的火花而引起爆炸时，能使此爆炸不致蔓延到机外而引起严重事故．

4）铭牌和额定值

每一台直流电机上都有一个铭牌，上面标明电机的必要数据，以供使用者辨识．这些项目有：

（1）电机的型号．

说明电机总的特点（它适宜应用的场所、功率范围、尺寸等的大致概念）．

（2）额定功率 P_N（kW）．

表示由温升和换向等条件的限制按所规定的工作方式电机所能供应的功率．对发电机而言，指出线端所输出的电功率；对电动机而言，指转轴所输出的机械功率．

（3）额定电压 U_N（V）．

指在额定工作情况时电机出线端的平均电压值．直流电机的额定电压一般是不高的．除供电解工业及其他特殊应用的低压电机外，一般中小型直流电动机的额定电压为 110V、220V、440V 各级；发电机的额定电压为 115V、230V、460V 各级；大型直流电机的额定电压为 800V 左右．更高电压的直流电机就属于高压特殊机组的范围了，比较少用．

（4）额定电流 I_N（A）．

直流发电机的额定电流为

$$I_N = \frac{P_N \times 10^3}{U_N}\ (\mathrm{A})$$

所以，有时在发电机中，此项可由 P_N、U_N 算得而不另给出．

直流电动机的额定电流为

$$I_N = \frac{P_N \times 10^3}{U_N \cdot \eta_N} \text{ (A)}$$

式中，η_N 为电动机在额定状况下运行时的效率；I_N 为从电源输入给电动机的电流.

（5）额定转速 n_N（r/min）.

指额定功率、额定电压、额定电流时的转速. 对无调速要求的电机，一般不允许电机运行时的最大转速 n_{max} 超过 $1.2n_N$，以免发生危险.

（6）励磁方式.

指并励、串励、他励、复励等.

（7）定额.

分连续、短时、间歇三种定额工作方式. 如未标注，即为连续定额工作方式，表示电机在额定情况下连续运转时，温升不致超过允许值.

（8）绕组温升或绝缘等级.

绝缘等级越高，其允许温升就越高. 同样体积的电机，在运行方式及冷却条件相同的情况下，它的额定功率就越大.

此外还有制造厂家、出厂年月、出厂序号等.

思考题

6-1 直流电机电枢导体里流过的是直流电流还是交流电流？

6-2 直流电机铭牌上的额定功率是指输出功率还是输入功率？对发电机和电动机有什么不同？

习题

6-1 已知一台直流发电机的额定功率 $P_N = 145\text{kW}$，额定电压 $U_N = 230\text{V}$，额定效率 $\eta_N = 89\%$. 求该发电机的额定输入功率 P_1 和额定电流 I_N.

6-2 已知一台直流电动机铭牌数据如下：额定功率 $P_N = 30\text{kW}$，额定电压 $U_N = 220\text{V}$，额定转速 $n_N = 1500\text{r/min}$，额定效率 $\eta_N = 87\%$. 求该电动机的额定电流和额定输出转矩.

第七章　直流电机的磁路和电枢绕组

7-1　概　　述

电机感应电动势和产生电磁转矩都离不开磁场，要了解电机的运行情况首先要了解电机的磁路和磁化特性.

电枢绕组是直流电机的核心部分. 当电枢在磁场中旋转时，电枢绕组中会感应电动势. 当电枢绕组中有电流流过时，会产生电枢磁动势，它与气隙磁场相互作用，又产生电磁转矩. 电动势与电流相互作用，吸收或放出电磁功率. 电磁转矩与转子转速相互作用，吸收或放出机械功率. 二者同时存在，构成电磁能量与机械能量的相互转换，完成直流电机的基本功能. 因此，电枢绕组在直流电机中起着重要的作用.

根据不同的联结方法，电枢绕组可分为：①单叠绕组；②单波绕组；③复叠绕组；④复波绕组；⑤混合绕组等. 它们的主要差别在于从电刷外看进去，电枢绕组联结成了不同数目的并联支路，以满足不同额定电压和电流的要求，其中单叠绕组和单波绕组是两种基本的型式. 由于篇幅的限制，本书主要介绍单叠和单波绕组.

7-2　直流电机的磁路和磁化特性

电机中电磁能与机械能的转换是在磁场之中完成的. 要弄清电机的工作原理和性能，必须对电机的磁场情况有正确的了解.

直流电机工作时，首先需要建立一个磁场，它可以由永久磁铁或由直流励磁的励磁绕组来产生. 一般永久磁铁所能建立的磁场比电流励磁所能建立的磁场弱. 所以，现今绝大多数直流机都是由励磁绕组励磁的. 本章中将只讨论这种情况.

实际上，直流电机工作时的磁场是由电机中各个绕组（包括励磁绕组、电枢绕组、附加绕组、补偿绕组等）的总磁动势所共同产生的，其中励磁绕组的磁动势起着最主要的作用. 了解清楚励磁磁场，就对直流电机工作时的磁场情况有了一个基本的概念，至于其他绕组中有电流流过所产生的磁动势对电机磁场的影响，将在后面陆续加以讨论.

现在开始分析励磁磁场的情况. 图 7-1 是一个 4 极直流电机（有附加极）的励磁磁场示意图. 图中画有箭头的细实线代表磁力线（铁里的磁力线没有画出），细虚线代表等磁位面. 所有那些由 N 极经过气隙到转子再由另一个气隙返回 S 极的磁通是直流电机中起有效作用的磁通，称为主磁通，它能在旋转的电枢绕组中感应出电动势，并和电枢绕组的磁动势相互作用产生电磁转矩. 其余不经过转子的磁通通称漏磁通. 漏磁通只增加磁极和定子磁轭的饱和程度，不产生电动势和转矩.

直流电机运行时，主极下必须有一定数量的气隙磁通 Φ_0 以感生电动势并产生电磁转矩，而要产生一定数量的每极气隙磁通 Φ_0，每个主极必须加上一定的励磁磁动势 F_f. 通过磁路计算就可以得到它们之间的关系 $\Phi_0=f(2F_f)$，主磁通 Φ_0 改变时，一对极所需要的励磁

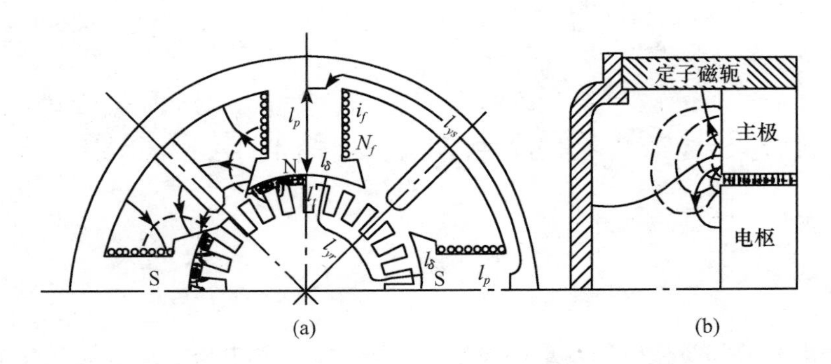

图 7-1 4 极直流电机（有附加极）的励磁磁场

磁动势 $2F_f$ 也跟着改变，这个函数关系就称为直流电机的磁化特性.

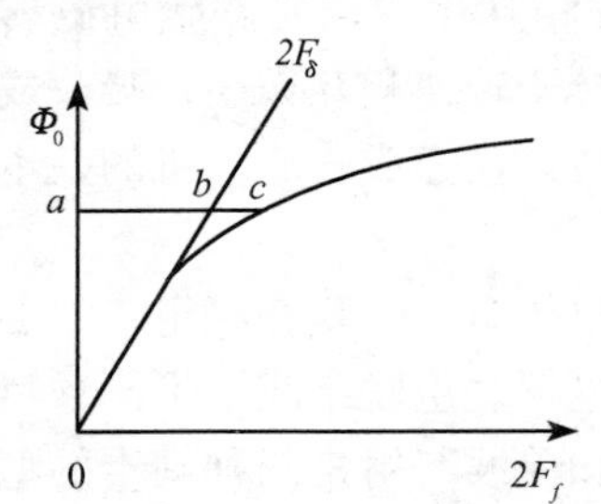

图 7-2 直流电机的磁化特性曲线

图 7-2 所示为直流电机的磁化特性曲线. 当电机内磁通较小时，磁路中的铁磁部分没有饱和，磁化特性是直线关系. 此时的励磁磁动势基本上全消耗于气隙中. 所以，将磁化特性曲线不饱和段按直线延长，可得

$$\Phi_0 = f(2F_\delta)$$

的关系.

当电机中磁通 Φ_0 较大时，各段铁磁路将陆续饱和，所消耗的磁动势增长很快，磁化特性曲线呈现弯曲. 当电机中磁通很大时，各段磁路均很饱和，磁化曲线又呈直线变化，但磁通增量所需的磁动势增量很大. 电机磁路的饱和程度，可以用下式来表示：

$$k_\mu = \frac{2F_f}{2F_\delta} = \frac{\overline{ac}}{\overline{ab}}$$

式中，k_μ 称为磁路的饱和因数，它的大小对电机所用材料和工作性能有很大的影响. 电机一般运行在磁化曲线开始弯曲处，如图 7-2 中的 c 点，此时的 k_μ=1.1～1.35.

磁化特性曲线的横坐标可以用不同的单位来表示，或用每对极的安匝；或用每极的安匝；也可以用全机所有极的安匝，有时也用励磁绕组中的电流，这些单位都可以互相换算.

图 7-2 的磁化特性曲线是平均磁化特性曲线，由于铁磁材料的 B-H 曲线存在磁滞现象（磁滞回线、剩磁、次磁滞环等），所以直流电机的实际磁化特性曲线同样会有上述现象.

7-3 电枢绕组的一般知识

电枢绕组虽然有不同类型，但在结构上有其共同的特点：它们都是由结构形状相同的绕组元件（简称元件）按一定的规律联结而成. 绕组元件又叫线圈，一台电机的总元件数用 S 表示. 每个元件有两个放在槽中能切割磁通感生电动势的有效边，称为元件边. 元件在槽外的部分不切割磁通，不感生电动势，称为端部. 元件可分为单匝元件和多匝元件，前者的元件边只有一根导体，后者元件边则由多根导体串联绕制而成，元件匝数以 N_K 表示，每个元件有两根引出线，一根为首端，一根为尾端，它们接到不同的换向片上，如图 7-3 所示.

绕组的各个元件之间通过换向片相互联结起来，这样就必须在同一换向片上，既连有一个元件的首端，又连有另一个元件的尾端，使整个电枢绕组的元件数 S 和换向片数 K 相等，即 $S=K$.

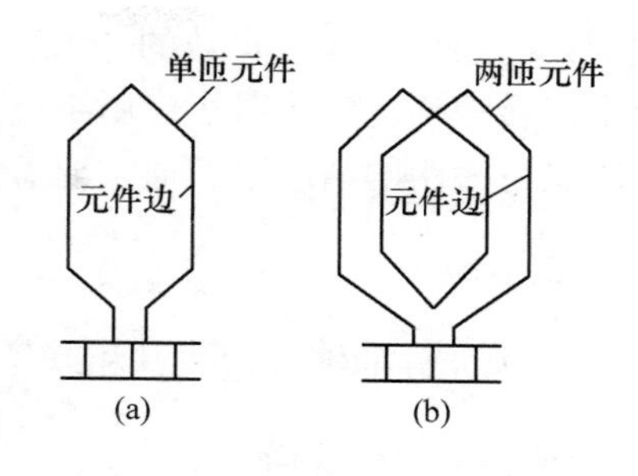

图 7-3　绕组元件

绕组元件被嵌放在电枢铁心的槽内，如图 6-9（a）所示，它的一个元件边被放在槽的上层，称为上层边，另一个边被嵌放在另一槽的下层，称为下层边，同一槽上下两层放置了不同元件的有效边，而一个元件也只有两个边，这样电枢的槽数 Q 就应该等于元件数 S.

但在实际的电机中，为了提高槽的利用率和使制造工艺简单，常常在槽的上、下层各嵌放多个元件边. 为了确切说明每一个元件边所处的具体位置，引入虚槽的概念，如果槽内上层有 u 个元件边，每个实际槽就包含 u 个虚槽. 图 6-9（b）表示 $u=3$ 的情况，这时每个实际槽的上、下层各有 3 个元件边. 电机的实槽数 Q 和虚槽数 Q_u 有如下关系：

$$Q_u = uQ$$

而电机的虚槽数应等于元件数，也等于换向片数，即

$$Q_u = S = K$$

为了正确地把绕组嵌放在槽内并与换向片相联结，首先应了解电枢和换向器上各种绕组元件的节距. 所谓节距是指相关的两个元件边之间的距离，通常以所跨过的槽数或换向片数来表示，如图 7-4 所示.

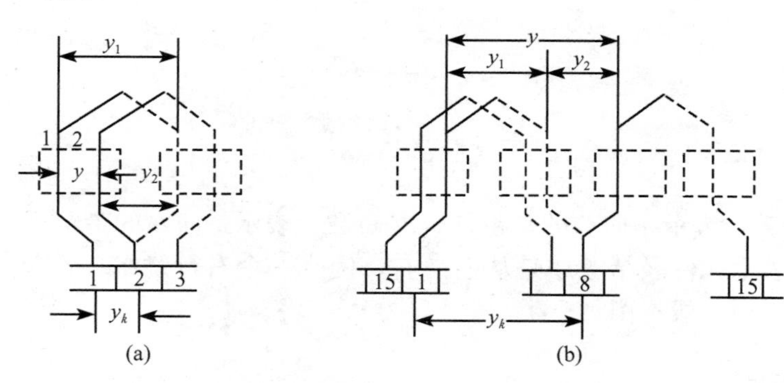

图 7-4　绕组的节距

1. 第一节距 y_1

y_1 是指同一元件两个边之间的距离，以虚槽数来计算. 为了使元件感应出最大电动势，就要使 y_1 等于一个极距 τ. 而

$$\tau = \frac{Q_u}{2p}$$

式中，p 为电机的极对数. 满足 $y_1=\tau$ 的元件称为整距元件. 在 $Q_u/(2p)$ 不是整数时，由于 y_1 必须是一个整数，则 y_1 应该取与 $Q_u/(2p)$ 相近的一个整数，即

$$y_1 = \frac{Q_u}{2p} \pm \varepsilon = \text{整数}$$

式中，ε 是使 y_1 凑成整数的一个分数. 当 $y_1 < Q_u/(2p)$ 时，称为短距元件. 其感应电动势及电磁转矩均比整距时小. 由于叠绕组元件短距时的端部长度比长距时的短，因此，在既可长距又可短距的情况下，通常取短距.

2. 第二节距 y_2

y_2 为元件的下层边与其相联结的元件上层边之间的距离，以虚槽数计.

3. 合成节距 y 和换向片节距 y_K

y 是相串联的两个元件的对应边的距离，以虚槽数计. y 与 y_1、y_2 的关系为

$$y = y_1 + y_2$$

y_K 是一个元件的首尾端在换向器上的距离，以换向片数表示. y_K 的大小应使串接元件的电动势方向一致，以免方向相反相互抵消. 图 7-4 (a) 为单叠绕组，其 $y_K=1$. 图 7-4 (b) 为单波绕组，其 y_K 很大. 但它们都是将感应电动势同方向的元件串联起来.

7-4 单叠绕组

在本节和 7-5 节中，均先介绍表述绕组联结规律的节距、绕组展开图、元件联结图和并联支路图. 这四个方面是分析直流电机电枢绕组的基本方法，彼此互相关联.

下面用一台 $2p=4$，$Q_u=S=K=16$ 的直流电机做例子，构成单叠绕组.

1. 绕组的节距

$$y_1 = \frac{Q_u}{2p} \pm \varepsilon = \frac{16}{4} = 4$$

$$y = y_K = 1$$

$$y_2 = y - y_1 = -3$$

y 和 y_1 是正数，表示是向右的跨距；y_2 是负数，表示是向左的跨距；y_K 为 1 表示是单叠绕组；取正数表示元件联结顺序是从左向右，构成一个右行绕组. 若 y_K 取 -1，也可联成一个左行绕组，但一般不用.

2. 单叠绕组的展开图

绕组展开图是将电枢表面沿轴向展开成平面，用展开图可清楚地表示各元件如何通过换向片联结成绕组.

图 7-5 中标出了换向片号及放置元件的虚槽号，为方便起见，通常将虚槽画成沿电枢表面均匀分布，虚槽中的上层元件边用实线表示，下层边用虚线表示，元件边上下的斜线表示端部. 图中画出了某一瞬间各磁极的位置，这些磁极在圆周上的位置彼此相距一个极距 τ 而均匀分布，每极的宽度也是相等的. 由于电枢是旋转的，磁极相对各元件的位置不断变动，画图时可以自由选定. 我们可以找对称的位置，画起来比较方便. 电刷在换向器圆周上的位置也必须是对称的，其宽度可取为等于或小于一个换向片宽.

电刷位置相对磁极位置有一定的关系，不能随意放置. 在对称元件的情况下，一般应将电刷的中心线对准磁极中心线，这时被电刷所短路的元件中感应电动势是最小的，因为元件的两个有效边这时差不多处在两个磁极之间的位置上，它们的感应电动势接近为零. 这种情

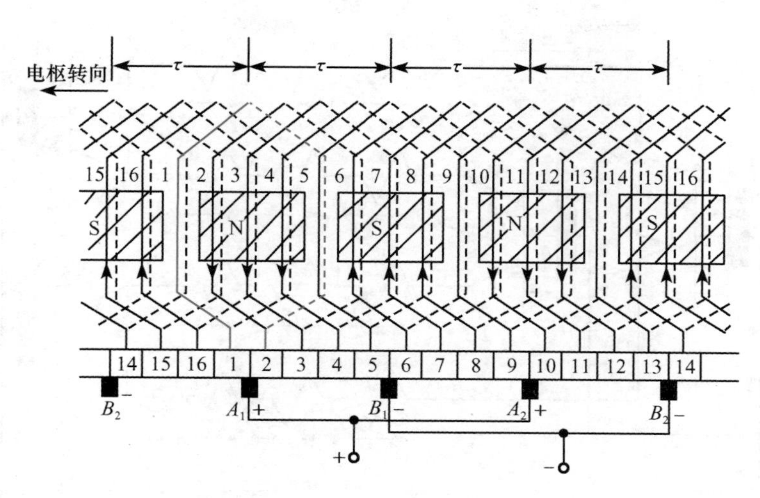

图 7-5　单叠绕组展开图

况也能使得正负电刷间获得最大感应电动势.

图 7-5 中所表示的磁极是在电枢表面的上边. 因此 N 极的磁力线在气隙中的方向是离读者进入纸面. 当知道了电枢的旋转方向后, 可以根据右手定则决定各元件边中感应电动势的方向, 如元件边上的箭头所示, 顺着各串联元件中电动势的方向, 可以定出各电刷的极性. 由图 7-5 可以看出, 电枢向左旋转时, 位于 N 极下的电刷为正极性. 还可知道, 当电刷在图示位置时, 相邻电刷间串联各元件的电动势都是相加的, 因此电刷间的感应电动势最大. 假如电刷不对准磁极中心线, 而是移动到其他位置上, 正负电刷间的电动势将会减小.

3. 单叠绕组的元件联结次序

根据图 7-5 的节距, 可以直接看出绕组各元件之间是如何联结起来的. 第 1 虚槽的上层元件边经过 $y_1=4$ 接到第 5 虚槽的下层元件边, 形成第 1 个元件. 它的首端和尾端分别接到第 1 和第 2 个换向片. 第 5 虚槽的下层元件边经过 $y_2=-3$ 接到第 2 虚槽的上层元件边, 这样与第 2 元件联结起来. 以此类推, 从左到右把各个元件依次联起来. 各元件的联结关系可以用图 7-6 来表示. 数字表示元件边所在的虚槽号, 上层的数字还表示元件的号数. 从第 1 元件开始, 绕电枢一周, 将全部元件边都联了起来, 重又回到起始点 1. 可见单叠绕组自成一个闭合回路. 现代直流电机的电枢绕组都是自成闭合回路的.

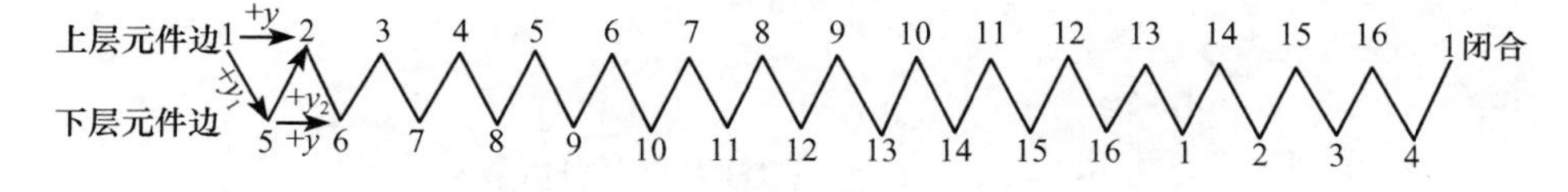

图 7-6　单叠绕组元件联结次序

4. 单叠绕组的并联支路图

把图 7-5 中相同极性的电刷并联起来, 并按照其中各元件联结的顺序, 以及被电刷所短路的元件, 可以画出图 7-7 的并联支路图. 由图 7-7 可以看出, 电枢绕组形成了几个并联支路, 每一个支路所串联的元件是位于同一磁极下的全部元件. 本例中, 磁极数 $2p=4$, 所以共有 4 个支路并联. 如果极数增加, 并联的支路数将随极数同时增多.

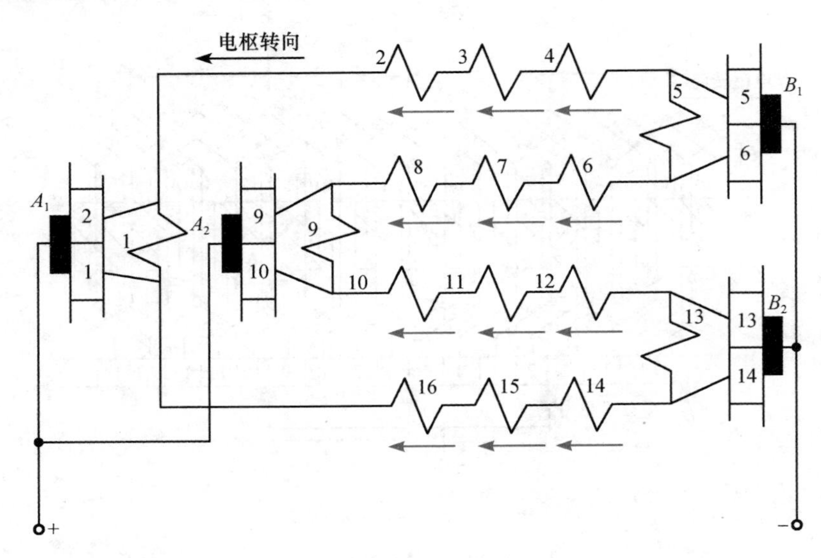

图 7-7　单叠绕组并联支路图

因此可以看到单叠绕组的又一个特点是电枢绕组的并联支路数等于电机的极数，即

$$2a = 2p$$

或

$$a = p$$

式中，a 为支路对数.

当电枢旋转时，电刷位置不动，并联支路图中的整个电枢绕组在移动，每个元件不断地顺次移到它前面一个元件的位置上，但总的支路情况不变.

由图 7-7 还可看出，单叠绕组有几个磁极就应有几副电刷，称为全额电刷. 如果缺少任意一副电刷，将使电枢绕组的一对支路不能工作，降低了电机的容量.

7-5 单 波 绕 组

请扫描二维码查看单波绕组的详细内容。

7-5 节

7-6 其他型式电枢绕组简介

请扫描二维码查看其他型式电枢绕组的介绍。

7-6 节

7-7　直流电机电枢绕组的感应电动势

以上各节讨论了电枢绕组的一些联结方法．当电机中建立了励磁磁场后，旋转的电枢绕组会感应出一定的电动势．本节将分析电动势大小与每极磁通、电机转速、绕组型式、电刷位置的关系．为了便于理解，分析时作以下假定：

（1）电枢表面光滑无槽；

（2）电枢绕组导线数目极多，在电枢表面均匀连续分布；

（3）绕组为整距元件；

（4）电刷位置在磁极的中心线上．

先分析只有励磁磁动势的情况．图 7-8 表示一个极距内气隙磁通密度沿电枢表面的分布曲线．当一根长度为 l 的导体以线速度 v 垂直于磁通密度方向运动时，导体中的感应电动势为

$$e = b_\delta l v$$

式中，b_δ 为导体所在处的磁通密度．

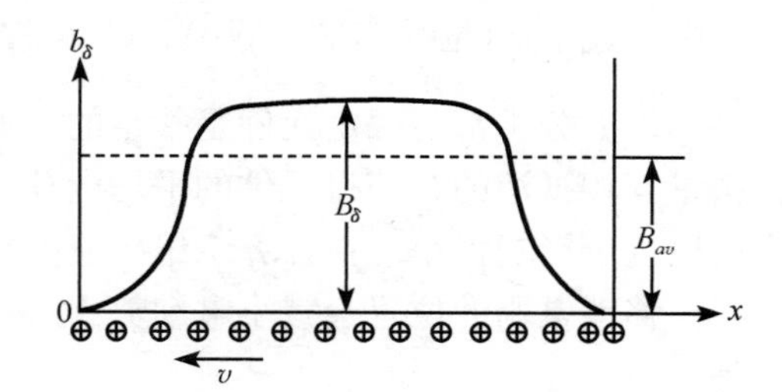

图 7-8　只有励磁磁动势时，气隙磁通密度分布波形

整个电枢绕组共有有效导体数为

$$z = 2SN_K$$

式中，N_K 为每个元件的串联匝数．绕组由 $2a$ 个支路组成，每一个支路的串联导体数为 $z/(2a)$．尽管电枢在转动，组成一个支路的具体导体在轮换，但支路串联导体的数目总保持为 $z/(2a)$ 不变，在前述假定下，这 $z/(2a)$ 根导体所感应的电动势方向都是相同的，串联后组成一个支路的电动势，也就是电枢绕组的感应电动势 E_a．故

$$E_a = \sum_{i=1}^{z/(2a)} e_i \tag{7-1}$$

式中，e_i 是支路中第 i 根导体中的感应电动势．

对叠绕组来说，一个支路的 $z/(2a)$ 根导体均匀连续分布于一个磁极下；对波绕组而言，一个支路的 $z/(2a)$ 根导体虽分别处于不同的磁极下，但是，因为它们相互之间在磁场中的位置不同，有场移，因此在计算支路电动势时，可以认为这 $z/(2a)$ 根导体等效于在一个磁极下均匀连续分布．这样只要求出一根导体在一个极下感应电动势的平均值 e_{av}，乘以 $z/(2a)$ 根导体数，即得一个支路的串联电动势，也就是绕组感应电动势 E_a．所以式(7-1) 可写成

$$E_a = \sum_{i=1}^{z/(2a)} e_i = \frac{z}{2a} e_{av} \tag{7-2}$$

而一根导体的平均电动势为

$$e_{av} = B_{av} l v = \alpha' B_\delta l v$$

式中，B_{av}、B_δ 分别是每极平均磁通密度与最大磁通密度；$\alpha' = B_{av}/B_\delta$ 是平均磁通密度与最大磁通密度之比．

线速度 $v=2p\tau n/60$，其中 n 是电枢转速，单位是转/分（r/min），每极磁通

$$\Phi_0 = B_{av}\tau l = \alpha' B_\delta \tau l$$

代入上式，得每根导体的平均电动势为

$$e_{av}=2p\Phi_0\frac{n}{60}$$

式中，$2p\Phi_0$ 是电枢每转一周导体切割的总磁通量．即平均电动势等于每一根导体每秒所切割的总磁通量．从上式可知，导体平均电动势与气隙磁通密度分布的形状无关．求出平均电动势，代入式（7-2）可得

$$\begin{aligned}E_a&=\frac{z}{2a}e_{av}=\frac{z}{2a}2p\Phi_0\frac{n}{60}\\&=\frac{pz}{60a}\Phi_0 n=C_e n\Phi_0\ (\mathrm{V})\end{aligned}\tag{7-3}$$

式中，Φ_0 的单位是韦伯（Wb）；C_e 是常数，$C_e=\frac{pz}{60a}$.

以上分析都是假定元件是整距的．如果元件短距，元件的两个边的电动势在一小段时间中是互相抵消的，使得元件的平均电动势稍有降低．但是直流电机中不允许元件短距太大，所以这个影响极小．在计算绕组感应电动势时一般不予考虑．

移动电刷的位置会减小电动势 E_a．如把图 7-5 中的电刷移到磁极间的几何中线，则 E_a 等于零．

式（7-3）表示空载时电枢绕组中的感应电动势，Φ_0 是空载时的气隙每极磁通量．当电机带负载后，气隙每极磁通量变为 Φ，以上公式仍然可用，这时的感应电动势为

$$E_a=\frac{pz}{60a}n\Phi=C_e n\Phi\ (\mathrm{V})\tag{7-4}$$

实际电机有齿槽存在，必然会影响电动势的大小．粗略考虑如下．

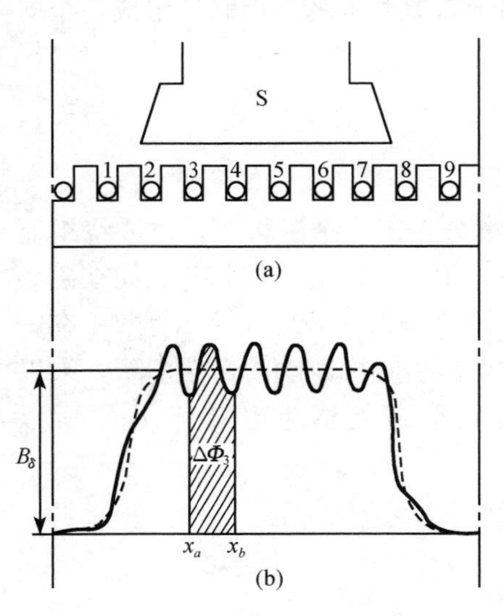

图 7-9 电枢有齿槽时的气隙磁通密度波形

首先，当导体沿电枢表面为理想均匀密布时，无论电枢转到什么位置，电枢各支路电动势都不变化．即电枢电动势的瞬时值［式（7-1）］与它的平均值［式（7-3）］相等，当有齿槽时，电枢导体不再是均匀密集分布，而是集中在有限的槽内．此时，电枢绕组电动势的瞬时值随着电枢转动而上下脉动．如果要求脉动值小，必须增加每极下的元件数 $K/(2p)$．一般设计成 $K/(2p)>8$，就能使脉动值小于 1%．

其次，要考虑齿槽的存在对气隙磁通密度的影响．图 7-9（b）锯齿形的实线表示电枢在某位置时气隙磁通密度的实际分布波形．一个极下的磁通 Φ_0，可由实线与横坐标之间的面积来代表；虚线是把锯齿部分找平以后的波形，可以称为气隙中考虑齿槽的平均磁通密度分布曲线，一个极下的磁通也是 Φ_0.

锯齿形磁通密度曲线的凹部，代表电枢表面槽口处的磁通密度，电枢绕组导体位于槽中，那里的磁通密度比凹部磁通密度值还要低．电枢旋转时，上述凹部磁通密度位置始终与槽位置一致，导体所在处的磁通密度始终是低的．那么根据 Blv 切割电动势的观点似乎感应电动势会小些．

但实际上在有齿槽的情况下，电枢每转过一定角度，电枢元件所扫过磁通的总数，仍可以用气隙磁通密度曲线下面的面积来代表. 如图 7-9 中，当元件 3 由 x_a 转到 x_b 位置时，其所扫过的磁通仍为 $\Delta\Phi_3$. 因此，可以看成槽内导体处磁通密度为 B'，扫过导体的相对速度为 v'，有 $Blv=B'l'v'$ 的关系，使电动势仍保持为式（7-4）所算出的数值.

由此可见，只要我们用不考虑齿槽存在时的气隙磁通密度分布曲线代替有齿槽时气隙磁通密度的实际分布曲线，就完全可以用式（7-4）去计算电枢电动势的平均值. 本书中后面除非特别提到，均用气隙平均磁通密度的分布曲线和电枢电动势的平均值，而不再考虑齿槽效应.

7-8　直流电机电枢绕组的电磁转矩

当电枢绕组中有电流 I_a 流过时，绕组每个导体中流过电流为 $I_a/(2a)$. 这些载流导体在电机磁场中作用，使电枢受到一个转矩，称为电磁转矩，用 T 来表示. 本节分析电磁转矩的大小与每极磁通、电枢绕组中电流、绕组型式以及电刷位置的关系. 这里仍采用 7-7 节中的 4 个假定.

电枢绕组中有负载电流 I_a 流过时，电机中一个极距内电枢表面的磁通密度分布曲线如图 7-10 所示. 当一根长度为 l 的导体中流过 $I_a/(2a)$ 电流时，此导体受的电磁力为

$$f=b_\delta l\frac{I_a}{2a}$$

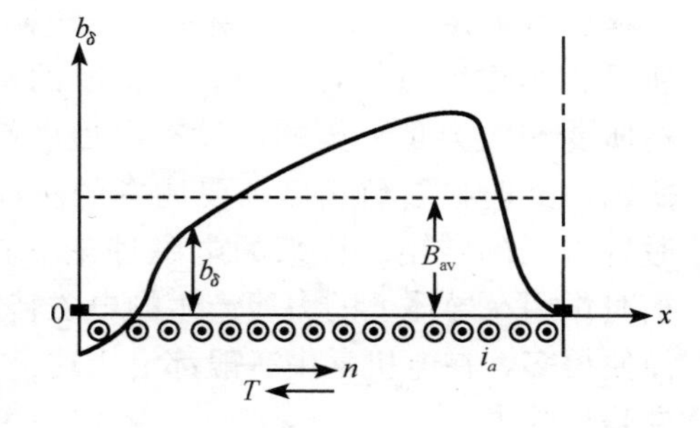

图 7-10　理想化电枢的电磁转矩

式中，b_δ 是导体所在处的磁通密度. 力 f 的方向由左手定则决定，如图 7-10 所示. 导体距电枢轴心的径向距离为 $D/2$. 因此，力 f 所产生的转矩为

$$t=f\frac{D}{2}$$

全部 z 根受力导体所产生的转矩总和就是电枢绕组的电磁转矩

$$T=\sum_{i=1}^{z}t_i \tag{7-5}$$

式中，t_i 是第 i 根导体产生的转矩.

与 7-7 节中的分析相同，无论是叠绕组还是波绕组，每一个支路的 $z/(2a)$ 根导体可以认为是均匀连续分布在一个极距内. 因此，式（7-5）同样可以用一根导体受的平均电磁转矩来表示，即

$$t_{av}=B_{av}l\frac{I_a}{2a}\frac{D}{2}$$

全部 z 根导体受力所产生的电磁转矩的总和就是电枢绕组的总电磁转矩. 为

$$T=\sum_{i=1}^{z}t_i=zt_{av}=zB_{av}l\frac{I_a}{2a}\frac{D}{2}$$

以 $D=2p\tau/\pi$ 及 $\Phi=B_{av}\tau l$ 代入上式得

$$T=\frac{pz}{2a\pi}\Phi I_a=C_t\Phi I_a\quad(\mathrm{N\cdot m}) \tag{7-6}$$

式中

$$C_t = \frac{pz}{2a\pi}$$

是一个常数，并且

$$C_t = \frac{60}{2\pi}C_e$$

同样，不是整距元件时，有一部分元件的两个元件边处在同一个磁极之下，它们的电磁力方向相反，会使总的电磁转矩减小．在实际直流电机中，这个影响是不大的．

关于电刷位置的影响，究竟是减小还是加大电磁转矩，要等第八章介绍了电枢反应的影响后才能讨论．

下面简单分析一下电枢有齿槽时对转矩的影响．导体集中放在槽内，由式（7-6）求得的电磁转矩是它的平均值，而不是瞬时值．实际上瞬时电磁转矩也是脉动的，脉动值的相对大小与电动势的相同．

当电枢存在齿槽时，由于导体所在处的槽中磁通密度较小，导体所受的力也应较小，此时电磁力转移到电枢齿上去了．用图 7-11 定性地说明一下，当槽中导体没有电流时，齿槽磁场如图 7-11（a）所示．由电磁理论可知，铁磁性物质表面有磁场时，每单位面积所受磁场作用力与其法向磁通密度的平方成正比，力的方向为向外的法线方向．因此电枢所受切向力是平衡的，没有电磁转矩．当槽中导体有电流时，齿槽磁场如图 7-11（b）所示，此时槽右侧齿壁所受向左的法向力大于槽左侧齿壁所受向右的法向力，产生了逆时针方向的转矩．详细的电磁理论分析可以证明，有齿槽存在时的电磁转矩与假定无齿槽时作用在导体上的力所产生的电磁转矩完全相等．而利用导体受力的方法计算电磁转矩要简便得多，在电机学中一般都沿用这个方法计算，但是请读者从概念上理解，有齿槽时，主要是齿受力．

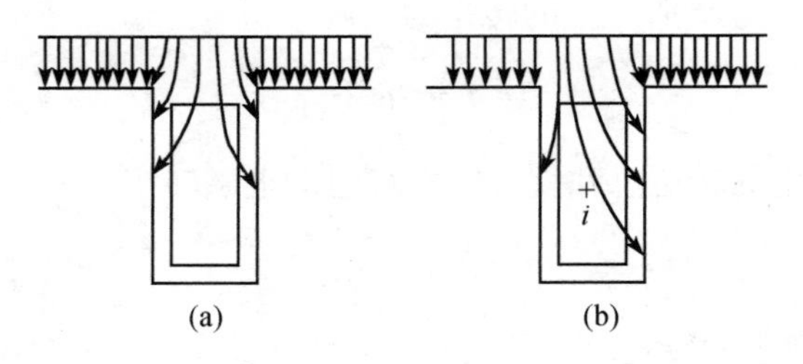

图 7-11 电枢槽中的磁场

思考题

7-1 直流电机的主磁路包括哪几部分？磁路未饱和时，励磁磁动势主要消耗在磁路的哪一部分上？

7-2 励磁磁动势是怎样产生的？与哪些量有关？

7-3 既然直流电机磁路中的磁通一般保持不变，为什么电枢铁心要用薄的硅钢片叠成，并且片间还要绝缘？

7-4 直流电机单叠绕组的支路对数与极对数满足什么关系？单波绕组的支路对数是多少？

7-5 叠绕组与波绕组元件联结的规律有何不同？同样极对数 p 的单波、单叠绕组，它们的支路对数为什么相差 p 倍？

7-6 一台4极单叠绕组的直流电机，

(1) 只用相邻的两只电刷，电机是否能够工作？对感应电动势有何影响？对电机的容量有何影响？如果仅取去一只电刷，电机剩下三只电刷（指刷架）是否还能工作？

(2) 若只有一个元件断线，对电机的电动势和电流有何影响？

(3) 若只用相对着的两只电刷，电机可以运行吗？

7-7 同上题，只是电机改为单波绕组，电机的情况又将如何？

7-8 设电机的导体数及其他条件都不变，当接成单波绕组或单叠绕组时，试比较这两种联结的感应电动势、电流和电机容量的大小.

7-9 直流发电机一个元件所感应的电动势和电刷间的感应电动势有什么不同？如何写它们的表达式？

7-10 绕组元件短距（或长距）是否会削弱支路电动势？在计算电刷间电动势 E_a 时有没有考虑这个影响？

习　题

7-1 已知一直流电机数据为：元件数 S 和换向片数 K 均等于22，极对数 $p=2$，右行单叠绕组.

(1) 计算绕组各节距 y_K、y_1、y、y_2；

(2) 列出元件联结次序表；

(3) 画出绕组展开图、磁极与电刷的位置，并标出电刷的极性；

(4) 画出并联支路图，求支路对数 a.

7-2 已知一直流电机数据为：元件数 S 和换向片数 K 都等于19，极对数 $p=2$，左行单波绕组.

(1) 计算绕组各节距 y_K、y_1、y、y_2；

(2) 列出元件联结次序；

(3) 画出绕组展开图、磁极与电刷的位置，并标出电刷的极性；

(4) 画出并联支路图，求支路对数 a.

7-3 一台他励直流电机，$p=3$，单叠绕组，总导体数 $z=398$，每极磁通 $\Phi=2.1\times10^{-2}$Wb，分别求下列转速时的电枢绕组电动势 E_a：

(1) 转速 $n=1500$r/min；

(2) 转速 $n=500$r/min.

7-4 同上题，设电枢电流 $I_a=10$A，磁通保持不变，问电枢所受电磁转矩为多大？如把此绕组改为单波绕组，保持支路电流不变，问此时的电磁转矩又是多大？

7-5 一台他励直流发电机，额定功率 $P_N=30$kW，额定电压 $U_N=230$V，额定转速 $n_N=1500$r/min，极对数 $p=2$，单叠绕组，电枢总导体数 $z=572$，气隙每极磁通 $\Phi=0.017$Wb. 求额定运行时的电枢电动势 E_a 和电磁转矩 T.

7-6 已知他励直流发电机 $P_N=17$kW，$U_N=230$V，$n_N=1500$r/min，$p=2$，$z=468$，单波绕组，每极气隙磁通 $\Phi=0.0103$Wb，求电磁转矩及电枢绕组电动势.

第八章　直流发电机

8-1　概　　述

现代的电力系统绝大多数是三相交流电，一般用电部门也是用交流电，但在有些工业部门，例如化工、冶金、采矿、运输等部门中，除了用交流电外，还要用直流电. 这时，可以用静止的整流装置把交流电变为直流电；或者通过旋转电机（利用交流电动机拖动直流发电机）得到直流电. 近年来，由于电力电子技术的发展，前者的使用范围不断扩大，但终究不能全部代替后者. 通常在火车、飞机、轮船、电铲等移动的单元中，作为独立电源，直流发电机还经常使用.

直流发电机的种类很多，其分类方法也不一样. 本章介绍最常用的按励磁方式的分类. 因为励磁方式不同，它的基本特性就不同，共分为两类.

（1）他励发电机.

这类发电机的励磁电流由其他直流电源供给，如图 8-1（a）所示，永磁直流发电机也属于这一类.

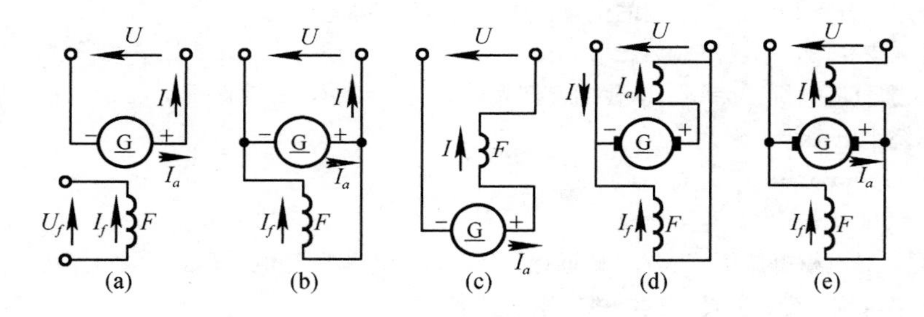

图 8-1　直流发电机的分类

（2）自励发电机.

发电机需要的励磁电流由电机本身供给. 它又分为：

① 并励发电机. 如图 8-1（b）所示，它的励磁绕组与电机的电枢两端并联，由电机自身发出的端电压供给励磁电流.

② 串励发电机. 如图 8-1（c）所示，它的励磁绕组与电枢串联. 发电机的负载电流同时也是它本身的励磁电流.

③ 复励发电机. 如图 8-1（d）、（e）所示，它同时有并励的和串励的两种励磁绕组.

本章先介绍直流发电机的基本工作原理，然后介绍各种励磁方式发电机的运行特性.

8-2　直流发电机的运行原理

1. 直流发电机稳态运行时的基本方程式

图 8-2 是一台两极直流发电机运行原理示意图. 电枢绕组导线在电枢表面上连续分布. 图中为清楚起见，电刷位置已移到磁极间的几何中性线处，因为在绕组展开图中，电刷位于磁极中心线处，这时电刷所接触的元件有效边正是处在两磁极之间的几何中性线处，所以图 8-2中电刷位置与绕组展开图中电刷位置在原理上是一样的. 设定子磁极极性如图 8-2 中的 N、S. 当电枢在原动机机械转矩作用下，以转速 n 逆时针方向旋转时，在电枢绕组导体中会感应电动势 e. 感应电动势的方向由右手定则判定，如图中电枢外层小圈中的⊕、⊙符号，而电枢绕组感应电动势的大小，根据式（7-4）为

$$E_a = C_e n \Phi \tag{8-1}$$

如果负载电阻 R_L 接在电枢两端，如图 8-3 所示，电枢回路中会有电流 I_a 流过. 在发电机中，I_a 与 E_a 同方向. 把图 8-3 中各电量的方向选为正方向，这就是所谓的发电机惯例.

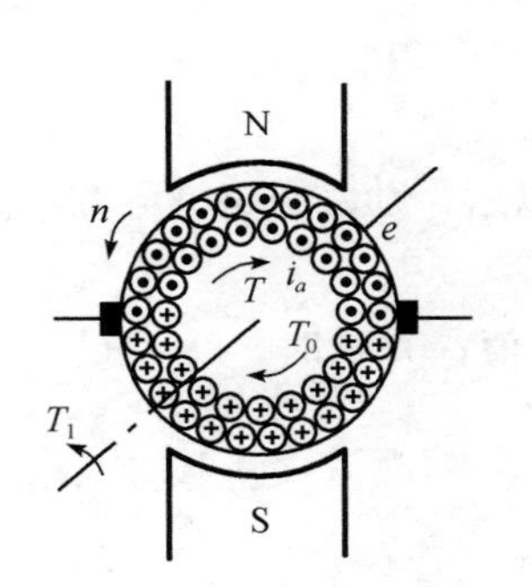

图 8-2　直流发电机原理

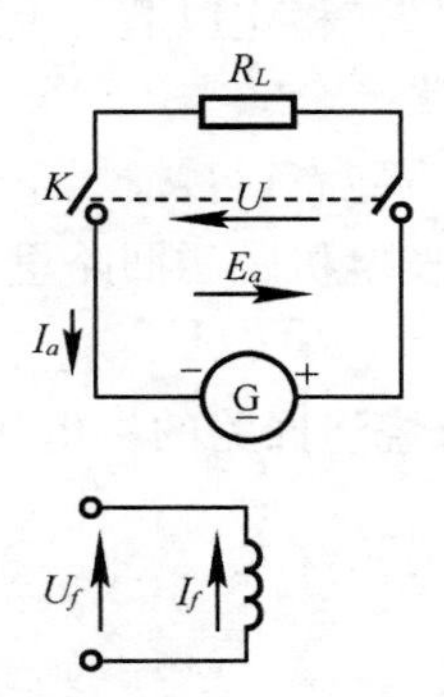

图 8-3　直流发电机负载时的线路

根据给定的正方向，可以写出电枢回路电压方程式

$$e_a = i_a R_L + i_a R_{a\Sigma} + \Delta U_b + L_a \frac{\mathrm{d}i_a}{\mathrm{d}t}$$

式中，$R_{a\Sigma}$是电枢回路串联各绕组（包括电枢绕组、附加极绕组、补偿绕组等）的总电阻；ΔU_b 是一对电刷下接触电阻的电压降. 对一般碳石墨电刷，通常取 $\Delta U_b = 2\mathrm{V}$，为常数；L_a 是电枢回路的电感.

本书主要讨论电机稳态运行情况的特性，即 $\mathrm{d}i_a/\mathrm{d}t=0$，上式可写成

$$E_a = I_a R_{a\Sigma} + \Delta U_b + I_a R_L$$

此式在实际应用时不是很方便，一般都不用 ΔU_b，而是用一个等效电阻 R_a. 它是电枢回路总电阻，包括了 $R_{a\Sigma}$及正、负电刷下的接触电阻在内. 尽管正、负电刷下的接触电阻随负载电流 I_a 的大小而变化，但电枢回路还有其他电阻 $R_{a\Sigma}$，这个变化的影响也就不去考虑了. 因此，我们认为 R_a 是一个常数. 只有在设计电机时，才把电刷压降 ΔU_b 单独考虑. 于是上式可以写成

$$E_a = U + I_a R_a \tag{8-2}$$

式中，$U = I_a R_L$ 是电机的端电压. 这是稳态运行情况下，直流发电机的电压平衡等式.

在发电机中，电流 I_a 与电动势 E_a 的实际方向相同. 可见，在图 8-2 中，电枢绕组导体中电流 i_a 的方向应该与支路电动势 e 同方向，如图中电枢内层小圈中的符号所示. 电枢绕组中有了电流以后，一方面要产生电枢反应磁动势 F_a，它与励磁磁动势共同作用，产生气隙磁通；另一方面使电枢在磁场中受力，产生电磁转矩 T. 由式（7-6）得

$$T = C_t \Phi I_a \tag{8-3}$$

电磁转矩作用的方向，根据左手定则判定为顺时针方向，如图 8-2 所示. 注意，T 的方向与转速 n 的方向是相反的. 即在发电机中，电磁转矩 T 属于制动性质，它企图使电机的转速 n 慢下来. 作用在发电机轴上的转矩，除了电磁转矩外，还有原动机拖动发电机的转矩 T_1，它的作用方向与电机的转速 n 同方向. 当电机工作时，由机械损耗及电枢铁损耗产生了制动性的转矩，通常称为空载转矩，用 T_0 表示. 在写发电机转动方程之前，应先规定各转矩的正方向. 在图 8-2 里，把 T、T_0、T_1 的实际方向当作它们的正方向，于是转动方程为

$$T_1 - T - T_0 = J\frac{\mathrm{d}\Omega}{\mathrm{d}t}$$

式中，J 是发电机机组的转动惯量；Ω 是发电机转轴的角速度.

当发电机的转速稳定以后，上式可写成

$$T_1 = T + T_0 \tag{8-4}$$

这就是直流发电机稳态运行情况下的转矩平衡等式.

并励或他励发电机励磁回路里的励磁电流稳定以后，励磁回路电压方程为

$$U_f = R_f I_f \tag{8-5}$$

式中，U_f 是励磁绕组回路的端电压，他励时为给定值；并励时，$U_f = U_N$；R_f 是励磁回路的总电阻.

气隙磁通

$$\phi = f(I_f, I_a) \tag{8-6}$$

由空载磁化特性及电枢反应而定.

式（8-1）～式（8-6）是分析直流发电机稳态运行的基本方程式.

2. 稳态运行时的功率关系和电磁功率

把式（8-2）乘以电枢电流 I_a，可得

$$E_a I_a = I_a^2 R_a + I_a^2 R_L = p_{\mathrm{Cu}} + P_2 \tag{8-7}$$

式中，$p_{\mathrm{Cu}} = I_a^2 R_a$ 是包括电枢回路串联各绕组中的铜损耗功率和电机各电刷接触电阻损耗的总电损耗功率；$P_2 = UI_a = I_a^2 R_L$ 是发电机的输出电功率.

把式（8-4）乘以机械角速度 Ω，可得

$$T_1\Omega = T\Omega + T_0\Omega \tag{8-8}$$

或写成

$$P_1 = T\Omega + p_0$$

式中，$P_1 = T_1\Omega$ 是原动机由轴上输入给发电机的机械功率；$p_0 = T_0\Omega = p_m + p_{\mathrm{Fe}}$ 是发电机空载时的损耗功率，其中 p_m 是机械损耗功率，p_{Fe} 是铁损耗功率.

利用式（8-1）和式（8-3），不难证明式（8-7）中的 $E_a I_a$ 和式（8-8）中的 $T\Omega$ 是相等的. 我们称 $E_a I_a$ 为电磁功率，用 P_M 表示. 即

$$P_M = E_a I_a = \frac{pz}{60a} n\Phi I_a = \frac{pz}{2\pi a} I_a \Phi \frac{2\pi n}{60} = T\Omega$$

这是一个很重要的关系，即电磁功率 P_M，一方面代表电动势为 E_a 的电源发出电流 I_a 时，所发出的电功率；另一方面代表制动转矩为 T 的转子，被强迫以 Ω 角速度旋转时，所消耗的机械功率. 这就是直流发电机中，由机械能转变为电磁能用功率表示的两个方面.

把式（8-7）代入式（8-8）可得

$$P_1 = P_M + p_0 = p_{Cu} + p_m + p_{Fe} + P_2$$

由此式画出的直流发电机的功率流程，如图 8-4 所示. 图中还画出了励磁功率 p_f. 在他励时，p_f 由其他直流电源供给.

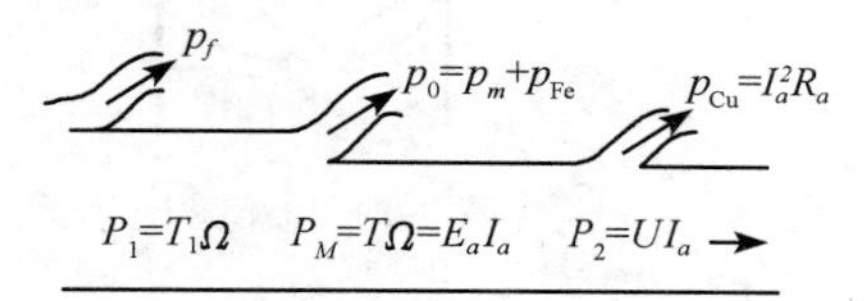

图 8-4　他励直流发电机功率流程

总损耗

$$\sum p = p_f + p_m + p_{Fe} + p_{Cu} + p_a$$

式中，p_a 是前几项损耗中没有考虑到的杂散损耗，称为附加损耗. 计算时，对无补偿绕组的直流电机，通常取

$$p_a = 0.01 P_N$$

发电机的效率

$$\eta = 1 - \frac{\sum p}{P_2 + \sum p} \tag{8-9}$$

额定负载时，直流发电机的效率与电机的容量有关. 10kW 以下的小型电机，效率为 75%～85%；10～100kW 的电机，为 85%～90%；100～1000kW 的电机，为 88%～93%. 效率高的电机，制造所费的材料多.

8-3　直流发电机的电枢反应

直流电机电枢绕组中有负载电流时，它所产生的磁动势对励磁绕组磁场的影响，称为电枢反应. 电枢反应对气隙磁通的大小和分布、电机的运行性能、换向的好坏都有影响.

1. 电枢磁动势的空间分布

图 8-5 表示了电刷在几何中线上时，电枢绕组电流所产生的磁场. 这个磁场是不旋转的，其磁动势轴心（即最大磁动势）的位置总是与电刷轴线相重合. 磁动势在空间的分布只决定于电枢绕组中电流的分布，而不论其导线是如何联结的，因此根据图 8-5 所得出的结论可用于任何型式的直流电机绕组上.

按照图 8-5 的对称情况，由全电流定律分析整个磁场，不难发现磁极中心线下的气隙处，正是电枢磁动势作用为零之处. 将图 8-5 展开得图 8-6，S 极和 N 极中心处磁动势为零，其余电枢表面各处，可根据磁回路包围的安匝数，确定磁动势大小，整个回路的磁动势主要作用在两个气隙中，并规定磁力线出电枢进磁极为正方向，由此得到电枢表面沿圆周方向磁动势的分布. 图 8-6 中曲线 1 表示导线极多且连续排列时的磁动势分布，由它所产生的气隙磁通密度的分布如曲线 2. 曲线 2 在两极之间下陷，是由于极间磁阻较大.

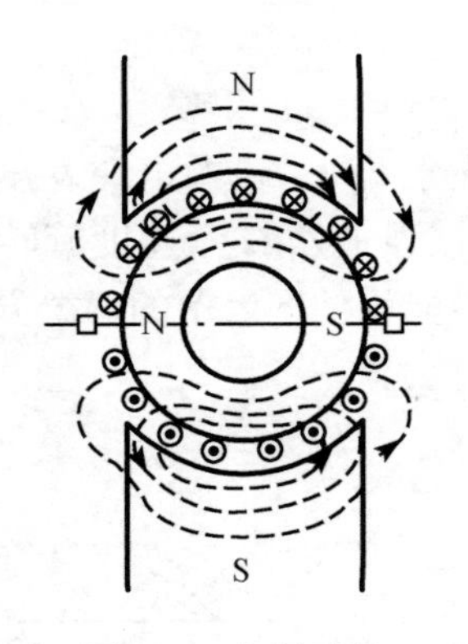

图 8-5 电枢磁场

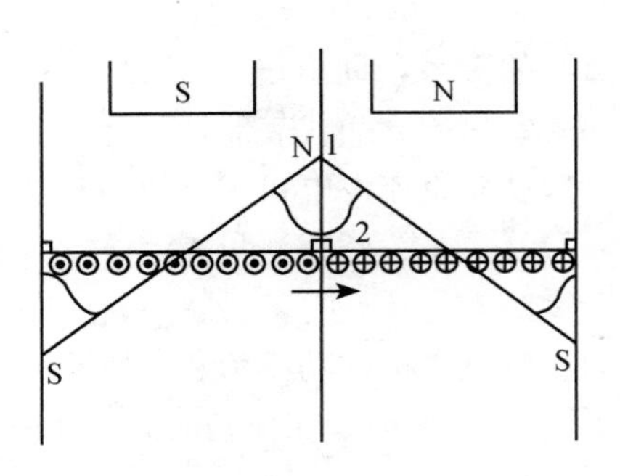

图 8-6 电枢磁场展开图

电枢磁动势的最大值 F_a 可如下计算：当电枢电流为 I_a 时，每个导体中的电流为

$$i_a = I_a/(2a)$$

式中，$2a$ 为并联支路数，而每对极有 zi_a/p 安培导体数，故每对极电枢磁动势的最大值为$\frac{z}{2p}i_a$ A，其中 $z/(2a)$ 是每对极下的导线匝数，这个磁动势作用在一对极下的磁场全回路中，降落在一个气隙中的磁动势将为上式的一半（图 8-6 中曲线 1 的最大值），故在电刷轴线处的电枢表面处，每极电枢磁动势为

$$F_a = \frac{z}{4p}i_a \text{ (A)} \tag{8-10}$$

在计算中常引用电机设计中一个很重要的量——电机的电负荷 A，它的意义是电枢圆周单位长度上的安培导体数，即

$$A = \frac{zi_a}{2p\tau} \text{ (A/m)} \tag{8-11}$$

代入式（8-10），得每极电枢磁动势

$$F_a = \frac{1}{2}A \cdot \tau \text{ (A)}$$

式中，τ 为极距（m）.

当电刷不在几何中线而在电枢表面移了一段距离 b 时（见图 8-7），每极电枢磁动势沿气隙的分布，如图 8-7 曲线 1 所示，可以将它分为两个分量：与励磁磁动势轴重合的直轴磁势 F_{ad} 和与励磁磁动势轴垂直的交轴磁势 F_{aq}，即

$$F_{ad} = F_a \cdot \frac{2b}{\tau} = A \cdot b \text{ (A)} \tag{8-12}$$

$$F_{aq} = F_a \cdot \frac{\tau - 2b}{\tau} = A\left(\frac{\tau}{2} - b\right) \text{ (A)} \tag{8-13}$$

2. 发电机中的电枢反应

1）直轴电枢反应

在图 8-7 中可见，电刷顺旋转方向转动 b，其直轴电枢反应磁动势 F_{ad} 的方向与主极励磁磁动势 F_f 的方向相反，所以直轴电枢反应是去磁的. 如果将电刷逆旋转方向移动，不难

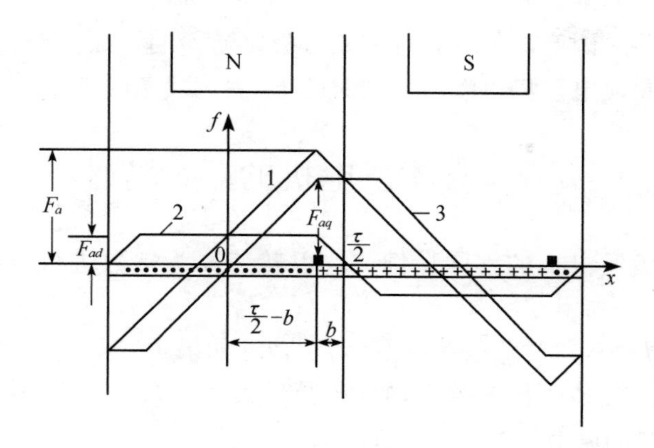

图 8-7　电刷不在几何中性线上时的电枢磁势

看出直轴电枢反应是增磁的.

这种去增磁效应，在电动机中正好相反，即电刷顺移时，电动机中产生增磁的直轴电枢反应，反之为去磁的，读者可自行证明.

2）交轴电枢反应

图 8-8 表示电刷在几何中性线处，只有交轴电枢反应磁动势时气隙磁场的情况. 图 8-8（a）为气隙磁力线分布，图 8-8（b）中曲线 1 为主极绕组单独通电时主极磁通密度分布曲线，而曲线 2 为电枢绕组单独通电时电枢磁通密度分布曲线，当磁路不饱和时，可用叠加法将曲线 1 和 2 上的各对应点的纵坐标逐点相加得到曲线 3，这就是发电机电枢反应的合成磁通密度分布曲线. 它只是使主磁通扭歪，使气隙磁通密度为零的地方即物理中性线偏离了几何中性线，而每极下总磁通量没变.

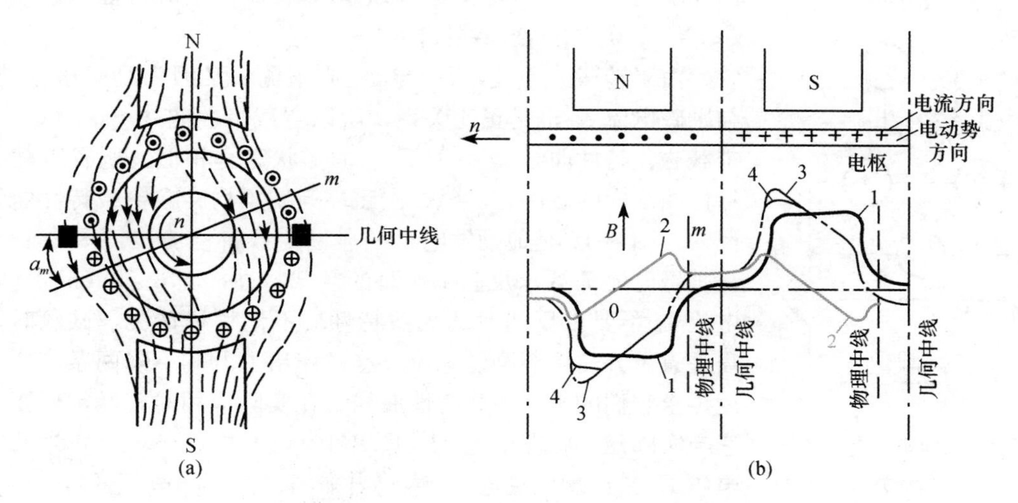

图 8-8　直流发电机电枢反应

1—主磁极磁动势单独产生的气隙磁通密度波形；2—电枢磁动势单独产生的气隙磁通密度波形；3—磁路没有饱和的合成气隙磁通密度波形；4—磁路有饱和时的合成气隙磁通密度波形

实际电机中，由于主极极靴端部和电枢齿部饱和，铁心磁阻增大，实际上的合成气隙磁通密度分布曲线的最高峰部分略为下降一些，如图 8-8（b）中曲线 4 所示，这样每极下的总磁通量就会减少一些. 因此，负载时合成的每极磁通 Φ 将小于空载时的每极气隙磁通 Φ_0，与此相应，电枢绕组感应电动势也将由空载时的 E_0 变为负载时的 E_a.

8-4 直流发电机的运行特性

本节介绍各种直流发电机的不同特性，均以转速 n 为常数进行分析，通常有以下三种特性：

(1) 当负载电流 I=常数时负载特性 $U=f(I_f)$. 如果 $I=0$，这条特性称为空载特性.

(2) 当励磁回路电阻 R_r+R_f=常数时的外特性 $U=f(I)$.

(3) 当 U=常数时的调节特性 $I_f=f(I)$.

以上各特性中，空载特性和外特性比较重要，为所有用户所要求. 其他的特性，只有部分用户需要.

下面分析各种直流发电机的特性曲线.

1. 他励直流发电机

1）空载特性曲线

求他励发电机空载特性曲线的试验线路，如图 8-9 所示. 发电机电枢由原动机带动以恒速 n 旋转. 刀闸 K_1 拉开，因此 $I=0$. 通过 K_2 加上励磁电流 I_f，并由调节电阻 R_r 使 I_f 能在较大范围内变化.

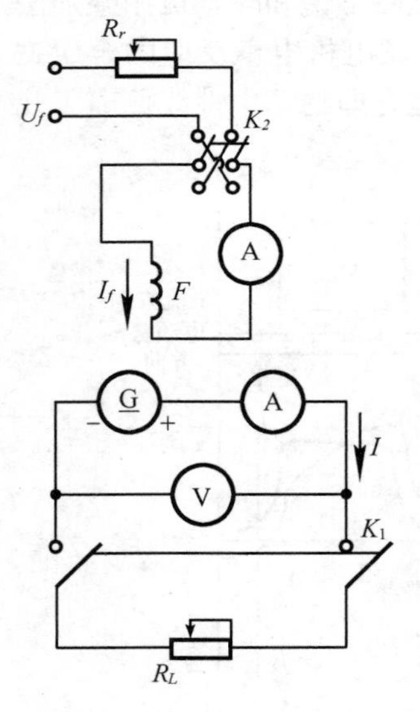

图 8-9 他励发电机的试验线路

当励磁绕组中有电流 I_f 时，在电机中建立一定的磁场，有气隙磁通 Φ_0 在电枢绕组中感应电动势 E_0. 由于负载电流 $I=0$，因此端电压 U 等于电动势 E_0，即 $U=E_0$. 空载特性曲线实际上是 $E_0=f(I_f)$ 特性曲线.

由于转速 n 不变，E_0 与 Φ_0 成正比. 又因为励磁磁动势 F_f 与励磁电流 I_f 也是正比关系，所以空载特性曲线 $E_0=f(I_f)$ 与空载磁化特性曲线 $\Phi_0=f(F_f)$ 的形状完全相似，所有空载磁化特性曲线中的磁滞、剩磁、次磁环等现象均会在空载特性曲线中反映. 图 8-10 是他励发电机的典型空载特性曲线，图 8-10（a）是励磁电流 I_f要求反向工作时的空载特性；图 8-10（b）是励磁电流 I_f 不要求反向时的无载特性. 不论哪种情况，试验时，均需注意单方向调节励磁电流. 这样作出上升和下降两条支线，然后再求它们的平均空载特性曲线. 在实际应用时，经常还要考虑它与实际磁化状况的差别. 图 8-10（b）中，当 $I_f=0$ 时的剩磁电压 E_r 是由剩磁磁通 Φ_r 感应出来的，为额定电压的 2%～4%. 在应用空载特性曲线时，经常将纵坐标左移，使曲线与坐标相交于 O'点，认为$\overline{OO'}$段相当于铁心中存在的剩磁励磁电流.

空载特性曲线也可以在设计电机时，根据磁路的磁化特性，由计算方法求出. 如果改变转速 n，空载特性曲线随 n 成正比变化.

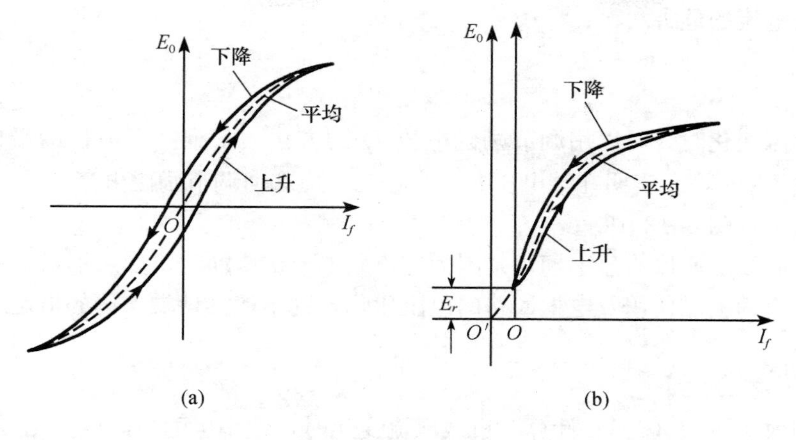

图 8-10　他励直流发电机的空载特性

2）外特性曲线

用试验的方法求外特性的线路如图 8-9 所示．把刀闸 K_1 合上，保持转速 n 为额定值不变，调节励磁电流 I_f，当负载电流为额定值，即 $I=I_N$ 时，端电压 U 也是额定值，即 $U=U_N$．此时的励磁电流称为额定励磁电流 I_{fN}．保持 I_{fN} 不变，记录当负载电流 I 改变时的端电压 U，即得外特性曲线 $U=f(I)$，如图 8-11 中的曲线所示．外特性曲线通常随负载电流 I 的增大而向下垂．下垂的原因有二：一是因为在励磁磁动势不变的情况下，当负载电流 I 增加时，由于电枢反应通常是去磁效应，使气隙磁通量减少，从而减小了电枢电动势 E_a；二是由于电枢回路各绕组的电阻压降 I_aR_a（包括电刷压降 ΔU_b），使端电压 U 进一步降低．不过，在他励发电机中，当负载电流 I 由零变到 I_N 时，端电压 U 下降不算太大．基本上可认为是一个恒压电源．工程上称这种变化不大的特性为硬特性．

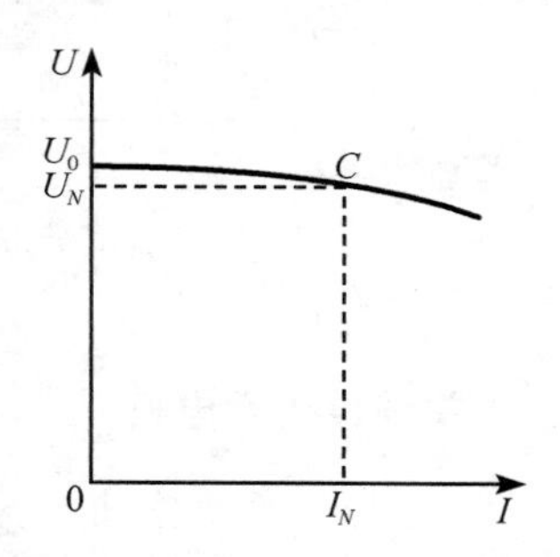

图 8-11　他励直流发电机的外特性

外特性的软硬，通常用电压调整率 ΔU 来表示．按照国家技术标准（直流电机试验方法）规定，直流发电机的电压调整率，指发电机由额定负载（$U=U_N$，$I=I_N$）状况，过渡到空载时，端电压所升高的数值对额定电压的比值，即

$$\Delta U=\frac{U_0-U_N}{U_N}\times 100\%$$

式中，U_0 为空载时的端电压，一般他励发电机的 ΔU 为 5%～10%．

3）短路电流

他励直流发电机在正常运行时，如果电枢出线端发生短路，稳态短路电流 I_k 将达到危险的数值．

实际上，在额定电枢电流时，电枢反应的去磁作用和电枢回路的电阻压降各只占额定励磁和额定电压的百分之几．因此，在额定励磁下的短路电流将超过额定电流十几倍或二三十倍．这样大的短路电流，通常会引起换向器环火，对电机造成严重的损害．所以，必须在外电路中装设保护装置，当电流超过电机允许的电流值时，保护装置快速将电路切断，以保护电机不受短路电流的危害.

4）调节特性

在负载电流变化时，可以用调节励磁电流 I_f 的方法，来维持发电机的端电压 U 不变. 调节特性曲线 $I_f=f(I)$ 表明在端电压 $U=$常数时，应如何调节励磁电流 I_f. 他励发电机的这条特性曲线画在图 8-12 中.

调节特性曲线之所以略显上翘，是因为在负载电流 I 增加时，如果不增加一些励磁电流以补偿电枢反应的去磁作用及电枢回路的电阻压降，则不能维持端电压的恒定.

5）效率曲线

发电机的效率按式（8-9）计算. 负载电流变化时，效率也随之改变. 图 8-13 是直流发电机的效率曲线. 不难证明，当电机中的可变损耗 p_{Cu}等于它的不变损耗 p_0 时，效率 η 达最大值. 一般直流发电机设计在 3/4 额定负载左右，效率最大.

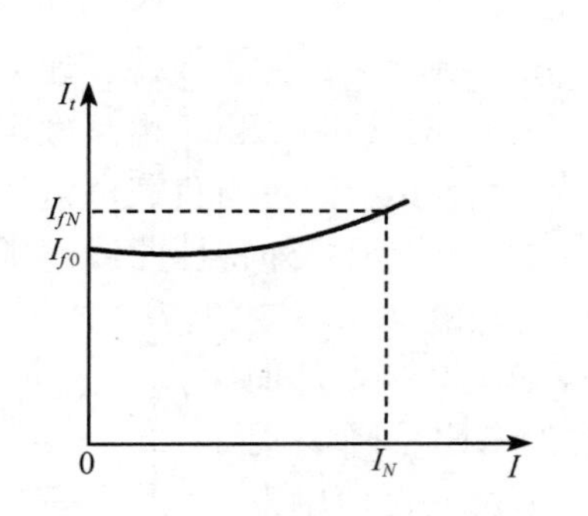

图 8-12 他励直流发电机调节特性曲线

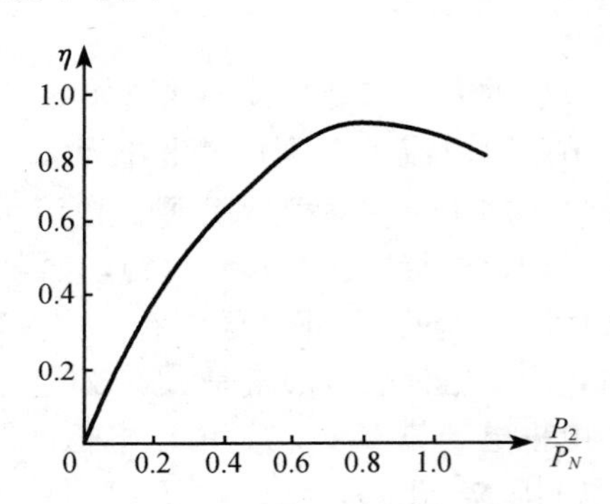

图 8-13 直流发电机的效率曲线

2. 并励直流发电机

自励直流发电机，由于不需要由另外的直流电源供给励磁，所以比他励直流发电机用得多. 其中，并励直流发电机用得最多.

图 8-14 是并励直流发电机的线路. 其中电枢电流 I_a 等于负载电流 I 和励磁电流 I_f 之和. 这种电机空载时，负载电流 $I=0$，但电枢电流 $I_a=I_f\neq 0$. 这点和他励直流发电机不一样.

并励直流发电机励磁回路的励磁电压 U_f 也就是电枢的端电压 U. 由于这种关系，当电机旋转起来以后，要求能自己建立起励磁电压，称为自励. 并励直流发电机电压的建立是一个特殊的问题，首先要加以讨论.

1）并励直流发电机的自励

图 8-15 表示并励直流发电机电压自励的条件和过程. 曲线 1 是发电机转速为 n 时的空载特性曲线 $E_0=f(I_f)$，曲线 2 是励磁回路接法正确时的电阻特性曲线 $U_f=f(I_f)$，其斜率

$$\tan\alpha=\frac{U_0}{I_{f_0}}=\frac{I_f(R_r+R_f)}{I_f}=R_r+R_f$$

式中，R_r+R_f 是励磁回路总电阻；R_r 是外加的电阻.

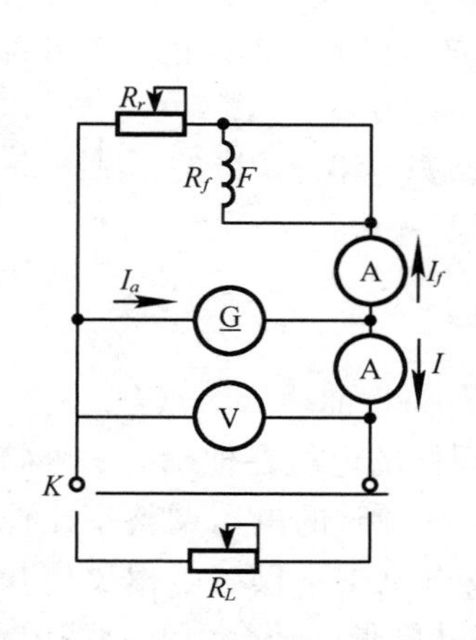

图 8-14　并励直流发电机的接线

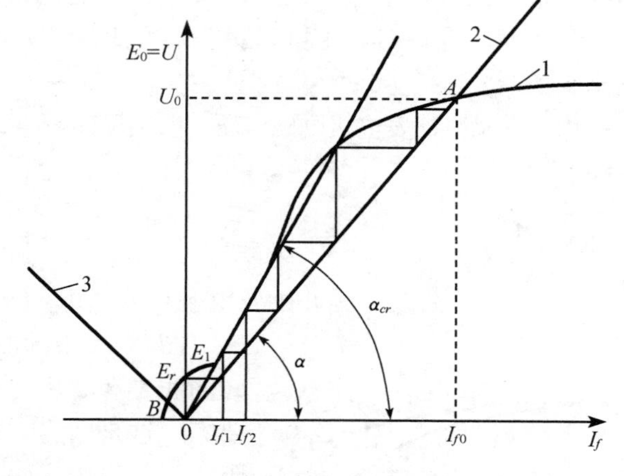

图 8-15　并励直流发电机无载时电压的建立

由于负载电流 $I=0$，电枢电流 $I_a=I_f$，此值一般较小，忽略它产生的电枢反应以及电枢回路的压降，于是电枢端电压 $U\approx E_0$. 这个电压也是励磁绕组两端的电压. 所以图 8-15 中曲线 1 和 2 的交点 A 即可近似代表此时的工作点. 即电机端电压为 U_0，这时励磁绕组里的电流是 I_{f0}.

电压建立的过程如下：当电机以转速 n 旋转以后，由于电机中有剩磁，会在电枢绕组中产生剩磁电动势 E_r. E_r 作用于励磁回路，会产生一个励磁电流 I_{f1}. 由于励磁绕组的接法正确，I_{f1} 在电机中产生的磁动势又增强电机中的磁通，使电枢绕组感应电动势增至 E_1，E_1 又产生 I_{f2}，如此不断增长，直至 A 点为止.

如果励磁绕组接法反了，励磁回路中的电流所产生的磁势会削弱剩磁磁通. 励磁回路的电阻特性曲线为图 8-15 中的曲线 3，此时电机工作在 B 点. 有励磁电流以后的电压比剩磁电压 E_r 还低. 电机不能自励. 这种情况称为并联极性不正确.

如果加大励磁回路的电阻 R_r，励磁回路电阻特性曲线的 α 角增大. 当 α 角大于 α_{cr} 时，发电机就不能自励建立电压，我们称 α_{cr} 角的励磁回路电阻为该转速 n 下的临界电阻 R_{cr}，即

$$R_{cr}=\tan\alpha_{cr}$$

总结上述几点，并励直流发电机电压自励建立需要满足三个条件：

(1) 电机有剩磁.

一般电机都是有剩磁的. 如果电机闲置过久或其他原因失去剩磁，只需利用其他直流电源在励磁绕组两端励磁一下即可获得.

(2) 励磁绕组并联到电枢两端的极性正确.

如果不对，只要把励磁绕组两端反接或电枢反转，即可改正.

(3) 励磁回路的总电阻必须小于该转速下的临界值.

由于空载特性曲线与转速 n 成正比，因此，在励磁回路电阻对某一转速能自励时，当转速降低到另一值时，可能不能自励. 可见，对某一励磁回路电阻值，存在一个最小转速 n_{cr}，称为临界转速. 转速小于此值，就不能自励.

2) 空载特性

并励直流发电机的空载特性曲线，一般指用他励方法试验或按他励计算所得的

$$E_0 = f(I_f)$$

曲线．这是因为，空载特性的定义是指只有励磁绕组有电流，所以应该用他励空载特性曲线．当条件不允许时，也可以用并励方法由试验求出．但这样做时，曲线的不饱和部分是测不出来的．

由于并励直流发电机励磁电压一般不反向，空载特性曲线只作第一象限的［见图 8-10（b）］就够了．

3）外特性

图 8-16 的曲线 2 是并励发电机在 $R_r + R_f =$ 常数时的外特性曲线 $U = f(I)$．

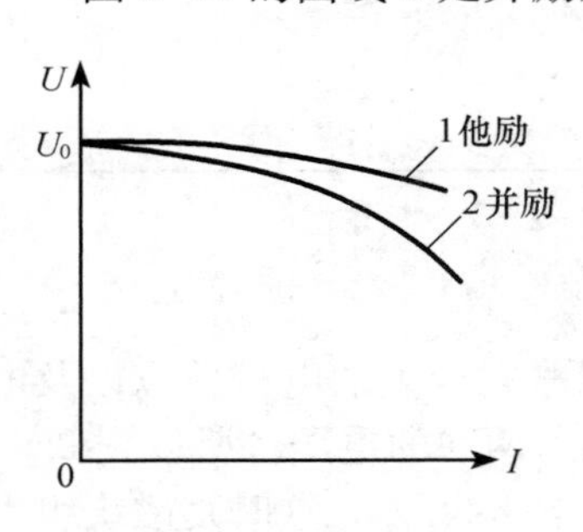

图 8-16　他励和并励直流发电机的外特性

图 8-16 中的曲线 1 是同样的电机在他励时的外特性．比较曲线 1 和 2 后可以看出，并励时的电压调整率比他励时的要大．这是因为，在并励发电机中不仅有电枢反应和电枢电阻压降起作用，而且端电压的降低，还会引起励磁电流减小．并励直流发电机的电压调整率 ΔU 可达 30％左右．

4）调节特性

并励直流发电机的电枢电流 I_a 只比他励直流发电机的电枢电流 I 多一个不大的励磁电流 I_f，所以它的调节特性与他励直流发电机的没有多大差别．

3. 复励直流发电机

由于并励直流发电机特性不够理想，因此常在并励直流发电机中加上适当的串励绕组以满足不同负载的要求．这种发电机称为复励直流发电机．

复励直流发电机有两种接法．图 8-17（a）的并励绕组与电枢及串励绕组相并联，在串励绕组中的电流包括并励绕组的电流，称为长复励．图 8-17（b）中的接法称为短复励．两种接法的运行性能差别不大．

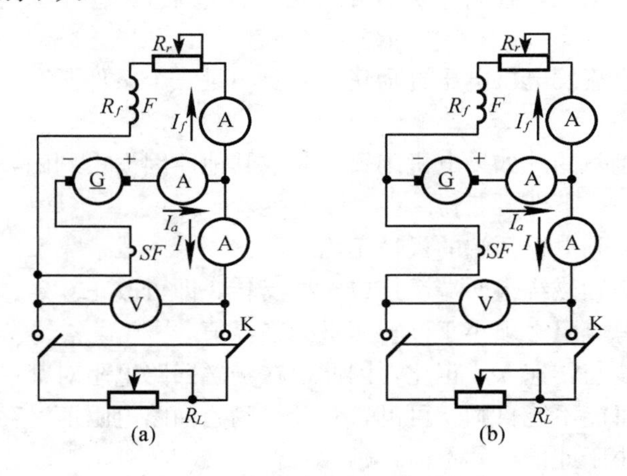

图 8-17　复励直流发电机的接线

复励直流发电机的空载特性曲线仍按他励方式测出．

复励发电机的外特性曲线与空载特性及并励绕组特性的关系仍和并励发电机一样．由于串励绕组的磁动势方向和并励绕组的磁动势方向可以相同，也可以相反，其外特性也有两种情况．

当串励绕组磁动势方向与并励绕组磁动势方向相反时，称为差复励发电机．此时，串励绕组磁动势起去磁的作用，因此它的外特性比纯并励时更软，如图 8-18 中下面的曲线．这种发电机常用来作为电焊的电源．改变串励绕组的匝数，就能调节焊接时所要求的电流，用起来比较方便．

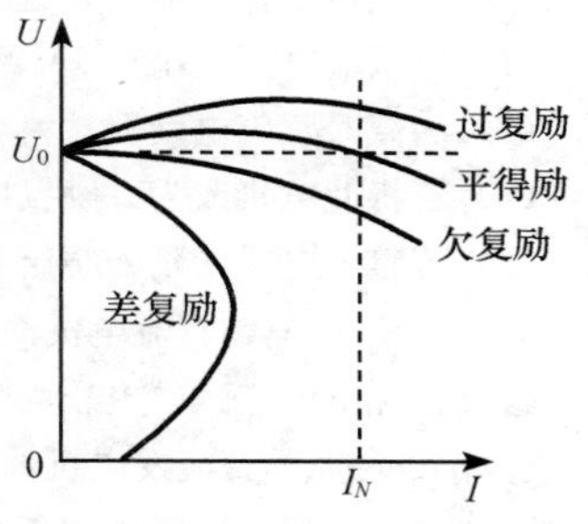

图 8-18　复励发电机的外特性

当串励绕组磁动势与并励绕组磁动势方向相同时，称为积复励发电机．此时，串励绕组的磁动势起增磁的作用，此时的外特性曲线可分为三种：①$\Delta U=0$ 时，称为平复励，用于需要恒定电压的负载；②ΔU 为负值时，称为过复励，它用于负载需要恒压而输电线电压降落较大的场合；③ΔU 为正值时，称为欠复励，它与他励直流发电机的外特性类似．

思考题

8-1　电枢反应磁动势与励磁磁动势有什么不同?

8-2　直流电机负载时的电枢绕组电动势与空载时的是否相同?计算电枢绕组电动势 E_a 时要用什么磁通来计算?

8-3　对于直流发电机，如果电刷在几何中性线上，且磁路不饱和，这时的电枢反应是什么性质的?

8-4　直流发电机负载工作下将电刷顺电枢转向移动一角度后，电枢反应是什么性质的?当电枢反方向转动后，负载工作下电枢反应的性质与前者有何不同?

8-5　直流电机的电磁功率指的是什么?如何说明直流发电机中由机械能到电能的转换?

8-6　直流发电机的损耗包括了哪几部分?哪些损耗随负载的大小变化?哪些是不变损耗?铁损耗存在于直流电机的哪一部分?

8-7　为什么他励直流发电机的外特性是下垂的?

8-8　并励直流发电机能自励的基本条件是什么?

8-9　比较他励直流发电机和并励直流发电机短路电流的情况.

8-10　比较他励直流发电机和并励直流发电机电压调整率 ΔU 的大小，两者有什么不同?

8-11　把他励直流发电机转速升高 20%，此时空载端电压升高多少?如果是并励发电机，电压升高比前者大还是小?

8-12　一台直流发电机，在励磁电流和电枢电流不变的条件下，若转速下降，则其铜损耗、铁损耗、机械损耗、电枢电动势、电磁功率、电磁转矩、输出功率、输入功率分别如何变化?

习　题

8-1　已知一台并励直流发电机，额定功率 $P_N=10\text{kW}$，额定电压 $U_N=230\text{V}$，额定转速 $n_N=1450\text{r/min}$，电枢回路总电阻 $R_a=0.486\Omega$，励磁绕组电阻 $R_f=215\Omega$，一对电刷上的压降为 2V．额定负载时的电枢铁损耗 $p_{\text{Fe}}=442\text{W}$，机械损耗 $p_m=104\text{W}$．求：

（1）额定负载时的电磁功率和电磁转矩；

（2）额定负载时的效率.

8-2　一台他励直流发电机，额定转速 $n_N=1000\text{r/min}$，额定电压 $U_N=230\text{V}$，额定电枢电流 $I_{aN}=10\text{A}$，励磁电流 $I_f=3\text{A}$，电枢电阻（包括电刷接触电阻）为 1Ω，励磁绕组电阻$R_f=50\Omega$，转速为 750r/min

时的空载特性如下表：

I_f/A	0.4	1.0	1.6	2.0	2.5	2.6	3.0	3.6	4.4
E_0/V	33	78	120	150	176	180	194	206	225

当该发电机工作在额定转速时，求：

(1) 空载端电压大小；

(2) 满载时感应电动势；

(3) 若将此电机改为并励发电机，则额定负载时励磁回路应串入多大的电阻?

(4) 若整个电机的励磁绕组共有 850 匝，则满载时电枢反应的去磁磁动势为多少?

8-3 如果把上题直流电机额定负载时的端电压提高到 240V，用增加转速的办法，问转速应增加到多少? 这种情况下的空载端电压为多少?

8-4 一台他励直流发电机，额定值为：$P_N=20\text{kW}$，$U_N=220\text{V}$，$n_N=1500\text{r/min}$，$R_a=0.2\Omega$. 由一台柴油机作为原动机. 励磁电流不变，忽略电枢反应. 如果柴油机在直流发电机由满载到空载时转速上升 5%. 求空载时直流发电机的端电压 U_0.

8-5 已知一台复励直流发电机，如题图 8-1 所示，它的数据为：$P_N=6\text{kW}$，$U_N=230\text{V}$，$n_N=1450\text{r/min}$，电枢绕组电阻为 0.57Ω，换向极绕组电阻为 0.255Ω，串励绕组电阻为 0.076Ω（它们都是串联），一对电刷上压降为 2V. 并励绕组回路电阻为 177Ω，额定负载时电枢铁损耗 $p_{\text{Fe}}=234\text{W}$，机械损耗 $p_m=61\text{W}$. 求：

(1) 额定负载时的电磁功率和电磁转矩；

(2) 额定负载时的效率.

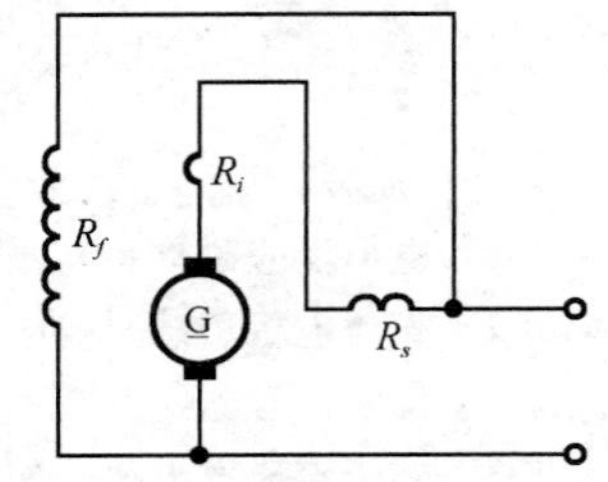

题图 8-1

8-6 设有一台并励直流发电机，当转速为 1450r/min 时，测得的空载特性如下：

I_f/A	0.64	0.89	1.38	1.5	1.73	1.82	2.07	2.75
E_0/V	101.5	145.0	217.5	230.0	249.4	253.0	263.9	284.2

电枢回路总电阻（包括电刷接触电阻）$R_a=0.568\Omega$，额定电枢电流为 40.5A，当额定负载时电枢反应的去磁效应相当于并励绕组励磁电流的 0.05A. 求该电机在额定转速为 1450r/min、额定电压为 230V 时，并励回路的电阻是多少?

8-7 一台他励直流发电机的额定数据为：$P_N=6\text{kW}$，$U_N=230\text{V}$，$n_N=1450\text{r/min}$，电枢回路总电阻 $R_a=0.61\Omega$，铁损耗和机械损耗 $p_{\text{Fe}}+p_m=295\text{W}$，附加损耗 $p_a=60\text{W}$. 试求额定负载下的电磁功率、电磁转矩及效率.

第九章　直流电动机

9-1　概　　述

直流电动机能把直流电能转变为机械能．它有良好的启动性能和调速特性，因此在对启动、调速性能要求高的场合，如电车、轧钢机、龙门刨等，常常选用直流电动机拖动．

直流电动机的分类方式很多．按励磁方式分，可分为：①他励电动机，包括永磁电动机；②并励电动机；③串励电动机；④复励电动机．它们的联结线路与发电机的完全相同．不同的励磁方式有不同的运行特性．

本章着重介绍直流电动机的基本工作原理、工作特性以及启动、调速和制动运行．

9-2　直流电动机的运行原理

1. 直流电机的可逆原理

从原理上讲，一台电机，不论是交流电机，还是直流电机，都可以在一种条件下，作为发电机运行，把机械能转变为电能；而在另一种条件下，作为电动机运行，把电能转变为机械能．这个原理称为电机的可逆原理．

以他励直流电机为例来说明这个原理．一台他励直流发电机在直流电网上并联运行，电网电压 U 保持不变．电机中各物理量的正方向如图 9-1 中所示．

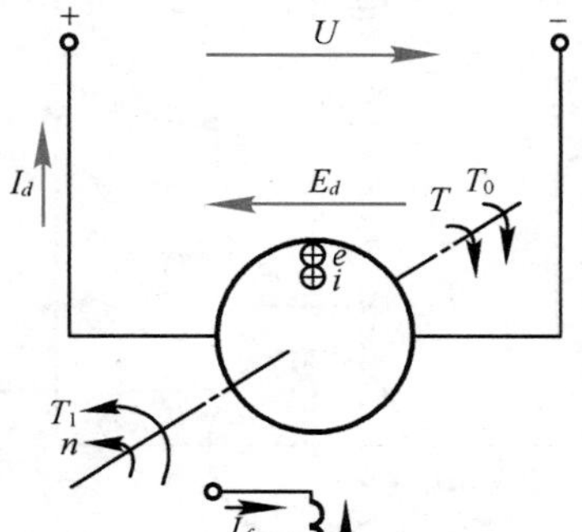

图 9-1　发电机惯例

在发电机状态运行时，电枢感应电动势 E_a 大于电网电压 U，电枢电流 I_a 为正值，电功率 $P_2=UI_a$ 为正，表示向电网输出电功率．由于拖动转矩 T_1 与转速 n 同方向，$P_1=T_1\Omega$ 为正，表示由原动机输入机械功率．电磁功率 $P_M=E_aI_a=T\Omega$ 为正，表示由机械功率转变成了电磁功率．这时，电磁转矩 T 与转速 n 的方向相反，是制动转矩．

如果保持这台发电机的励磁不变，仅减少它的输入机械功率，例如让 $P_1=0$，即 $T_1=0$．在刚开始的瞬间，因整个机组有转动惯量 J，转速 n 来不及变化，因此 E_a、I_a、T 都不能立即变化．这时作用在电机转轴上的转矩仅剩下两个制动性转矩 T 和 T_0．根据转动方程

$$-T-T_0=J\frac{\mathrm{d}\Omega}{\mathrm{d}t}$$

可见这时角加速度 $\mathrm{d}\Omega/\mathrm{d}t$ 为负，电机减速．随着转速的下降，从式（8-1）～式（8-3）看出，E_a、I_a、T 也都要下降．如果转速下降到某一数值 n_0，电枢感应电动势

$$E_a = C_e n_0 \Phi = U$$

根据式（8-2）可知，电枢电流 $I_a=0$，输出的功率 $P_2=UI_a=0$. 也就是说，电机这时已不再向电网输出电功率了. 这时虽然电磁转矩 $T=0$，但由于有空载损耗转矩 T_0，电机的转速将继续下降.

当这台直流电机的转速 n 下降到 $n<n_0$ 后，电机的工作状况就将发生本质的变化. 此时 $E_a<U$，由式（8-2）知道，电枢电流 I_a 为负值. 表示从原来向直流电网输出电能，变为从直流电网吸收电能了. 电磁转矩 T 也变为负值，说明它的作用方向已从原来的与转速反方向而变成了同方向，从制动转矩变成拖动转矩了. 当转速降低到某一数值、产生的电磁转矩等于空载损耗转矩即 $T-T_0=\mathrm{d}\Omega/\mathrm{d}t=0$ 时，转速就不再降低，电机将稳定在这个转速下运行. 此时，$P_2=UI_a$ 为负值，表示电机从电网吸收电功率. 电磁功率 $P_M=E_aI_a=T\Omega$ 为负值，表示由电功率转变为机械功率. 可见，这时直流电机的运行状态已经不是发电机而是电动机了. 如果在电机轴上另外还带有生产机械的转矩 T_2（它的作用方向与 n 相反），则转速还要降低一些，I_a、T 的绝对值就会更大，使 $-T=T_2+T_0$，电机仍能作为电动机以恒速运转. 显然，这时在电机轴上输出了机械功率.

同样，上述的物理过程还可以再反过来，这就是直流电机运行的可逆性原理.

2. 直流电动机的基本方程式

1）基本方程式

由以上分析可知，直流电动机的运行状况，完全符合上面介绍过的作为发电机运行时的基本方程式，只是当作为电动机运行时，所得 I_a、T、P_1、P_2、P_M 都为负值. 为了方便起见，重新规定直流电机中物理量的正方向，如图 9-2 所示. 根据图中规定的正方向，如果端电压 U 和电枢电流 I_a 都为正，表示电机从电源吸收 UI_a 的电功率；如果 U、I_a 中有一个是负值，表示电机发出 UI_a 的电功率. 这就是所谓的电动机惯例. 再看电枢感应电动势 E_a 和 I_a，如果它们都为正，表示电枢吸收了 E_aI_a 的电磁功率；如果有一个是负值，就是电枢发出 E_aI_a 的电磁功率. 关于转矩正方向，在图 9-2 里分别规定了电磁转矩和负载转矩的正方向. 在写转动方程时，要注意弄清楚各转矩的性质和它们的正方向.

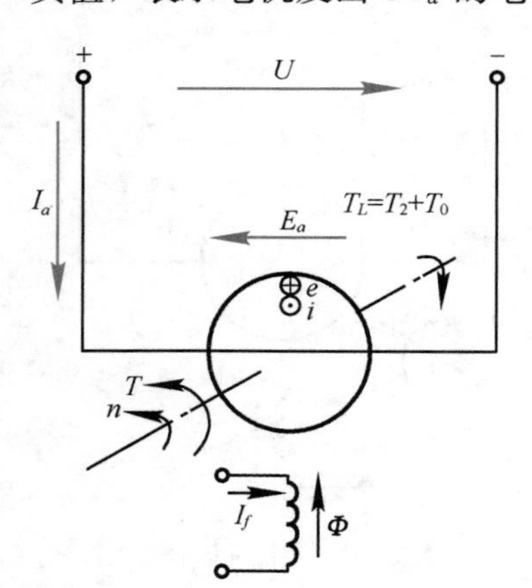

图 9-2 电动机惯例

按已规定好的正方向，写出电动机的基本方程式，为

$$E_a=C_en\Phi \tag{9-1}$$

$$U=E_a+I_aR_a \tag{9-2}$$

$$T=C_t\Phi I_a \tag{9-3}$$

$$T=T_L=T_2+T_0 \tag{9-4}$$

$$I_f=U_f/R_f \tag{9-5}$$

$$\phi=f\ (I_f,\ I_a) \tag{9-6}$$

通常把电动机的空载转矩 T_0 加上生产机械的转矩 T_2，总称为负载转矩 T_L. 根据以上基本方程，用与发电机中相似的方法，即可分析电动机的运行特性.

顺便说明一下，分析时，应特别注意在电动机状态和在发电机状态中电枢反应的不同. 由于两种状态时电枢电流的方向相反，如果发电机运行时，直轴电枢反应磁动势 F_{ad} 是增磁效应，那么变成电动机运行时，就是去磁效应．对交轴电枢反应来说，电机中磁路的饱和情况，在发电机和电动机运行时基本相同，所以都是去磁效应．

2）功率关系式

把式（9-2）两边都乘以 I_a，得

$$UI_a = E_aI_a + I_a^2R_a$$

改写成

$$P_1 = P_M + p_{\mathrm{Cu}}$$

式中，$P_1=UI_a$ 是从电源输入的电功率；$P_M=E_aI_a$ 是电枢吸收的电磁功率；p_{Cu}是电枢回路总的铜损耗．

把式（9-4）两边都乘以机械角速度 Ω，得

$$T\Omega = T_2\Omega + T_0\Omega$$

写成

$$P_M = P_2 + p_0$$

式中，$P_M=T\Omega$ 是电磁功率；$P_2=T_2\Omega$ 是输出的机械功率；$p_0=T_0\Omega$ 是空载损耗功率，包括机械摩擦损耗 p_m 和铁损耗 p_{Fe}．

他励直流电动机稳态运行时的功率关系，如图 9-3 所示．图中 p_f 为励磁回路所消耗的功率．

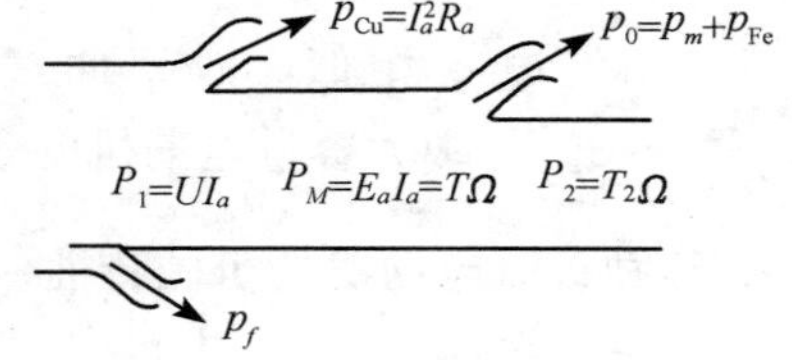

图 9-3　他励直流电动机的功率流程图

总损耗

$$\sum p = p_f + p_{\mathrm{Cu}} + p_m + p_{\mathrm{Fe}} + p_a$$

式中，p_a 是附加损耗．

电动机效率

$$\eta = 1 - \frac{\sum p}{p_2 + \sum p}$$

9-3　直流电动机的工作特性和机械特性

1. 他励直流电动机的工作特性

他励直流电动机的工作特性是指当外加电压为额定值 $U=U_N$、励磁电流为额定值 $I_f=I_{fN}$、电机带有机械负载时，电动机的转速 n、电磁转矩 T、效率 η 以及输出功率 P_2 与电枢电流 I_a 的关系．即 n、T、η、$P_2=f(I_a)$，或 n、T、η、$I_a=f(P_2)$ 的关系．前者较为常用．关于直流电动机的额定励磁电流是这样规定的：当直流电动机加上额定电压 U_N，带上负载后，电枢电流、转速、输出的机械功率都达到额定值，这时的励磁电流就称为额定励磁电流 I_{fN}．

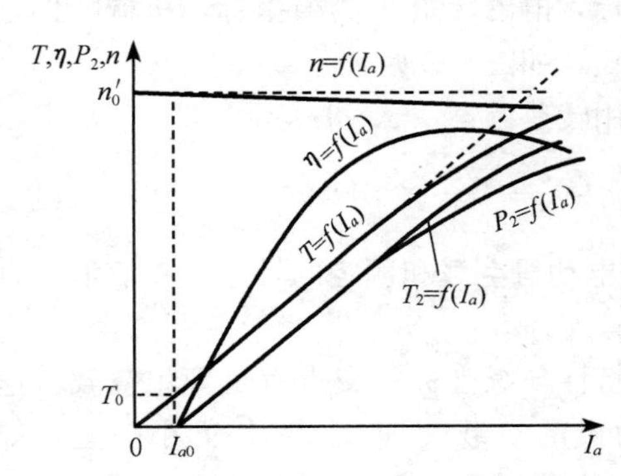

图 9-4　他励直流电动机的工作特性

图 9-4 是他励直流电动机典型工作特性．下面

说明它们的变化规律.

1）转速特性 $n=f(I_a)$

把式（9-1）代入式（9-2），可得

$$n=\frac{U-I_aR_a}{C_e\Phi} \tag{9-7}$$

当电枢电流 I_a 增加时，如气隙磁通 Φ 不变，转速 n 将随 I_a 的增加而直线下降. 一般他励直流电动机电枢回路总电阻 R_a 的标幺值很小（在 0.05 左右），转速下降不多. 如果考虑去磁的电枢反应，Φ 会变小，转速下降会更小些.

2）转矩特性 $T=f(I_a)$

由式（9-3）可知，当气隙磁通 Φ 不变时，电磁转矩 T 与电枢电流 I_a 成正比，转矩特性应是直线关系，如图 9-4 中的虚线所示. 实际上，随着电枢直流 I_a 的增加，气隙磁通 Φ 略有减少. 因此，转矩特性略向右偏.

图 9-4 中，$T_2=f(I_a)$ 的关系，是假定空载损耗转矩 T_0 不变，根据 $T_2=T-T_0$ 画出的.

3）效率特性 $\eta=f(I_a)$

与发电机相似，效率曲线也有最大值. 在额定负载时，小容量电动机的效率为 75%～85%；中大容量电动机的效率为 85%～94%.

2. 他励直流电动机的机械特性

他励直流电动机的机械特性是指当电动机加上一定的电压 U 和一定的励磁电流 I_f 时，转速 n 与电动机电磁转矩 T 的关系，即 $n=f(T)$. 它是电动机的一个重要特性. 可以从上述的工作特性中直接得出.

由式（9-1）～式（9-3）可得

$$n=\frac{U-I_aR_a}{C_e\Phi}=\frac{U}{C_e\Phi}-\frac{R_a}{C_eC_t\Phi^2}T=n_0'-\alpha T \tag{9-8}$$

式中，$n_0'=\frac{U}{C_e\Phi}$是理想空载转速；$\alpha=\frac{R_a}{C_eC_t\Phi^2}$是机械特性的斜率.

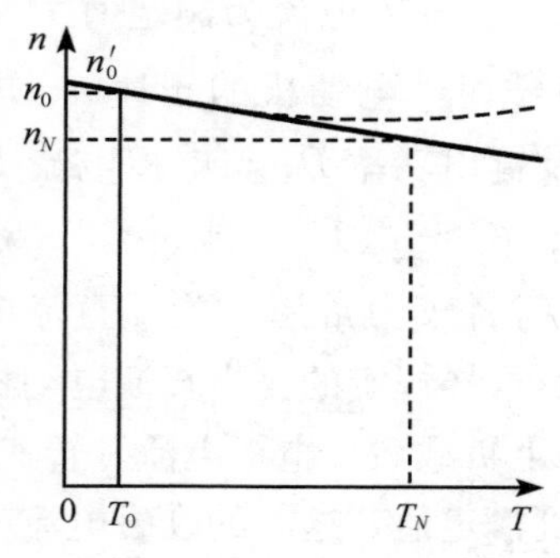

图 9-5 他励直流电动机的机械特性

以转速 n 为纵坐标，电磁转矩 T 为横坐标，机械特性是一条略向下倾斜的直线，如图 9-5所示.

转速变化的大小用转速调整率 Δn 来表示，即

$$\Delta n=\frac{n_0-n_N}{n_N}\times 100\%$$

式中，n_0、n_N 分别是电动机空载和额定的转速. 一般他励直流电动机的 Δn 为 2%～8%.

图 9-5 中的机械特性与纵坐标的交点就是理想空载转速 n_0'. 实际运行时电动机的空载转速 n_0 要比 n_0'小一些，如图 9-5中的机械特性与空载损耗转矩 T_0 线的交点.

式（9-8）中的 α 是机械特性的斜率．通常把 α 小的机械特性称为硬特性；α 大的机械特性称为软特性．究竟哪种特性好，要看生产机械的要求．例如，机床、轧钢机等要求电动机有硬特性；而电力机车等则要求电动机具有软特性．

从式（9-8）看出，对应于不同的端电压 U、不同的磁通 Φ 以及不同的电枢回路电阻值，直流电动机有许多条机械特性．把额定电压 U_N、额定励磁电流 I_{fN}、电枢回路里没有串任何电阻时的机械特性，称为他励直流电动机的固有机械特性．他励直流电动机的固有机械特性是比较硬的．

下面谈谈机械特性曲线的形状与电动机带负载运行的稳定性问题．

当电机电枢电流较大时，如果由于电枢反应的去磁效应减小了气隙的主磁通，随着电磁转矩 T 的增大，电机的转速 n 要升高，如图 9-5 中的虚线是上翘的机械特性．具有这种特性的电机，运行有时会不稳定，应该设法避免．

图 9-6（a）、（b）画出了直流电动机带负载运行的两种情况．图 9-6 中 $n=f(T_L)$ 是负载的机械特性，其中图（a）是稳定的，图（b）是不稳定的．这是因为，当在工作点 A 时，由于某种原因，机组转速有一微小增量 $\mathrm{d}n$，产生的 $\mathrm{d}T<\mathrm{d}T_L$，机组将有一个负加速度，使转速恢复到 n．这种情况运行是稳定的．在工作点 B 时，由 $\mathrm{d}n$ 所引起的 $\mathrm{d}T>\mathrm{d}T_L$，机组将有正的加速度，使转速更加偏离 n，这种情况运行是不稳定的．

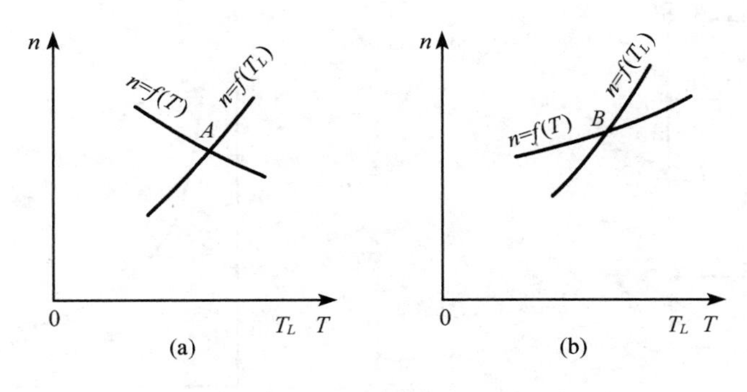

图 9-6　电动机运行稳定性的判定

由此可见，如果

$$\frac{\mathrm{d}T}{\mathrm{d}n}<\frac{\mathrm{d}T_L}{\mathrm{d}n}$$

运行是稳定的．如果

$$\frac{\mathrm{d}T}{\mathrm{d}n}\geqslant\frac{\mathrm{d}T_L}{\mathrm{d}n}$$

运行是不稳定的．

为了避免发生不稳定运行情况，可在电机的主极上加上一个串励线圈，叫稳定绕组．让电枢电流流过产生 5%～10%的磁动势，以补偿交轴电枢反应的影响，使机械特性曲线下倾．

3. 并励直流电动机的运行特性

并励直流电动机属于他励直流电动机的一个特例，即在联结方法上使励磁绕组与电枢回路并联. 所以它的工作特性以及机械特性与他励直流电动机的相同，这里不再赘述.

4. 串励直流电动机的运行特性

串励直流电动机的线路如图 9-7 所示，它的励磁绕组与电枢回路串联. 电流关系为

$$I_a = I_f$$

串励直流电动机的气隙磁通 Φ 随电枢电流 I_a 而变化. 这是它的主要特点.

当电机的磁路不饱和时，串励直流电动机的电磁转矩为

$$T = C_t \Phi I_a = C_t k I_a^2$$

或

$$I_a = \frac{\sqrt{T}}{\sqrt{C_t k}}$$

代入式 (9-7)，得

$$n = \frac{U - I_a R_a}{C_e \Phi} = \frac{\sqrt{C_t}}{C_e \sqrt{k}} \frac{U}{\sqrt{T}} - \frac{R_a}{C_e k}$$

图 9-8 画出了这种情况的机械特性曲线. 当电磁转矩 T 较大时，由于磁路饱和，机械特性如图中实线所示.

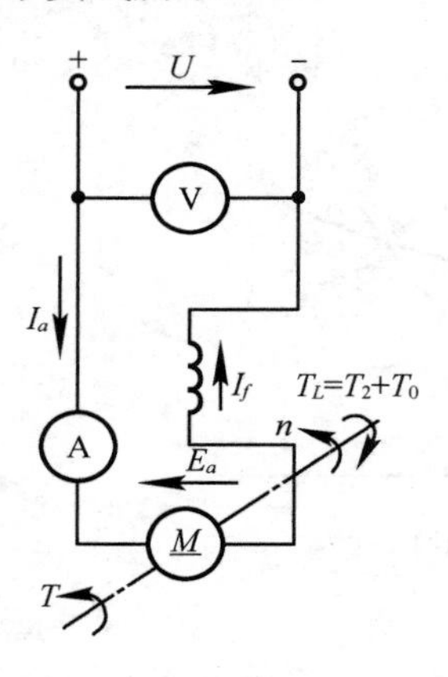

图 9-7　串励直流电动机

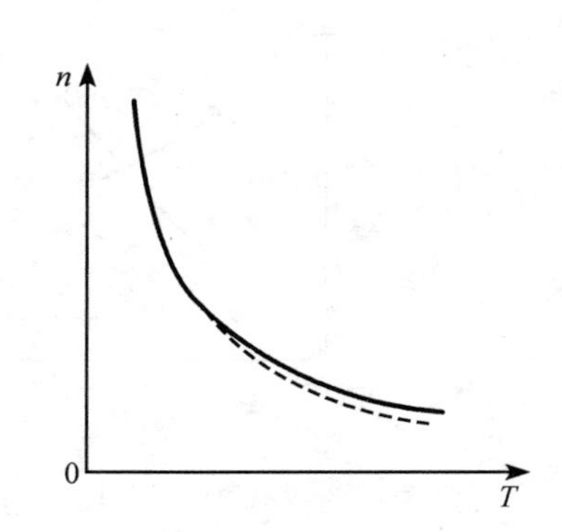

图 9-8　串励直流电动机的机械特性

串励直流电动机的机械特性是软特性. 随着电磁转矩 T 的增大，转速下降得很快. 当电磁转矩 T 较小时，由于气隙磁通减小，转速迅速增大，T 为零时，理想空载转速为无穷大. 由此可见，串励直流电动机不允许空载运行，也不允许以平皮带传动方式带动负载. 因为不慎皮带脱落时，可能引起电动机过速. 此外，串励直流电动机的机械特性上各点的 $\mathrm{d}T/\mathrm{d}n$ 都是负值. 因此，它在工作时，总是稳定的.

5. 复励直流电动机

他励直流电动机机械特性很硬. 串励直流电动机的机械特性很软，且不能空载运行，复励直流电动机则可折中二者的特性，其线路如图 9-9 所示. 如果串励绕组的磁动势与并励绕组的磁动势方向相同，称为积复励直流电动机；方向相反的，称为差复励直流电动机. 后者使用时，易发生不稳定现象，通常不用.

图 9-10 中，曲线 1 是电枢反应较强的他励直流电动机的机械特性. 为了得到下降的

机械特性，加上一个串励绕组（稳定绕组），以补偿电枢反应的去磁效应，其机械特性如图 9-10 中的曲线 2．曲线 3 是以串励为主，并励为辅的机械特性．曲线 4 是纯串励时的机械特性．

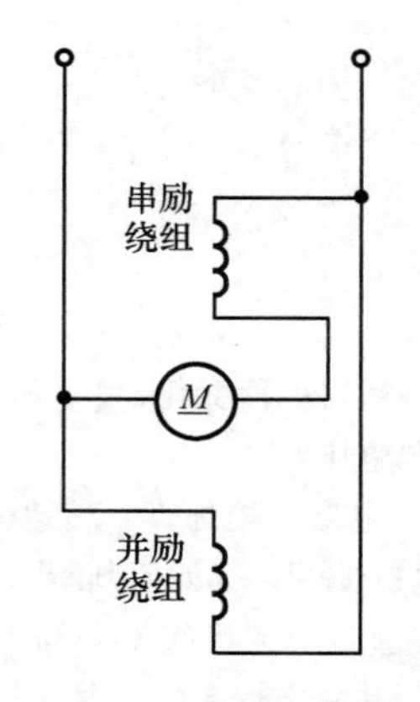

图 9-9　复励直流电动机

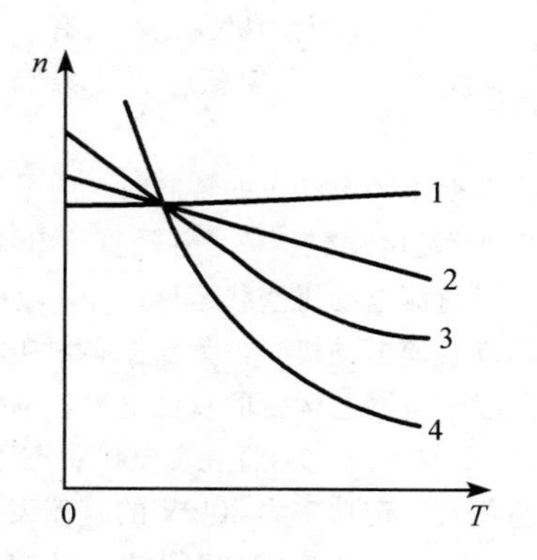

图 9-10　不同复励直流电动机的机械特性

9-4　直流电动机的启动

请扫描二维码查看直流电动机的启动方法。

9-4 节

9-5　直流电动机的调速

请扫描二维码查看有关直流电动机的调速介绍。

9-5 节

9-6　直流电动机的电磁制动

请扫描二维码查看有关直流电动机的电磁制动介绍。

9-6 节

思　考　题

9-1　一台并联在电网上的直流发电机，怎样能使它运行于电动机状态？

9-2 若不考虑电枢反应的影响，他励直流电动机的机械特性为什么是下垂的？若电枢反应的去磁作用很明显，则对机械特性有什么影响？

9-3 直流电动机带恒转矩负载运行，如果增加它的励磁电流，说明以下各量的变化趋势：T、E_a、I_a 和 n.

9-4 一台并励直流电动机在正转时有一定转速，现欲改变其旋转方向，为此停车后改变其励磁电流方向或电枢电流方向均可. 但重新启动后发现该电机在同样情况下的转速与原来的不一样了，问可能是什么原因？

9-5 要改变下列电动机的转向时，应采取什么措施？

（1）串励直流电动机；（2）并励直流电动机；（3）复励直流电动机.

9-6 并励直流电动机空载运行，如果励磁回路突然断开，说明以下各量将如何变化：Φ、E_a、I_a 和 n.

9-7 启动直流电动机时，为什么必须在电枢回路中串电阻或降低电源电压？

9-8 并联于电网上运行的直流电机，电枢电压为 U，电枢电流为 I_a，电磁转矩为 T，转速为 n. 按照电动机惯例，怎样判断它运行在发电机状态还是电动机状态？若按照发电机惯例，又如何判断？

9-9 将一台额定功率为 30kW 的直流发电机改为电动机运行，则其额定功率将大于、等于还是小于 30kW？反过来，将一台额定功率为 30kW 的直流电动机改为发电机运行，其额定功率的情况又如何？

习 题

9-1 已知并励直流发电机数据为：额定电压 $U_N=230\text{V}$，额定电枢电流 $I_{aN}=15.7\text{A}$，额定转速 $n_N=2000\text{r/min}$，电枢回路电阻 $R_a=1\Omega$（包括电刷的接触电阻），励磁回路电阻 $R_f=610\Omega$. 已知电刷在几何中性线上，不考虑磁路饱和的影响. 今将其改为电动机运行，并联于 220V 电网，当电枢电流与发电机额定电枢电流相同时，求电动机的转速.

9-2 一台并励直流电动机，额定电压 $U_N=220\text{V}$，电枢电流 $I_{aN}=75\text{A}$，额定转速 $n_N=1000\text{r/min}$，电枢回路总电阻 $R_a=0.26\Omega$（包括电刷的接触电阻），励磁回路总电阻 $R_f=91\Omega$，铁损耗 $p_{\text{Fe}}=600\text{W}$，机械损耗 $p_m=198\text{W}$，求：

（1）电动机额定负载运行时的输出转矩 T_2；

（2）电动机额定负载时的效率 η.

9-3 他励直流电动机的铭牌数据：$P_N=1.75\text{kW}$，$U_N=110\text{V}$，$I_{aN}=20.1\text{A}$，$n_N=1450\text{r/min}$，试计算：

（1）机械特性；

（2）50%额定负载时的转速；

（3）转速为 1500r/min 时的电枢电流.

9-4 一台并励直流电机并联于 220V 直流电网运行，已知电机支路对数 $a=1$，极对数 $p=2$，电枢总导体数 $z=372$，额定转速 $n_N=1500\text{r/min}$，每极磁通 $\Phi=1.1\times10^{-2}\text{Wb}$，电枢回路总电阻 $R_a=0.2\Omega$，励磁回路总电阻 $R_f=120\Omega$，铁损耗 $p_{\text{Fe}}=362\text{W}$，机械损耗 $p_m=204\text{W}$，试求：

（1）此直流电机运行于发电机状态还是电动机状态？

（2）电机的电磁转矩 T；

（3）输入功率和电机的效率.

9-5 一台并励直流发电机数据如下：$P_N=82\text{kW}$，$U_N=230\text{V}$，$n_N=970\text{r/min}$，电枢回路总电阻 $R_a=0.032\Omega$（包括电刷接触电阻），励磁回路总电阻 $R_f=30\Omega$. 今将此发电机作为电动机运行，所加额定电压 $U=220\text{V}$，若额定电枢电流仍与原先数据相同，求：

（1）这时电动机的转速（设电刷在几何中性线上，并且磁路不饱和）；

（2）当电动机空载运行时，已知空载转矩 T_0 是额定电磁转矩 T_N 的 1.2%，求电动机空载运行时的转速.

9-6 一台并励直流电动机，$U_N=110\text{V}$，$R_a=0.04\Omega$（包括电刷接触电阻），已知电动机在某负载下运行时，$I_a=40\text{A}$，转速 $n=1000\text{r/min}$. 现在使负载转矩增加到原来的 4 倍，问电动机的电流和转速各为多少（忽略电枢反应的作用和空载转矩）？

9-7　一台串励直流电动机，$U_N=110\text{V}$，$R_a=0.1\Omega$（包括电刷接触电阻和串励绕组电阻），已知电动机在某负载下运行时，电枢电流 $I_a=40\text{A}$，转速 $n=1000\text{r/min}$. 现在使负载转矩增加到其 4 倍，问电动机电枢电流和转速各为多少（假设磁路线性并不计空载转矩）？

9-8　已知并励直流电动机有下列数据：$U_N=220\text{V}$，$I_{aN}=45.5\text{A}$，$n_N=1040\text{r/min}$，$R_a=0.65\Omega$（包括电刷接触电阻），$R_f=200\Omega$. 额定转速下空载特性如下：

I_f/A	0.4	0.6	0.8	1.0	1.1	1.2	1.3
E_0/V	83	120.5	158	182	191	198.6	204

若电源电压下降到 $U=160\text{V}$，而电磁转矩不变，求电动机转速（忽略电枢反应）.

9-9　两台相同的串励直流电动机，它们的电枢回路总电阻都为 0.3Ω，由于制造上的原因，两台电机的气隙略有差异. 因此同样接到 550V 的电源上，而且电枢电流都达 100A 时，一台电机的转速为 600r/min，另一台转速为 550r/min. 现将两台电机的转轴耦合在一起，再把它们的电枢串联起来（极性正确）接到 550V 直流电源上，求：

（1）当电枢电流为 100A 时，它们的转速为多少？

（2）此时，气隙较大的电机的电压为多少？

9-10　一台并励直流电动机：$P_N=5.5\text{kW}$，$U_N=110\text{V}$，$I_N=58\text{A}$，$n_N=1470\text{r/min}$，$R_f=137\Omega$，$R_a=0.17\Omega$. 电机在额定运行时突然在电枢回路串入 0.5Ω 电阻，若不计电枢电路中的电感，计算此瞬时的电枢电动势、电枢电流和电磁转矩，并求稳态转速（假定负载转矩不变）.

9-11　如上题的电机在额定情况下运行时，如将电源电压突然降到 100V，试求上题各项的解答（假定磁路线性，不考虑机电过渡过程）.

9-12　题 9-10 的电机在额定情况下运行时，如调节 I_f 值，使磁通值突然减少 15%，试求题 9-10 中各项的解答.

9-13　并励直流电动机数据如下：$U_N=220\text{V}$，$R_a=0.032\Omega$，$R_f=27.5\Omega$. 今将电动机装在起重机上，当使重物上升时电动机的数据为：$U=U_N$，$I_a=350\text{A}$，$n=795\text{r/min}$. 问：保持电动机的电压和励磁电流不变，以转速 $n'=100\text{r/min}$ 将重物下放时，电枢回路需要串入多大电阻？

9-14　同上题的电机，在励磁电流保持不变、电枢回路串电阻的情况下，如欲采用能耗制动办法，将此重物以 100r/min 的速度下放，问应串多少电阻？仍采用此法，并通过改变串联电阻的大小来改变下放速度，问可能达到的最慢下放速度 $n_{\min}$ 是多少？

9-15　两台完全一样的并励直流电机，它们的转轴互相耦合在一起，而电枢并联于 230V 的直流电网上（极性正确），转轴上不带任何负载. 已知在 1000r/min 时空载特性如下：

I_f/A	1.3	1.4
E_0/V	186.7	195.9

电枢回路总电阻都是 0.1Ω（包括电刷接触电阻）. 现在机组运行的转速是 1200r/min，甲台电机的励磁电流为 1.4A，乙台电机的励磁电流为 1.3A，问：

（1）这时哪台电机为发电机？哪台为电动机？

（2）总的机械损耗和铁损耗是多少？

（3）只调节励磁电流能否改变两台电机的运行状态（转速不变）？

（4）是否可以在 1200r/min 时两台电机都从电网吸取功率或向电网送功率？

9-16　一台他励直流电动机数据如下：$U_N=220\text{V}$，$I_{aN}=10\text{A}$，$n_N=1500\text{r/min}$，$R_a=1\Omega$. 现将电动机拖动一重物 $G=5.44\text{kg}$ 上升，如题图9-1 所示，已知绞车车轮半径 $r=0.25\text{m}$. 忽略机械损耗和铁损耗以及电枢反应的作用，保持励磁电流和端电压为额定值，试问：

(1) 若电动机以 $n=150\text{r/min}$ 的速度将重物提升，电枢回路应串入多少电阻？

(2) 当重物上升到距地面 h 高度时需要停住，这时电枢回路应串入多少电阻？

(3) 如果希望把重物从 h 高度下放到地面，并保持下放重物的速度为 3.14m/s，这时电枢回路应串多少电阻？

(4) 如果当重物停在 h 高度时，把重物拿掉，电动机的转速将为多少？

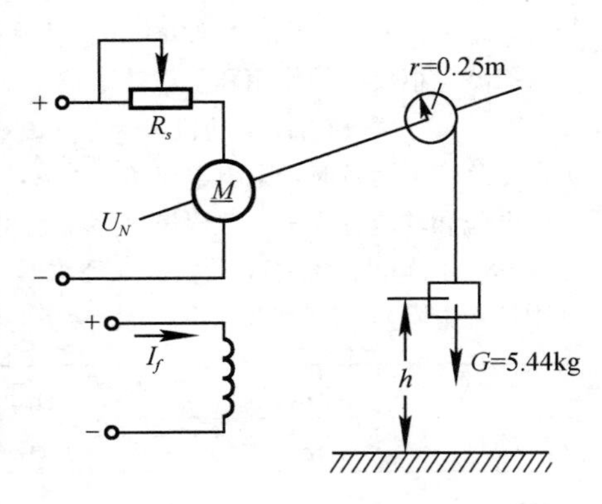

题图 9-1

9-17 上题若电动机电枢回路不串电阻，利用改变磁通的办法来达到调速的目的，问：

(1) 当电动机加额定励磁电流时，重物上升的速度是多少？

(2) 如果把电动机的气隙磁通分别减小到 $\Phi=0.8\Phi_N$、$\frac{1}{21}\Phi_N$、$\frac{1}{22}\Phi_N$ 和 $\frac{1}{23}\Phi_N$ 几种情况，电动机的转速分别是多少？

(3) 如果使电动机的磁通 $\Phi=-\Phi_N$，则其转速为多少？

9-18 若题 9-16 电动机电枢回路不串电阻并保持 Φ_N 不变，而利用改变电源电压的办法来调速，

(1) 若电动机以 $n=150\text{r/min}$ 将重物提升，则电动机的端电压是多少？

(2) 当重物上升到 h 高度时需要停住，这时电动机的端电压是多少？

(3) 当重物停在 h 高度时，把电枢两端脱离电源并短接起来，此时电动机转速是多少？转向如何？

(4) 如果在电动机以 $n=1500\text{r/min}$ 的转速提升重物时突然把电动机的电枢电源反接，求电动机的转速（不考虑机电过渡过程）.

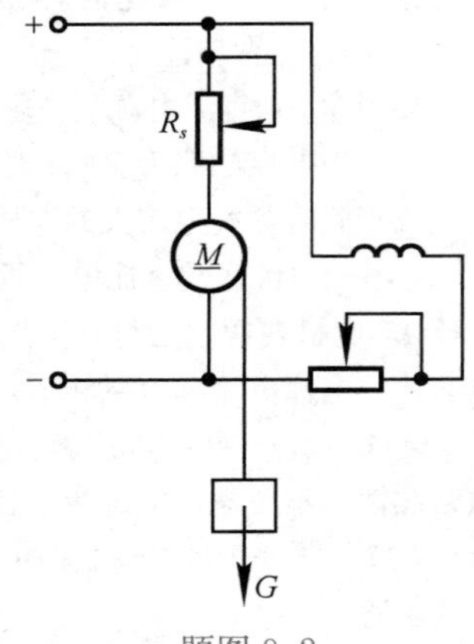

题图 9-2

9-19 如题图 9-2 所示，一台接到恒压电源的并励直流电动机，空载转速 $n_0=1500\text{r/min}$，将重物吊起时，$n=1450\text{r/min}$. 在中途如果突然将并励绕组反向，设机电过渡过程很快完毕，则最后电机将以什么转速运转（忽略电枢反应及空载转矩 T_0）？

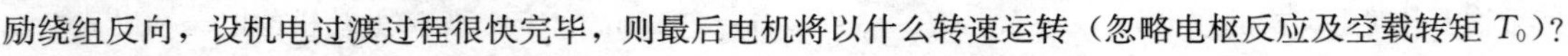

9-20 一台他励直流电动机，额定电压 $U_N=600\text{V}$，忽略各种损耗.

(1) 当电枢电压为额定值、负载转矩为额定值 $T_{2N}=420\text{N}\cdot\text{m}$ 不变时，转速为 1600r/min，求该电动机的额定电枢电流；

(2) 保持电枢电压为额定值不变，采用弱磁调速使转速升高到 4000r/min，求电动机此时能输出的最大转矩.

9-21 一台并励直流电机，并联于 220V 的电网上运行，已知 $a=1$，$p=2$，$z=398$，$n_N=1500\text{r/min}$，$\Phi=0.0103\text{Wb}$，电枢回路总电阻（包括电刷接触电阻）$R_a=0.17\Omega$，$I_{fN}=1.83\text{A}$，$p_m=379\text{W}$，$p_{\text{Fe}}=276\text{W}$，附加损耗 $p_a=165\text{W}$. 求：

(1) 此电机是发电机还是电动机？

(2) 电机的电磁转矩多大？

(3) 电机效率是多少？

9-22 一台他励直流电动机的额定数据为：$P_N=75\text{kW}$，$U_N=220\text{V}$，$n_N=750\text{r/min}$，$I_N=387\text{A}$，电枢回路总电阻 $R_a=0.028\Omega$. 若忽略电枢反应的影响，求机械特性的两个重要参数：理想空载转速 n_0' 和固有机械特性的斜率 α.

第三篇　交流电机的绕组电动势和磁动势

第十章　交流电机的绕组和电动势

本章首先介绍交流同步电机和异步电机的简单工作原理，然后以同步发电机为例，在电机的转子励磁绕组中通入直流励磁电流，让转子以同步转速旋转，研究定子绕组里的感应电动势．从分析最简单的三相集中整距绕组，说明如何计算电动势，安排三相对称绕组，进而说明实际绕组由于分布和短距对电动势大小和波形的影响．

10-1　交流电机的工作原理，对绕组的基本要求

1. 交流电机的基本工作原理

一般同步电机作为发电机使用较多，现在国内外工农业生产中所用的交流电能，几乎全都是同步发电机发出的．在使用时，不仅把同一个发电厂中的各台同步发电机并联起来，还把分散在各地区的若干个发电厂，通过升压变压器和高电压输电线彼此再并联起来，形成一个巨大的电力系统，联合供应交流电能．

某些大型而又不要求调速的生产机械，例如空气压缩机等多采用同步电动机来拖动．它的突出优点是能够调节电动机的励磁电流来改善电网的功率因数．

异步电机主要用作电动机，拖动各种生产机械，应用在各行各业，成为电力系统中的主要负载．

异步电机虽然也能作为发电机使用，由于存在着一定的缺点，用得较少，一般只在特殊场合下才用它作为发电机运行．

下面简单地介绍一下同步电机和异步电机的基本工作原理．

1）同步电机的基本工作原理

先介绍同步发电机．图 10-1 是一台简单的交流发电机模型．它由定子、转子两大部分组成．定子和转子之间是空气隙．定子是一个圆筒形的铁心，在靠近铁心内表面的槽里嵌放了导体．把这些导体按一定的规律连接起来，叫定子绕组，也叫电枢绕组．圆筒形铁心的中间是可以旋转的转子，转子上装了主磁极．主磁极可以是永久磁铁，也可以是电磁铁．所谓电磁铁，是在每个主磁极的铁心上都套上一个线圈，把这些线圈按一定规律联结起来，叫励磁绕组．给励磁绕组里通入直流电流，各个磁极就表现出一定的极性．磁极的极性用 N 和 S 表示．图 10-1 是从电机轴向看的示意图，实际这台电机的定子铁心、导体和主磁极在轴方向都有一定的长度，用 l 表示，图中仅是一个横截面．

既然同步电机作为发电机运行，必须由原动机拖动其旋转．拖动同步发电机的原动机主要有两种：一种是汽轮机；一种是水轮机．至于其他的原动机，如汽油机、柴油机等相对用

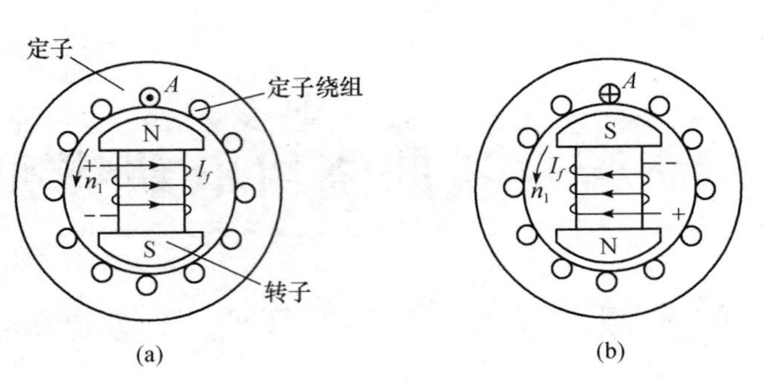

图 10-1 最简单的交流发电机模型

得较少.

在图 10-1 中，假设由原动机拖着主磁极以恒定转速 n_1 相对于定子逆时针方向旋转. 于是，放在定子铁心槽里的导体与主磁极之间就有了相对运动. 这种相对运动还可以看成主磁极不动、导体以恒定的转速 n_1 向相反方向旋转，即按顺时针方向旋转. 既然导体与主磁极之间有了相对运动，根据电磁感应定律可知，导体中就要感应出电动势. 为了简单，先观察定子上导体 A 里感应电动势的情况. 在图 10-1（a）所示瞬间，导体 A 位于 N 极正中间，这时磁感应线由 N 极出来，经空气隙进入定子，其方向与导体 A 垂直. 这时导体运动的切向线速度 v 的方向，也与磁感应线的方向垂直. 于是，磁感应线、导体和导体运行的方向三者互相垂直，则在导体中感应电动势的大小用公式表示为

$$e = b_\delta l v \text{ (V)}$$

式中，b_δ 为导体 A 所在处的磁通密度，单位为 T(1T=1Wb/m^2)；l 为导体 A 的轴向长度，单位为 m；v 为导体 A 与 b_δ 之间的相对线速度，单位为 m/s.

关于导体感应电动势的方向，用右手定则确定. 把右手手掌伸开，大拇指与其他四个手指呈 90°角，让磁感应线（与磁通密度同方向）指向手心，大拇指指向导体运行的方向，则其他四个手指的指向就是导体中感应电动势的方向. 我们把由右手定则判定的导体中感应电动势的方向，叫导体感应电动势的瞬时实际方向. 可见，图 10-1（a）所示瞬间，导体 A 感应电动势的瞬时实际方向为出纸面. 当主磁极逆时针方向转过 180°（两极电机）时，如图 10-1（b）所示，这时导体 A 位于 S 极正中间，该处的磁感应线由定子出来经空气隙进入转子上的 S 极. 根据右手定则知道，在这个瞬间，导体 A 中的感应电动势瞬时实际方向变为进纸面了. 如果主磁极继续逆时针方向旋转 180°，则导体 A 又位于 N 极正中间，其感应电动势又变为出纸面. 由此可见，在图 10-1 所示两极电机的情况下，主磁极每旋转一周，导体 A 里感应电动势的瞬时实际方向交变一次，不难看出，图 10-1 里定子上的其他导体感应电动势瞬时实际方向也有类似的变化. 可见，图 10-1 所示模型是一个最简单的交流发电机模型.

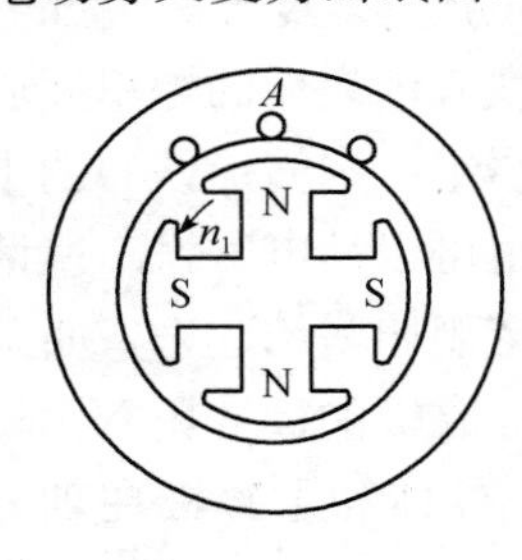

图 10-2 $p=2$ 的同步发电机

从图 10-1 中看出，导体 A 每经过一对主磁极（磁极是成对出现的，我们把一个 N 极和一个 S 极叫一对极），其中感应电动势瞬时实际方向变化了一个周期. 用 f 表示定子上导体 A 中感应电动势的频率. 所谓频率，即每秒电动势变化的周期数，单位为 Hz. 实际的电机，转子上可以有 p 对主磁极，p 为正整数. 图 10-2 画的是 $p=2$，即两对主磁极的同步发电机. 电机的转子每转一圈，就有 p 对

主磁极经过定子上的导体 A，于是，在导体 A 中感应电动势变化了 p 个周期. 若电机的转速为 n_1，电机转子每秒转了 $n_1/60$，则导体 A 里感应电动势的频率 f 为

$$f = \frac{pn_1}{60} \ (\mathrm{Hz})$$

式中，转速 n_1 的单位为 r/min.

从上式中看出，当电机的极对数 p 与转速 n_1 一定时，频率 f 就是固定的数值.

一般都把同步发电机的定子绕组设计成三相绕组（下面仔细介绍），发出三相交流电，供用户使用.

如果是一台三相同步电机作为电动机运行，就必须在电机的定子三相绕组里通入三相交流电. 三相交流电流流过定子的三相绕组，会在电机里产生旋转磁场（后面仔细介绍）. 当给同步电机的励磁绕组通入励磁电流时，转子主磁极就像是一个磁铁，旋转磁场吸着转子磁铁，按旋转磁场的旋转方向旋转. 这时电机的转速严格按照下式计算：

$$n_1 = \frac{60f}{p}$$

由此可见，同步电机无论作为发电机运行，还是作为电动机运行，当主磁极的极对数 p 一定时，它的转速 n_1 和频率 f 之间有着严格的关系，我们把这种关系叫同步关系，n_1 叫同步转速. 同步电机这个名词就是由此而得来的.

2）异步电机的基本工作原理

以异步电动机为例来说明，从电机的结构上来看，异步电机的定子铁心和定子绕组与同步电机的完全一样，只是转子结构不同而已. 在同步电机里，转子上是主磁极，当励磁绕组里通入直流励磁电流时，主磁极便表现出极性. 异步电机的转子是由转子铁心和转子绕组组成的. 详细的介绍将在第五篇里进行. 这里仅以鼠笼型电机为例，简单说明它的基本工作原理.

图 10-3 是一台鼠笼型转子的异步电机. 在转子的铁心上，靠近外表面处开槽，槽里嵌放导体（图 10-3 中转子上仅画了两根导体）. 各个槽内的导体两端伸出转子铁心以外，用两个端环分别把两头伸出的导体彼此连接起来，形成一个短路的绕组.

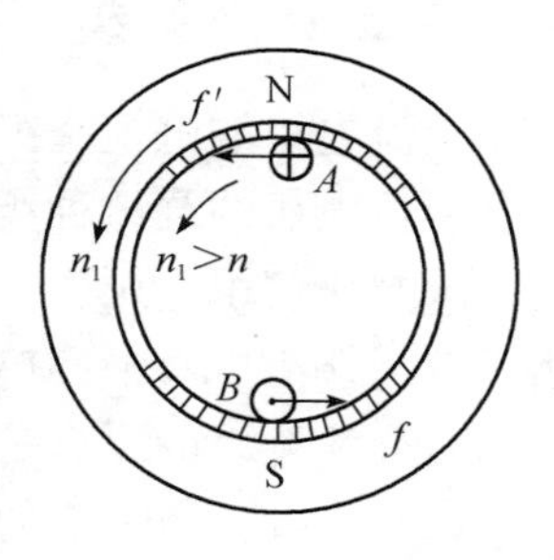

图 10-3　最简单的鼠笼型异步电动机模型

大多数异步电机定子绕组是三相绕组. 当三相绕组流过三相电流时，产生一个旋转磁场. 为了直观起见，可以把这个旋转磁场想象为会旋转的磁极，如图 10-3 中的 N、S 磁极. 并假设此旋转的磁极为逆时针方向旋转，转速为 n_1. 这样一来，逆时针方向旋转的磁极就要在转子上的导体里感应电动势. 在图 10-3 所示瞬间，转子导体 A 里感应电动势的瞬时实际方向为进纸面，B 里则为出纸面，转子绕组是个自己闭合的短路绕组. 于是，就会有电流流过转子导体. 暂时不考虑其他因素的影响，认为转子导体里的电流与感应电动势同方向，即导体 A 里的电流为进纸面，导体 B 里的为出纸面. 并且从图中看出，载流导体 A 或 B 都与它们所在处的磁场垂直. 根据安培定律知道，这时载流导体 A 或 B 会受到电磁力作用. 电磁力用 f 表示（注意：符号 f 有时代表频率；有时代表力；在第十一章里还代表磁动势）. 它的大小为

$$f = b_\delta li \ (\mathrm{N})$$

式中，b_δ 为导体所在处的磁通密度，单位为 T；l 为导体的长度，单位为 m；i 为流过导体的电流，单位为 A.

导体受力的方向，用左手定则确定．把左手手掌伸开，大拇指与其他四个手指呈 90°角，让磁感应线指向手心，四个手指指向导体里电流流动的方向，则大拇指的指向就是导体受力的方向．根据左手定则判断，在图 10-3 里，导体 A 受到的作用力，其方向为从右向左；导体 B 受到的作用力，其方向为从左向右．这个力乘以转子的半径，就是转矩，称为电磁转矩．此时作用在转子上电磁转矩的方向是逆时针方向，企图使电机的转子逆时针方向旋转．如果电磁转矩能够克服电机转子上的阻转矩（例如由摩擦引起的阻转矩以及其他负载转矩，后面还要介绍），电机就真的能按逆时针方向旋转起来．设转子的转速为 n.

转子的转速 n 是否能转到等于旋转磁场的转速 n_1 呢？如果 $n=n_1$ 的话，转子上的导体与旋转磁场之间就没有相对运动了．这样一来，转子上的导体中便没有感应电动势，也就没有电流了．当然也就不产生电磁转矩，无法维持转子达到 n_1 大小的转速．可见，这种电机运行时，转子的转速 n 不会等于旋转磁场的转速 n_1，而是要低一些．异步二字就是由此而来的.

以上简单地介绍了同步电机和异步电机的基本工作原理，深入的分析将在后面的章节中进行.

由以上叙述知道，同步电机和异步电机在运行原理上以及所表现的性能上，二者的差别是很大的．但是，它们之间在许多问题上，又是相同的．例如，所有交流电机都有交流电枢绕组和绕组中感应电动势的问题；当交流绕组里流过电流时，又有产生磁动势的问题．此外，交流电机内部的一些电磁关系、机电能量转换关系等，也有许多相同的地方．为此我们把其中属于共同的内容抽出来加以介绍．这就是本篇要介绍的交流电机的绕组、感应电动势和产生磁动势的问题．掌握这部分内容，对后面学习同步电机和异步电机的原理，有很大的好处.

2. 对交流绕组的要求

交流电机的电枢绕组是交流电机中能量转换必不可少的关键部分.

交流电机的绕组种类很多：有单层绕组、双层绕组、单双层绕组、正弦绕组、变极绕组、分数槽绕组、延边三角形绕组等．限于篇幅，本章主要介绍交流电机最常用的单层绕组、双层绕组以及最简单的分数槽绕组.

对交流绕组的要求是：

（1）在导体数一定的情况下，能得到较大的基波电动势和基波磁动势.

（2）对三相电机来说，要求三相绕组感应的基波电动势是对称的．所谓对称，是指三相基波电动势的有效值大小彼此相等，在时间相位上互差 120°时间电角度.

（3）三相绕组表现的阻抗应彼此相等.

（4）电动势与磁动势的波形应尽量接近正弦形，即谐波分量较小.

（5）不管是交流发电机还是电动机，当加上负载后，电枢绕组里都要有电流流过，这就要求所有导体应有一定的截面积．还要求绕组有一定的绝缘强度.

（6）运行中有较好的散热性能.

（7）制造简单、维修方便.

总之，上述对交流电机电枢绕组的要求，从原理上来看，可以归纳为对绕组感应电动势和产生磁动势的要求．对三相交流电机来说，要求三相绕组能感应出波形接近正弦、有一定数值的三相对称电动势；要求当三相绕组中流过三相对称电流时，能产生接近圆形的旋转磁动势．下面就根据这些要求，来安排电枢绕组．

交流电机电枢绕组的感应电动势和产生磁动势的问题，对同步电机、异步电机都适用．为了容易理解，在下面的分析中，以同步发电机为例进行分析，所得结论都能用到异步电机上．

10-2 三相单层集中整距绕组

电机的绕组是由许多个绕圈组成的，而绕圈又包含了许多根导体．为了清楚起见，我们先分析导体和线圈的感应电动势．当掌握了这些内容后，根据具体的要求，便可以联结出电机的各种绕组．

1. 导体感应电动势

还是用简单的同步发电机模型来进行分析，见图 10-4（a）．假设由原动机拖着主磁极以恒定转速 n_1 相对于定子逆时针方向旋转．

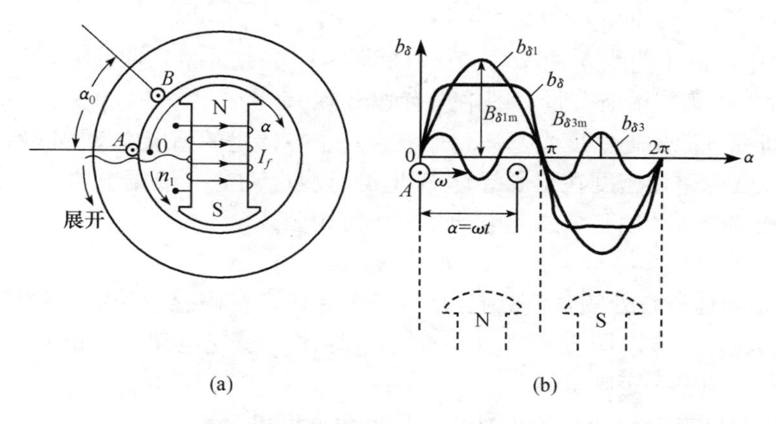

图 10-4 最简单的交流发电机模型及气隙磁通密度分布波形

为了推导公式，在图 10-4（a）中转子的表面建立直角坐标系．坐标原点任选在两个主磁极的中间，纵坐标代表气隙磁通密度（单位气隙面积里的磁通数）b_δ 的大小，横坐标表示磁极表面各点距坐标原点的距离，用角度 α 衡量．整个坐标系随着转子一道旋转．图 10-4（b）是把图 10-4（a）在导体 A 处沿轴向剖开，并展成直线的图．由于角度 α 是衡量转子表面的空间距离，所以是空间角度．

在电机里，把一对主磁极表面占的空间距离用空间角度表示，定为 360°（或 2π）．它与电机整个转子表面占的空间几何角度 360°（或 2π）是有区别的．前者叫空间电角度；后者叫空间机械角度，用 β 表示．如果电机只有一对主磁极，空间电角度 α 与空间机械角度 β 二者的数值相等．如果电机有 p 对主磁极，对应的总空间电角度为 $p\times360°$（或 $2\pi p$），而空间机械角度则永远为 360°（或 2π）．它们之间的关系为

$$\alpha = p\beta$$

今后分析电动机的原理时，都用空间电角度这个概念，而不再用空间机械角度．只有在

计算电机转子的角速度时，才用空间机械角度．这一点读者要十分明确．

在研究定子上导体 A 中的感应电动势之前，先看看气隙里磁通密度沿 α 方向的分布情况．图 10-4（a）是一台在主磁极表面与定子铁心内圆之间有等气隙的凸极同步电机，每个磁极上有 N_f 匝线匝串联构成励磁绕组．当给励磁绕组里通入直流励磁电流 i_f 时，就要产生磁动势，称为励磁磁动势，每极磁动势的大小用 F_f 表示，$F_f=N_f i_f$．这个磁动势在一个磁极的范围内，大小是不变的．由于主磁极表面与定子铁心间的气隙长度较小，表现的磁阻较小，气隙里磁感应线较密集，相邻两个主磁极之间气隙长度较大，表现的磁阻也大，气隙里磁感应线较稀疏．如果用曲线表示电机气隙里磁通密度 b_δ 分布的情况，如图 10-4（b）所示．图是按气隙磁通出转子进定子的方向为正，对应的磁通密度也为正，反之为负的规定画出的．同时规定图 10-4 中导体 A 的感应电动势出纸面为正，用⊙表示．

图 10-4（b）所示的气隙磁通密度分布波形（曲线 b_δ），实际上是一个在气隙空间按周期性变化的非正弦波形，它每经过一对磁极，波形就重复一次．因此可以应用谐波分析法，把一个周期性变化的非正弦量，分解成许多个正弦量，然后分别考虑各个正弦量的作用，最后把各个正弦量的作用综合起来，求得原非正弦量的作用．用傅里叶级数分解图 10-4（b）中非正弦分布的曲线 $b_\delta(\alpha)$，由于 b_δ 的波形对坐标原点及横坐标都是对称的，分解出来的波形中没有直流分量、偶次谐波及余弦各项，只有奇次的各正弦项，可得

$$b_\delta = b_{\delta 1} + b_{\delta 3} + \cdots = B_{\delta 1\mathrm{m}}\sin\alpha + B_{\delta 3\mathrm{m}}\sin 3\alpha + \cdots \tag{10-1}$$

在图 10-4（b）中画出了曲线 $b_{\delta 1}$ 和 $b_{\delta 3}$．其中曲线 $b_{\delta 1}$ 叫基波分量，曲线 $b_{\delta 3}$ 叫 3 次谐波分量．至于 5 次、7 次等更高次谐波分量，图中没有画出来．

下面分别研究气隙磁通密度中基波和谐波在定子导体里的感应电动势问题．

先研究基波气隙磁通密度在定子导体 A 里的感应电动势．根据电磁感应定律知道，导体切割基波磁感应线所产生基波感应电动势大小可用公式

$$e_1 = b_{\delta 1} l v$$

确定．其中 $b_{\delta 1}$ 是导体所在处的基波磁通密度，l 是导体切割磁感应线的有效长度，v 是导体切割磁感应线的相对速度．图 10-4（a）中表示了导体 A 感应电动势的正方向，感应电动势的瞬时实际方向可用右手定则确定．

已知转子逆时针方向旋转的转速为 n_1，用电角速度表示为

$$\omega = 2\pi p \frac{n_1}{60}\ (\mathrm{rad/s}) \tag{10-2}$$

在计算导体中感应电动势时，根据相对运动概念，显然可以看成转子不动而导体 A 以电角速度 ω 朝相反方向旋转．在图 10-4（b）的直角坐标上，就是沿着 $+\alpha$ 的方向以 ω 电角速度移动．此外我们规定，图 10-4（a）所示转子所在位置的瞬间作为时间的起点，即 $t=0$ 时刻．从图中看到，这时导体 A 正好处在两个主磁极中间，即坐标原点处．这时导体 A 所在处的磁通密度正好 $b_{\delta 1}=0$，导体 A 中的感应电动势瞬时值为 $e_1=0$．

当时间过了 t 秒，即 $t=t$ 时刻，导体 A 移到了图中 α 处，这时

$$\alpha = \omega t$$

该处的基波气隙磁通密度为

$$b_{\delta 1} = B_{\delta 1\mathrm{m}}\sin\alpha = B_{\delta 1\mathrm{m}}\sin\omega t$$

于是导体 A 中感应的基波电动势瞬时值为

$$e_{A1} = b_{\delta 1} l v = B_{\delta 1\mathrm{m}} l v \sin\omega t = E_{1\mathrm{m}}\sin\omega t = \sqrt{2}E_1\sin\omega t \tag{10-3}$$

式中，$E_{1m}=B_{\delta 1m}lv$ 是导体 A 中基波感应电动势的最大值；$E_1=E_{1m}/\sqrt{2}$ 是基波感应电动势的有效值.

可见，导体中感应电动势的基波电动势随时间变化的波形，决定于磁通密度的分布波形. 导体中基波感应电动势随时间变化的规律用曲线表示时，如图10-5（a）所示. 图中用电角度 ωt 作为衡量基波电动势变化的时间.

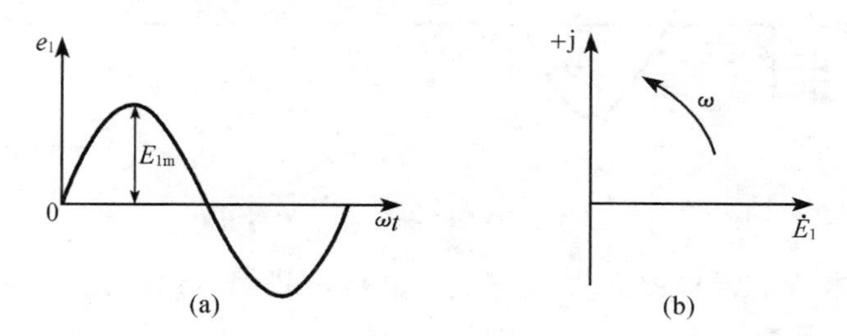

图 10-5　导体 A 感应基波电动势波形及相量表示法

从电路课的分析中知道，一个正弦时间函数 $a\sin(\omega t+\varphi_0)$，可以用一个在复平面上以电角速度 ω 逆时针方向旋转的旋转相量 $A\mathrm{e}^{\mathrm{j}\omega t}$ 表示，其中 $A=a\mathrm{e}^{\mathrm{j}\varphi_0}=a\angle\varphi_0$ 是复振幅，φ_0 是初相角. 在写公式或画相量图时，记为 A. 例如上述的导体基波电动势 $e_1=E_{1m}\sin\omega t$ 用相量表示时，为 $\dot{E}_{1m}=E_{1m}\angle 0°$，其模就是振幅 E_{1m}，初相角为零，并且此相量以 ω 电角速度逆时针方向在复平面上旋转. 在电工中，通常对正弦电流、电压和电动势都用它的有效值，而不用它的幅值. 上述正弦电势 $e_1=E_{1m}\sin\omega t$，可以用 $\dot{E}=E_1\angle 0°$ 表示，用图形表示时，此相量以电角速度 ω 逆时针方向在复平面里旋转，即为旋转相量，如图 10-5（b）所示.

导体 A 中基波电动势的最大值 E_{1m} 为

$$E_{1m}=B_{\delta 1m}lv=\frac{\pi}{2}\left(\frac{2}{\pi}B_{\delta 1m}\right)l(2\tau f)$$
$$=\pi fB_{1av}l\tau=\pi f\Phi_1$$

式中，$B_{1av}=\dfrac{2}{\pi}B_{\delta 1m}$ 为基波气隙磁通密度的平均值；$\Phi_1=B_{1av}l\tau$ 为气隙每极基波磁通量；$v=2p\tau\dfrac{n_1}{60}=2\tau f$ 为导体 A 移动的线速度；τ 为定子内表面用长度表示的每极所占空间距离.

导体基波电动势的有效值 E_1 为

$$E_1=\frac{1}{\sqrt{2}}E_{1m}=\frac{1}{\sqrt{2}}\pi f\Phi_1=2.22f\Phi_1 \tag{10-4}$$

式中，Φ_1 的单位为 Wb；E_1 的单位为 V.

以上分析了图 10-4（a）导体 A 的基波感应电动势瞬时值计算式、波形图及相量表示法. 下面来分析图中导体 B 的基波感应电动势情况. 图中导体 B 在定子上离导体 A 空间的距离用电角度表示为 α_0，也就是说，在 $t=0$ 的时刻，导体 B 在坐标轴上的位置是 $\alpha=\alpha_0$，导体 B 所在处的气隙磁通密度 $b_{\delta 1}=B_{\delta 1m}\sin\alpha_0$；当时间过了 t 秒，$t=t$ 时刻，导体 B 在坐标轴上的位置变为 $\alpha=\omega t+\alpha_0$，B 处的气隙磁通密度为

$$b_{\delta 1}=B_{\delta 1m}\sin(\omega t+\alpha_0)$$

因此，导体 B 中感应的基波电动势瞬时值为

$$e_{B1}=b_{\delta 1}lv=B_{\delta 1m}lv\sin(\omega t+\alpha_0)=\sqrt{2}E\sin(\omega t+\alpha_0) \tag{10-5}$$

用曲线和相量图表示 B 导体的基波感应电动势，如图 10-6（a）、（b）表示.

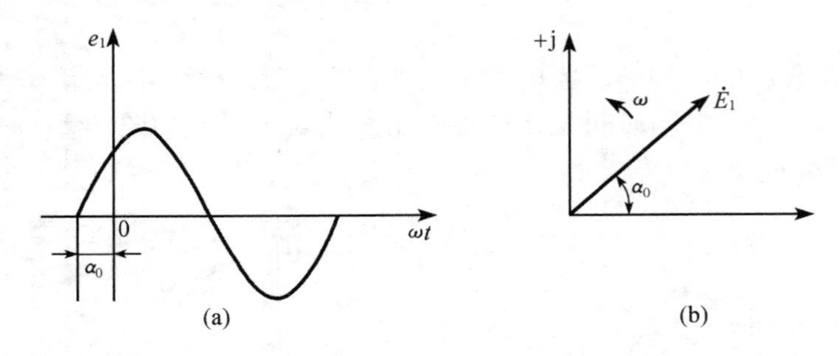

图 10-6　导体 B 感应基波电动势波形及相量表示法

从以上分析导体 A 和导体 B 的基波感应电动势，我们可以得出结论：空间位置相差 α_0 电角度的两个导体，其基波感应电动势在时间相位上亦相差 α_0 电角度. 顺转子转动方向看，导体的空间位置是超前者，感应电动势在时间相位上是滞后的，因为转子磁极总是先切割后面的导体再切割前面的导体.

图 10-4（b）中，除了基波气隙磁通密度外，尚有 3 次、5 次等奇次气隙磁通密度. 其中 3 次谐波气隙磁通密度波形（曲线 $b_{\delta 3}$），用公式表示为

$$b_{\delta 3} = B_{\delta 3\mathrm{m}} \sin 3\alpha$$

式中，$B_{\delta 3\mathrm{m}}$是 3 次谐波气隙磁通密度的最大值.

定子上导体 A 中感应的 3 次谐波电动势瞬时值为

$$\begin{aligned} e_3 &= b_{\delta 3} l v = B_{\delta 3\mathrm{m}} l v \sin 3\alpha = B_{\delta 3\mathrm{m}} l v \sin 3\omega t \\ &= E_{3\mathrm{m}} \sin 3\omega t = \sqrt{2} E_3 \sin 3\omega t \end{aligned} \tag{10-6}$$

式中，$E_{3\mathrm{m}} = B_{\delta 3\mathrm{m}} l v$ 为导体中 3 次谐波感应电动势的最大值；$E_3 = E_{3m}/\sqrt{2}$为它的有效值，即

$$\begin{aligned} E_3 &= \frac{E_{3\mathrm{m}}}{\sqrt{2}} = \frac{1}{\sqrt{2}} B_{\delta 3\mathrm{m}} l v = \frac{1}{\sqrt{2}} \frac{\pi}{2} \left(\frac{2}{\pi} B_{\delta 3\mathrm{m}} \right) l \frac{\tau}{3} \times 2 \times 3f \\ &= \frac{\pi}{\sqrt{2}} \times 3f \Phi_3 = 2.22 \times 3f \Phi_3 \end{aligned} \tag{10-7}$$

式中，$\Phi_3 = \frac{2}{\pi} B_{\delta 3\mathrm{m}} l \frac{\tau}{3}$为 3 次谐波每极磁通量.

从图 10-4（b）中看出，3 次谐波气隙磁通密度的极对数是基波的 3 倍（极距只有基波的 1/3），因此，导体 A 以同样的线速度 v 感应的 3 次谐波电动势，其频率为基波的 3 倍，即 $3f$.

如果用相量表示 3 次谐波感应电动势，由于基波电动势与 3 次谐波电动势的频率不同，不能画在同一个复平面上. 图 10-7（a）是 3 次谐波电动势的相量，它以 3ω 电角频率逆时针方向旋转.

气隙中 5 次、7 次谐波磁通密度的表达式分别为

$$b_{\delta 5} = B_{\delta 5\mathrm{m}} \sin 5\alpha$$

$$b_{\delta 7} = B_{\delta 7\mathrm{m}} \sin 7\alpha$$

它们在导体 A 中感应的电动势分别为 5 次谐波电动势

$$e_5 = E_{5\mathrm{m}} \sin 5\omega t = \sqrt{2} E_5 \sin 5\omega t \tag{10-8}$$

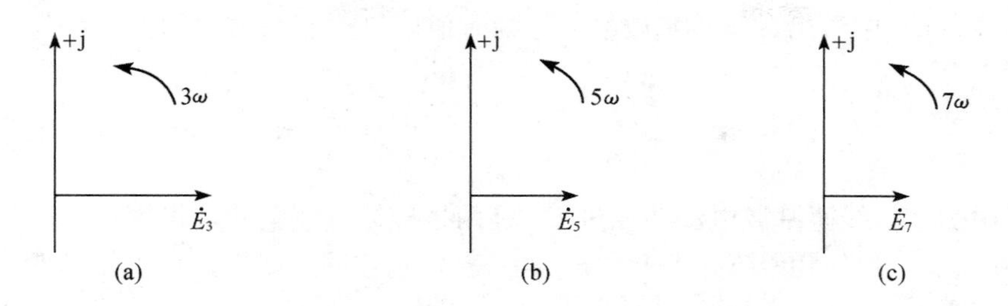

图 10-7　3 次、5 次和 7 次谐波电动势相量

和 7 次谐波电动势

$$e_7 = E_{7m}\sin 7\omega t = \sqrt{2}E_7\sin 7\omega t \tag{10-9}$$

式中，E_{5m}、E_{7m}分别是 5 次、7 次谐波电动势的最大值；E_5、E_7 分别是它们的有效值.

$$E_5 = 2.22 \times 5f\Phi_5 \tag{10-10}$$

$$E_7 = 2.22 \times 7f\Phi_7 \tag{10-11}$$

式中，Φ_5、Φ_7 分别是 5 次、7 次谐波每极磁通量.

用相量表示时，分别如图 10-7（b）和（c）所示.

2. 整距线匝感应电动势

在图 10-8（a）中相距一个极距（即 180°空间电角度或 π 空间电弧度）的位置上放了两根导体 A 与 X，按照图 10-8（b）的方式联结成一个整距线匝. 可见一个线匝仅包含了两根导体，把线匝的两个引出线分别称为头和尾，如图 10-8（b）所示.

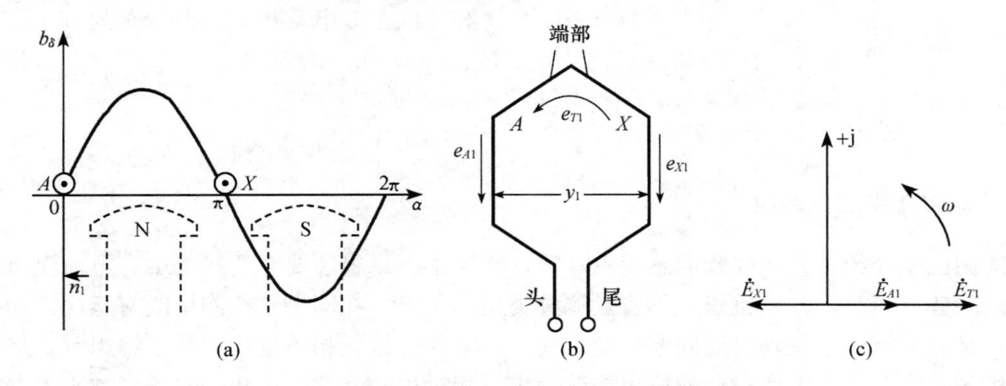

图 10-8　整距线匝感应的基波电动势

在电机里，只有放在铁心里的导体才能感应电动势，导体 A 与 X 之间的联结线不感应电动势，只起联结作用，称为端部.

由于图 10-8 中两根导体 A 和 X 在空间位置上相距一个极距，当一根导体处于 N 极中心下时，另一根导体必定处于 S 极中心下，所以它们的基波感应电动势总是大小相等、方向相反，即在时间相位上相差 180°时间电角度（π 时间电弧度）. 如果图 10-8 中两根导体正好在两个磁极之间的瞬时，每根导体的基波电动势相量如图 10-8（c）所示，其中 $\dot{E}_{A1}$ 是导体 A 的基波电动势相量，$\dot{E}_{X1}$ 是导体 X 的基波电动势相量.

为了研究线匝电动势，还需规定一下线匝基波电动势的正方向. 线匝基波电动势瞬时值用 e_{T1} 表示，它的正方向如图 10-8（b）所示.

从图 10-8（b）中看出，线匝基波电动势瞬时值 e_{T1} 与 e_{A1}、e_{X1} 之间的关系为

$$e_{T1} = e_{A1} - e_{X1}$$

如果用相量表示，则为

$$\dot{E}_{T1} = \dot{E}_{A1} - \dot{E}_{X1}$$

从这个式子中知道，线匝基波电动势相量 $\dot{E}_{T1}$ 是两根导体基波电动势相量 $\dot{E}_{A1}$、$\dot{E}_{X1}$ 之差.

把图 10-8（c）中的相量 $\dot{E}_{A1}$ 减相量 $\dot{E}_{X1}$ 得 $\dot{E}_{T1}$，画在同一图里，可见，整距线匝基波电动势的有效值为

$$E_{T1} = 2E_{A1} = 2 \times 2.22 f \Phi_1 = 4.44 f \Phi_1 \tag{10-12}$$

经过分析知道，线匝里感应的 3 次、5 次、7 次等谐波电动势有效值分别等于它们的导体电动势有效值的两倍.

3. 整距线圈感应电动势

如果图 10-8（b）中的线匝不止一匝，而是由 N_K 匝串联起来构成了所谓的整距线圈. 整个线圈的引出线仍为两根，一头一尾. 一个线圈有两个线圈边，它们之间的距离叫节距，用 y_1 表示，如图 10-9 所示，$y_1=\pi$ 空间电弧度的线圈就是整距线圈. 当 $y_1<\pi$ 空间电弧度时，叫短距线圈，$y>\pi$ 空间电弧度时，叫长距线圈. 在电机中，一般不用长距线圈. 关于短距线圈的问题，在 10-4 节中介绍.

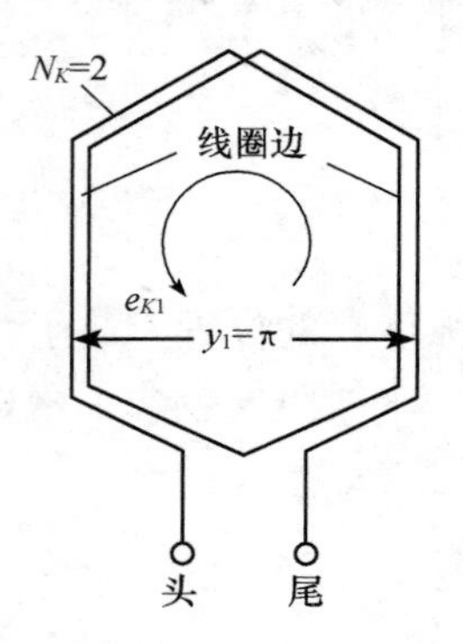

图 10-9 整距线圈

整距线圈基波电动势有效值为

$$E_{K1} = 4.44 f N_K \Phi_1 \tag{10-13}$$

整距线圈 3 次、5 次和 7 次谐波电动势有效值分别为

$$E_{K3} = 4.44 \times 3 f N_K \Phi_3 \tag{10-14}$$

$$E_{K5} = 4.44 \times 5 f N_K \Phi_5 \tag{10-15}$$

$$E_{K7} = 4.44 \times 7 f N_K \Phi_7 \tag{10-16}$$

4. 三相单层集中整距绕组

前面已经介绍了整距线圈的感应电动势，在第十一章里还要介绍线圈中有电流流过时产生的磁动势. 但是，在电机里，不管是哪种类型的电机，在同一个线圈里既有感应电动势的问题，又有电流产生磁动势的问题. 为了简单，下面安排三相单层集中整距绕组时，从三相发电机的角度考虑，即所设计的绕组能够发出三相对称的基波电动势，并尽量减小各谐波电动势. 或者说，从主要能够发出三相对称的基波电动势出发来安排三相绕组. 如果设计好了三相绕组，当把它接到三相对称交流电源后，电机也可作为电动机运行. 换句话说，三相交流发电机和三相交流电动机，就它们的三相绕组来说，完全一样，没有什么特殊之处. 但对初学者，按照三相交流发电机来安排三相对称绕组，要显得容易些.

下面就来具体安排一个最简单的三相单层集中整距绕组.

根据要求，三相交流发电机能够发出三相对称的基波电动势. 所谓三相对称，即三相基波电动势的最大值（或有效值）彼此一样大，在时间相位上，A 相基波电动势瞬时值 e_{A1} 超前 B 相基波电动势瞬时值 e_{B1} 120°时间电角度，而 e_{B1} 又超前 C 相基波电动势 e_{C1} 120°时间电角度，如图 10-10（a）所示. 如果三相基波电动势用相量表示，三个相的基波电动势相量 $\dot{E}_{A1}$、$\dot{E}_{B1}$、$\dot{E}_{C1}$，如图 10-10（b）所示.

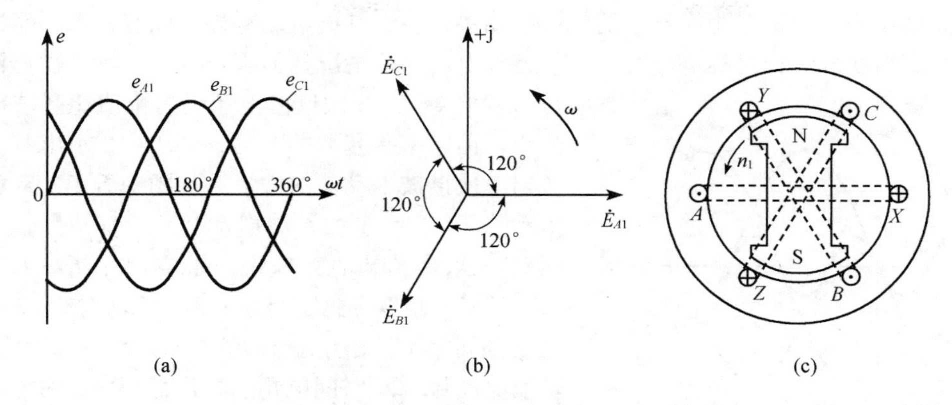

图 10-10　三相对称绕组产生的三相对称基波电动势

我们把图 10-9 中的整距线圈当作这里的 A 相绕组，由于是三相，B 相和 C 相还需再安排两个同样匝数的整距线圈，让它们感应的基波电动势有效值（或最大值）彼此相等. 至于三相基波电动势彼此之间相位互差 120°时间电角度，可以把三个整距线圈放在定子内表面空间彼此错开 120°空间电角度的位置上. 这时每一个整距线圈代表一相的绕组. 三相绕组之间的相对位置如何布置，还要看电机的转向. 图 10-10（c）中，电机的转子是逆时针方向旋转，根据图 10-10（a）、(b）基波电动势相序的要求，顺着电机的转向看，应该把 B 相绕组放在 A 相绕组前面 120°空间电角度的地方，C 相绕组放在 240°空间电角度的地方，如图 10-10（c）所示. 从图中看出，当电机逆时针方向旋转时，主磁极，例如 N 极是先经过 A 相绕组，再转到 B 相绕组，最后转到 C 相绕组，即按照 A、B、C 的次序在三相绕组里感应基波电动势. 正好满足图 10-10（a）、(b）中电动势相序的要求.

图 10-10（c）中的三相绕组是一个三相对称绕组. 所谓三相对称绕组，指的是各相绕组在串联匝数上彼此相等，在电机定子内表面空间位置上，彼此应错开 120°空间电角度. 在下面的分析中，有时把此绕组统称为电枢绕组. 注意，图 10-10（c）中各组绕组里的⊕、⊙表示感应电动势的正方向.

图 10-10（c）是最简单的三相对称绕组，每相只有一个整距线圈，所以又叫集中绕组. 当把各相的整距线圈放在定子铁心的槽里，每个槽里只放线圈的一个圈边，叫单层绕组. 下面还要介绍另外的一种叫双层绕组，即定子铁心每个槽里放两个线圈边.

图 10-10（c）所示的三相对称绕组三相总共有 6 根引出线如 A、X、B、Y、C、Z. 根据需要可以把三相绕组联成星形或三角形，如图 10-11 所示，图（a）是星形联结（Y 联结）；图（b）是三角形联结（D 联结）.

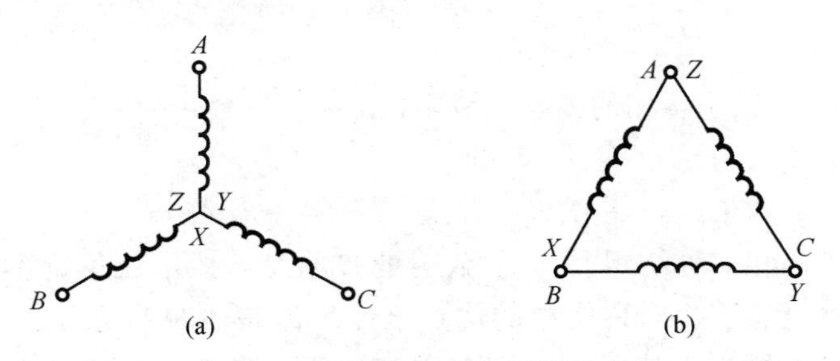

图 10-11　三相电枢绕组的联结方法

前面已经分析过了整距线圈中的感应电动势，除了基波电动势外，尚有一系列奇次的谐波电动势. 当联成三相对称绕组时，这些谐波电动势的情况如何呢？下面先看 3 次谐波电动势. 我们知道，3 次谐波电动势的幅值比基波电动势的小，而频率是基波的 3 倍. 图 10-12 示出基波电动势与 3 次谐波电动势的波形. 从图中看出. B 相基波电动势 e_{B1} 滞后 A 相基波电动势 e_{A1} 120°时间电角度，而对 3 次谐波电动势来说，相位相差了 $3\times 120°=360°$时间电角度. 这就是说，A 相和 B 相的 3 次谐波电动势同相了，由于 C 相基波电动势 e_{C1} 滞后于 B 相基波电动势 120°时间电角度，当然 B、C 两相的 3 次谐波电动势也是同相的. 这样一来，三个相中的 3 次谐波电动势彼此都是同相的，即

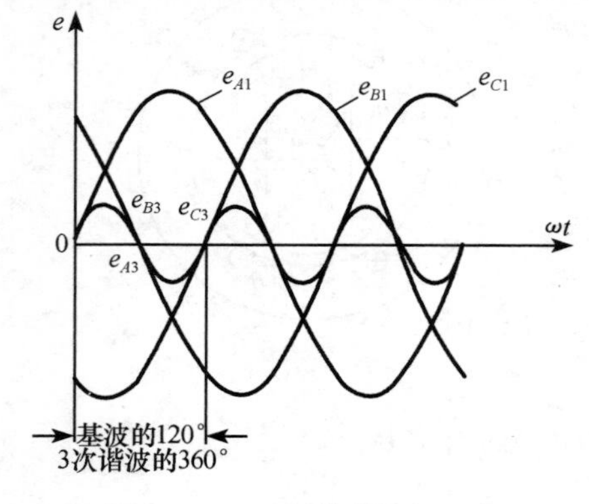

图 10-12 三相的基波与 3 次谐波电动势波形

$$e_{A3}=e_{B3}=e_{C3}$$

当三相绕组为 Y 联结时，某瞬间，A 相的 3 次谐波电动势 e_{A3}，其瞬时实际方向是由 A 指向 X，见图 10-13（a），这时 B 相的 e_{B3}、C 相的 e_{C3} 分别由 B 指向 Y 和由 C 指向 Z. 这时 3 次谐波线电动势 e_{AB3} 为

$$e_{AB3}=e_{A3}-e_{B3}=0$$

即线电动势中没有 3 次谐波电动势分量. 同样可以证明，在线电动势中也不存在 3 的倍数次谐波电动势.

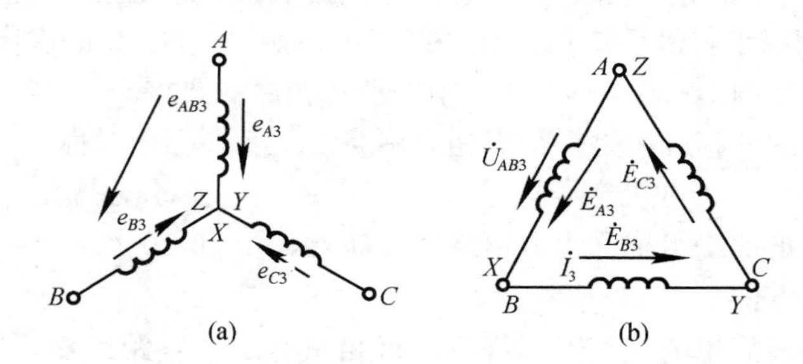

图 10-13 三相联结时相、线中 3 次谐波电动势与 3 次谐波电流

当三相绕组为 D 联结时，由于 3 次谐波电动势同大小、同相位，用复数符号法表示为

$$\dot{E}_{A3}=\dot{E}_{B3}=\dot{E}_{C3}=\dot{E}_3$$

能在闭合的三角形回路里产生电流 $\dot{I}_3$，如图 10-13（b）所示.

$$\dot{I}_3=\frac{\dot{E}_{A3}+\dot{E}_{B3}+\dot{E}_{C3}}{Z_{A3}+Z_{B3}+Z_{C3}}=\frac{3\dot{E}_3}{3Z_3}=\frac{\dot{E}_3}{Z_3}$$

式中，$Z_3=Z_{A3}=Z_{B3}=Z_{C3}$是各相的 3 次谐波阻抗.

3 次谐波线电压 U_{AB3} 为

$$U_{AB3}=-\dot{E}_{A3}+\dot{I}_3Z_3=-\dot{E}_3+\dot{I}_3Z_3=0$$

由此可见，不管三相对称绕组是 Y 联结还是 D 联结，线电压里都不存在 3 次谐波或 3 的倍数次谐波电压. 这是三相对称绕组的优点之一. 但是，对 D 联结的三相对称绕组，由于三角形闭合回路里有循环电流 $\dot{I}_3$，会引起附加损耗，降低电机的效率，所以，现代大型三相同步发电机电枢绕组多采用 Y 联结.

其他高次谐波电动势，例如每相绕组里有 5 次、7 次、11 次、13 次等，由于它们三相之间的相位差为 120°时间电角度，自然会出现在线电压里．这些高次谐波电压的出现，使发电机发出的线电压波形偏离正弦较远．如果想让三相发电机能发出波形接近正弦形的线电压，还得想别的办法，以削弱各高次谐波电动势．下面将介绍具体的办法．

以上介绍的三相单层集中整距绕组，的确非常简单，每相只有一个整距线圈．但是，这种绕组有其严重的缺点，除了上述的波形不好外，还因绕组集中，运行时绕组发热集中，散热困难．此外电枢表面尚有许多空间没有充分利用，很不经济．为此应在这种绕组的基础上加以改进，以期得到较满意的电枢绕组．

10-3 绕组的分布和短距

在实际的电机中，除容量很小的电机，一般不采用集中绕组，而是采用分布绕组和双层短距绕组．它们能有效地利用电枢表面空间，使绕组散热方便，并能起到削弱谐波电动势和谐波磁动势的作用，从而提高了电机的性能．

1. 分布绕组

分布绕组是指电机每极下，每相不只占有一个槽来放置线圈，而是每相占有几个槽，可放置几个线圈，并将这几个分布开的线圈串联在一起，组成线圈组，进而将电机不同极对下的线圈组通过串联、并联构成一相绕组．为此要重点研究分布线圈组的构成及其电动势计算方法．

图 10-14 是在电机的定子槽里相邻地放了三个整距线圈 1-1′、2-2′、3-3′，它们属于同一相，将它们头尾相连构成线圈组，如图 10-14（a）、（b）所示．下面介绍怎样计算分布线圈组的总电动势．

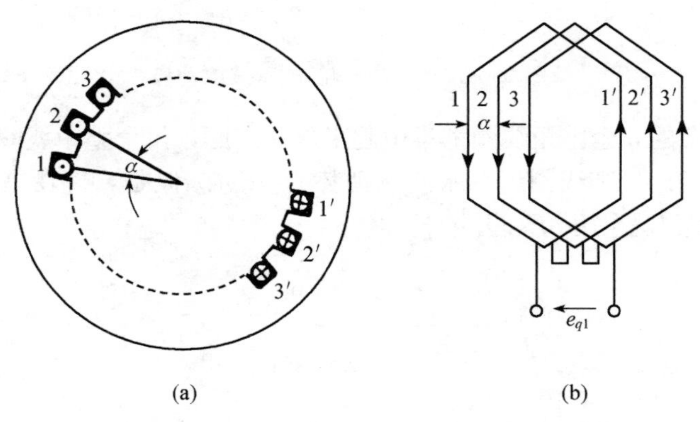

图 10-14 分布线圈组的构成

1）整距分布线圈组的基波电动势

如果每个分布线圈的匝数都一样，它们都切割同一个磁极下的磁通，在每个分布线圈里的电动势幅值大小应该是一样的，但因为线圈在空间分布开，它们感应电动势的时间相位是不同的．如果电机有 p 对极，它的总槽数是 Q，则相邻两槽相隔的槽距角（空间电角度）为

α，$\alpha=\dfrac{p\times 360^{\circ}}{Q}$，则相邻两槽中导体感应的基波电动势在时间上也应相差 α 电角度，也就是说，每个线圈感应的基波电动势在时间相位上也会相差 α 电角度. 图 10-15（a）所示就是这种情况下 3 个整距线圈基波电动势相量图. 将线圈组的基波电动势相量用 $\dot{E}_{q1}$ 表示，则

$$\dot{E}_{q1}=\dot{E}_{K11}+\dot{E}_{K12}+\dot{E}_{K13}$$

图 10-15（b）画的是把电动势 $\dot{E}_{K11}$、$\dot{E}_{K12}$、$\dot{E}_{K13}$ 相加得总电动势 $\dot{E}_{q1}$. 为了更一般，下面我们认为不止是 3 个整距线圈的分布问题，而是有 q 个整距线圈在定子上依次分布. 根据几何关系，作出图 10-15（b）各整距线圈基波电动势相量组成的多边形的外接圆，设外接圆的半径为 r，则

$$E_{K1}=2r\sin\frac{\alpha}{2} \tag{10-17}$$

$$E_{q1}=2r\sin q\frac{\alpha}{2} \tag{10-18}$$

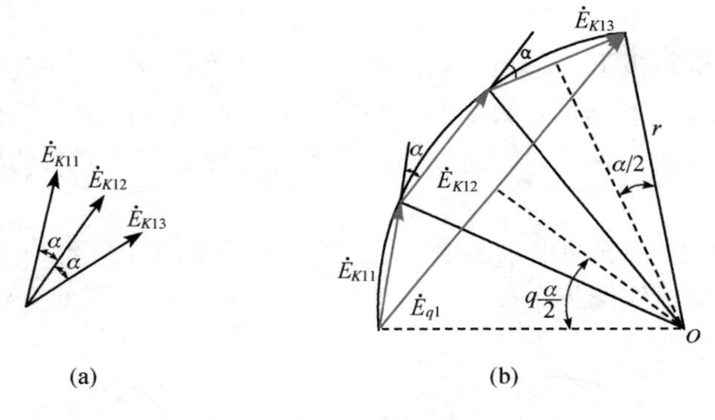

图 10-15 分布线圈组的基波电动势

如果把这些分布的 q 个整距线圈都集中起来放在一起，每个整距线圈的基波电动势有效值大小相等，相位相同，则线圈组总基波电动势为 qE_{K1}. 但是，现在是分布线圈，线圈组基波电动势有效值为 E_{q1}. 用 qE_{K1} 去除 E_{q1} 得

$$\frac{E_{q1}}{qE_{K1}}=\frac{2r\sin q\dfrac{\alpha}{2}}{2qr\sin\dfrac{\alpha}{2}}$$

于是

$$E_{q1}=qE_{K1}\frac{\sin q\dfrac{\alpha}{2}}{q\sin\dfrac{\alpha}{2}}=qE_{K1}k_{d1}$$

式中

$$k_{d1}=\frac{\sin q\dfrac{\alpha}{2}}{q\sin\dfrac{\alpha}{2}} \tag{10-19}$$

叫基波分布因数．基波分布因数 k_{d1} 是一个小于 1 的数．它的意义是，由于各整距线圈是分布的，线圈组的总基波电动势就比把各整距线圈都集中在一起时的基波电动势要小．从数学上看，就是把集中在一起的整距线圈组基波电动势乘上一个小于 1 的基波分布因数，就与分布的线圈组实际的基波电动势相等．

也可以这样认为，从感应基波电动势有效值大小上看，可以把实际上有 q 个整距线圈分布的情况，看成都集中在一起，但是这个集中在一起的线圈组的总匝数不是 qN_K，而是等效匝数 qN_Kk_{d1}．不管怎样看，分布了的线圈组其总基波电动势有效值为

$$E_{q1}=4.44fqN_Kk_{d1}\Phi_1 \tag{10-20}$$

2）整距分布线圈组的谐波电动势

前面已经分析过，定子上的每个整距线圈除了感应基波电动势外，还感应一系列奇次谐波电动势．这是由于电机的气隙磁通密度波形不可能设计成正弦形．但是，当各整距线圈在空间上分布开后，线圈组的基波电动势要比集中在一起时减小了，相当于打了一个折扣，即乘以基波分布因数．

整距线圈分布开后，线圈组里的各高次谐波电动势的情况又如何呢？我们知道，各整距线圈切割基波气隙磁通密度感应的基波电动势之间的相位差为 α，当切割高次谐波气隙磁通密度时，感应的各高次谐波电动势之间的相位差就变为 $\nu\alpha$，其中 ν 是高次谐波的次数（$\nu=3, 5, 7, \cdots$）．这是因为，高次谐波气隙磁通密度的极对数，是基波气隙磁通密度极对数的 ν 倍．定子上同样的空间距离，对基波气隙磁通密度来说是 α 空间电角度，对高次谐波气隙磁通密度来说，就是 $\nu\alpha$ 空间电角度了．由于时间电角度与空间电角度的数值相等，整距线圈中 ν 次谐波电动势之间的相角为 $\nu\alpha$．不难证明，对 ν 次谐波分布因数 $k_{d\nu}$ 为

$$k_{d\nu}=\frac{\sin q\dfrac{\nu\alpha}{2}}{q\sin\dfrac{\nu\alpha}{2}} \tag{10-21}$$

式中，$\nu=3, 5, 7, \cdots$ 是谐波的次数．式中如果令 $\nu=1$，就是基波的分布因数．

对于 60°相带分布法的绕组，如果每极每相槽数 $q=4$，可以算出基波与各谐波的分布因数分别为

$$k_{d1}=0.96$$
$$k_{d3}=0.653$$
$$k_{d5}=0.205$$
$$k_{d7}=-0.158$$

这就是说，由于分布，基波电动势被削减了 4%；3 次谐波电动势被削减了约 35%；5 次、7 次谐波电动势被分别削减了约 80%、85%．3 次谐波电动势虽然被削减得少些，但三相对称绕组联结，线电动势里不会出现 3 次谐波电动势．

由此可见，采用分布绕组后，对基波电动势有效值减小得不多，而把高次谐波电动势有

效值大大削减了，这样一来，起到了改善电动势波形的作用.

前面已经介绍过，集中绕组相电动势波形完全与气隙磁通密度波形一样（暂不考虑齿谐波）. 但是，分布绕组的情况就不同了. 图 10-16（b）是由 3 个分布的线圈串联在一起的相绕组. 如果每个线圈里的电动势是平顶波，加起来的相电动势波形已接近正弦波了，如图 10-16（a）所示. 可见，把线圈分布开，就能把相电动势的波形改善了.

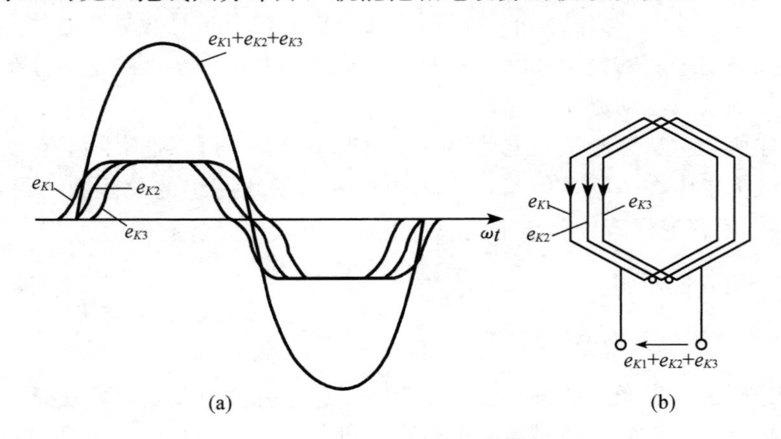

图 10-16 线圈分布能改善电动势波形

2. 短距绕组

1）短距线圈的基波电动势

图 10-17（a）画的是一个短距线圈 AX，线圈的节距 $y_1=y\pi$，其中 y 是一个大于 0 小于 1 的数，如图 10-17（b）所示. 图 10-17（c）是图 10-17（a）所示瞬间短距线圈中的导体及整个线圈的基波电动势相量图. $\dot{E}_{A1}$、$\dot{E}_{X1}$ 分别是线圈两有效边的导体 A、X 的基波电动势相量.

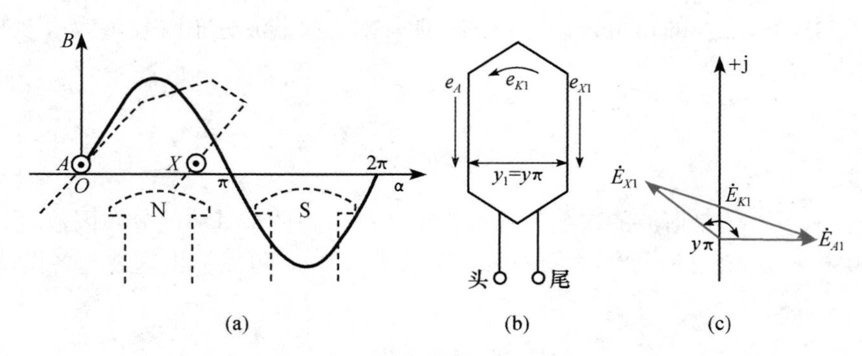

图 10-17 短距线圈及其基波电动势相量

根据图 10-17（b）规定的电动势正方向，短距线圈的基波电动势相量为

$$\dot{E}_{K1}=\dot{E}_{A1}-\dot{E}_{X1}=E_{A1}\angle 0^\circ-E_{X1}\angle y\pi$$

短距线圈基波电动势有效值为

$$\begin{aligned}E_{K1}&=2E_{A1}\sin\left(y\frac{\pi}{2}\right)=4.44fN_K\sin\left(y\frac{\pi}{2}\right)\Phi_1\\&=4.44fN_Kk_{p1}\Phi_1\end{aligned}\tag{10-22}$$

式中，$k_{p1}=\sin\left(y\frac{\pi}{2}\right)$为基波节距因数.

当把线圈做成短路时，基波节距因数$k_{p1}<1$. 只有整距线圈时（$y=1$），基波节距因数$k_{p1}=1$. 线圈一般都不做成长距.

当线圈短距后，两个圈边中感应的基波电动势相位差不是π时间电弧度，所以短距线圈的基波电动势有效值不是每个圈边电动势有效值的两倍，而是相当于把线圈看成整距线圈所得电动势再乘以一个小于1的基波节距因数.

我们也可以这样来理解，把图10-17中的短距线圈硬看成整距线圈，不过它的匝数不是N_K，而是$N_K k_{p1}$，从短距线圈感应的基波电动势有效值大小来看，完全是等效的.

2）短距线圈的谐波电动势

在定子内表面空间上相距α空间电角度的两根导体，切割基波气隙磁通密度感应基波电动势，它们之间的相位差是α时间电角度. 当切割高次谐波气隙磁通密度时，感应出高次谐波电动势，其谐波电动势的相位差就是$\nu\alpha$了，ν是谐波的次数. ν次谐波的节距因数为

$$k_{p\nu}=\sin\nu\left(y\frac{\pi}{2}\right) \tag{10-23}$$

式中，$\nu=3$，5，7，…是谐波次数.

一般情况下，短距线圈使$k_{p\nu}$比k_{p1}更小，对削弱谐波、改善电动势波形有利.

10-4 三相双层分布短距绕组

1. 三相双层分布短距绕组的构成

双层绕组是指定子的每个槽里能放两个线圈边，每个线圈边为一层. 一个线圈不管有多少匝串联，都只有两个线圈边，所以用双层绕组的电机其线圈的总个数等于定子槽数. 双层绕组的优点是线圈能够任意短距，如果短距设计得适当，对改善电动势的波形有好处，所以现在容量在10kW以上的交流电机，大都采用双层绕组.

为了清楚起见，举具体例子来说明绕组的连接.

已知三相电机定子槽数$Q=36$，极对数$p=2$，节距$y_1=7$个槽(短距线圈)，并联支路数$a=1$，联成三相双层短距分布绕组.

步骤如下：

(1) 计算以空间电角度衡量的槽距角α.

$$\alpha=\frac{p\times 360^\circ}{Q}=\frac{2\times 360^\circ}{36}=20^\circ$$

(2) 画基波电动势星形相量图.

用一个相量来代表每个短距线圈的基波电动势，则相邻槽中的两个线圈的基波电动势在时间上也相差α电角度. 将一对极下的所有线圈的基波电动势相量全部画出来，正好转了360°电角度. 电机有几对极，电动势相量就会重合转几圈. 本例是两对极的电机，所以相量转了两圈，这种相量图称为星形相量图，如图10-18所示.

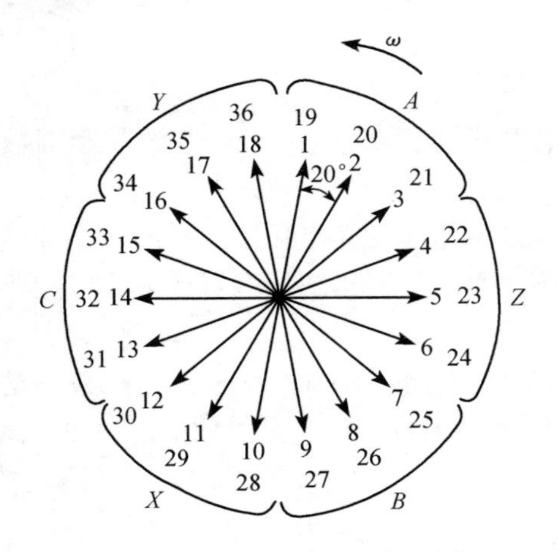

图 10-18 短距线圈基波电动势星形相量图

(3) 按 60°相带法分相.

把图 10-18 里的相量分成六等份，每一等份为 60°时间电角度. 我们把这 60°范围内的相量看成同一相的，则这些相量代表的线圈也是属于同一相的，它们在电枢表面占有的空间电角度也是 60°，称为一个相带. 即表示每相线圈在电枢表面占有的空间地带. 让每个相带为 60°的这种分相方法称为 60°相带法. 可计算出每个相带中包含的槽数（即每极每相占有槽数）q

$$q=\frac{Q}{2mp}=\frac{36}{2\times 3\times 2}=3$$

本例为每相带占有 3 个槽，逆相量旋转的方向将相带标上 A、Z、B、X、C、Y，如图 10-18 所示.

(4) 画绕组展开图.

在图 10-19 中画出 36 根等长、等距的实线和相等数量的虚线，实线代表放在槽内上层的圈边，虚线代表放在槽内下层的圈边（实线和虚线应靠近些画）. 根据给定线圈的节距，把属于同一线圈的上下层圈边连成线圈. 例如，第 1 槽的上层圈边与第 8 槽的下层圈边相连（相隔 7 个槽，即要求的线圈节距 $y_1=7$ 个槽），叫第 1 线圈. 把上层在第 2 槽里的线圈叫第 2 线圈，以此类推，如图 10-19 所示. 根据图10-18 划分的相带，把每个相带里的线圈彼此串联起来，构成极相组. 所谓极相组，即每相在每极下由 q 个线圈串联组成的线圈组，如图 10-19所示. 图中仅画出了两个 A 相带的极相组和两个 X 相带的极相组. 它们都属于 A 相绕组. 其他属于 B 相绕组的四个极相组和属于 C 相绕组的极相组均没有画出来.

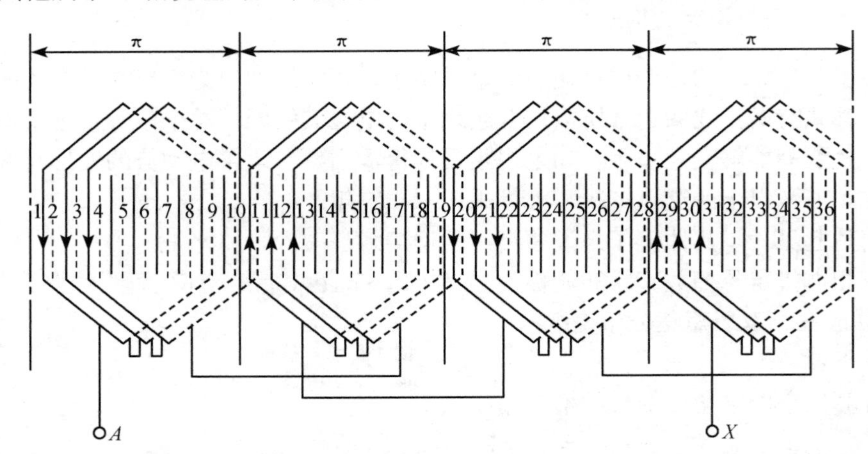

图 10-19 三相双层短距分布绕组的一相绕组展开图

(5) 确定绕组的并联支路数.

图 10-19 中每相有 4 个极相组，根据需要，可以把它们并联，也可以把它们串联起来. 并联支路数最少是 $a=1$，最多是 $a=4$. 双层绕组的并联支路数最多是 $a=2p$，p 是电机的极对数. 本例中要求 $a=1$，把图 10-19 中属于 A 相的 4 个极相组串联起来即可.

电机制造厂中，常用图 10-20 的表示法来表示图 10-19 极相组之间的联结情况.

2. 三相双层分布短距绕组的电动势计算

1）基波电动势

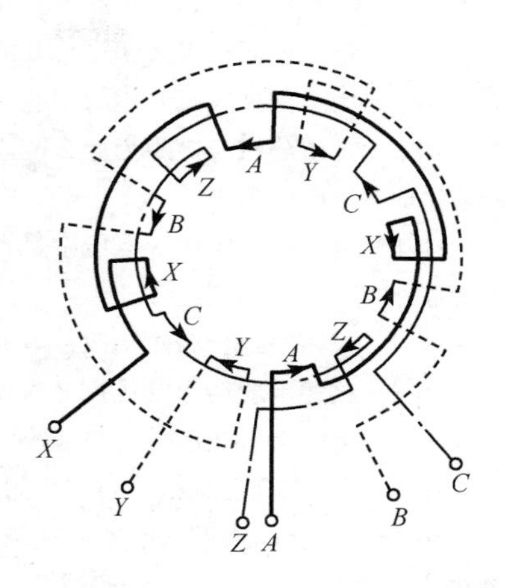

图 10-20　三相双层绕组极相组间联结的表示方法

短距线圈基波电动势有效值 E_{K1} 为

$$E_{K1}=4.44fN_Kk_{p1}\Phi_1 \tag{10-24}$$

极相组基波电动势有效值 E_{q1} 为

$$E_{q1}=4.44fqN_Kk_{p1}k_{d1}\Phi_1 \tag{10-25}$$

相绕组基波电动势有效值 $E_{\phi1}$ 为

$$E_{\phi1}=4.44fN_1k_{dp1}\Phi_1 \tag{10-26}$$

式中，每相串联匝数为

$$N_1=\frac{2pqN_K}{a} \tag{10-27}$$

式中，qN_K 是每个线圈组的串联匝数，每相总共有 $2p$ 个线圈组，如果将全部线圈组串联在一起，则总的串联匝数为 $2pqN_K$，但如果每相有 a 个并联支路，每条支路的串联匝数就变成$\dfrac{2pqN_K}{a}$了.

基波绕组因数为

$$k_{dp1}=k_{p1}k_{d1} \tag{10-28}$$

2）谐波电动势

短距线圈 ν 次谐波电动势有效值为

$$E_{K\nu}=4.44\nu fN_Kk_{p\nu}\Phi_\nu \tag{10-29}$$

极相组 ν 次谐波电动势有效值为

$$E_{q\nu}=4.44\nu fqN_Kk_{dp\nu}\Phi_\nu \tag{10-30}$$

相绕组 ν 次谐波电动势有效值为

$$E_{\phi\nu}=4.44\nu fN_1k_{dp\nu}\Phi_\nu \tag{10-31}$$

式中，ν 是谐波次数（不包括 $\nu=1$）；$k_{dp\nu}$ 是 ν 次谐波的绕组因数.

10-5　齿谐波电动势、分数槽绕组简介

请扫描二维码查看关于齿谐波电动势、分数槽绕组的介绍。

10-5 节

思考题

10-1　同步电机转子表面气隙磁通密度分布的波形是怎样的？转子表面某一点的气隙磁通密度大小随时间变化吗？定子表面某一点的气隙磁通密度随时间变化吗？

10-2　一个整距线圈的两个边，在空间上相距的电角度是多少？如果电机有 p 对极，在空间上相距的机械角度是多少？

10-3 定子表面在空间相距 α 电角度的两根导体，它们的感应电动势大小与相位有何关系？

10-4 为了得到三相对称的基波感应电动势，对三相绕组安排有什么要求？

10-5 绕组分布与短距为什么能改善电动势波形？若希望完全消除电动势中的第 ν 次谐波，在采用短距方法时，y 应取多少？

10-6 三相交流电机线电压中是否有 3 次谐波？为什么？三相交流发电机的定子绕组为什么一般都用星形联结？

10-7 采用绕组分布短距改善电动势波形时，每根导体中的感应电动势是否也相应得到改善？

10-8 试述双层绕组的优点，为什么现代交流电机大多采用双层绕组（小型电机除外）？

10-9 为什么分布因数总只能小于 1，节距因数呢？节距 $y_1>\tau$ 的绕组的节距因数会不会大于 1？

10-10 三相双层绕组，同一相的各极相组间应如何联结？为什么？

10-11 什么叫齿谐波电动势？绕组的分布和短距为什么不能削弱齿谐波电动势？有哪些削弱齿谐波电动势的方法？

10-12 一台三相交流电机，每极每相槽数为 3，其齿谐波电动势中两个最低的次数是多少？

10-13 什么叫分数槽绕组？分数槽绕组的分布因数如何计算？

10-14 比较交流电机下列各量的波形是否相同：气隙磁通密度、定子上一根导体的电动势、定子上一个线圈的电动势.

10-15 一台 $p=2$ 的交流电机定子上有 3 根导体 A、B、C，在空间互隔 30°机械角度，已知每根导体感应的基波电动势为 10V，3 次谐波电动势为 2V. 现将这 3 根导体顺次串联起来（上一根导体的尾端联至下一根导体的首端），所得到的总的基波电动势和 3 次谐波电动势分别是多大？

习 题

10-1 已知题图 10-1 所示同步电机的气隙磁通密度分布（坐标选在转子上）为

$$b_\delta=\sum_{\nu=1,3,5,\cdots}B_{\delta\nu\mathrm{m}}\sin\nu\alpha$$

导体的有效长度为 l，切割磁通的线速度为 v. 求：

（1）在 $t=0$ 时处于坐标原点的导体 1 及离坐标原点为 α_1 处导体 2，它们的感应电动势随时间变化的表达式 $e_1=f(t)$ 及 $e_2=f(t)$；

（2）分别画出两导体中的基波电动势相量及 3 次谐波电动势相量.

10-2 有一台同步发电机，定子槽数 $Q=36$，极数 $2p=4$，如题图 10-2 所示. 若已知第 1 槽中导体感应电动势基波瞬时值为 $e_1=E_{1\mathrm{m}}\sin\omega t$. 分别写出第 2 槽、第 10 槽、第 19 槽和第 36 槽中导体感应电动势基波瞬时值的表达式，并画出相应的基波电动势相量.

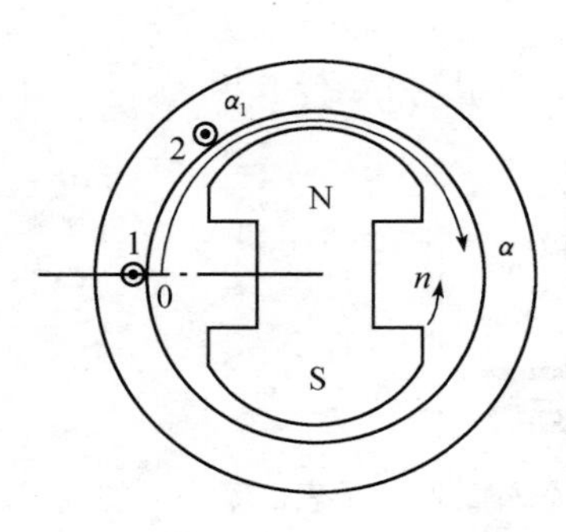

题图 10-1

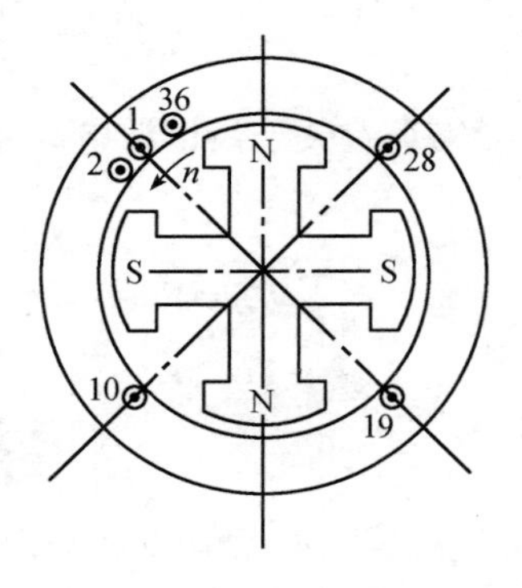

题图 10-2

10-3 已知气隙磁通密度分布（坐标选在转子上）为

$$b_{\delta} = \sum_{\nu=1,3,5,\cdots} B_{\delta\nu\mathrm{m}} \sin\nu\alpha$$

导体的有效长度为 l，切割磁通的线速度为 v. 求：

(1) 在 $t=0$ 时位于N极中心处的导体Ⅰ和S极中心处的导体Ⅱ，它们的电动势随时间变化的表达式 $e=f(t)$；

(2) 将导体Ⅰ和Ⅱ组成一匝线圈，在此线圈中感应的电动势为 e_T，e_{I}、e_{II}、e_T 的正方向如题图 10-3 所示，求线圈电动势的表达式 $e_T=f(t)$；

(3) 画出导体及线圈基波电动势相量图.

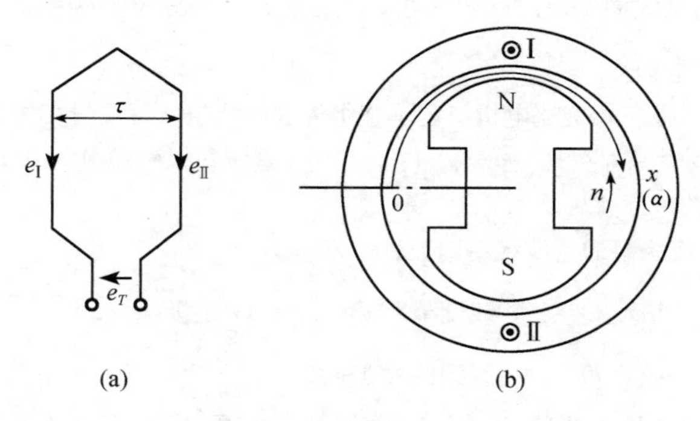

题图 10-3

10-4 已知条件同上题，在题图 10-4 中：

(1) $t=0$ 时，导体Ⅰ离坐标原点为 $\frac{y\pi}{2}$ 电角度，求导体Ⅰ中感应电动势随时间变化的表达式 $e_{\mathrm{I}}=f(t)$；$t=0$ 时，导体Ⅱ离坐标原点为 $-\frac{y\pi}{2}$ 电角度，求导体Ⅱ中感应电动势随时间变化的表达式 $e_{\mathrm{II}}=f(t)$；

(2) 把导体Ⅰ、Ⅱ组成一匝线圈，写出 $e_T=f(t)$；

(3) 画出导体与线匝的基波电动势相量图.

10-5 在交流电机的定子上放了相距150°空间电角度的两根导体 A 与 X，转子绕组通入直流励磁电流产生一对极的气隙磁通密度，并规定导体电动势出纸面为正，如题图 10-5 所示. 已知原动机拖动电机转子沿逆时针方向以 n_1 的转速恒速旋转时，在每根导体中感应的基波电动势有效值都是 10V. 画出题图 10-5 所示瞬间两根导体 A 与 X 感应基波电动势相量在复平面上的位置.

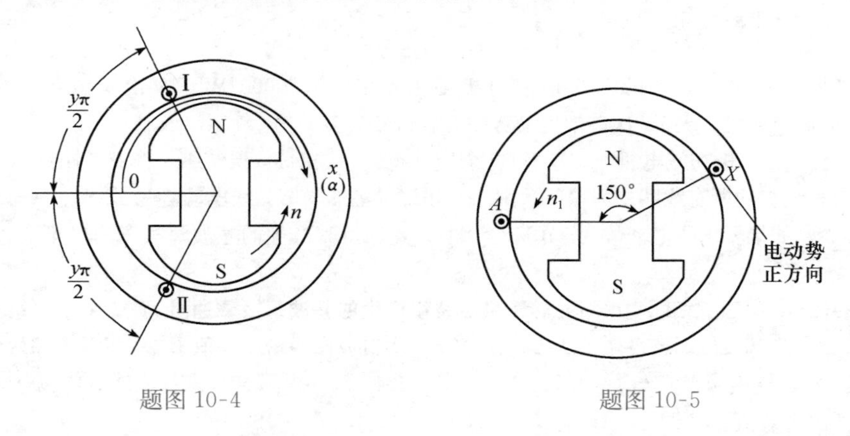

题图 10-4　　题图 10-5

10-6 如果把题 10-5 中 A、X 两根导体组成线匝，求该短距线匝基波电动势有效值是多少？（已知线匝基波电动势 $\dot{E}_{T1}=\dot{E}_{A1}-\dot{E}_{X1}$）

10-7 题10-5中的A、X两根导体，若每根导体感应的3次、5次、7次谐波电动势有效值分别为3V、2V和1.5V，计算联成短距线匝时以上各次谐波电动势有效值的大小.

10-8 一台交流电机，在它的定子上依次均匀放置了4个整距线圈，相邻两个整距线圈之间的槽距角$\alpha=15°$空间电角度．已知每个整距线圈基波电动势有效值为30V．现将这些整距线圈按头尾相连构成线圈组，求该线圈组的基波电动势有效值为多少?

10-9 上题里的那台电机，已知每个整距线圈3次谐波电动势的有效值为10V，5次谐波电动势的有效值为6V，7次谐波电动势的有效值为4V，求线圈组中3次、5次、7次谐波电动势的有效值各为多少?

10-10 一台4极、50Hz的三相交流电机，定子内径为0.74m，铁心长度为1.52m，定子绕组为双层绕组，线圈节距为$\frac{5}{6}\tau$，每个线圈2匝．已知气隙基波磁通密度的分布为$b_\delta=1.2\cos\alpha$(T)（坐标选在转子上)．求每个线圈中的基波电动势.

10-11 一台50Hz、14极三相交流电机，定子绕组为双层绕组，每极每相槽数为3，线圈节距为7，每个线圈为1匝，并联支路数为1．在某一负载条件下，气隙基波每极磁通量为0.15Wb，求此时每相绕组的基波电动势.

10-12 求双层三相交流绕组的基波绕组因数：

(1) 极对数$p=3$，定子槽数$Q=54$，线圈节距$y_1=\frac{7}{9}\tau$（τ是极距)；

(2) 极对数$p=2$，定子槽数$Q=60$，线圈跨槽1～13.

10-13 一台三相同步发电机，极对数$p=3$，额定转速$n_1=1000$r/min，定子每相串联匝数$N_1=125$，基波绕组因数$k_{dp1}=0.92$．如果每相基波感应电动势为$E_1=230$V，求气隙基波每极磁通量Φ_1是多少?

10-14 一台星形联结、50Hz、12极的三相同步发电机，定子槽数为180，上面布置双层绕组，每个槽中有16根导体，线圈节距为12，并联支路数为1．试求：

(1) 基波绕组因数k_{dp1}；

(2) 要使空载基波线电动势为13.8kV，基波每极磁通量Φ_1应是多少?

10-15 一台三相异步电动机，定子采用双层分布短距绕组．已知定子槽数$Q=36$，极对数$p=3$，线圈节距$y_1=5$，每个线圈串联匝数$N_K=20$，并联支路数$a=1$，频率$f=50$Hz，基波每极磁通量$\Phi_1=0.00398$Wb．求：

(1) 导体基波电动势有效值；

(2) 线匝基波电动势有效值；

(3) 线圈基波电动势有效值；

(4) 极相组基波电动势有效值；

(5) 相绕组基波电动势有效值.

10-16 上题中的电机，它的5次谐波每极磁通量$\Phi_5=0.00004$Wb，7次谐波每极磁通量$\Phi_7=0.00001$Wb．求每相绕组5次、7次谐波电动势的有效值各为多少?

10-17 一台三相4极交流电机，定子有36个槽，布置60°相带双层绕组，线圈节距为7．如果每个线圈为10匝，每相绕组的所有线圈均为串联，则当三相绕组星形联结，线电动势为380V、50Hz时，基波每极磁通量是多少？如果要求线电动势为110V、50Hz，要保持其产生的基波每极磁通量不变，则定子绕组应如何联结?

10-18 一台50Hz的三相同步电机，转子励磁绕组产生的基波每极磁通量为0.1Wb，气隙3次谐波磁通密度的幅值$B_{\delta3m}$为基波磁通密度幅值$B_{\delta1m}$的20%，5次谐波磁通密度幅值$B_{\delta5m}$为$B_{\delta1m}$的10%，每相绕组串联导体数为320，绕组因数为$k_{dp1}=0.95$、$k_{dp3}=-0.604$、$k_{dp5}=0.163$．求每相绕组空载电动势的基波和3次、5次谐波的有效值.

10-19 有一台三相同步发电机，$2p=2$，3000r/min，电枢槽数$Q=60$，绕组为双层绕组，每相串联匝数$N_1=20$，气隙基波每极磁通量$\Phi_1=1.505$Wb，试求：

(1) 基波电动势的频率、整距时基波的绕组因数和相电动势？

(2) 整距时5次谐波的绕组因数；

(3) 如要消除5次谐波，绕组节距应选多少？此时基波电动势变为多少？

10-20　一台三相同步发电机，额定频率 $f_N=50\text{Hz}$，额定转速 $n_N=1000\text{r/min}$. 定子绕组为双层短距绕组，$q=2$，每相串联匝数 $N_1=72$，绕组节距 $y_1=\frac{5}{6}\tau$，并联支路数 $a=1$，试求：

(1) 极对数 p；

(2) 定子槽数 Q；

(3) 画出电动势星形相量图；

(4) 画出绕组展开图（只画一相，其他两相只画引出线）；

(5) 绕组因数 k_{dp1}、k_{dp3}、k_{dp5}、k_{dp7}.

10-21　已知相数 $m=3$，极对数 $p=2$，每极每相槽数 $q=1$，线圈节距为整距.

(1) 画出并联支路 $a=1$、2和4三种情况的双层绕组；

(2) 若每槽有两根导体，每根导体产生1V的基波电动势（有效值），以上的绕组每相各能产生多大的基波电动势？

(3) 5次谐波磁通密度在每根导体上感应0.2V（有效值）电动势，以上绕组每相各能产生多大的5次谐波电动势？

10-22　已知相数 $m=3$，极对数 $p=2$，每极每相槽数 $q=\frac{3}{4}$，并联支路数 $a=1$ 和线圈节距 $y_1=2$.

(1) 联出双层绕组；

(2) 若每槽有两根导体，每根导体上产生1V的基波电动势（有效值），求每相的基波电动势为多少？

(3) 5次谐波磁通密度在每根导体上产生的电动势为0.2V（有效值），求每相5次谐波电动势为多少？

10-23　已知相数 $m=3$，定子槽数 $Q=18$，极对数 $p=2$，并联支路 $a=1$，线圈节距 $y_1=\frac{8}{9}\tau$、频率 $f=50\text{Hz}$.

(1) 联出双层绕组；

(2) 计算绕组因数 k_{dp1}、k_{dp5}；

(3) 此绕组最多能联成的并联支路数是多少？

第十一章　交流电枢绕组的磁动势

本章的内容也是分析交流电机的基本理论问题之一. 交流电机的绕组中流过电流，就会产生磁动势，有了磁动势才能在电机的磁路里产生磁通，磁动势问题也是电机内部能量转换的关键问题. 在三相交流电机中，通常有两种绕组. 一种是同步电机的励磁绕组，在励磁绕组中通常通入直流电流，它产生的磁动势比较简单. 另一种是同步电机和异步电机的电枢绕组，在电枢绕组中流过交流电，它所产生的磁动势比较复杂.

本章着重分析电枢绕组产生磁动势的大小、波形、性质. 由于三相绕组在空间的位置有相位差，三相绕组中通入的交流电在时间上也有相位差，所以每相绕组产生磁动势的情况是不相同的. 我们将首先分析一相绕组产生磁动势的情况，然后再分析三相绕组产生的合成磁动势的情况. 本章着重介绍分析磁动势的方法. 一种是用三角函数表示磁动势的解析法，利用傅里叶级数把磁动势非正弦量分解为基波和各次谐波，重点研究基波的磁动势. 另一种是用矢量图来表示磁动势，它形象、直观、使用方便.

11-1　单层集中整距绕组的一相磁动势

单层集中整距绕组是最简单的电机绕组. 图 11-1 表示一台三相两极电机，定子上每一相只有一个整距线圈，在图中我们只画出了 A 相绕组.

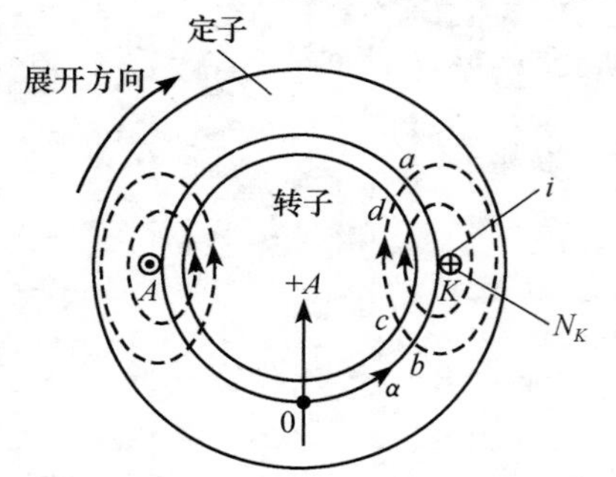

图 11-1　通入电流的一相整距线圈

1. 磁动势表示方法

当线圈 AX 中通入电流 i 时，如果线圈的匝数为 N_K，线圈产生的磁动势就是 N_Ki，它在电机内部产生一个两极磁场，在图中可用磁感应线表示磁场的分布. 由于这是单个线圈产生的磁场，磁场中每个磁感应线回路所环链的安匝数相同，均为 N_Ki，所以每个磁回路都具有相同的磁动势. 我们选择其中的一个磁回路 $abcd$ 来分析. 由于空气的磁导率比铁心的磁导率小得多，所以空气隙磁路的磁阻比铁心磁路的磁阻要大得多. 如把铁心磁路的磁阻都忽略不计，可以认为整个磁回路的磁动势 N_Ki 都消耗在两个空气隙上，即消耗在图中的 bc 段磁路和 da 段磁路上. 很显然，每个空气隙所消耗的磁动势等于整个磁路磁动势的一半，为 $\frac{1}{2}N_Ki$. 由于 bc 段气隙中磁感应线方向是出定子进转子，我们规定为正值，而 da 段气隙中，磁感应线方向是出转子进定子，则规定为负值. 这样 bc 段气隙磁路的磁动势为 $+\frac{1}{2}N_Ki$，da 段气隙磁路的磁动势就为 $-\frac{1}{2}N_Ki$. 对于任何一个磁回路，我们都可以用上述同样的方法，找到该磁回路上两个气隙磁动势的大小.

在电机的定子内表面上建立直角坐标系，设横坐标表示沿气隙圆周方向的距离，用空间电角度 α 来衡量，选 AX 线圈的轴线 $+A$ 处作为坐标的起点 $\alpha=0$，纵坐标 f 表示气隙磁动势的大小．将电机图形展开成直线如图 11-2 所示，转子在上部，定子在下部．

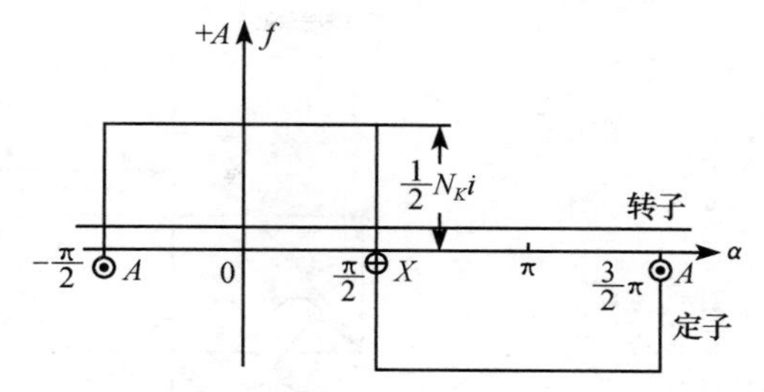

图 11-2　线圈磁动势沿圆周方向的空间分布

我们可以看到，横坐标 α 在 $-\frac{\pi}{2}\sim\frac{\pi}{2}$ 的范围里，气隙磁动势方向均为出定子进转子，与规定的磁动势正方向一致，这个区域里的磁动势都为正；α 在 $\frac{\pi}{2}\sim\frac{3\pi}{2}$ 的范围里，气隙磁动势为出转子进定子，这个区域里的磁动势都为负，即

$$\left.\begin{aligned} -\frac{\pi}{2}\sim\frac{\pi}{2}:\quad f(\alpha)=f_K=\frac{1}{2}N_K i \\ \frac{\pi}{2}\sim\frac{3\pi}{2}:\quad f(\alpha)=-f_K=-\frac{1}{2}N_K i \end{aligned}\right\}\tag{11-1}$$

据此可在图 11-2 中画出气隙磁动势 f 沿 α 方向的大小分布情况，从图中可以看出：通入电流的一个线圈，它所产生的气隙磁动势沿圆周的分布是一个矩形波，在通电流的线圈处，气隙磁动势发生了突跳．

但是，铁磁路实际上也是要消耗一定磁动势的，所以，图 11-2 中电机圆周上各点的磁动势，严格地讲它不仅是该处气隙消耗的磁动势，还包含了相应的铁磁路中消耗的磁动势．

2. 用傅里叶级数分解矩形波磁动势

对于图 11-2 所示的呈矩形波分布的气隙磁动势，可以用傅里叶级数展开成无穷多个分布为正弦形的磁动势，如图 11-3 表示，由于该矩形波磁动势以纵轴对称和横轴对称，用傅里叶级数分解时，无正弦项，无平均值，仅含有奇次的余弦项，即

$$f(\alpha)=c_1\cos\alpha_1+c_3\cos3\alpha+c_5\cos5\alpha+\cdots=\sum_{\nu=1,3,5,\cdots}^{\infty}c_\nu\cos\nu\alpha\tag{11-2}$$

式中，$\nu=1, 3, 5, \cdots$为谐波的次数．

系数

$$c_\nu=\frac{1}{\pi}\int_0^{2\pi}f(\alpha)\cos\nu\alpha\,\mathrm{d}\alpha=\frac{4}{\pi}f_K\frac{1}{\nu}\sin\nu\frac{\pi}{2}$$

把谐波次数 $\nu=1, 3, 5, \cdots$以及 c_ν 代入上式得

$$\begin{aligned} f(\alpha)&=\frac{4}{\pi}f_K\cos\alpha-\frac{4}{\pi}\frac{1}{3}f_K\cos3\alpha+\frac{4}{\pi}\frac{1}{5}f_K\cos5\alpha-\cdots \\ &=f_{K1}+f_{K3}+f_{K5}+\cdots \end{aligned}\tag{11-3}$$

式中，$\nu=1$ 的项称为基波磁动势

$$f_{K1}=\frac{4}{\pi}f_K\cos\alpha\tag{11-4}$$

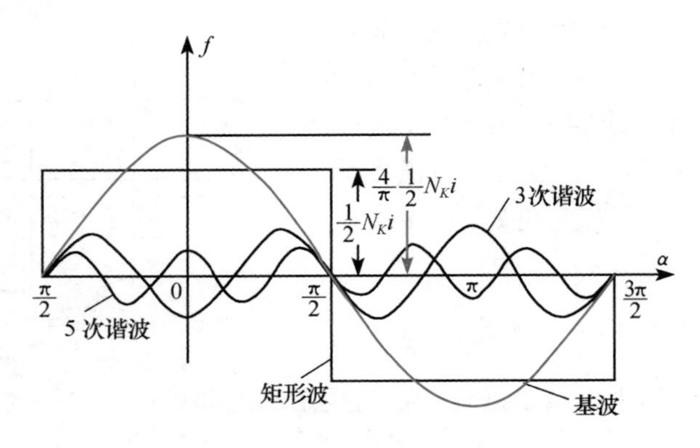

图 11-3　矩形波磁动势分解

$\nu=3$ 的项称为 3 次谐波磁动势

$$f_{K3}=-\frac{1}{3}\frac{4}{\pi}f_K\cos 3\alpha \tag{11-5}$$

$\nu=5$ 的项称为 5 次谐波磁动势

$$f_{K5}=\frac{1}{5}\frac{4}{\pi}f_K\cos 5\alpha \tag{11-6}$$

此外，尚可分解出 7 次、9 次等谐波项，图 11-3 中仅画出了基波、3 次及 5 次谐波，其余高次谐波都没有画出来，从以上矩形波磁动势分解为一系列谐波磁动势，可以得到以下几点结论：

（1）基波磁动势的幅值为$\frac{4}{\pi}f_K$，是矩形波磁动势幅值 f_K 的$\frac{4}{\pi}$倍，3 次谐波磁动势的幅值为$\frac{1}{3}\frac{4}{\pi}f_K$，是基波磁动势幅值的$\frac{1}{3}$，推广至任意第 ν 次谐波，它的幅值等于基波幅值的$\frac{1}{\nu}$.

（2）图 11-2 中，矩形波在$-\frac{\pi}{2}\sim\frac{3\pi}{2}$范围内，波形经历了一个周期，磁动势的波形变化了一次，表现为一对磁极. 经谐波分解，基波磁动势的波长与原矩形波一样，它的磁极对数与原矩形波相同，但是 3 次谐波的波长是基波的$\frac{1}{3}$，极对数是基波的 3 倍，推广至任意第 ν 次谐波，波长是基波的$\frac{1}{\nu}$，极对数是基波的 ν 倍.

（3）横坐标的原点 $\alpha=0$ 处是各次谐波的幅值所在地，但该处的不同次数的谐波幅值，有的为正值，有的为负值. 在图 11-1 中 AX 线圈通入电流的方向下，得到的基波磁动势幅值为正，3 次谐波磁动势幅值为负，以此类推.

3. 线圈中通入交变电流产生脉振磁动势

在 AX 线圈中通入交流电流 $i=\sqrt{2}I\cos\omega t$，电流随时间作余弦变化，这时电机中各个磁回路的磁动势 $N_K i$ 也将随时间交变. 气隙磁动势的分布仍然是一个矩形波，但矩形波的幅值大小将随时间交变，即

$$f_K = \frac{1}{2}N_K i = \frac{1}{2}\sqrt{2}N_K I\cos\omega t \tag{11-7}$$

将矩形波分解得到的基波和各次谐波的幅值，也都要随电流的角频率 ω 而变化，而且它们随时间交变的频率都一样，因此通常称为磁动势波形随 ω 脉振．下面用解析式表示基波和谐波的磁动势．

1）*基波磁动势*

$$f_{K1} = \frac{4}{\pi}f_K\cos\alpha = \frac{4}{\pi}\frac{\sqrt{2}}{2}N_K I\cos\omega t\cos\alpha = F_{K1}\cos\omega t\cos\alpha \tag{11-8}$$

式中，$F_{K1}=\frac{4}{\pi}\frac{\sqrt{2}}{2}N_K I=0.9N_K I$ 是基波磁动势的最大振幅，它与线圈的匝数和交流电流的有效值大小有关；$F_{K1}\cos\omega t$ 是基波磁动势的振幅，它随着时间的角频率 ω 作余弦交变．

2）*3 次谐波磁动势*

$$f_{K3} = -\frac{1}{3}\frac{4}{\pi}f_K\cos3\alpha = -F_{K3}\cos\omega t\cos3\alpha \tag{11-9}$$

式中，$F_{K3}=\frac{1}{3}\frac{4}{\pi}\frac{\sqrt{2}}{2}N_K I=\frac{1}{3}F_{K1}$ 是 3 次谐波磁动势的最大振幅，它是基波最大振幅的 1/3；$F_{K3}\cos\omega t$ 是 3 次谐波磁动势的振幅，它随时间角频率 ω 作余弦交变．

3）*5 次谐波磁动势*

$$f_{K5} = \frac{1}{5}\frac{4}{\pi}f_K\cos5\alpha = F_{K5}\cos\omega t\cos5\alpha \tag{11-10}$$

式中，$F_{K5}=\frac{1}{5}\frac{4}{\pi}\frac{\sqrt{2}}{2}N_K I=\frac{1}{5}F_{K1}$ 是 5 次谐波磁动势的最大振幅，它是基波最大振幅的 1/5；$F_{K5}\cos\omega t$ 是 5 次谐波磁动势的振幅，它随时间角频率 ω 作余弦交变．

矩形波磁动势可表示为

$$\begin{aligned} F(\alpha) &= f_{K1} + f_{K3} + f_{K5} + \cdots \\ &= F_{K1}\cos\omega t\cos\alpha - F_{K3}\cos\omega t\cos3\alpha + F_{K5}\cos\omega t\cos5\alpha - \cdots \end{aligned} \tag{11-11}$$

综上所述，可以得出结论：一个线圈中通入交流电流后产生的气隙磁动势沿定子内圆周是矩形分布，磁动势幅值随时间脉动．用傅里叶级数分解为基波和谐波，它们都在空间作余弦分布，都是空间电角度 α 的函数，但波长不同，极对数不同．基波和谐波磁动势的幅值又都随时间角频率 ω 作余弦变化，它们也是时间电角度 ωt 的函数．因此基波和谐波磁动势既是空间函数又是时间函数．又因为基波和谐波磁动势的振幅位置均在线圈轴线 $+A$ 处（空间坐标的原点 $\alpha=0$），振幅位置不会随时间改变，这种磁动势波称为脉振磁动势波（物理学上的驻波）．

4. 脉振磁动势分解为两个旋转磁动势

整距线圈通入交流电产生基波脉振磁动势为

$$f_{K1} = F_{K1}\cos\omega t\cos\alpha$$

式中，$F_{K1}=0.9N_K I$．根据三角公式

$$2\cos A\cos B=\cos(A-B)+\cos(A+B)$$

可将 f_{K1} 分解为两个三角式之和：

$$\begin{aligned}f_{K1}&=F_{K1}\cos\omega t\cos\alpha\\&=\frac{1}{2}F_{K1}\cos(\alpha-\omega t)+\frac{1}{2}F_{K1}\cos(\alpha+\omega t)\\&=f'_{K1}+f''_{K1}\end{aligned}\tag{11-12}$$

式中

$$f'_{K1}=\frac{1}{2}F_{K1}\cos(\alpha-\omega t)$$

$$f''_{K1}=\frac{1}{2}F_{K1}\cos(\alpha+\omega t)$$

下面分别讨论 f'_{K1} 和 f''_{K1} 的性质.

1) $f'_{K1}=\frac{1}{2}F_{K1}\cos(\alpha-\omega t)$

从 f'_{K1} 磁动势表达式看到，它有两个变量：一个是空间电角度 α；另一个是时间电角度 ωt．为了能用图形表示这个式子，先固定一个自变量，例如让时间变量 ωt 等于常数，研究该磁动势在空间的分布情况．然后再给出另一个时间电角度 ωt，观察该磁动势的情况．以此类推，可以画出各个不同瞬间的磁动势分布图形，从而找到磁动势 f'_{K1} 的变化规律.

从 f'_{K1} 表达式知道，当 $\omega t=0°$时，磁动势 f'_{K1} 在空间按 $\cos\alpha$ 规律分布，幅值位置在 $\alpha=0°$处，幅值大小为 F_{K1} 的一半，如图 11-4 中曲线 1 所示．当 $\omega t=30°$时，$f'_{K1}=\frac{1}{2}F_{K1}\cos(\alpha-30°)$，$f'_{K1}$ 在空间按 $\cos(\alpha-30°)$ 规律分布，幅值大小未变，仍为 $\frac{1}{2}F_{K1}$，但幅值位置移到了 $\alpha=30°$的地方，即沿着 α 正方向往前移动了 30°空间电角度.如图 11-4 中曲线 2 所示．当然还可以在图上得到不同瞬间的磁动势波形，这里不再一一画出.

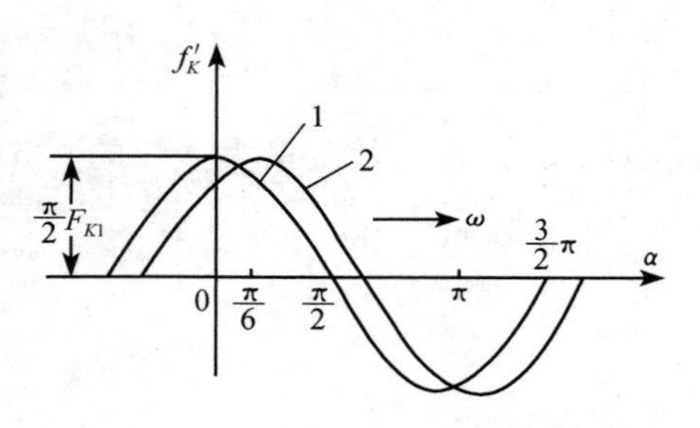

图 11-4 沿 α 正方向移动的磁动势波

由图 11-4 可以看出，当时间电角度 ωt 在不断变化时，f'_{K1} 磁动势波的幅值不会随时间变化，大小总是等于 $\frac{1}{2}F_{K1}$ 不变，但是幅值的位置将随时间变化，我们只要令 $\cos(\alpha-\omega t)=\cos 0°=1$，就能找到磁动势的幅值位置，这时 $\alpha-\omega t=0°$，可得 $\alpha=\omega t$．所以当 $\omega t=0°$时，可以在 $\alpha=0°$的地方找到磁动势 f'_{K1} 的幅值；当 $\omega t=30°$时，可以在 $\alpha=30°$的地方见到它；当 ωt 为任意一个时间电角度时，可以在空间电角度 $\alpha=\omega t$ 的地方见到它．可见，在空间按余弦分布的气隙磁动势波 f'_{K1} 随着时间的推移向 α 正方向移动着，它是一个行波.

将 $\alpha=\omega t$ 对时间求导，便可找到此行波的角速度，即

$$\frac{\mathrm{d}\alpha}{\mathrm{d}t}=\omega$$

这里的行波的角速度指的是磁动势波 f'_{K1} 在电机气隙内旋转的空间电角速度，它在数值上和线圈中通电流的电角频率 ω 完全相等．通常称这种磁动势波为旋转磁动势，由于 f'_{K1} 是沿 α

正方向移动的，把 f'_{K1} 称为正转磁动势波.

2) $f''_{K1}=\frac{1}{2}F_{K1}\cos(\alpha+\omega t)$

f''_{K1} 也是一个行波表达式，与 f'_{K1} 相比较，仅仅是 $\cos(\alpha+\omega t)$ 不同，令 $\cos(\alpha+\omega t)=\cos0°=1$，可找到该磁动势的幅值位置. 从 $\alpha+\omega t=0°$，可得 $\alpha=-\omega t$，当 $\omega t=0°$ 时，$\alpha=0°$，该磁动势波幅值正好也在 $\alpha=0°$ 的地方. 但它是以电角速度 $\frac{\mathrm{d}\alpha}{\mathrm{d}t}=-\omega$ 沿着 α 的反方向移动的. 可见磁动势 f''_{K1} 是一个在气隙空间余弦分布，幅值为 $\frac{1}{2}F_{K1}$，以电角速度 $-\omega$ 旋转的反转磁动势波.

由以上分析可知：

(1) 一个脉振磁动势波，可以分成两个波长与原脉振波完全一样，朝相反方向旋转的旋转波，旋转角速度分别为 ω 和 $-\omega$，每个旋转波的幅值是原脉振波最大振幅的一半，等于 $\frac{1}{2}F_{K1}$.

(2) 当通电电流为正的最大值时，脉振波的振幅为最大值，两个旋转波的正幅值正好都转到 $\alpha=0°$ 的地方，即在通电线圈的轴线处，两个旋转波重叠在一起.

5. 用空间矢量表示空间正弦分布的磁动势

一个在空间按余弦分布的磁动势波，可以用一个空间矢量来表示. 让矢量的长度等于该磁动势波的幅值，矢量的位置代表磁动势波正幅值所在的位置，如图 11-5 所示.

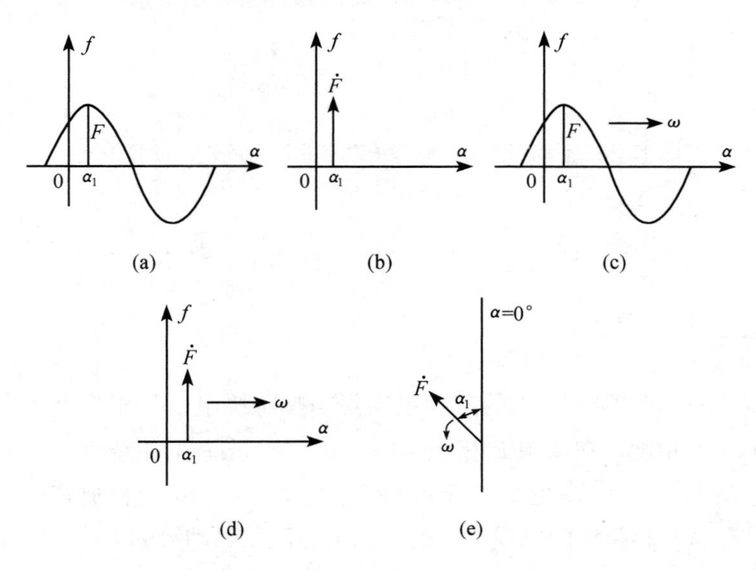

图 11-5　用空间矢量表示磁动势

图 11-5 (a) 是空间按照余弦分布的磁动势波，幅值为 F，距坐标原点为 α_1，这个磁动势波可用空间矢量 $\dot{F}$ 表示，如图 11-5 (b). 一个在空间按照余弦分布的行波磁动势也可以用空间矢量来表示，图 11-5 (c) 表示一个以 ω 电角速度朝 α 正方向移动的行波磁动势，画图的瞬间，行波正幅值正好位于空间电角度为 α_1 的地方，用空间矢量表示这个行波磁动势，

则如图 11-5（d）所示，空间矢量 $\dot{F}$ 位于 α_1 的地方，并用箭头表示该矢量移动的方向和电角速度 ω. 如果用极坐标表示旋转的空间矢量更为直观，如图 11-5（e）所示. 注意，在极坐标系里，逆时针方向为空间电角度 α 的正方向.

当整距线圈里的电流用时间相量表示，产生的基波脉振磁动势用空间矢量表示，由脉振磁动势分解出的两个旋转磁动势用空间旋转矢量表示时，可以画出图 11-6 的各相量及矢量图. 图中表示了 $\omega t=0°$、60°、120°、180°等瞬间，电流相量 $\dot{I}$、脉振磁动势矢量 $\dot{F}_{K1}$、正转磁动势矢量 $\dot{F}'_{K1}$、反转磁动势矢量 $\dot{F}''_{K1}$ 之间的对应矢量关系. 当然，$\dot{F}'_{K1}$、$\dot{F}''_{K1}$ 与 $\dot{F}_{K1}$ 的关系符合矢量和的关系：

$$\dot{F}'_{K1}+\dot{F}''_{K1}=\dot{F}_{K1}$$

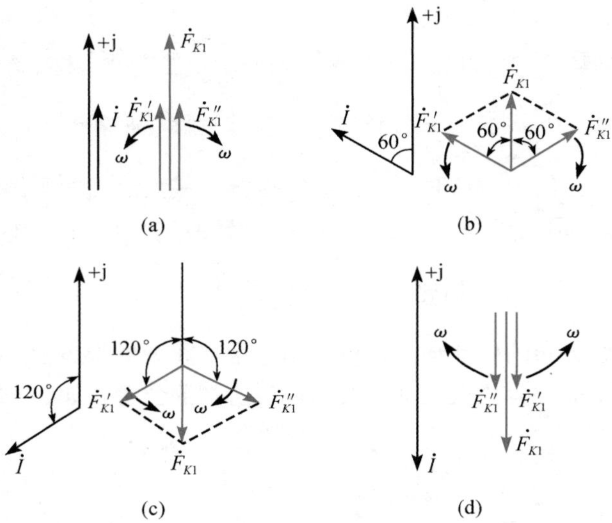

(a)

(b)

(c)

(d)

图 11-6 各瞬间电流、脉振磁动势及两个旋转磁动势矢量

11-2 单层集中整距绕组的三相磁动势

1. 三相基波磁动势

图 11-7（a）表示极对数 $p=1$ 的三相单层集中整距绕组，三相绕组在定子空间位置上彼此互相距离 120°电角度，在图中 B 相绕组沿 α 正方向超前 A 相绕组 120°，C 相绕组超前 B 相绕组 120°. 图 11-7（b）是它的展开图，把直角坐标系的横坐标放在电机定子内圆表面上，坐标原点选在 AX 相绕组的轴线 $+A$ 处，纵坐标表示磁动势的大小，三个相共同一个直角坐标，每相绕组里的⊕、⊙表示电流的正方向，选 A 相电流为最大值时作为时间的起点，三相电流分别表示为

$$i_A=\sqrt{2}I\cos\omega t$$

$$i_B=\sqrt{2}I\cos(\omega t-120°)$$

$$i_C=\sqrt{2}I\cos(\omega t-240°)$$

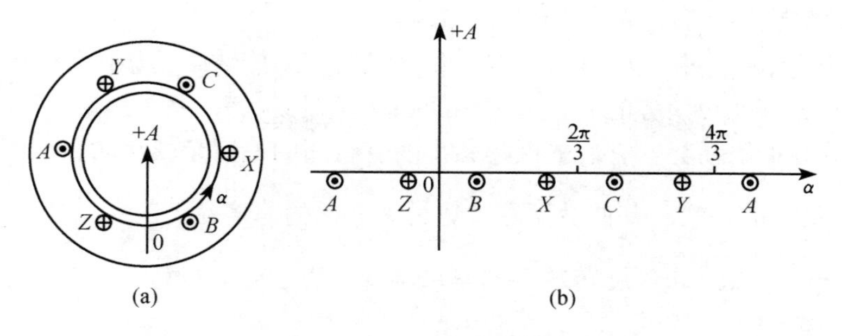

图 11-7　三相单层集中整距绕组

1）解析法

根据图 11-7 规定的空间坐标及三相中流过的电流表示式，可分别列出每相绕组产生的基波磁动势表达式. A 相绕组产生的基波磁动势为

$$f_{A1} = F_{K1}\cos\omega t\cos\alpha$$

这是一个脉振磁动势，式中 F_{K1} 是一个线圈产生的基波磁动势最大振幅. 如果绕组极对数 $p>1$时，绕组的串联匝数为 N_1，一相绕组电流有效值为 I，则可推导得出

$$F_{K1} = 0.9\frac{N_1 I}{p}$$

对于 B 相绕组，由于它在空间的位置超前 A 相绕组 120°电角度，它产生的脉振磁动势幅值位于 B 相轴线处，即在 $\alpha=120°$ 处，所以脉振磁动势的空间分布将按照 $\cos(\alpha-120°)$ 的规律变化. 同时它的电流又滞后 A 相电流 120°电角度，故 B 相绕组产生的基波磁动势为

$$f_{B1} = F_{K1}\cos(\omega t - 120°)\cos(\alpha - 120°)$$

同理，C 相绕组产生的基波磁动势为

$$f_{C1} = F_{K1}\cos(\omega t - 240°)\cos(\alpha - 240°)$$

把每个脉振磁动势分解为两个旋转磁动势，再把三相 6 个旋转磁动势加起来，可得到三相绕组合成的基波磁动势 f_1

$$\begin{aligned} f_1 &= f_{A1} + f_{B1} + f_{C1} \\ &= \frac{1}{2}F_{K1}\cos(\alpha-\omega t) + \frac{1}{2}F_{K1}\cos(\alpha+\omega t) \\ &\quad + \frac{1}{2}F_{K1}\cos(\alpha-\omega t) + \frac{1}{2}F_{K1}\cos(\alpha+\omega t-240°) \\ &\quad + \frac{1}{2}F_{K1}\cos(\alpha-\omega t) + \frac{1}{2}F_{K1}\cos(\alpha+\omega t-120°) \\ &= \frac{3}{2}F_{K1}\cos(\alpha-\omega t) \\ &= F_1\cos(\alpha-\omega t) \end{aligned} \tag{11-13}$$

式中，3 个反转的磁动势相加等于零，只剩下 3 个正转磁动势相加. F_1 是三相合成基波磁动势的幅值，它的值为 $F_1=\frac{3}{2}F_{K1}=\frac{3}{2}\times 0.9\frac{N_1 I}{p}=1.35\frac{N_1 I}{p}$. 从以上的分析以及三相合成

基波磁动势 f_1 的表达式可以得到以下几点结论：

(1) 每一相绕组产生脉振磁动势，但三相合成后产生旋转磁动势；

(2) 三相合成基波磁动势的波长和单相的一样，即极对数一样；

(3) 每相的脉振磁动势，它们的振幅大小随着时间的不同是变化的，而三相合成基波磁动势幅值 F_1 是不变的，它是基波脉振磁动势最大振幅的 $\frac{3}{2}$ 倍；

(4) 三相合成基波磁动势旋转的方向是朝着 $+\alpha$ 的方向，也就是顺着 A、B、C 三相电流的正相序方向；

(5) 三相合成基波磁动势的旋转角速度为 ω，电机学中习惯用每分钟的转数来表示旋转磁动势的转速，用 n_1 表示

$$n_1 = \frac{60}{2\pi p}\omega = \frac{60f}{p}$$

若 $f=50\text{Hz}$，当 $p=1$ 时，$n_1=3000\text{r/min}$；当 $p=2$ 时，$n_1=1500\text{r/min}$；n_1 通常称为同步转速.

(6) 通过 f_1 的表达式还可找出三相合成基波磁动势的瞬间位置. 已知时间角 ωt 时，三相合成基波旋转磁动势幅值就在 $\alpha=\omega t$ 处，如 $\omega t=0°$时，磁动势幅值在 $\alpha=0°$处；$\omega t=120°$时，磁动势幅值在 $\alpha=120°$处；$\omega t=240°$时，磁动势幅值在 $\alpha=240°$处. 也就是说，当某相电流达到正最大值时，三相合成基波旋转磁动势的正幅值正好位于该相绕组的轴线处.

2) 空间矢量图法

用画空间矢量图的办法来分析三相合成基波磁动势时，只能画某个瞬间的，将每个相的基波脉振磁动势均分成两个基波旋转磁动势，三个相总共有 6 个基波旋转磁动势. 用矢量表示时，为 $\dot{F}'_{A1}$、$\dot{F}''_{A1}$、$\dot{F}'_{B1}$、$\dot{F}''_{B1}$、$\dot{F}'_{C1}$、$\dot{F}''_{C1}$，其中上标为一撇的是正转基波磁动势，两撇的是反转基波磁动势. 画出 A 相电流为正最大值（$\omega t=0°$）瞬间. 在图 11-8 中，$+A$、$+B$、$+C$ 表示 A 相、B 相、C 相绕组的轴线位置，它们彼此相距 120°空间电角度，且 B 相绕组轴线顺 $+\alpha$ 方向超前 A 相轴线，C 相超前 B 相. 由于画图瞬间 A 相电流为正最大值，$\dot{F}'_{A1}$、$\dot{F}''_{A1}$ 正好位于 $\alpha=0°$的地方，即 $+A$ 轴处.

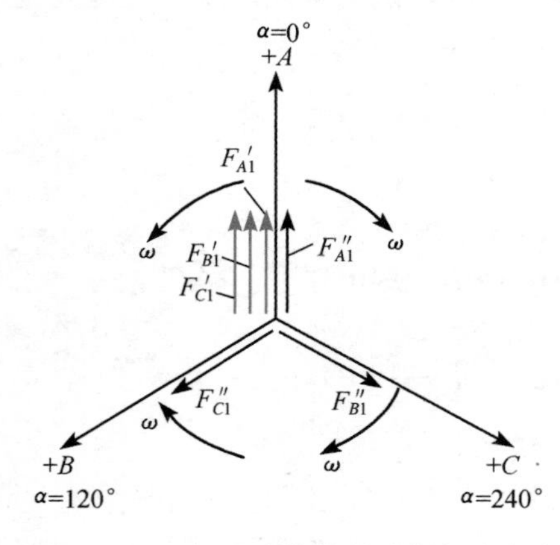

图 11-8 三相基波旋转磁动势矢量合成

$\dot{F}'_{B1}$ 和 $\dot{F}''_{B1}$ 是 B 相的两个基波旋转磁动势，当 $\omega t=0°$时，这两个基波旋转磁动势位于何处？我们可以这样想，如果 $\omega t=120°$时，B 相电流达到正最大值，$\dot{F}'_{B1}$ 和 $\dot{F}''_{B1}$ 都应该转到 B 相轴线 $+B$ 处，即 $\alpha=120°$处，但是画图的瞬间应该从 $+B$ 轴各自后退 120°空间电角度，如图 11-8 所示位置. 同样推理，如果 $\omega t=240°$，C 相的两个基波旋转磁动势 $\dot{F}'_{C1}$ 和 $\dot{F}''_{C1}$ 都应转到 $+C$ 轴处，即 $\alpha=240°$处，但是画图的瞬间应各自从 $+C$ 轴后退 240°空间电角度，如图 11-8 所示的位置.

将三相旋转矢量相加就得到三相合成基波磁动势，从图 11-8 可以看到，3 个旋转速度相同而反转的基波旋转磁动势 $\dot{F}''_{A1}$、$\dot{F}''_{B1}$、$\dot{F}''_{C1}$ 彼此幅值相等，空间上相距 120°电角度，任何时刻相加起来正好等于零，即彼此互相抵消了. 另外 3 个正转的基波磁动势矢量 $\dot{F}'_{A1}$、$\dot{F}'_{B1}$、$\dot{F}'_{C1}$ 在空间上是同相

的，当 $\omega t=0°$时都在 $\alpha=0°$即$+A$ 轴处，它们同转向、同转速、幅值又相等，相加后得三相合成基波旋转磁动势矢量 $\dot{F}_1$，其幅值为单相脉振磁动势最大振幅的$\frac{3}{2}$倍，位置是在$\alpha=0°$处，该矢量以 ω 空间角速度沿$+\alpha$ 方向旋转. 这些结论与解析法得到的完全一致. 用画矢量图的方法求合成磁动势比用数学解析式分析要直观些，但用来进行定量计算不够方便.

2. 三相谐波磁动势

1）三相的 3 次谐波磁动势

与基波磁动势不同的地方，对应于基波的 1 个极距，3 次谐波已是 3 个极距了. 对应于基波的 α 空间电角度，3 次谐波已是 3α 空间电角度. 分析时，仍用基波磁动势时的那个坐标. 各相 3 次谐波磁动势表达式分别为

$$
\begin{aligned}
f_{A3} &= -F_{K3}\cos\omega t\cos 3\alpha \\
f_{B3} &= -F_{K3}\cos(\omega t-120°)\cos 3(\alpha-120°) \\
&= -F_{K3}\cos(\omega t-120°)\cos 3\alpha \\
f_{C3} &= -F_{K3}\cos(\omega t-240°)\cos 3(\alpha-240°) \\
&= -F_{K3}\cos(\omega t-240°)\cos 3\alpha
\end{aligned}
$$

式中

$$F_{K3}=\frac{1}{3}F_{K1}=\frac{1}{3}\times 0.9\frac{N_1 I}{p}$$

是每相 3 次谐波脉振磁动势的最大振幅.

把三个相的 3 次谐波脉振磁动势相加起来，就是合成 3 次谐波磁动势，用 f_3 表示为

$$
\begin{aligned}
f_3 &= f_{A3}+f_{B3}+f_{C3} \\
&= -F_{K3}\cos\omega t\cos 3\alpha-F_{K3}\cos(\omega t-120°)\cos 3\alpha-F_{K3}\cos(\omega t-240°)\cos 3\alpha \\
&= -F_{K3}\cos 3\alpha[\cos\omega t+\cos(\omega t-120°)+\cos(\omega t-240°)] \\
&= 0
\end{aligned}
\tag{11-14}
$$

可见，各相的 3 次谐波脉振磁动势在空间上是同相的，但因三相电流在时间上互差 120°电角度，致使三相 3 次谐波脉振磁动势彼此互相抵消了.

不难导出，各相 3 的倍数次谐波脉振磁动势，如 9 次、15 次等也都互相抵消了.

3 次谐波脉振磁动势是各相谐波磁动势中最大的一次，因三相对称连接使合成的 3 次谐波磁动势为零，这又是三相绕组的一大好处.

2）三相的 5 次谐波磁动势

基波磁动势的 1 个极距对应 5 次谐波为 5 个极距. 根据同一坐标写出各相 5 次谐波脉振磁动势的表达式为

$$
\begin{aligned}
f_{A5} &= F_{K5}\cos\omega t\cos 5\alpha \\
f_{B5} &= F_{K5}\cos(\omega t-120°)\cos 5(\alpha-120°) \\
f_{C5} &= F_{K5}\cos(\omega t-240°)\cos 5(\alpha-240°)
\end{aligned}
$$

式中

$$F_{K5}=\frac{1}{5}F_{K1}=\frac{1}{5}\times 0.9\frac{N_1 I}{p}$$

是各相5次谐波脉振磁动势的最大振幅.

把三相的5次谐波脉振磁动势相加起来为 f_5，即

$$\begin{aligned}f_5 &= f_{A5}+f_{B5}+f_{C5}\\&= F_{K5}\cos\omega t\cos 5\alpha + F_{K5}\cos(\omega t-120^\circ)\cos(5\alpha+120^\circ)\\&\quad + F_{K5}\cos(\omega t-240^\circ)\cos(5\alpha+240^\circ)\\&= \frac{F_{K5}}{2}[\cos(5\alpha-\omega t)+\cos(5\alpha+\omega t)\\&\quad+\cos(5\alpha-\omega t+240^\circ)+\cos(5\alpha+\omega t)\\&\quad+\cos(5\alpha-\omega t+120^\circ)+\cos(5\alpha+\omega t)]\\&= \frac{3}{2}F_{K5}\cos(5\alpha+\omega t)\\&= F_5\cos(5\alpha+\omega t)\end{aligned} \tag{11-15}$$

式中，$F_5=\frac{3}{2}F_{K5}=\frac{3}{2}\times\frac{1}{5}\times 0.9\frac{N_1 I}{p}$是三相合成的5次谐波磁动势的幅值.

式（11-15）是行波表达式，它的旋转角速度为

$$\frac{\mathrm{d}\alpha}{\mathrm{d}t}=-\frac{\omega}{5}$$

可见，三相合成的5次谐波磁动势朝着 $-\alpha$ 方向，以 $\omega/5$ 的角速度旋转（即1/5基波磁动势旋转角速度）.

类似的情况还可以推论到第11次、第17次、第23次……第 $\nu=6k-1$ 次（k 为正整数）的三相合成谐波磁动势上. 它们是反转的，转速是三相合成基波磁动势的$\frac{1}{\nu}$（ν 为谐波的次数).

3）三相的7次谐波磁动势

各相的7次谐波脉振磁动势为

$$\begin{aligned}f_{A7} &= -F_{K7}\cos\omega t\cos 7\alpha\\f_{B7} &= -F_{K7}\cos(\omega t-120^\circ)\cos 7(\alpha-120^\circ)\\&= -F_{K7}\cos(\omega t-120^\circ)\cos(7\alpha-120^\circ)\\f_{C7} &= -F_{K7}\cos(\omega t-240^\circ)\cos 7(\alpha-240^\circ)\\&= -F_{K7}\cos(\omega t-240^\circ)\cos(7\alpha-240^\circ)\end{aligned}$$

式中

$$F_{K7}=\frac{1}{7}F_{K1}=\frac{1}{7}\times 0.9\frac{N_1 I}{p}$$

是各相7次谐波脉振磁动势的最大振幅.

把三相的7次谐波脉振磁动势都相加起来为 f_7，即

$$\begin{aligned}f_7 &= f_{A7}+f_{B7}+f_{C7}\\&= -F_{K7}\cos\omega t\cos 7\alpha - F_{K7}\cos(\omega t-120^\circ)\cos(7\alpha-120^\circ)\end{aligned}$$

$$
\begin{aligned}
&-F_{K7}\cos(\omega t-240°)\cos(7\alpha-240°)\\
&=-\frac{F_{K7}}{2}[\cos(7\alpha-\omega t)+\cos(7\alpha-\omega t)+\cos(7\alpha-\omega t)\\
&\quad+\cos(7\alpha+\omega t-240°)+\cos(7\alpha+\omega t)+\cos(7\alpha+\omega t-120°)]\\
&=-\frac{3}{2}F_{K7}\cos(7\alpha-\omega t)\\
&=-F_7\cos(7\alpha-\omega t)
\end{aligned}
\tag{11-16}
$$

式中，$F_7=\frac{3}{2}F_{K7}=\frac{3}{2}\times\frac{1}{7}\times0.9\frac{N_1 I}{p}$是三相合成的 7 次谐波磁动势的幅值.

式（11-16）也是一个行波表达式，它的旋转角速度为

$$\frac{\mathrm{d}\alpha}{\mathrm{d}t}=\frac{\omega}{7}$$

即三相合成的 7 次谐波磁动势朝着 α 方向，以 $\omega/7$ 的角速度旋转.

类似的情况还可以推论到第 13 次、第 19 次、第 25 次……第 $\nu=6k+1$ 次（k 为正整数）的谐波磁动势上. 它们的三相合成磁动势都是正转的，转速是三相合成基波磁动势的$\frac{1}{\nu}$.

三相电机中，三相合成的基波旋转磁动势是主要的，谐波磁动势占的量比较小. 谐波磁动势中主要考虑 5 次、7 次谐波的影响就够了.

11-3　三相双层分布短距绕组的磁动势

1. 分布线圈组产生的磁动势

第十章已介绍过分布绕组，每对极中每相绕组由 q 个线圈串联组成线圈组，这 q 个线圈在空间是分布开的，当绕组中通入电流时，它们流过相同的电流，由于各线圈的匝数相等，每个线圈产生的脉振磁动势的幅值以及幅值随时间变化的规律，都应该完全一样，所不同的是，由于各线圈的位置在空间没有重叠在一起，因此它们产生的磁动势在空间的位置都不相同.

假定有一个分布绕组 $q=3$，我们来分析 3 个整距线圈产生的基波脉振磁动势. 当某一个瞬间 3 个线圈中电流达正最大值时，3 个线圈产生的每个基波脉振磁动势用矢量表示如图 11-9 所示. 每个矢量的长度都相同，相邻两个矢量之间的角度 α 即为相邻两槽间的电角度，将 3 个矢量合成即可得到线圈组的合成基波磁动势，这个情况和第十章分布线圈组求合成基波电动势的情况完全相同.

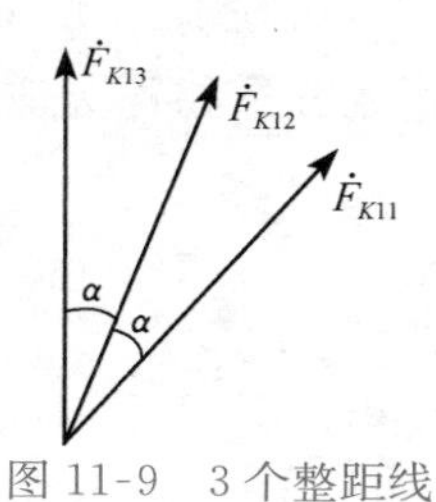

图 11-9　3 个整距线圈分布时产生的基波磁动势矢量

如果有 q 个整距线圈分布，分布后整个线圈组产生的基波磁动势的最大振幅为

$$F_{q1}=qF_{K1}\frac{\sin q\dfrac{\alpha}{2}}{q\sin\dfrac{\alpha}{2}}=qF_{K1}k_{d1}\tag{11-17}$$

式中，每个整距线圈产生的基波脉振磁动势的最大振幅

$$F_{K1}=0.9N_KI\tag{11-18}$$

基波磁动势的分布因数

$$k_{d1}=\frac{\sin q\dfrac{\alpha}{2}}{q\sin\dfrac{\alpha}{2}}$$

对于各谐波磁动势，分布后线圈组脉振磁动势的最大振幅为

$$F_{q\nu}=q\frac{1}{\nu}F_{K1}k_{d\nu}$$

式中

$$k_{d\nu}=\frac{\sin\nu q\dfrac{\alpha}{2}}{q\sin\dfrac{\nu\alpha}{2}}\tag{11-19}$$

是 ν 次谐波分布因数.

2. 双层短距线圈的磁动势

双层绕组的优点是可以任意短距，图 11-10（a）是一个 $q=1$ 的单相双层短距绕组，在一对磁极范围里，有两个线圈，1 和 1′是一个短距线圈，2 和 2′是另一个短距线圈，两个线圈尾尾串联在一起，如图 11-10（b）所示. 已知两个短距线圈里流过的电流为

$$i=\sqrt{2}I\cos\omega t$$

当 $\omega t=0°$ 瞬间，短距线圈里的电流达正最大值，为$\sqrt{2}I$，每个短距线圈单独产生矩形波磁动势如图 11-10（c）所示，其中实线是 11′线圈产生的矩形波磁动势；虚线是 22′线圈产生的磁动势. 图 11-10（d）是两个短距线圈产生的合成磁动势.

从图 11-10（d）磁动势波形图中看出，它是关于纵轴对称的，进行谐波分析时，没有直流分量和各次正弦项，也没有偶次谐波分量，只有奇次余弦项. 展成傅里叶级数为

$$f(\alpha)=C_1\cos\alpha+C_3\cos3\alpha+C_5\cos5\alpha+\cdots$$
$$=\sum_{\nu=1,3,5,\cdots}^{\infty}C_\nu\cos\nu\alpha$$

式中

$$C_\nu=\frac{4}{\pi}iN_K\frac{1}{\nu}\sin\nu y\frac{\pi}{2}=\frac{4}{\pi}iN_K\frac{1}{\nu}k_{p\nu}$$

$$k_{p\nu}=\sin\nu y\frac{\pi}{2}$$

把谐波次数$\nu=1，3，5，\cdots$以及 $i=\sqrt{2}I\cos\omega t$ 代入上式得

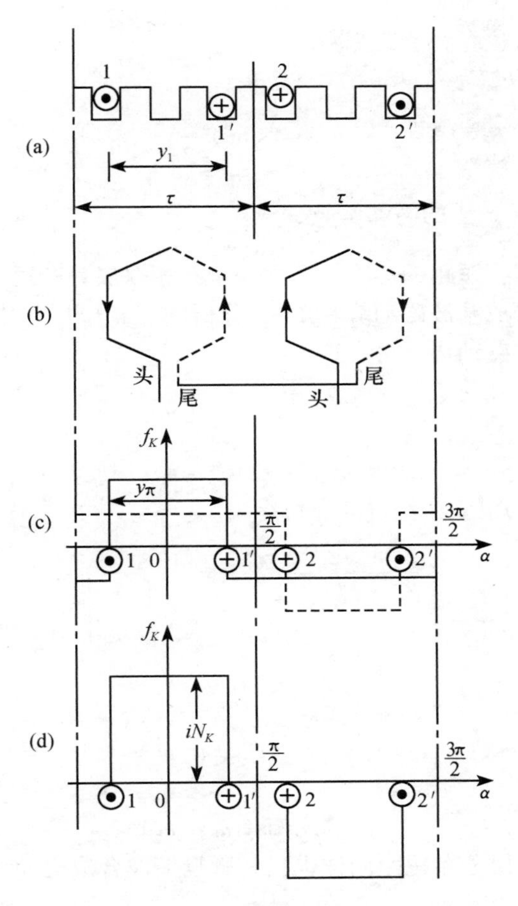

图 11-10　双层短距线圈产生的磁动势

$$
\begin{aligned}
f(\alpha) &= 2F_{K1}\cos\omega t\cos\alpha\sin y\frac{\pi}{2}+2F_{K3}\cos\omega t\cos3\alpha\sin3y\frac{\pi}{2}\\
&\quad+2F_{K5}\cos\omega t\cos5\alpha\sin5y\frac{\pi}{2}+\cdots\\
&= f_{K1}+f_{K3}+f_{K5}+\cdots
\end{aligned}
$$

式中，$F_{K1}=0.9N_KI$，$F_{K3}=\frac{1}{3}0.9N_KI$，$F_{K5}=\frac{1}{5}0.9N_KI$. $\nu=1$ 是基波项，其他都是谐波项.

双层短距绕组基波磁动势 f_{K1} 为

$$
f_{K1}=2F_{K1}\cos\omega t\cos\alpha\sin y\frac{\pi}{2}=2F_{K1}k_{p1}\cos\omega t\cos\alpha \tag{11-20}
$$

式中，$k_{p1}=\sin y\frac{\pi}{2}$是基波节距因数.

与前面分析的单层整距线圈产生的基波磁动势 f_{K1} 可进行比较：

$$
f_{K1}=F_{K1}\cos\omega t\cos\alpha
$$

可见，双层短距绕组由于在一对极下有两个线圈，在每个线圈串联匝数均为 N_K 的情况下，双层产生的磁动势公式中为 $2F_{K1}$，而单层产生的磁动势公式中为 F_{K1}，另外由于双层线圈短距，在计算基波磁动势时要乘上一个基波节距因数.

同样各次谐波磁动势也存在节距因数.

ν 次谐波的节距因数 $k_{p\nu}$ 为

$$k_{p\nu} = \sin\nu y \frac{\pi}{2} \tag{11-21}$$

3. 三相双层分布短距绕组产生的磁动势

以上分析了绕组分布、短距的影响. 对于一个三相双层分布短距绕组，当通入三相对称电流时，它产生的三相合成基波磁动势和 11-2 分析的三相单层集中整距绕组产生的基波磁动势一样，也是一个旋转磁动势，可表达为

$$f = f_1 + f_3 + \cdots + f_\nu \tag{11-22}$$

式中

$$f_1 = F_1\cos(\alpha - \omega t) \tag{11-23}$$

式中，F_1 为旋转磁动势的幅值，经过推导可得出

$$F_1 = \frac{3}{2}\frac{4}{\pi}\frac{\sqrt{2}}{2}\frac{N_1 k_{dp1}}{p}I = 1.35\frac{N_1 k_{dp1}}{p}I \tag{11-24}$$

式中，N_1 是绕组一相串联匝数；$k_{dp1}=k_{d1}\cdot k_{p1}$ 称为基波绕组因数，等于分布因数和节距因数的乘积.

对 $\nu=6k-1$ 次谐波

$$f_\nu = F_\nu\cos(\nu\alpha + \omega t) \tag{11-25}$$

对 $\nu=6k+1$ 次谐波

$$f_\nu = F_\nu\cos(\nu\alpha - \omega t) \tag{11-26}$$

对于谐波磁动势，双层分布短距同样也只是影响谐波合成磁动势幅值的大小，第 ν 次谐波磁动势幅值 F_ν 为

$$F_\nu = \frac{1}{\nu}\times 1.35\frac{N_1 k_{dp\nu}}{p}I \tag{11-27}$$

式中，$k_{dp\nu}=k_{d\nu}\cdot k_{p\nu}$ 称为 ν 次谐波绕组因数.

11-4 椭圆形磁动势

请扫描二维码查看椭圆形磁动势的详细内容。

11-4 节

思考题

11-1 单相整距线圈流过正弦电流产生的磁动势有什么特点？请分别从空间分布和时间上的变化特点予以说明.

11-2 一个脉振的基波磁动势可以分解为两个磁动势行波，试说明这两个行波在幅值、转速和相互位置关系上的特点.

11-3 单相整距绕组中流过的正弦电流频率发生变化，而幅值不变，这对气隙空间上的脉振磁动势波有无影响？

11-4　三相对称绕组通入三相对称的正弦电流产生的合成基波旋转磁动势有什么特点？请分别就它的幅值、转向、转速、瞬时位置几方面予以说明.

11-5　一台三相电机，本来设计的额定频率为 50Hz，今通以三相对称而频率为 100Hz 的交流电流，问这台电机合成的基波磁动势的极对数和转速有什么变化？

11-6　交流电机绕组的磁动势相加时为什么可以用空间矢量来运算？有什么条件？

11-7　比较单相交流绕组和三相交流绕组所产生的基波磁动势的性质有何主要区别（幅值大小、幅值位置、极对数、转速、转向）.

11-8　从推导过程的物理意义说明三相合成磁动势幅值公式

$$F_{\nu}=\left(\frac{1}{\nu}\right)\left(\frac{3}{2}\right)\left(\frac{4}{\pi}\right)\left(\frac{N_1}{2p}\right)(\sqrt{2}I)(k_{dp\nu})$$

括号中每项代表的意义.

11-9　一台三相电机，若把绕组三个出头中任何两个线头换接一下（相序反了），问旋转磁场方向将如何改变？

11-10　一台同步电机，转子不动. 在励磁绕组中通以单相交流电流，并将定子三相绕组端点短接起来，则定子三相感应电流产生的合成基波磁动势是旋转的还是脉振的？

11-11　一台三相电机，定子绕组是星形联结，接到三相对称电源上工作，由于某种原因使 C 相断线，问这时电机的定子三相合成基波磁动势的性质.

11-12　三相对称绕组中通以三相对称的正弦电流，是否就不会产生谐波磁动势了呢？

11-13　一个线圈通入直流电流时产生矩形波脉振磁动势，而通入正弦交流电流时产生正弦波脉振磁动势. 这种说法是否正确？

11-14　绕组的分布和短距对削弱谐波电动势的作用与削弱谐波磁动势的作用有何不同？试分别说明.

11-15　一台 50Hz 的同步电机，以同步转速旋转，电枢绕组产生的 5 次、7 次谐波磁动势在定、转子绕组中感应的电动势的频率分别是多少？

11-16　交流电机定子一相绕组通以 ν 次谐波电流 $i_{\nu}=I_{m\nu}\sin\nu\omega t$ 时所产生的基波磁动势的性质如何？如果在三个对称绕组中通以三相 ν 次谐波电流 $i_{A\nu}=I_{m\nu}\sin\nu\omega t$、$i_{B\nu}=I_{m\nu}\sin\nu(\omega t-120°)$、$i_{C\nu}=I_{m\nu}\sin\nu(\omega t+120°)$，则产生的合成基波磁动势的性质又如何？

习　题

11-1　在交流电机定子圆周上放置了两个整距线圈 AX 和 BY，它们均为 N_K 匝，如题图 11-1（a）所示，题图 11-1（b）是它的展开图. 图中坐标原点仍放在 AX 线圈轴线 $+A$ 处，BX 线圈的轴线 $+B$ 在坐标轴上的位置是 α_0. 今在两个线圈中分别通入交流电流

$$i_A=\sqrt{2}I\cos(\omega t+\alpha_A)$$

$$i_B=\sqrt{2}I\cos(\omega t+\alpha_B)$$

试分别写出两个线圈电流产生的基波脉振磁动势的解析式.

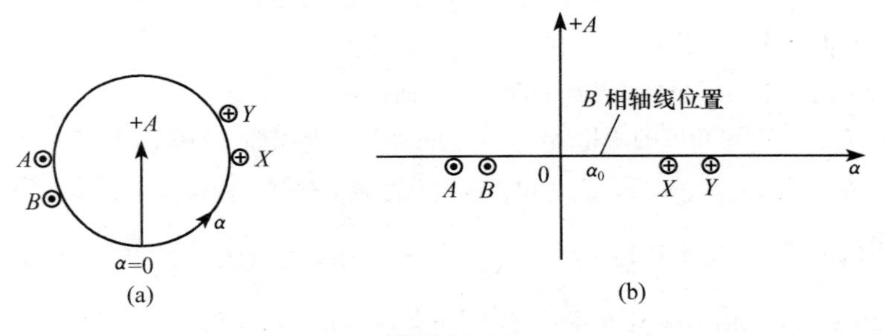

题图 11-1

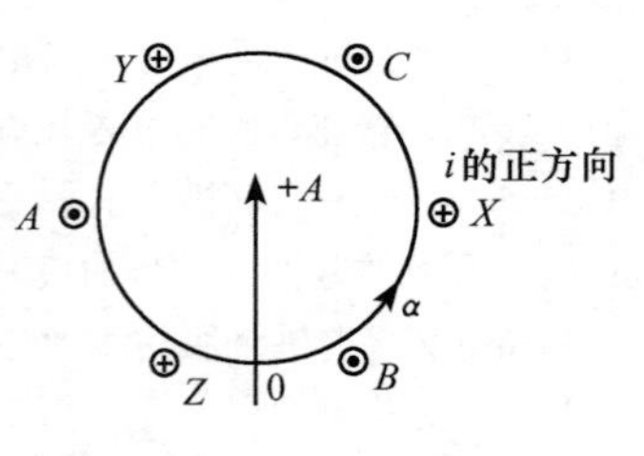

题图 11-2

11-2　已知3个整距线圈匝数彼此相等为 N_K，在电机定子上彼此相距120°空间电角度，坐标原点放在 AX 线圈的轴线处，如题图11-2所示. 当3个线圈里流过的电流为

$$i_A=\sqrt{2}I\cos\omega t$$

$$i_B=\sqrt{2}I\cos(\omega t+120°)$$

$$i_C=\sqrt{2}I\cos(\omega t+240°)$$

求3个整距线圈产生的合成基波磁动势的幅值大小、转速、转向.

11-3　把三个整距线圈 AX、BY 和 CZ 叠在一起，如题图11-3所示. 分别在 AX 线圈里通入电流为 $i_A=\sqrt{2}I\sin\omega t$，在 BY 线圈里通入电流为 $i_B=\sqrt{2}I\sin(\omega t-120°)$ 和在 CZ 线圈里通入电流为 $i_C=\sqrt{2}I\sin(\omega t-240°)$. 求三相合成的基波和3次谐波磁动势.

11-4　在题图11-4所示的三相对称绕组里，通以电流为 $i_A=i_B=i_C=\sqrt{2}I\sin\omega t$ 时，求三相合成的基波和3次谐波磁动势.

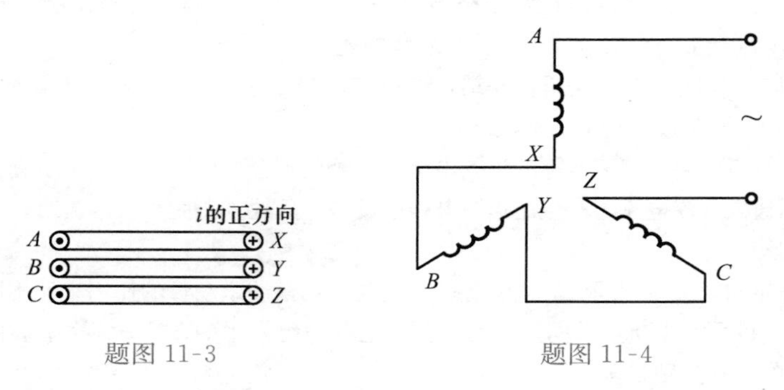

题图 11-3　　题图 11-4

11-5　一台三相4极同步电机，定子绕组是双层短距分布绕组，每极每相槽数 $q=3$，线圈节距 $y_1=\frac{7}{9}\tau$，每相串联匝数 $N_1=96$，并联支路数 $a=2$. 通入频率 $f_1=50\text{Hz}$ 的三相对称电流，电流有效值为15A，求：

(1) 三相合成基波磁动势的幅值和转速；

(2) 三相合成5次和7次谐波磁动势的幅值和转速.

11-6　一台三相4极交流电机，定子绕组为双层绕组，每极有12个槽，每个线圈2匝，线圈节距 $y_1=10$，绕组并联支路数 $a=2$. 当三相绕组通以60Hz、30A的对称正弦电流时，求三相合成基波及5次、7次谐波磁动势的幅值与转速.

11-7　用三个等效线圈 AX、BY 和 CZ 代表的三相绕组，如题图11-2所示. 现通以电流为 $i_A=10\sin\omega t$ (A)，$i_B=10\sin(\omega t-120°)$ (A) 和 $i_C=10\sin(\omega t-240°)$ (A).

(1) 当 $\omega t=120°$ 时，求出三相合成基波磁动势幅值的位置；

(2) 当 $\omega t=150°$ 时，求出三相合成基波磁动势幅值的位置.

11-8　空间位置互差90°电角度的两相绕组，它们的匝数彼此相等，如题图11-5所示.

(1) 若通以电流 $i_A=i_B=\sqrt{2}I\sin\omega t$，求两相合成的基波磁动势和3次谐波磁动势；

(2) 若通以电流 $i_A=\sqrt{2}I\sin\omega t$ 和 $i_B=\sqrt{2}I\sin\left(\omega t-\frac{\pi}{2}\right)$，求两相合成的基波磁动势和3次谐波磁动势.

11-9　两个绕组在空间相距120°电角度，它们的有效匝数相等，如题图11-6所示. 已知 AX 绕组里流过的电流为 $i_A=\sqrt{2}I\sin\omega t$，问 BY 绕组流过的电流 i_B 是多少才能产生如图所示的圆形旋转磁动势?

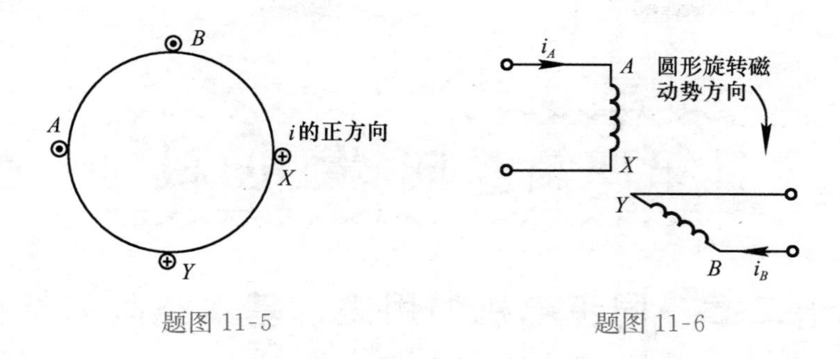

题图 11-5　　题图 11-6

11-10　一台交流电机定子铁心上有 A、B 两相绕组，其轴线在空间相距 60°电角度，两相绕组的有效匝数比为 2∶1. 若在 A 相绕组中通入电流 $i_A=\sqrt{2}I\sin\omega t$ (A)，要产生基波圆形旋转磁动势，求在 B 相绕组中应通入电流的表达式.

第四篇　同 步 电 机

第十二章　同步电机的用途、基本类型与结构

12-1　同步电机的用途

同步电机主要用来作为发电机运行. 现代社会中使用的交流电能，几乎全由同步发电机产生.

同步电机还可作为电动机使用，对不要求调速的大功率生产机械，常用同步电动机来驱动. 同步电动机可以通过调节励磁来改善电网的功率因数.

此外，同步电机还可以作为同步补偿机使用，它实际上是一台接在交流电网上空转的同步电动机，专门向电网发出感性或容性的无功功率，满足电网对无功功率的要求.

近些年来，由于电力电子技术的发展，将变频器和同步电动机联合起来组成了无换向器电动机，它没有直流电机的机械换向器，用电子换向来代替，可以得到与直流电机同样的性能，而且可以做到比直流电机容量更大、电压和转速更高，在工业上开辟了新的用途.

同步电机一般在定子上放置电枢绕组，在转子上装了磁极，磁极上套励磁绕组（如用永久磁铁做成磁极，就不用励磁绕组了）. 当作为发电机运行时，励磁绕组中通入直流电流，电机内部产生磁场，由原动机拖动电机的转子旋转，磁场与定子导体之间有了相对运动，在定子绕组中就会感应交流电动势. 交流电动势的频率 f 决定于极对数 p 和转子的转速 n，即

$$f=\frac{pn}{60}$$

式中，频率单位为 Hz，转速单位用 r/min. 由式可以看出，当电机的极对数和转速一定时，发出交流电动势的频率也是固定的. 我国的电力系统，规定交流电流的频率为 50Hz. 因此，当电机为一对极时，电机转速必定是 3000r/min；电机为二对极时，电机转速必定是 1500r/min，以此类推.

如果作为同步电动机运行时，必须在电机的定子绕组加上三相交流电，就会在电机里产生旋转磁场. 转子的励磁绕组通入直流电后，转子好像是磁铁. 于是旋转磁场带动磁铁转动，转子的转速为

$$n=\frac{60f}{p}$$

由此可见，同步电机无论作为发电机，还是作为电动机，当极对数一定时，它的转速 n 和频率 f 之间有严格的关系，电机专业的术语就是“同步”.

各种同步电机都是由定子、转子两个基本部分组成的. 转子部分是由转子铁心、励磁绕组、集电环和转轴等组成的. 定子部分由定子铁心、定子电枢绕组组成.

12-2　同步电机的基本类型与结构

同步电机的分类有各种方法. 如按用途来分，有发电机、电动机和补偿机. 按结构特点分，有凸极式的和隐极式的；立式的和卧式的. 按通风方式分，有开启式、防护式、封闭式（循环通风）的. 按冷却方式分，有空气冷却、氢气冷却、水冷却和混合冷却方式（例如定子用水内冷，转子也用水内冷，铁心用空气冷却，简称水-水-空冷却；也有用水-水-氢或水-氢-氢冷却）的. 按发电机的原动机来分，有汽轮发电机、水轮发电机和其他原动机带动的发电机（如柴油机等）. 按电动机带动的负载来分，有均匀负载（也叫负荷）、交变负载或冲击负载的电动机.

在分析电机运行原理之前，先简单地介绍一下汽轮发电机、水轮发电机以及中小型同步电机的结构.

1. 汽轮发电机

图 12-1 是一台汽轮发电机，它是由定子、转子等部分组成的. 分别叙述如下：

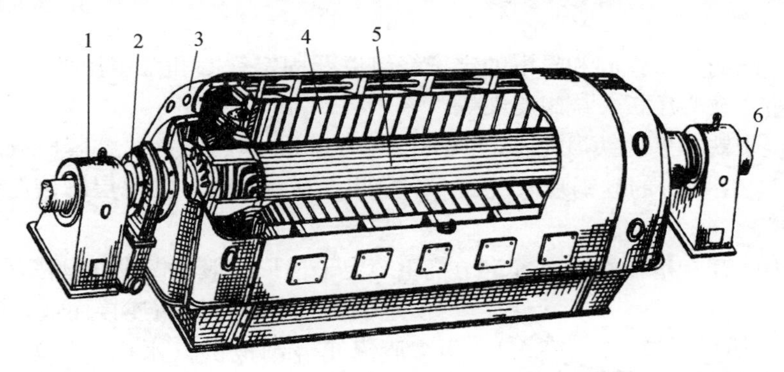

图 12-1　汽轮发电机

1—轴承座；2—出水支座；3—端盖；4—定子；5—转子；6—进水口

1）转子

汽轮发电机由于转速较高（一般都是 3000r/min），为了很好地固定励磁绕组，大容量的电机几乎全做成隐极式转子. 隐极式转子从外形来看，没有明显凸出的磁极，如图 12-2 所示. 但是在它的励磁组里通入直流电流，转子的周围也会出现 N 极和 S 极的磁场.

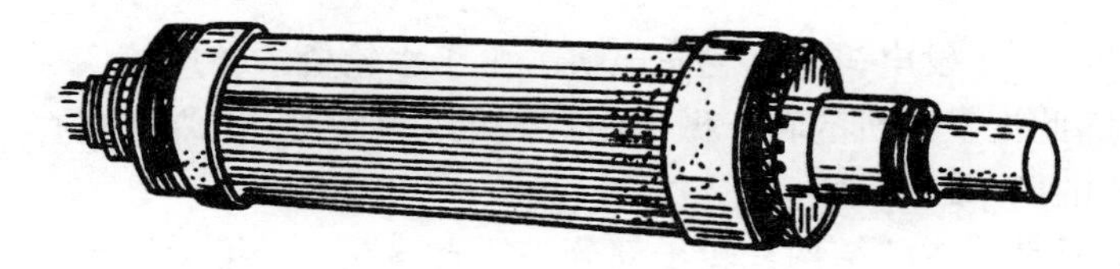

图 12-2　汽轮发电机转子装配

由于转速高，转子直径受离心力的影响，有一定的限制. 为了增大容量，只能增加转子的长度（当然也不可能无限制地增长）. 因此汽轮发电机的转子是一个细而长的圆柱体.

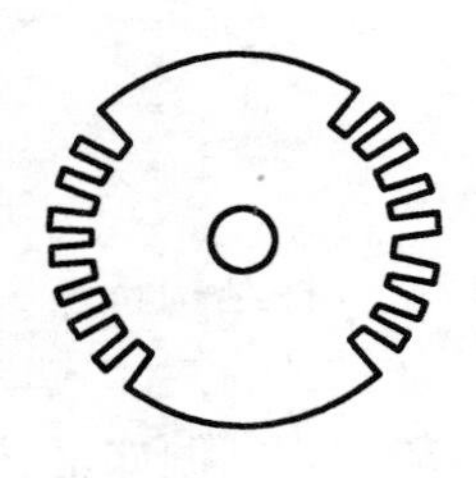

图 12-3 汽轮发电机转子铁心

转子铁心除了要求它能固定励磁绕组外，还要求它的导磁性能好，一般由高机械强度和导磁较好的合金钢锻成，并且和转轴做成一个整体. 图 12-2 是汽轮发电机转子装配图.

转子铁心上开了槽，在槽里放上励磁绕组，槽的排列形状如图 12-3 所示. 从图中看出，沿着转子外圆，有一部分表面上开的槽较多，那里的齿较窄，叫小齿. 在另外一部分没有开槽，形成了大齿. 大齿的中心线实际上就是磁极的中心.

转子槽形都做成开口槽，便于放置励磁绕组. 有时也在槽底或侧面开有通风沟.

励磁绕组是用扁铜线绕成的同心式线圈，见图 12-4. 在水冷电机里，是用空心导线绕成的. 励磁绕组的固定是个很重要的问题. 在槽里的导体用槽楔来压紧；端部的导体要用护环来固定. 励磁绕组通过装在转子上的集电环与电刷装置才能和外面的直流电源构成回路.

图 12-4 汽轮发电机励磁绕组

2) 定子

定子是由导磁的定子铁心和导电的定子绕组以及固定铁心和绕组用的一些部件组成的，这些部件是机座、铁心压板、绕组支架等.

为了减少定子铁心里的铁损耗，定子铁心由 0.5mm 厚的硅钢片叠装而成. 当定子铁心外径大于 1m 时，用扇形的硅钢片来拼成一个整圆. 在叠装时，把每层的接缝错开，以减少铁心的涡流损耗.

定子铁心内圆开有槽，槽内放置定子绕组. 定子槽形一般都做成开口槽，便于嵌线.

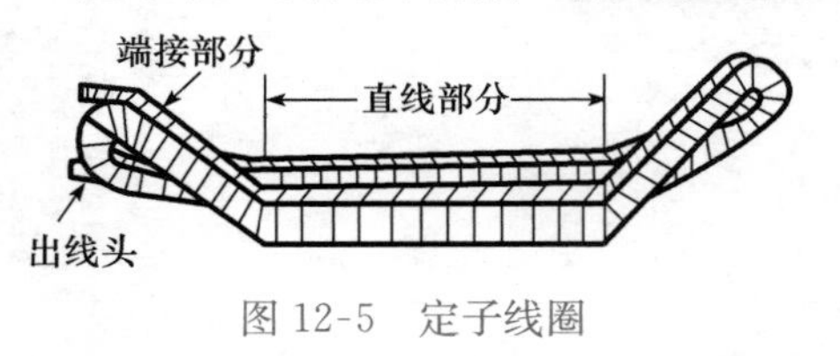

图 12-5 定子线圈

定子绕组由许多线圈连接而成，每个线圈又是由多股铜线绕制成的（水内冷电机用空心导线）. 线圈的形状如图 12-5 所示. 绕制多股线圈时，为了减少集肤效应引起的附加损耗，在这些股线之间需要进行换位. 换位一般在线圈的直线部分进行.

放在定子槽里的导体是靠槽楔来压紧固定的，其端部用支架固定.

机座的作用是固定定子铁心，因此，要求它应有足够的机械强度和刚度，以承受加工、运输以及运行过程中的各种作用力. 一般，汽轮发电机的机座是由钢板拼焊而成的.

2. 水轮发电机

由水轮机带动的同步发电机叫水轮发电机. 由于水轮机的转速较低（一般每分钟只有几十转到几百转），因此把发电机的转子做成凸极式的. 因为凸极式的转子，在结构上和加工工艺上都比隐极式的简单.

由于水轮发电机是立式的结构，转子部分必须支撑在一个推力轴承上. 推力轴承要承担整个机组转动部分的重量和水的压力，这些向下的压力有时达几百吨，甚至上千吨重. 因此大容量水轮发电机，必须很好地解决推力轴承的结构和工艺，以及推力轴承安放的位置等问题. 从推力轴承安放的位置，立式水轮发电机可以分为悬吊式和伞式两种不同的结构. 图 12-6是它们的示意图.

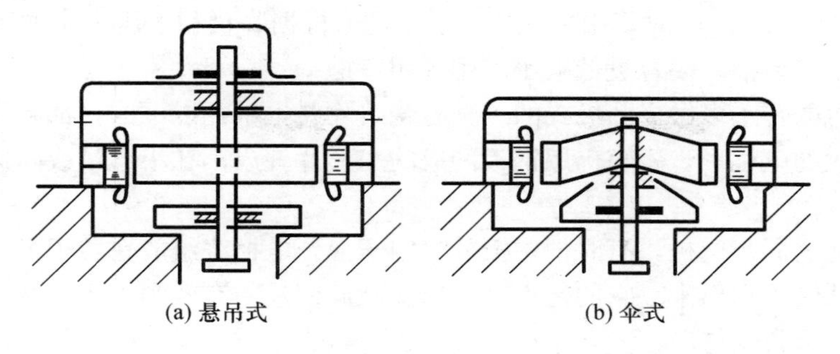

图 12-6　立式水轮发电机

悬吊式结构是把推力轴承放在转子的上部，整个转子都悬挂在推力轴承上，见图 12-6（a）. 伞式的是把推力轴承放在转子的下部，见图 12-6（b）. 目前，这两种结构都使用，悬吊式结构稳定性好，用在转速高的水轮发电机里；伞式的轴向长度小，可以降低厂房的高度，用在低速水轮发电机里.

水轮发电机的转子是由磁轭、磁极、励磁绕组、转子支架、转轴等组成的.

磁极由 1～1.5mm 厚的钢板冲成磁极冲片，用铆钉装成一体. 磁极上套有励磁绕组，而励磁绕组是由扁铜线绕制而成的.

磁极的极靴上还有阻尼绕组. 阻尼绕组是由一根根的裸铜条，放入极靴的阻尼槽中，然后在两端面用铜环焊在一起，形成一个短接的回路，如图 12-7 所示.

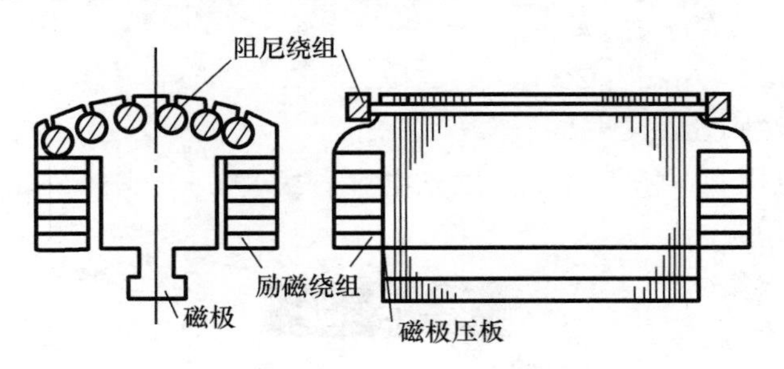

图 12-7　磁极装配

磁轭通过转子支架与轴连接. 立式水轮发电机中，除了推力轴承外，还装有导轴承. 在悬吊式机组里，一般装有两个导轴承；在伞式机组里，只装一个. 装导轴承的目的是保持机组运行稳定.

有的水轮发电机由于直径很大，为了便于运输，把定子铁心连同机座一起分成数瓣，把分瓣的定子运到工地后，再拼成一个整圆定子.

为了保护推力轴承，在转子下面的机架上装有制动器. 它的作用是在电机停机过程中，当转速较低时，推力轴承中轴瓦上不能形成油膜. 为了避免干摩擦，损坏轴瓦，当转速低到一定程度时，用制动器就可很快地把转子停下来.

3. 中小型同步电机

中小型同步电机，指容量在几十、几百到几千千瓦的同步电机，它们可以作为发电机、电动机或补偿机运行. 从结构上来看，它们之间的差别不大.

中小型同步电机多做成卧式的. 定子铁心也是由硅钢片叠装成的. 当铁心外径小于 1m

时，用整圆冲片；大于 1m 时，用扇形片．定子槽形根据容量和电压大小的不同而不同．大容量高电压多用开口槽；小容量低电压多用半闭口槽．

中小型电机的转子多做成凸极式的．励磁绕组除几十千瓦以下的，都采用扁铜线边绕而成．在容量较大的电机里，磁轭仍用钢板冲成的扇形片叠成；在小容量或高速电机里，多用铸钢铸成．

只有几千瓦的同步电机，有时把磁极放在定子上，电枢绕组放在转子上，用三个集电环把三相交流电从转子引出来．它的优点是可以提高硅钢片的有效利用率，并把定子磁轭和机座合二为一，以节省钢材．

中小容量同步电机的转子有两种支承方法：一种是座式轴承；一种是端盖轴承．轴承也有两种：滑动轴承与滚动轴承．

近年来，由于半导体的发展，有的同步发电机用半导体整流供给励磁，并且做成自励式的，也叫自励恒压式，使用起来很方便．

4. 同步电机的额定值

同步电机的铭牌如下：

(1) 电机的型号；

(2) 额定功率 P_N (kW)；

(3) 额定电压 U_N (V)；

(4) 额定电流 I_N (A)；

(5) 额定转速 n_N (r/min)；

(6) 额定功率因数 $\cos\varphi_N$；

(7) 额定励磁电压 U_f (V) 和额定励磁电流 i_f (A)；

(8) 额定温升 (℃)．

思 考 题

12-1 汽轮发电机和水轮发电机的主要结构特点是什么？为什么有这样的特点？

12-2 什么叫同步电机？其频率、极对数和同步转速之间有什么关系？一台 $f=50\text{Hz}$、$n=3000\text{r/min}$ 的汽轮发电机的极数是多少？一台 $f=50\text{Hz}$、$2p=100$ 的水轮发电机的转速是多少？

习 题

12-1 一台同步电动机，额定频率为 $f_N=50\text{Hz}$，极对数 $p=4$，求额定转速为多少？

12-2 一台水轮发电机，额定转速 $n_N=500\text{r/min}$，额定频率 $f_N=50\text{Hz}$，试确定其极对数．

12-3 一台三相同步发电机的数据如下：额定容量 $S_N=20\text{kV}\cdot\text{A}$，额定功率因数 $\cos\varphi_N=0.8$ (滞后)，额定电压 $U_N=400\text{V}$．试求该发电机的额定电流 I_N 及额定运行时发出的有功功率 P_N 和无功功率 Q_N．

第十三章　同步电机的基本电磁关系

前面几章已分别讨论过同步发电机的基本结构、磁路、定子绕组中的感应电动势及磁动势等. 在此基础上，本章进一步讨论发电机在运行中的问题.

研究发电机的电磁关系是了解发电机设计和运行问题的理论基础，对解决同步电机设计和运行方面的许多问题具有重要的意义.

13-1　同步发电机的空载运行

当原动机把同步发电机拖动到额定转速后，如果在发电机的励磁绕组里通入励磁电流，就会在气隙里产生磁通. 电枢绕组切割气隙磁通，产生了对称的三相电动势. 定子绕组开路，不接负载的情况称为同步发电机的空载运行. 空载时的电枢绕组感应电动势称为发电机的空载电动势 E_0，这时 E_0 等于定子端电压 U.

本节将讨论同步发电机在空载运行时的基本电磁关系. 首先研究转子励磁磁动势的空间分布，引出转子磁动势空间矢量，找出电机气隙中的磁通密度分布波形，引出气隙磁通密度矢量，进而讨论定子绕组中感应电动势时间相量，并找到感应电动势时间相量和磁动势空间矢量间的关系，最后得到发电机的空载特性曲线，它反映了空载电动势 E_0 和励磁电流 i_f 之间的数量关系.

1. 基波励磁磁动势

同步发电机的励磁绕组通常在转子上，当励磁绕组中通入直流电流后，产生的磁动势简称励磁磁动势，随转子一起转动，从定子上看，它也是一个旋转磁动势，可以用前面分析电枢绕组磁动势的方法来分析.

先分析凸极同步电机，图 13-1（a）是一个凸极同步电机的示意图. 转子上的励磁绕组中通入一个直流电流 i_f，一对磁极的匝数为 N_f，它将在电机内部产生磁场. 定子上用三个集中整距线圈来代表实际的三相分布绕组，集中线圈的匝数等于分布绕组的有效匝数 N_1k_{dp1}，图中画出了各相绕组感应电动势的正方向. 为了作图方便，把气隙圆周展开成直线，定子在下面，转子在上面，如图 13-1（b）所示. 仍把直角坐标系建立在定子的内表面上，横坐标表示沿圆周方向的空间距离，用电角度 α 表示，选线圈 AX 的轴线处作为坐标原点，即 $\alpha=0$ 处. 规定从定子到转子作为磁动势正方向. 由于转子励磁绕组产生一对极的磁动势为 N_fi_f，它在每个气隙上的磁动势是$\frac{1}{2}N_fi_f$. 当 α 为$-\frac{\pi}{2}\sim+\frac{\pi}{2}$时，气隙磁动势方向是出定子进转子，气隙磁动势为$+\frac{1}{2}N_fi_f$，当 α 为$+\frac{\pi}{2}\sim+\frac{3\pi}{2}$时，气隙磁动势方向是出转子进定子，气隙磁动势为$-\frac{1}{2}N_fi_f$. 把励磁绕组产生的气隙磁动势波形画在图 13-1（b）上，它是一个矩形波，图中的 $F_f=\frac{1}{2}N_fi_f$ 表示了每极磁动势的幅值.

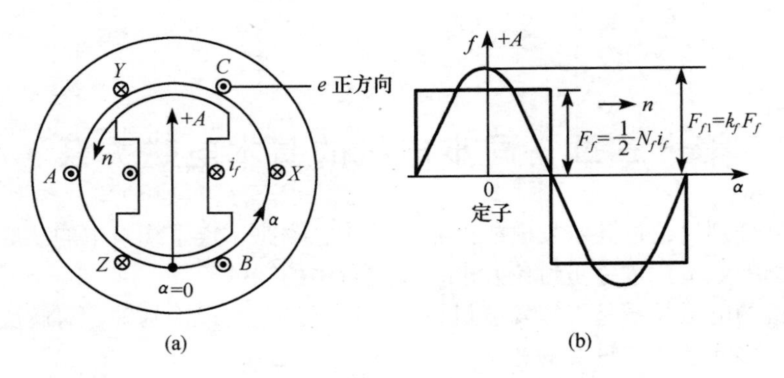

图 13-1　凸极电机的励磁磁动势

可以通过傅里叶级数将矩形波磁动势分解为基波及谐波，其基波磁动势的幅值为 $F_{f1}=\frac{4}{\pi}F_f=k_fF_f$，$k_f$ 称为励磁磁动势波形因数，它的意义是

$$k_f=\frac{\text{励磁磁动势基波幅值}}{\text{励磁磁动势最大值}}$$

对于凸极同步电机，$k_f=\frac{4}{\pi}$.

在上述规定的正方向下，励磁磁动势基波正幅值的位置通常位于转子 S 极中心对应的气隙处，在画图的瞬间，正好与 A 相轴线重合，即在 $\alpha=0$ 的地方，当然它随着转子一道，以同步转速 n 顺着 α 正方向旋转.

隐极同步发电机转子励磁绕组的安排，如图 13-2（a）所示. 励磁绕组放在磁极两边的槽里，为了使励磁磁动势的波形能够接近正弦形，在磁极的中间部分不放绕组. 转子的其余部分开了槽，并在槽中放入线圈. 在图 13-2 中放了 11′、22′、33′、44′四个线圈. 将它们串联起来组成整个励磁绕组.

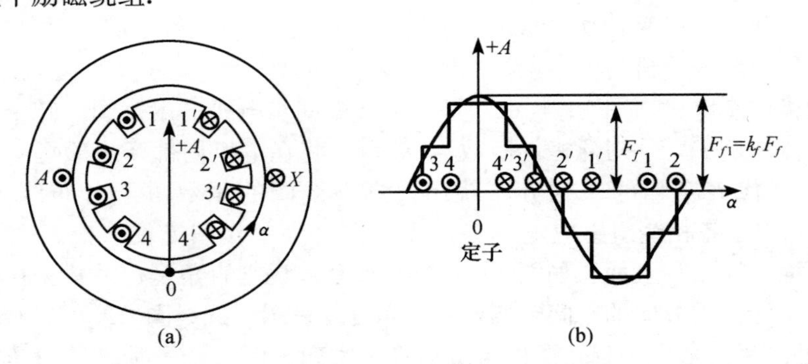

图 13-2　隐极电机的励磁磁动势

励磁绕组中通入直流电后，励磁磁动势沿电机圆周方向的分布波形是图 13-2（b）所示的阶梯波，它的最大值 F_f 为

$$F_f=\frac{1}{2}i_fN_f$$

利用傅里叶级数，把这个阶梯形磁动势的基波分出来，其幅值为 $F_{f1}=k_fF_f$，下面说明隐极电机的励磁磁动势波形因数 k_f.

在图 13-2（a）里，用 Q_2'代表转子槽的分度数，所谓分度数，就是假想沿转子表面都开成等距离的槽，这些槽的总数就是 Q_2'. 用 Q_2 代表转子上实际具有的总槽数. 令 $\gamma=\frac{Q_2}{Q_2'}$，k_f 的大小与 γ 有关. 当 γ 已知，k_f 的数值可以从表 13-1 中查出.

表 13-1　隐极电机励磁磁动势波形因数

γ	0.6	0.66	0.7	0.75	0.8
k_f	1.09	1.06	1.03	1	0.965

从表 13-1 中看出，当 $\gamma=0.75$ 时，k_f 的数值近于 1，也就是说，励磁磁动势波形是比较接近于正弦波的. 汽轮发电机的励磁绕组也就是按照 $\gamma=0.67\sim0.8$ 这样的范围来设计的.

为了分析问题方便，隐极同步电机的励磁绕组也用等效的集中整距线圈代替，如图 13-3（a)表示. 图 13-3（b）是励磁磁动势的基波波形图，它随转子以同步速在空间旋转.

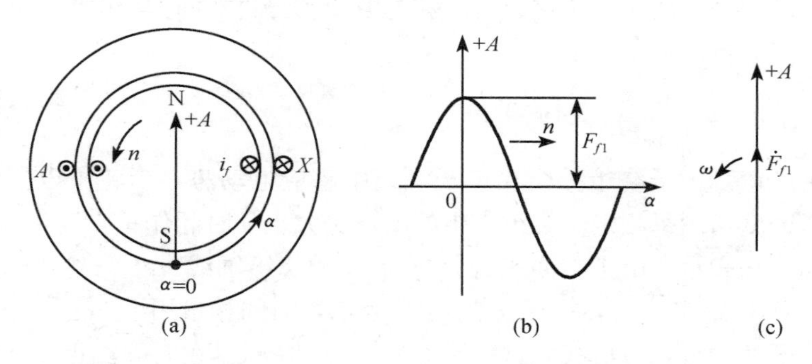

图 13-3　隐极电机基波励磁磁动势

2. 基波励磁磁动势空间矢量

上面分析了转子励磁绕组产生的励磁磁动势，其中最主要的也是最有用的量是幅值为 k_fF_f 的基波励磁磁动势，它随转子一起旋转，转速也是同步速 n. 这是一个旋转磁动势，可用空间矢量 $\dot{F}_{f1}$ 来表示. 空间参考轴仍选在定子 A 相绕组轴线 $+A$ 处，该处为 $\alpha=0$. 根据空间矢量的画法，矢量长度等于基波磁动势的幅值 $F_{f1}=k_fF_f$，矢量位置在基波磁动势正幅值的地方，矢量以同步电角速度 ω 逆时针方向转动. 以图 13-3（a）表示的隐极机为例，画出励磁磁动势的基波空间矢量图，如图 13-3（c）所示. 因为图 13-3（a）表示的瞬间，转子轴线恰好与定子 $+A$ 轴重合，转子的初始位置（即 S 极中心在坐标轴 α 上的位置）为 $\alpha_0=0$，所以空间矢量 $\dot{F}_{f1}$ 在这个瞬间是和 $+A$ 轴重合的，但它以同步电角速度 ω 逆时针方向转动.

3. 基波气隙磁通密度空间矢量

基波励磁磁动势会在气隙中产生磁通密度波，在隐极电机中，气隙均匀，当铁心不饱和时，气隙磁通密度与磁动势成正比，基波磁动势产生了正弦波磁通密度，在不考虑磁滞涡流效应时，磁通密度波的相位和磁动势波的相位也相同，如图 13-4（a）所示，一个正弦分布的磁通密度波也可以用空间矢量 $\dot{B}_0$ 表示，如图 13-4（b）所示.

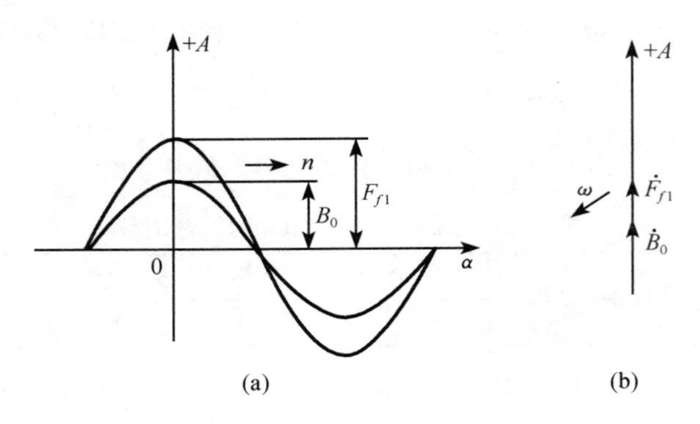

图 13-4　基波磁动势和磁通密度

在凸极电机中，由于电机中气隙不均匀，即使铁心不饱和，气隙中产生的磁通密度大小与磁动势大小也不成正比，基波励磁磁动势在气隙中产生的磁通密度波是非正弦分布. 磁通密度波还要分出基波和谐波，基波磁通密度和基波磁动势仍然同相位. 凸极电机的这一特殊性还将在后面专门分析.

4. 定子绕组一相的感应电动势、时间相量 $\dot{E}_0$

气隙磁通密度切割定子绕组，会在定子绕组中感应电动势，当转子以同步转速 n 转动时，正弦波磁通密度切割每相定子绕组产生的电动势大小随时间作正弦变化，一相感应电动势可以用时间相量来表示，由于空间坐标是选择 A 相绕组轴线 $+A$ 为参考轴，时间相量也分析 A 相的量，A 相感应电动势的有效值用 E_0 表示，时间相量用 $\dot{E}_0$ 表示. 对于隐极电机，根据 $\omega t=0$ 时转子的位置，可以找到这一瞬时感应电动势 $\dot{E}_0$ 在时间相量图上的相位. 先看转子的两个特殊初始位置. 第一个特殊位置如图 13-5（a）所示，即 $\omega t=0$ 时转子 S 极中心在空间坐标上的位置是 $\alpha_0=0$. 图中规定了定子相绕组中电动势的正方向，它与轴线 $+A$ 是符合右手关系的. 由于该瞬间 S 极中心与 A 相轴线重合，这时 $\dot{F}_{f1}$ 及 $\dot{B}_0$ 均与 $+A$ 轴重合，如图 13-5（b）所示. 这时 A 相线圈边处于极间，磁通密度为 0，这时 A 相绕组的感应电动势瞬时值为 0. 将时间相量 $\dot{E}_0$ 表示在图 13-5（c）中，$\dot{E}_0$ 应画在水平位置，这时对时间轴 $+\mathrm{j}$ 的投影为零，表示这一瞬间电动势瞬时值为零，其初相角 $\varphi_0=-90°$. 转子第二个特殊位置，是 $\omega t=0$ 时 S 极中心在空间坐标上的位置是 $\alpha_0=90°$，表示在图 13-6（a）中. 这时 $\dot{F}_{f1}$ 及 B_0 均超前 $+A$ 轴 90°，如图 13-6（b）所示. 由于该瞬间转子 S 极中心在空间超前 $+A$ 轴 90°，A 相线圈边处于磁极中心，磁通密度最大，A 相绕组感应电动势瞬时值为正最大值.

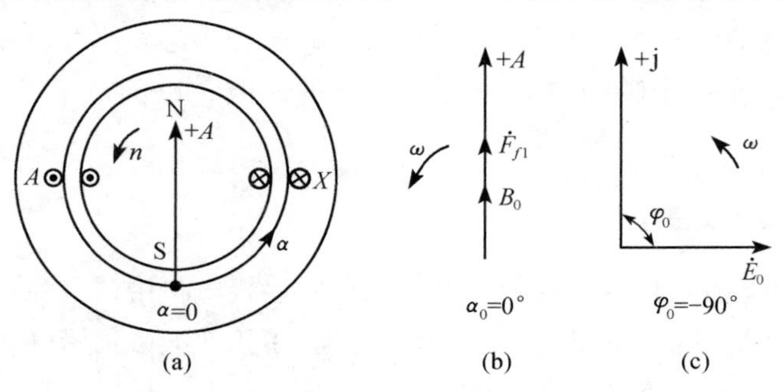

图 13-5　$\alpha_0=0°$的空间矢量图和时间相量图

将时间相量 $\dot{E}_0$ 画在图 13-6（c）中，$\dot{E}_0$ 与+j 轴重合，初相角 $\varphi_0=0$. 从上述两种情况可以看到，空间矢量 $\dot{F}_{f1}$ 及 $\dot{B}_0$ 在空间参考轴+A 上的初相角 α_0 与 A 相时间相量 $\dot{E}_0$ 在时间参考轴+j 的初相角 φ_0 之间存在一定的关系，即 $\varphi_0=\alpha_0-90°$. 这个结论不仅适合于 $\omega t=0$ 时转子处于上述两种位置，也适合于转子在任何位置的情况. 因为转子在空间转过某一个电角度，一相电动势相量在时间上也会移过同样的电角度.

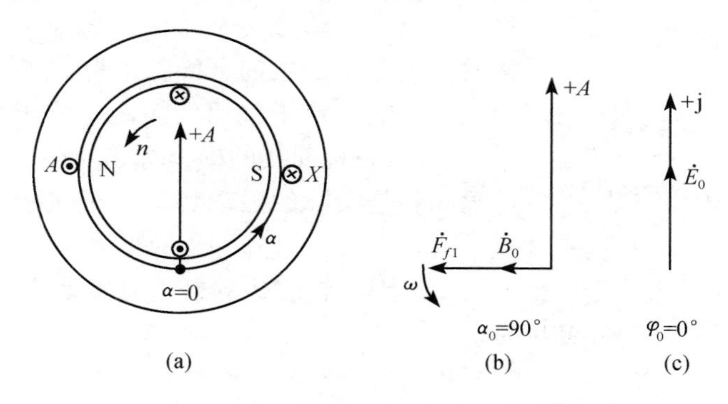

图 13-6　$\alpha_0=90°$的空间矢量图和时间相量图

5. 时空相-矢量图

通过以上分析可知，时间相量 $\dot{E}_0$ 和空间矢量 $\dot{F}_{f1}$ 及 $\dot{B}_0$ 具有紧密的电磁关系. 如果已知某一瞬间转子相对+A 轴的空间初始位置，就可画出 $\dot{F}_{f1}$ 和 $\dot{B}_0$ 在空间矢量图上的位置，也就可知 $\dot{E}_0$ 在时间相量图上的位置. 为了方便起见，常把时间相量图和空间矢量图重合在一起，办法是将空间矢量参考轴+A 与时间相量参考轴+j 重合在一起，成为时间空间相量矢量图，简称时空相-矢量图. 图 13-5 和图 13-6 的两种情况下的时空相-矢量图分别如图 13-7（a）和（b）所示.

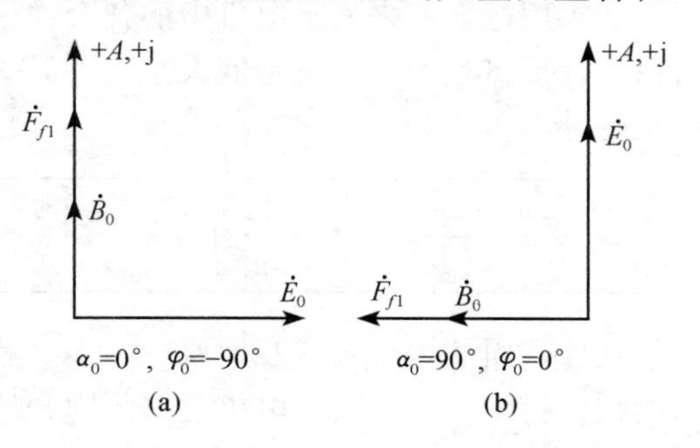

图 13-7　空载时的时空相-矢量图

从时空相-矢量图上可以看到，时间相量 $\dot{E}_0$ 滞后于空间矢量 $\dot{F}_{f1}$（或 $\dot{B}_0$）90°电角度. 当然，时间相量和空间矢量的物理意义是截然不同的，放在一个图上本来是没有意义的，现在把它们重合在一个图上的目的是找矢量方便，为后面画同步电机相、矢量图打下基础. 如果知道空间矢量可以很快找到时间相量，反之，如果知道时间相量，也可以很快找到空间矢量. 至于 $\dot{F}_{f1}$（或 $\dot{B}_0$）与 $\dot{E}_0$ 相差 90°电角度，也是没有明确的物理意义的，它们是在特定的条件下，即+A 与+j 轴重合的条件下造成的.

6. 空载特性

上面分析了同步电机励磁磁动势和定子一相绕组感应电动势之间的物理联系，并且用时空相-矢量图表达了它们之间的定性关系. 现在要进一步表示它们之间的定量关系，也就是要知道一定大小的励磁电流 i_f（或励磁磁动势 F_f）能产生多大的感应电动势. 通常经过计算或试验可以得到一台同步电机的空载特性，它表示了 $E_0=f(i_f)$ 的函数关系. 一般电机

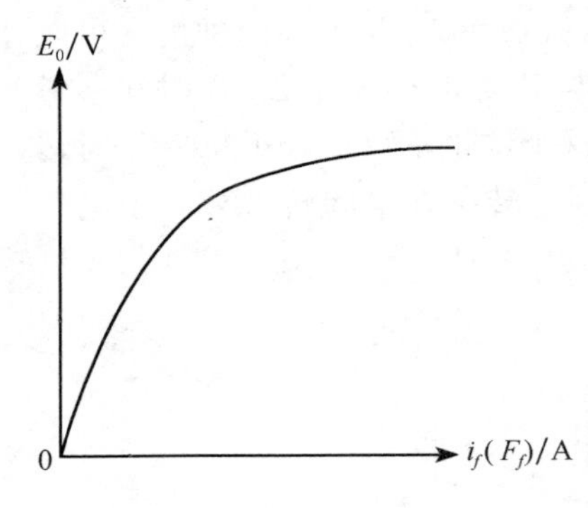

图 13-8 同步电机的空载特性曲线

的空载特性是一条饱和曲线，如图 13-8 所示. 由于电机的铁心磁路具有饱和特性，励磁电流与它在电机气隙中产生的磁通不是线性关系，所以感应电动势和励磁电流也不是线性关系.

空载特性曲线的纵坐标是电动势 E_0，它是定子一相绕组中感应电动势的有效值，它基本上是由气隙中基波磁通密度感应产生的（气隙中谐波磁通密度感应的谐波电动势，通过定子绕组的短距、分布被削弱，变得很小了）. 空载特性曲线的横坐标是实际的励磁电流，它产生的磁动势是实际的磁动势 F_f，而不是基波磁动势 k_fF_f，这点必须明确. 另外一点是空载特性虽然是在同步发电机空载情况下（定子电流为零）得到的，但因为它表达的是励磁磁动势感应电动势的能力，所以在发电机负载情况下仍能使用.

在此需要附带说明一下，在研究同步电机时，各物理量单位也可用标幺值表示. 各物理量标幺值的基值规定如下：

（1）电压基值选额定电压；

（2）电流基值选额定电流；

（3）阻抗基值选额定相电压和额定相电流的比值；

（4）励磁电流的基值在同步电机稳态运行时，选择电机空载运行产生额定端电压时所加的励磁电流值.

如果用标幺值来表示电机中的各个物理量，每个物理量的数值写起来就比较简单，并且对每个物理量是否达到额定值大小，可以一目了然. 下面是一台同步电机的用标幺值表示的空载特性：

$\underline{E}_0$	0	0.6	1.00	1.16	1.25	1.32	1.37
$\underline{i}_f$	0	0.5	1.00	1.50	2.00	2.50	3.00

从这一组数据可以直观地看到，当空载电压超过额定值后，励磁电流的增长比空载电压的增长快得多，这反映了电机磁路的饱和特性.

13-2 对称负载时的电枢反应

同步发电机带上负载后，定子三相对称绕组中流过三相对称电流，由第十二章的分析可知，定子绕组会产生一个磁动势，简称电枢磁动势，它改变了电机空载运行时单独由励磁磁动势产生气隙磁通的情况，这时将由励磁磁动势和电枢磁动势合成一个总磁动势来产生气隙磁通，在定子绕组中感应电动势. 电枢磁动势对励磁磁动势的影响就称为电枢反应. 电枢反应就是研究电枢磁动势对励磁磁动势作用的性质，这将对电机内部的电磁关系产生深刻的变化. 我们首先对比一下这两种磁动势的性质.

（1）定子三相对称绕组产生的电枢磁动势.

当定子三相对称绕组中流过三相对称电流时，三相绕组就会产生基波电枢磁动势和谐波电枢磁动势，这里仅研究基波电枢磁动势.

基波电枢磁动势的幅值：$F_1 = 1.35\dfrac{N_1 I_1}{p} k_{dp1}$ (A).

基波电枢磁动势的转速：$n_1 = \dfrac{60 f_1}{p}$ (r/min).

基波电枢磁动势的转向：沿通电相序 A、B、C 的方向，它与转子转向是相同的.

基波电枢磁动势的极对数：它和绕组节距有关，基波磁动势的波长为 2τ，基波极对数和转子极对数 p 相同.

(2) 转子绕组产生的励磁磁动势.

当转子绕组中通入直流电流后，产生基波励磁磁动势和谐波励磁磁动势，我们也只研究基波励磁磁动势，它随转子同步速旋转，当空间坐标建立在定子上时，它也是一个旋转磁动势.

基波励磁磁动势的幅值：$F_{f1} = k_f \cdot \dfrac{1}{2} N_f i_f$ (A).

基波励磁磁动势的转向：和转子转向一样.

基波励磁磁动势的转速：和转子转速一样，为同步速.

基波励磁磁动势的极对数：和转子磁极的对数一样.

由上面分析知道，基波电枢磁动势和基波励磁磁动势的转速、转向、极对数均相同，任何时刻两者之间无相对运动，因此可以将两个磁动势合成，合成磁动势将是一个同样转向、转速、极对数的旋转磁动势，由它在电机中产生气隙磁通.

至于定子绕组产生的谐波电枢磁动势，它们的转速、转向、极对数各不相同，走的磁路也和基波磁通不同，它们和励磁磁动势没有固定的作用，不能和励磁磁动势合成. 通常将它们的作用考虑在漏磁通之中.

对于转子绕组产生的谐波励磁磁动势，本来就是很小的，它们的极对数较多，在气隙中产生谐波磁通，在定子绕组中感应高次谐波电动势，由于同步电机定子绕组采用短距、分布绕组，绕组中产生的谐波电动势极小，可以忽略不计.

下面我们就来研究基波电枢磁动势（常用空间矢量 $\dot{F}_a$ 来表示）对基波励磁磁动势 $\dot{F}_{f1}$ 的作用. 设空载时定子一相电动势为 $\dot{E}_0$，加上负载后，电枢绕组中流过一相电流为 $\dot{I}$，当发电机所加的负载性质不同时，如负载为电阻、电感或电容，就会使 $\dot{E}_0$ 和 $\dot{I}$ 之间的相位差 ψ 不同，ψ 称为内功率因数角，它与电机的内阻抗及外加负载性质有关. ψ 不同，电枢反应的性质也不同. 以下分四种情况来讨论.

1. $\psi = 0°$、$\cos\psi = 1$ 的情况

设 $\omega t = 0$ 时，转子位置如图 13-9 (a) 所示，转子 S 极中心在空间坐标轴上的位置，即 $\dot{F}_{f1}$ 的位置是 $\alpha_0 = 90°$，作时空相-矢量图，如图 13-9 (b) 所示，A 相电势 $\dot{E}_0$ 滞后 $\dot{F}_{f1}$ 90°电角度，正好与 +j 轴重合. 根据 $\psi = 0°$ 找出 A 相电枢电流相量 $\dot{I}$ 的位置，$\dot{I}$ 与 $\dot{E}_0$ 重合. 参照第十二章分析三相电枢绕组电流产生旋转磁动势的方法，哪一相电流达到正最大值时，三相合成旋转磁动势 $\dot{F}_a$ 就转到该相轴线的位置，可以找到 $\dot{F}_\alpha$ 在时空相-矢量图上的位置，这时 $\dot{F}_\alpha$ 将与 +A 轴重合. 最后可以将转子磁动势 $\dot{F}_{f1}$ 和定子电枢反应磁动势 $\dot{F}_\alpha$ 合成，得到合成磁动势 $\dot{F}_\delta$，即 $\dot{F}_\delta = \dot{F}_{f1} + \dot{F}_a$.

从时空相-矢量图上可以看到 $\dot{E}_0$ 滞后于 $\dot{F}$ 90°电角度，$\dot{I}$ 与 $\dot{F}_a$ 重合. 实际上，时空相-矢量图上 $\dot{I}$ 与 $\dot{F}_a$ 重合是普遍规律，和 ψ 角无关，说明如下. 若已知 $\omega t = 0$ 时 A 相电流在时

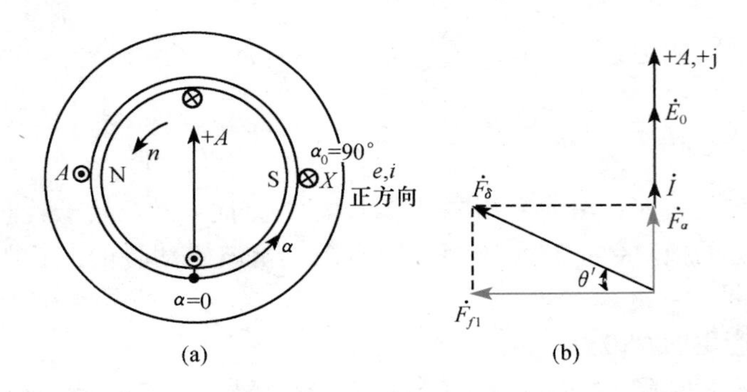

图 13-9　$\psi=0°$时的电枢反应

间轴上的位置如图 13-10（a）所示，$\dot{I}$ 的初相角为 α，则经过 α 时间电角度后 $\dot{I}$ 将转到 $+\mathrm{j}$ 轴位置，A 相电流成为正最大值，该时刻三相电流产生的合成基波旋转磁动势 $\dot{F}_a$ 将转到与 $+A$ 轴重合，所以 $\omega t=0$ 时刻 $\dot{F}_a$ 应在滞后 $+A$ 轴一个空间电角度 α 处．如图 13-10（b）所示，将 $+\mathrm{j}$ 轴和 $+A$ 轴重合，则在图 13-10（c）上必然得到 $\dot{I}$ 将与 $\dot{F}_a$ 重合．当然这一结论必须在时间量和空间参考轴都取同一相的量时才能得到．

从 $\psi=0°$ 的时空相-矢量图看到，这时电枢反应磁动势 $\dot{F}_a$ 滞后 $\dot{F}_{f1}$ 90°空间电角度，称为交轴电枢反应磁动势（一般把通过两个磁极之间的轴线叫交轴，也叫 q 轴），这时合成磁动势 $\dot{F}_\delta$ 和 $\dot{F}_{f1}$ 不在一个方向上，相差一个 θ' 角，它的物理意义将在后面说明．

2. $\psi=90°$滞后、$\cos\psi=0$ 的情况

仍假定 $\omega t=0°$ 时，转子位置为 $\alpha_0=90°$，在图 13-11 的时空相-矢量图中画出 $\dot{F}_{f1}$，根据 $\psi=90°$ 滞后，可以画出相量 $\dot{I}$，再根据 $\dot{F}_a$ 与 $\dot{I}$ 重合画出 $\dot{F}_a$ 来，再将 $\dot{F}_{f1}$ 与 $\dot{F}_a$ 合成得 $\dot{F}_\delta$．从图中可知 $\psi=90°$ 滞后时的电枢反应特点：$\dot{F}_a$ 与 $\dot{F}_{f1}$ 相位差为 180°，$\dot{F}_a$ 作用在 $\dot{F}_{f1}$ 的相反方向上，对 $\dot{F}_{f1}$ 起去磁作用，称为直轴去磁电枢反应磁动势（一般把通过磁极中心线的轴线叫直轴，也叫 d 轴）．直轴去磁电枢反应使合成磁动势 $\dot{F}_\delta$ 比 $\dot{F}_{f1}$ 减小，气隙磁通密度将比空载时减小，感应电动势相应减小．这时 $\dot{F}_\delta$ 与 $\dot{F}_{f1}$ 为同一方向，$\theta'=0°$．

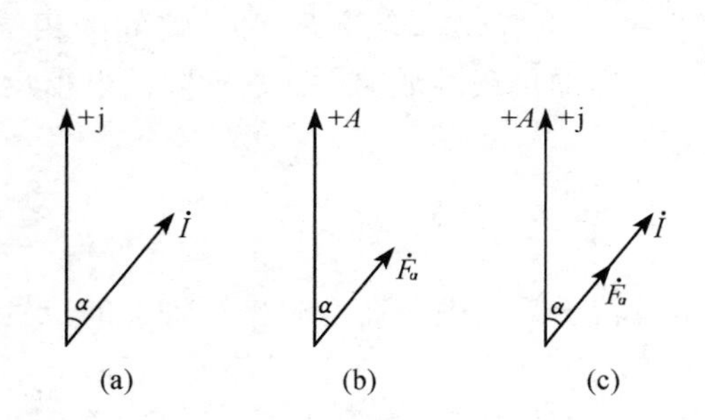

图 13-10　电枢磁动势

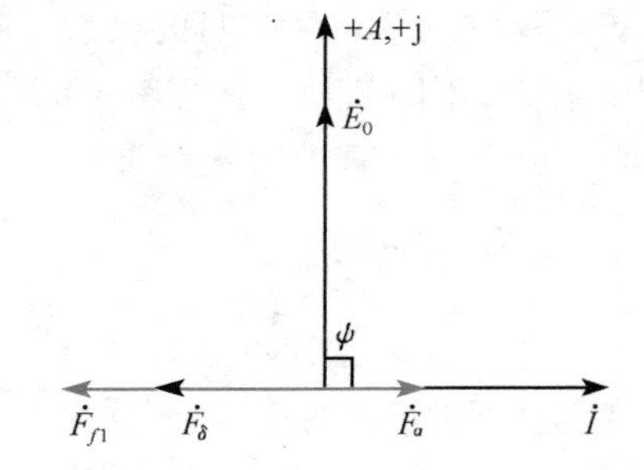

图 13-11　$\psi=90°$滞后时的电枢反应

3. $\psi=90°$超前、$\cos\psi=0$ 的情况

仍在转子位置 $\alpha_0=90°$ 时作时空相-矢量图，在图 13-12 中，$\dot{F}_{f1}$ 及 $\dot{E}_0$ 的位置仍不变，根据 $\psi=-90°$ 得到相量 $\dot{I}$，它超前 $\dot{E}_0$ 90°电角度，作出 $\dot{F}_a$ 矢量与相量 $\dot{I}$ 重合，再得到合成磁动势 $\dot{F}_\delta$．可以看到 $\psi=90°$ 超前时的电枢反应特点：$\dot{F}_a$ 与 $\dot{F}_{f1}$ 同方向，对 $\dot{F}_{f1}$ 起增磁作用，称为

直轴增磁电枢反应磁动势，这时合成磁动势 $\dot{F}_\delta$ 比 $\dot{F}_{f1}$ 增大，气隙磁通密度将比空载时增大，感应电动势相应增大．这时 $\dot{F}_\delta$ 与 $\dot{F}_{f1}$ 也为同一方向，$\theta'=0°$．

4. ψ 为滞后的一个任意角

这是同步发电机加一般负载的情况．仍以转子位置为 $\alpha_0=90°$ 的瞬间来作时空相-矢量图，图 13-13 表示 ψ 为滞后的某一角度，这时电枢反应磁动势既不在直轴，也不在交轴，得到的合成磁动势 $\dot{F}_\delta$ 与 $\dot{F}_{f1}$ 相差一个 θ' 角．这时的电枢反应磁动势 $\dot{F}_a$ 可以分解为两个分量：一个分量是沿直轴方向的分量 $\dot{F}_{ad}$，称为直轴电枢反应磁动势分量，对 $\dot{F}_{f1}$ 起去磁作用；另一个分量是沿交轴方向的分量 $\dot{F}_{aq}$，称为交轴电枢反应磁动势分量，它的出现使合成磁动势 $\dot{F}_\delta$ 和 $\dot{F}_{f1}$ 偏离，产生了 θ' 角．

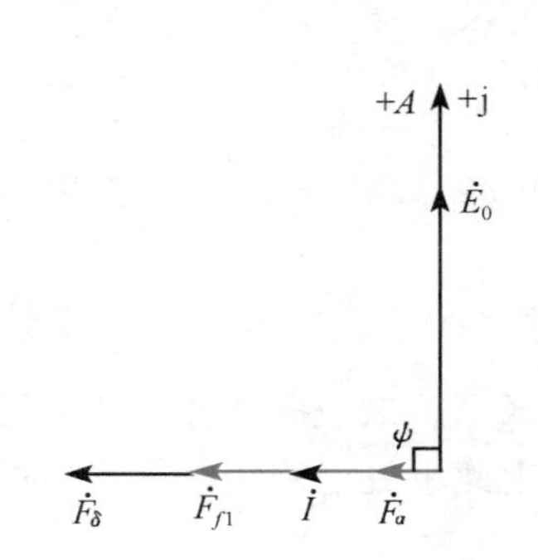

图 13-12　$\psi=90°$超前时的电枢反应

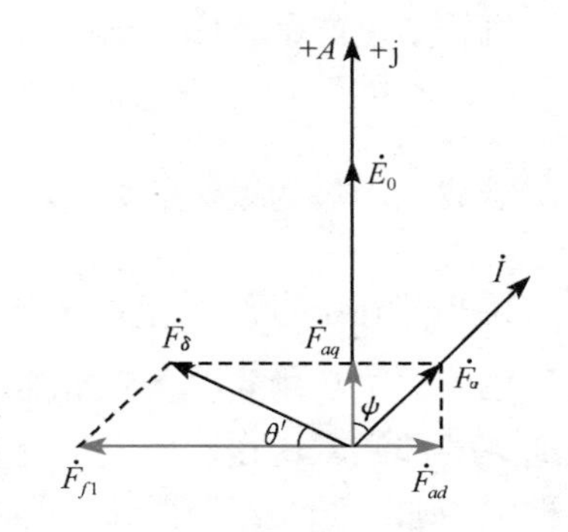

图 13-13　ψ 为任意角时的电枢反应

13-3　隐极同步发电机的电动势相量图

1. 负载电流对端电压的影响

一台同步发电机在空载运行时，调节励磁电流使它的空载电压为额定值，然后保持励磁电流不变，给发电机分别带上可变的电阻负载、电感负载及电容负载，同时观察发电机端电压和负载电流变化情况．图 13-14 是一台小型发电机带上不同性质负载，根据实际量测的数据画成的曲线．

从图中曲线可以看出，发电机的端电压是随着负载电流的变化而变化的．在三种不同负载的情况下，它的变化规律也是不同的．在电阻负载时，负载电流增大，端电压下降；在电感负载时，负载电流增大，端电压下降得更严重；在电容负载时，情况就不一样了，负载电流增大，端电压不但不下降，反而上升．这说明，即使是同一台发电机，励磁电流一样，负载电流也一样，由于负载性质的不同，端电压变化就不同了．也就是说，发电机端电压的变化，不仅与负载电流的大小有关，还与负载的性质有关．为什么会发生这种现象呢？必须要进一步研究发电机带负载时内部的电磁关系．

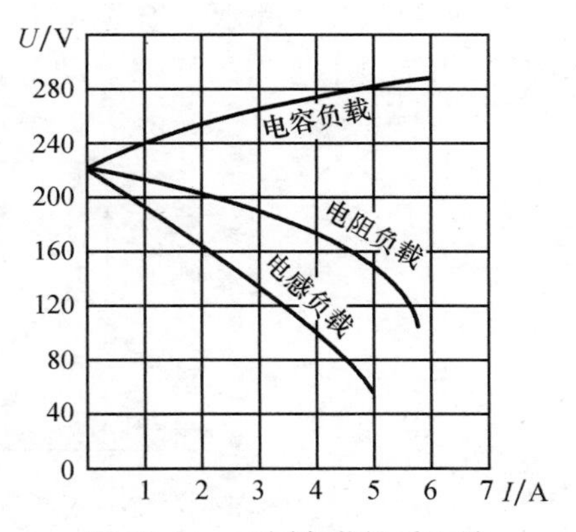

图 13-14　不同负载性质下端电压变化曲线

2. 负载时定子绕组一相的电压方程式

同步发电机加负载后，有了负载电流 $\dot{I}$，电枢绕组要产生电枢反应磁动势 $\dot{F}_a$. $\dot{F}_a$ 与基波励磁磁动势 $\dot{F}_{f1}$ 合成，得到合成磁动势 $\dot{F}_\delta$，它将在气隙中产生磁通密度波，通常用空间矢量 B_δ 表示. $\dot{B}_\delta$ 以同步转速旋转，在定子每相绕组中感应电动势为 $\dot{E}_\delta$. 此外，电流 $\dot{I}$ 流过定子绕组，还要在每相绕组中产生电阻压降和漏电抗压降.

图 13-15（a）画的是定子槽内导体中流过电流后产生的漏磁通，这部分磁通显然不进入转子里去. 图 13-15（b）是定子绕组端部流进电流时产生的磁通，由于距离转子较远，绝大部分磁通也不进入转子，叫端部漏磁通. 除了上述两种定子漏磁通外，在交流电机里，通常把定子绕组中由高次谐波磁动势产生的高次谐波磁通归入漏磁通，叫谐波漏磁通. 这些谐波漏磁通在电机转子里产生感应电动势的频率，与基波磁通在转子绕组里产生感应电动势的频率不一样，所以不能一道考虑. 但它们在定子绕组里产生感应电动势的频率却为 f_1，这是因为，高次谐波磁动势的极对数为 νp，而相对于定子的转速为 $\frac{n_1}{\nu}$，对定子的频率 $f_\nu=\left(\frac{n_1}{\nu}\nu p\right)\Big/60=f_1$，当然在定子绕组里就要产生基波频率的感应电动势. 为了计算方便，把它们归到漏磁通里. 为了与槽漏磁通、端部漏磁通相区别，谐波漏磁通又叫差漏磁通，即表明它与槽漏磁通、端部漏磁通在性质上是有差别的. 由此可见，定子绕组产生的漏磁通包括三个部分：①槽漏磁通；②端部漏磁通；③差漏磁通.

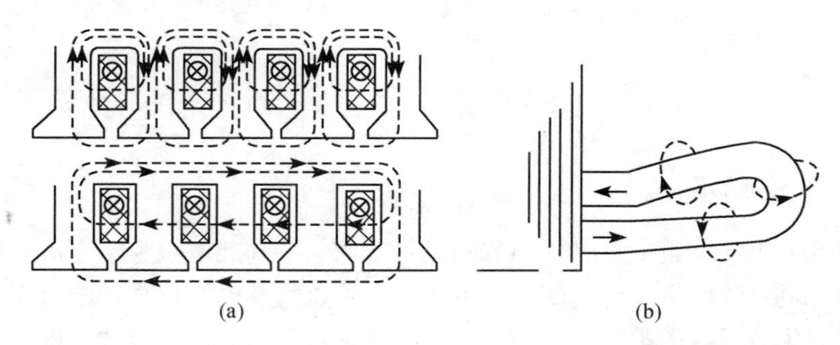

图 13-15 定子绕组的漏磁通

图 13-16（a）表示同步发电机定子绕组各物理量的正方向，定子三相绕组联结成星形，$\dot{E}_\delta$ 是一相绕组中感应的气隙电动势，$\dot{I}$ 是负载电流，$\dot{U}$ 为一相端电压. 正方向是遵循发电

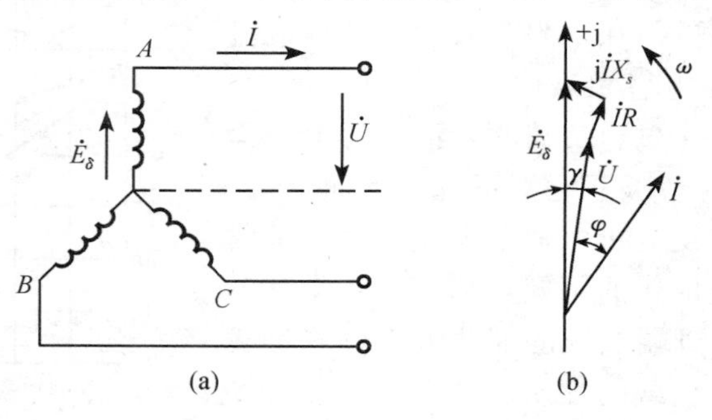

图 13-16 发电机正方向和电压相量图

机惯例规定的，如果每相电阻为 R，每相漏电抗为 X_s，则根据基尔霍夫定律，定子每相的电压方程式为

$$\dot{U}=\dot{E}_\delta-\dot{I}R-\mathrm{j}\dot{I}X_s=\dot{E}_\delta-\dot{I}(R+\mathrm{j}X_s)=\dot{E}_\delta-\dot{I}Z_s \tag{13-1}$$

式中，Z_s 为每相漏阻抗．对于这个电压方程式，我们可用时间相量图表示在图 13-16（b）中，该图是选择气隙电动势 $\dot{E}_\delta$ 为正最大值的瞬间画的，并设负载为感性，即 $\dot{I}$ 滞后电压 $\dot{U}$.

3. 不考虑磁路饱和，隐极机的电动势相量图

同步发电机内部的电磁关系可以表达为

空载时 $i_f\longrightarrow\dot{F}_{f1}\longrightarrow\dot{B}_0\longrightarrow\dot{E}_0$

负载时 $\left.\begin{array}{l} i_f\longrightarrow\dot{F}_{f1} \\ \dot{I}\longrightarrow\dot{F}_a\end{array}\right\}\dot{F}_\delta\longrightarrow\dot{B}_\delta\longrightarrow\dot{E}_\delta=\dot{U}+\dot{I}Z_s$（$\dot{E}_\delta=\dot{U}+\dot{I}Z_s$ 反馈至 $\dot{I}$）

符合上述负载时电磁关系的时空相-矢量图就叫做同步发电机的磁动势电动势相-矢量图．它的基本思想是由励磁磁动势 $\dot{F}_{f1}$ 和电枢反应磁动势 $\dot{F}_a$ 两者合成磁动势 $\dot{F}_\delta$，由 $\dot{F}_\delta$ 产生气隙磁通密度 $\dot{B}_\delta$，由 $\dot{B}_\delta$ 在定子绕组中感生电动势 $\dot{E}_\delta$．这种图能够考虑电机磁路的实际饱和情况，因而能正确地反映电机内部的电磁关系．但因为作图很复杂，还要用到电机的空载特性，所以在实际工程中应用很少．一般采用磁路线性化，得到电机的电动势相量图，进而得到电机的等效电路，使用起来就方便多了．

1）*磁路线性化*

要用参数和等效电路来表达发电机的电磁关系，必须忽略电机磁路的饱和作用，即认为发电机的空载特性不像它原来那样的弯曲形状，而是像图 13-17 所示的 $0o'$ 直线，这条直线是空载特性开始部分的那段直线的延长线，称为电机的气隙线．这是因为，当主磁路中的磁通较少时（或空载电动势 E_0 较小时），磁路中磁铁部分不饱和，消耗的磁动势很小，因此空载励磁磁动势几乎全部消耗在气隙部分．所以，这条直线既反映了电机气隙磁路的磁化特性，又反映了电机不饱和时的磁化特性，是电机不饱和情况下的空载特性线．在实际电机中，为了充分利用材料，一般都把电机的额定空载电动势（即空载时，使端电压为额定值的电动势）设计到了空载特性的弯曲部分，如图 13-17 中的 a 点．其中线段 $\overline{ac}$ 与 $\overline{bc}$ 长度的比值，反映了电机主磁路饱和的程度，以 k_μ 来表示，称为饱和因数．它的数值范围一般为 1.1～1.2．因此，电机实际工作的空载特性曲线离开这条气隙线并不很远，忽略电机磁路的饱和作用，以气隙线代替实际空载特性时，所引起的误差还是允许的．

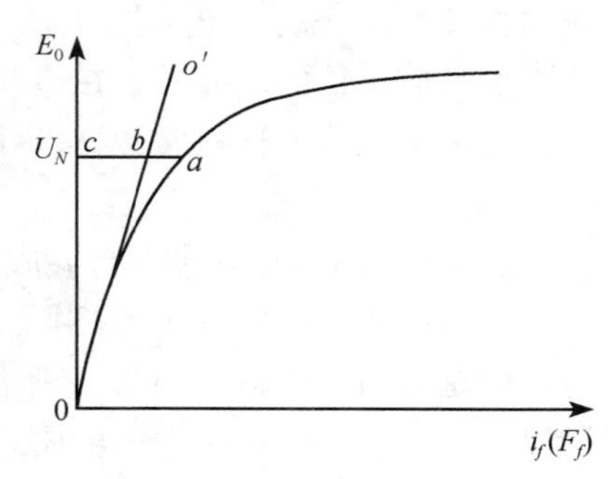

图 13-17　空载特性曲线线性化

忽略电机主磁路的饱和作用，以直线形状的气隙线代替弯曲形状的磁化特性，这是分析中的一个线性化过程．线性化后，在分析中，就可以采用叠加原理了．什么叫叠加原理呢？就拿汽轮发电机的磁动势与磁通密度关系来说吧．按照全电流定律，气隙磁通密度 $\dot{B}_\delta$ 是由励磁磁动势 $\dot{F}_{f1}$ 与电枢基波磁动势 $\dot{F}_a$ 二者合成的磁动势 $\dot{F}_\delta$ 产生的．但是，如果磁动势产生磁通密度的关系是一条直线，我们可以认为磁动势 $\dot{F}_{f1}$ 单独在气隙中产生磁通密度 $\dot{B}_0$，磁动势 $\dot{F}_a$ 单独在气隙中产

生磁通密度 $\dot{B}_a$，而气隙磁通密度 $\dot{B}_\delta$ 就等于两个磁通密度 $\dot{B}_0$ 和 $\dot{B}_a$ 的叠加．这和先合成磁动势 $\dot{F}_\delta$、再用 $\dot{F}_\delta$ 产生气隙磁通密度 $\dot{B}_\delta$，两者结果是一致的．再进一步，可以认为每个气隙磁通密度可以单独在定子绕组中感应电动势，$\dot{B}_0$ 感应空载电动势 $\dot{E}_0$，$\dot{B}_a$ 感应电枢反应电动势 $\dot{E}_a$，负载情况下绕组中感应的气隙电动势 $\dot{E}_\delta$ 就是由 $\dot{E}_0$ 和 $\dot{E}_a$ 叠加得到的．

2）磁路线性化后的电动势相量图

在隐极同步发电机中考虑磁路线性化采用叠加原理后，发电机内部的电磁关系就变为

$$\left.\begin{array}{l} i_f \longrightarrow \dot{F}_{f1} \longrightarrow \dot{B}_0 \longrightarrow \dot{E}_0 \\ \dot{I} \longrightarrow \dot{F}_a \longrightarrow \dot{B}_a \longrightarrow \dot{E}_a \end{array}\right\} \dot{E}_\delta = \dot{U} + \dot{I}Z_s$$

这样的电磁关系就是分别得出转子励磁基波磁动势 $\dot{F}_{f1}$ 产生的空载电动势 $\dot{E}_0$ 以及电枢反应磁动势 $\dot{F}_a$ 产生的电枢反应电动势 $\dot{E}_a$，再由两个电动势合成得到气隙电动势 $\dot{E}_\delta$．

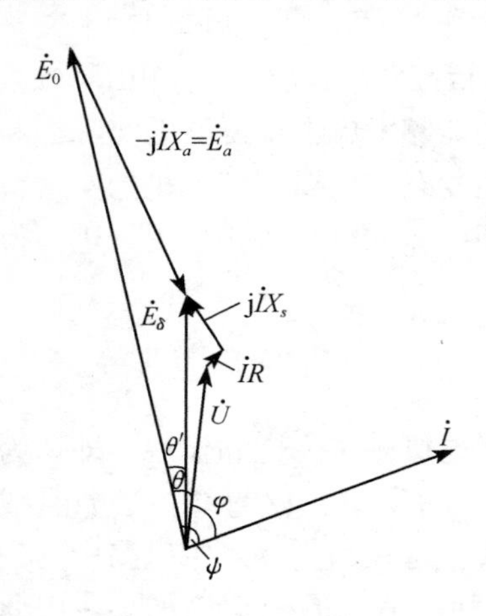

图 13-18 隐极发电机的电动势相量图

在磁路线性化条件下，由于电动势和磁动势是成正比的，电动势的关系在某种意义上，已代替了磁动势的关系．所以只需要画出电动势关系就够了，不需要再画出磁动势的关系．这样就得到了隐极同步发电机的电动势相量图，如图 13-18所示．图中 $\dot{E}_0$ 与 $\dot{E}_\delta$ 之间的夹角为 θ'，而 $\dot{E}_0$ 与 $\dot{U}_0$ 之间的夹角为 θ，称为功率角．它们的物理意义将在第十五章中详细说明．

4. 隐极同步发电机的电枢反应电抗、同步电抗和等效电路

前面已经将隐极同步发电机的内部电磁关系用电动势相量图来表达，在此基础上引出电机的有关参数，就可以得出电机的等效电路．

我们知道，电枢反应电动势 $\dot{E}_a$ 是由电枢反应磁动势 $\dot{F}_a$ 产生的气隙磁通密度所产生的，由于用了气隙线，它们之间是线性关系．磁动势 $\dot{F}_a$ 是由电枢电流 $\dot{I}$ 产生的，并且正比于电流 $\dot{I}$，所以，电动势 $\dot{E}_a$ 和电流 $\dot{I}$ 也是成正比的．此外，在电动势相量图上，$\dot{E}_a$ 在相位上总是滞后于 $\dot{I}$ 90°电角度．为此，我们可以引入一个比例常数 X_a，$\dot{E}_a$ 和 $\dot{I}$ 的关系可写成等式

$$\dot{E}_a = -j\dot{I}X_a \tag{13-2}$$

该式恰好符合 $\dot{E}_a$ 在大小上与 $\dot{I}$ 成正比，在相位上滞后 $\dot{I}$ 90°电角度这样一种关系．

从电路理论可知，X_a 相当于一个感抗，因为，交流电流在一个电感线圈里产生的电动势，就是滞后于电流 90°的．在同步电机里，情况正是这样，电枢绕组就是一个电感线圈，所以把 X_a 称为同步电机的电枢反应电抗．

这样一来，我们就可以把电动势相量图中的相量 $\dot{E}_a$ 用 $-j\dot{I}X_a$ 来代替，也在图 13-18 中表示出来．

前面已经知道同步电机的电动势公式为

$$\dot{E}_0 + \dot{E}_a = \dot{E}_\delta = \dot{U} + \dot{I}(R + jX_s)$$

将式 $\dot{E}_a = -j\dot{I}X_a$ 代入，可得

$$\dot{E}_0 = -\dot{E}_a + \dot{U} + \dot{I}(R + jX_s) = j\dot{I}X_a + \dot{U} + \dot{I}(R + jX_s)$$

$$= \dot{U} + \dot{I}(R + jX_s + jX_a) = \dot{U} + \dot{I}(R + jX_c)$$
$$= \dot{U} + \dot{I}Z_c \tag{13-3}$$

式中，$X_c = X_s + X_a$，称为同步电机的同步电抗；$Z_c = R + jX_c$，称为同步电机的同步阻抗.

同步电抗 X_c 代表由电枢电流引起的总电抗，包括电枢漏电抗和电枢反应电抗. 在设计计算中，同步电抗是由两个电抗 X_s、X_a 相加得到的；在试验中，可以直接测出同步电抗 X_c.

引出 X_c 这个参数后，同步电机的电动势相量图可以变得更简单，如图 13-19（a）所示. 并可根据电动势公式，得出隐极同步发电机的等效电路，如图 13-19（b）所示.

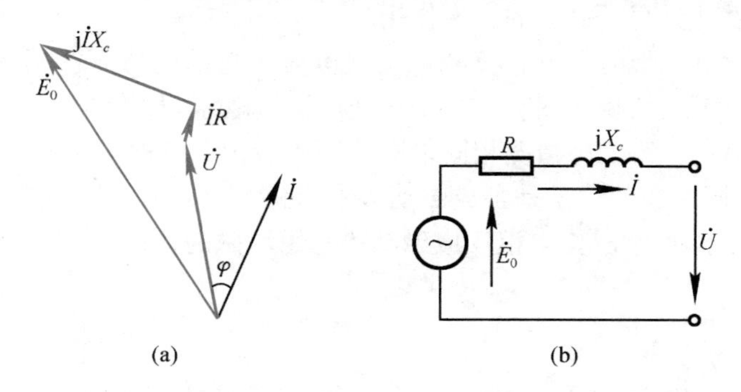

图 13-19　隐极发电机的简化电动势相量图及等效电路

这个等效电路很简单，它清楚地表明了同步发电机在稳态对称运行时，电动势、电流及参数之间的关系. 在分析同步发电机的运行问题时，较多地用到这个等效电路.

X_a 是同步发电机稳态运行中极为重要的一个参数，从式（13-2）可得到 $X_a = \dfrac{E_a}{I}$，即单位电枢电流感生的电枢电动势大小，这和电枢反应磁通经过什么样的磁路有关. 如经过磁路的磁阻小，单位电枢电流产生的电枢磁通就大，感应电动势就大，X_a 就大. 同步发电机在稳态运行时，电枢反应磁通是经过了定子、转子铁心和两个气隙闭合的，磁路的磁阻较小，所以稳态运行时，电枢反应电抗 X_a 较大. 而同步发电机的漏电抗，由于漏磁通走的是漏磁路，磁阻较大，所以漏电抗较小.

隐极同步发电机的简化电动势相量图是磁路线性化，即忽略定子、转子铁心的磁阻影响得到的. 这时，电流、磁动势与感应电动势成正比，电机的参数 X_a、X_s 都是常数，使用等效电路非常方便. 实际上，若考虑到电机铁磁路的饱和影响，则参数 X_a 就会变得小些.

在本节开始时，我们介绍了同步发电机的外特性试验. 给发电机带三种不同性质的负载，观察端电压 U 的变化. 学完了隐极发电机的相-矢量图后，用简单的电动势相量图来分析，对试验结果就能从理论上加以解释了.

第一种情况，发电机带的是纯电阻负载，负载电流 $\dot{I}$ 和端电压 $\dot{U}$ 同相，它的电动势相量图如图 13-20 所示.

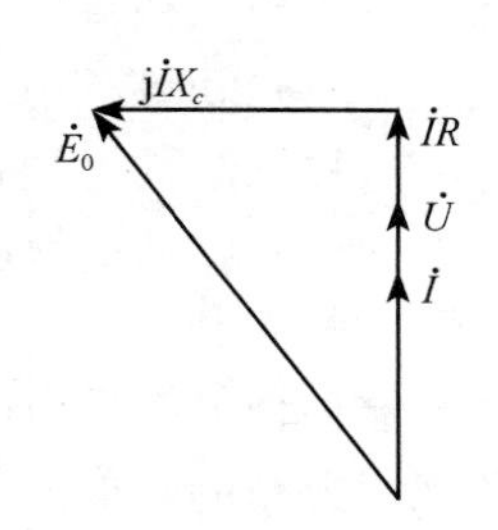

图 13-20　电阻负载下的电动势相量图

根据公式 $\dot{E}_0 = \dot{U} + \dot{I}R + j\dot{I}X_c$，如果已知负载电流 I 和电机的参数 R 和 X_c，就可以在相量图上求出 E_0 来. 从相量图可以看到，虽然是电阻负载，$\dot{U}$ 和 $\dot{I}$ 是同相位的，但由于电机本身是电感性的（电抗 X_c 比电阻 R 大得多），使内功率因数角 ψ 仍是滞后的，所以电枢反应起去磁作用，使负载时的气隙电动势 E_δ 和端电压 U 比空载电动势 E_0 减小了.

第二种情况，发电机带的是电感负载，负载电流 $\dot{I}$ 滞后于电压 $\dot{U}$90°电角度. 它的电动势相量图如图 13-21 所示. 从相量图看到，负载时端电压 U 比第一种情况下降更厉害. 可以解释如下：如果保持励磁电流与第一个试验相同，即 F_f 一样，则在这种情况下，由于电枢反应磁动势 $\dot{F}_a$ 与基波励磁磁动势 $\dot{F}_{f1}$ 二者的方向几乎相反（$\dot{F}_{f1}$ 应超前 E_0 90°电角度，在图中未画出来）. 合成磁动势 $\dot{F}_\delta$ 就大大减小，使气隙电动势 E_δ 和端电压 U 大大下降. 这种情况下，电枢反应磁动势起了完全的去磁作用.

第三种情况，发电机带的是电容负载，负载电流 $\dot{I}$ 超前电压 $\dot{U}$90°电角度，它的电动势相量图如图 13-22 所示. 从相量图看到，带负载后的端电压 U 比空载电动势 E_0 升高了. 如果保持励磁电流与第一、第二种情况相同，则从图中看出，这时电枢反应磁动势 $\dot{F}_a$ 与基波励磁磁动势 $\dot{F}_{f1}$ 是在同一边的. 于是合成磁动势 $\dot{F}_\delta$ 将大大增加，从而使气隙电动势 E_δ 和端电压 U 也大大上升. 这种情况，电枢反应磁动势起了增磁的作用.

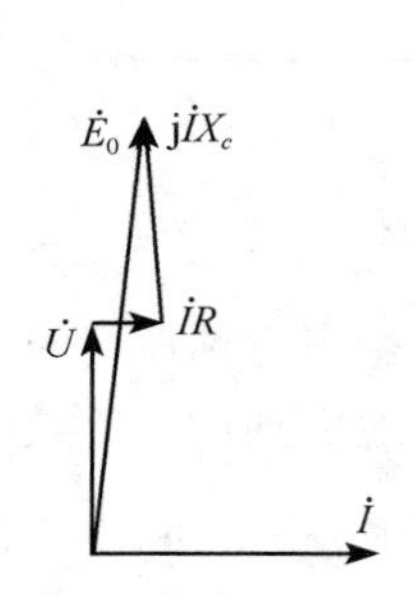

图 13-21 电感负载下的电动势相量图

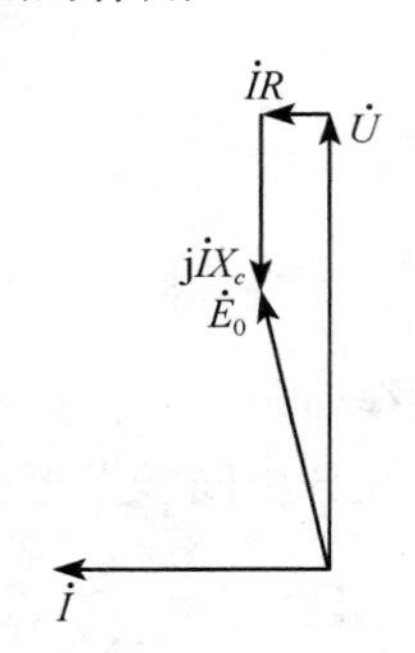

图 13-22 电容负载下的电动势相量图

13-4 凸极同步发电机的双反应理论及电动势相量图

1. 凸极同步发电机的双反应法

凸极发电机的特点是气隙不均匀. 由于这一特点，分析凸极发电机时情况更加复杂.

为此，前人总结出了一个较好的分析方法，称为双反应法，一般也叫布朗戴尔双反应法，它的理论基础是磁路不饱和采用的叠加原理. 先把电枢基波磁动势 $\dot{F}_a$ 分解为两个磁动势：一个作用在直轴上，叫直轴电枢反应磁动势，用 $\dot{F}_{ad}$ 表示；一个作用在交轴上，叫交轴电枢反应磁动势，用 $\dot{F}_{aq}$ 表示，如图 13-23 所示.

这样分解的目的是，把磁动势 $\dot{F}_{ad}$ 的位置固定在转子的直轴上，把 $\dot{F}_{aq}$ 的位置固定在转子的交轴上，从而解决了合成磁动势 $\dot{F}_\delta$ 处在不同的位置时，会遇到不同的气隙，计算磁阻很困难的问题.

这种把电枢反应磁动势 F_a 分成两个分量的办法，它的根据是磁动势 $\dot{F}_a$ 在空间是按正弦规律分布的，如图 13-23（a）所示，显然两个在空间分布也是正弦的波，如 $\dot{F}_{ad}$ 和 $\dot{F}_{aq}$，加起来就是原来的 $\dot{F}_a$.

如果 ψ 角已知，则

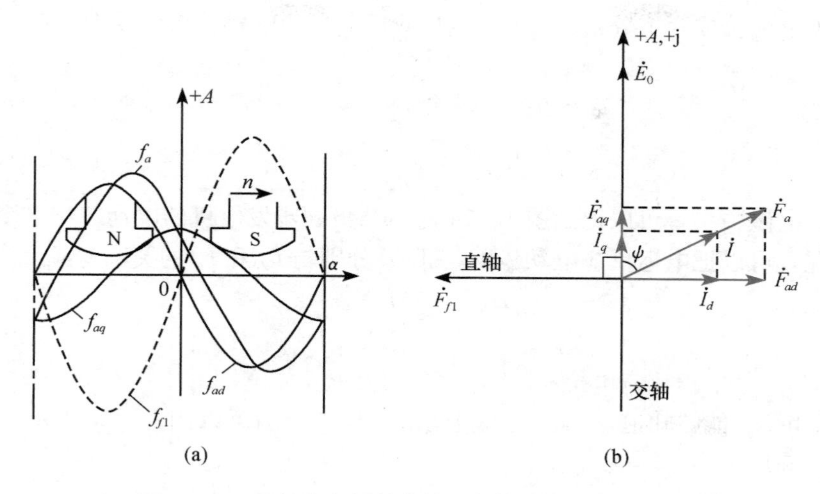

图 13-23　凸极发电机的直轴、交轴电枢反应磁动势

$$F_{ad}=F_a\sin\psi$$

$$F_{aq}=F_a\cos\psi$$

$\dot{F}_{ad}$和$\dot{F}_{aq}$分别产生气隙磁通密度，并产生电枢反应电动势$\dot{E}_{ad}$和$\dot{E}_{aq}$，然后再与励磁磁动势$\dot{F}_{f1}$产生的空载电动势$\dot{E}_0$叠加起来，得到气隙电动势$\dot{E}_\delta$，它们的电磁关系如下：

$$\left.\begin{array}{l} i_f\longrightarrow\dot{F}_{f1}\longrightarrow\dot{E}_0\\ \dot{F}_a\begin{cases}\dot{F}_{ad}\longrightarrow\dot{E}_{ad}\\ \dot{F}_{aq}\longrightarrow\dot{E}_{aq}\end{cases}\end{array}\right\}\longrightarrow\dot{E}_\delta=\dot{U}+\dot{I}Z_s$$

因为气隙不均匀，$\dot{F}_{ad}$和$\dot{F}_{aq}$所产生的磁通密度波不是正弦形，但由于磁路对称性，它们的基波幅值仍分别在直轴和交轴位置上，和产生它们的磁动势在空间同相. 这样就解决了凸极电机因气隙不均匀而带来的困难.

2. 凸极发电机的电动势相量图

双反应法的理论基础既然是叠加原理，那么，应用双反应法分析凸极发电机时使用的就是电动势相量图.

从隐极发电机的电动势相量图知道，$\dot{E}_a$ 和$\dot{I}$ 的关系可写成

$$\dot{E}_a=-\mathrm{j}\dot{I}X_a$$

在凸极发电机中，不过是再把$\dot{F}_a$ 分为两个分量$\dot{F}_{ad}$和$\dot{F}_{aq}$罢了. 每个磁动势也单独考虑它产生的磁通密度和感应的电枢反应电动势为$\dot{E}_{ad}$和$\dot{E}_{aq}$，$\dot{F}_{ad}$和$\dot{F}_{aq}$的大小分别为

$$F_{ad}=F_a\sin\varphi=1.35\frac{N_1k_{dp1}}{p}I\sin\psi=1.35\frac{N_1k_{dp1}}{p}I_d \tag{13-4}$$

$$F_{aq}=F_a\cos\varphi=1.35\frac{N_1k_{dp1}}{p}I\cos\psi=1.35\frac{N_1k_{dp1}}{p}I_q \tag{13-5}$$

式中，$I_d=I\sin\psi$；$I_q=I\cos\psi$.

甚至可以把电枢电流$\dot{I}$ 先分成两个分量$\dot{I}_d$ 和$\dot{I}_q$，$\dot{I}_d$ 与$\dot{E}_0$ 成 90°电角度，直轴电枢反应磁动势$\dot{F}_{ad}$是由$\dot{I}_d$ 产生的；$\dot{I}_q$ 与$\dot{E}_0$ 同相；交轴电枢反应磁动势$\dot{F}_{aq}$是由$\dot{I}_q$ 产生的，如图13-23（b）所示.

由于电枢电流分成两个分量，凸极发电机双反应法的电磁关系可以进一步变为

$$\begin{array}{l} i_f \longrightarrow \dot{F}_{f1} \longrightarrow \dot{E}_0 \\ \left\{\begin{array}{l}\dot{I}_d \longrightarrow \dot{F}_{ad} \longrightarrow \dot{E}_{ad} \\ \dot{I}_q \longrightarrow \dot{F}_{aq} \longrightarrow \dot{E}_{aq}\end{array}\right. \end{array} \Bigg\} \longrightarrow \dot{E}_\delta = \dot{U} + \dot{I}Z_s$$

根据这一电磁关系，可以得到图 13-24 所示凸极同步发电机的电动势相量图. 类似隐极发电机的情况，可以把电枢反应电动势 $\dot{E}_{ad}$ 和 $\dot{E}_{aq}$ 分别与 $\dot{I}_d$ 和 $\dot{I}_q$ 的关系写成

$$\left.\begin{array}{l} \dot{E}_{ad} = -\mathrm{j}\dot{I}_d X_{ad} \\ \dot{E}_{aq} = -\mathrm{j}\dot{I}_q X_{aq} \end{array}\right\} \tag{13-6}$$

式中，X_{ad} 称为直轴电枢反应电抗；X_{aq} 称为交轴电枢反应电抗.

如果 X_{ad} 和 X_{aq} 能够知道，凸极发电机的电动势相量图可以用参数来表示，并可进一步简化如图 13-25 所示.

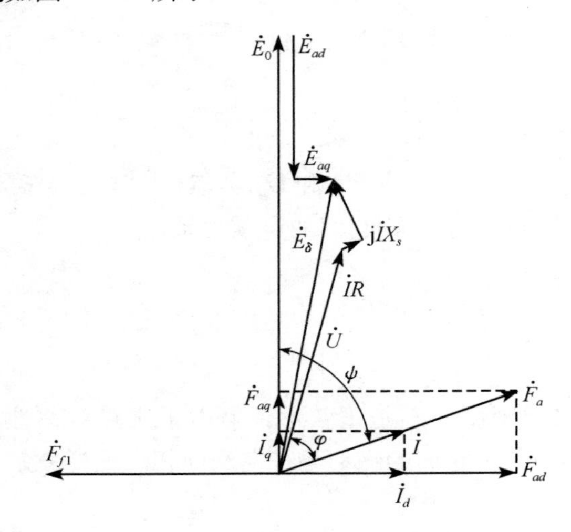

图 13-24 凸极发电机的电动势相量图

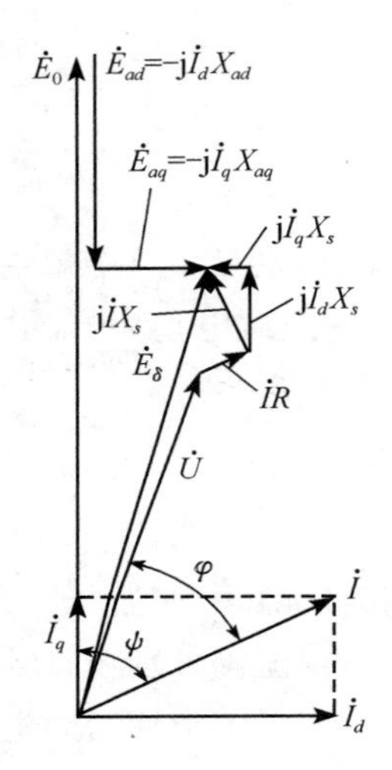

图 13-25

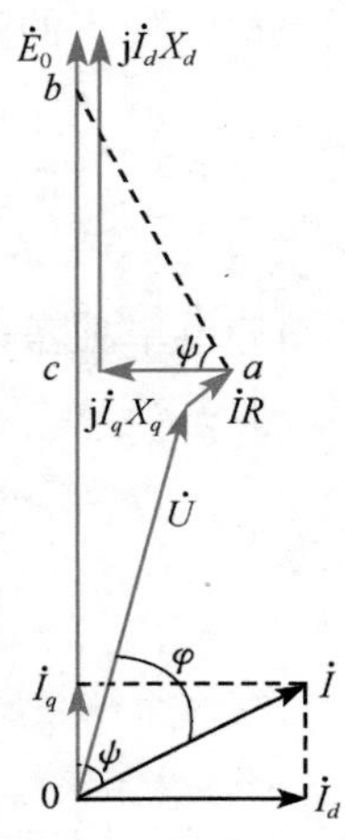

图 13-26

凸极发电机电动势关系为

$$\begin{aligned} \dot{E}_\delta &= \dot{E}_0 + \dot{E}_{ad} + \dot{E}_{aq} = \dot{E}_0 - \mathrm{j}\dot{I}_d X_{ad} - \mathrm{j}\dot{I}_q X_{aq} \\ &= \dot{U} + \dot{I}(R + \mathrm{j}X_s) = \dot{U} + \dot{I}R + (\dot{I}_d + \dot{I}_q)\mathrm{j}X_s \\ \dot{E}_0 &= \dot{U} + \dot{I}R + (\dot{I}_d + \dot{I}_q)\mathrm{j}X_s + \mathrm{j}\dot{I}_d X_{ad} + \mathrm{j}\dot{I}_q X_{aq} \\ &= \dot{U} + \dot{I}R + \mathrm{j}\dot{I}_d(X_{ad} + X_s) + \mathrm{j}\dot{I}_q(X_{aq} + X_s) \\ &= \dot{U} + \dot{I}R + \mathrm{j}\dot{I}_d X_d + \mathrm{j}\dot{I}_q X_q \end{aligned} \tag{13-7}$$

式中，$X_d = X_{ad} + X_s$ 称为直轴同步电抗；$X_q = X_{aq} + X_s$ 称为交轴同步电抗.

按照上式，凸极发电机电动势相量图还可简化为图 13-26 的样子.

上面分析凸极发电机电动势的相量图，是假设已经知道 ψ 角的情况下画出的. 如果 ψ 角不知道，I_d 和 I_q 就分不开，双反应法就无法应用. 但是若知道凸极发电机的参数，又知道外部情况（即端电压 U、电枢电流 I 和功率因数 $\cos\varphi$），就能够画出电动势相量图来.

参看图 13-26，通过 a 点作垂直于电流 $\dot{I}$ 的直线 $\overline{ab}$ 交相量 $\dot{E}_0$ 于 b 点，从图中看出，$\overline{ab}$ 线与相量 $\mathrm{j}\dot{I}_qX_q$ 之间的夹角就是 ψ 角．于是

$$\cos\psi=\frac{\overline{ac}}{\overline{ab}}$$

$$\overline{ab}=\frac{\overline{ac}}{\cos\psi}=\frac{I_qX_q}{\cos\psi}=\frac{I\cos\psi\cdot X_q}{\cos\psi}=IX_q$$

$\overline{ab}$ 线段的长度等于 IX_q，知道了这一点，就可以用作图法求出 ψ 角，方法如下：

在画图之前要知道端电压 U、电枢电流 I 以及功率因数 $\cos\varphi$ 的大小，还要知道参数 R、X_d 和 X_q 的数值．

在图 13-27 中，先画出 $\dot{U}$、$\dot{I}$ 以及 $\dot{I}R$ 等相量，确定下 a 点．过 a 点作垂直于 $\dot{I}$ 的线段 $\overline{ab}$，让 $\overline{ab}$ 的长度等于 IX_q，于是确定了 b 点．连接 0 点与 b 点，则 $\overline{0b}$ 线段与 $\dot{I}$ 的夹角就是 ψ 角．找到 ψ 角就可画出凸极发电机电动势相量图．还可用计算的方法，直接求出 ψ 角的大小，在图 13-28 上延长 $\overline{ba}$ 与 $\dot{I}$ 相量的延长线交于 e 点，可得

$$\tan\psi=\frac{\overline{be}}{\overline{e0}}=\frac{IX_q+U\sin\varphi}{IR+U\cos\varphi}$$

所以

$$\psi=\arctan\frac{IX_q+U\sin\varphi}{IR+U\cos\varphi}$$

凸极发电机利用了双反应法后，能不能也像隐极发电机那样找到一个等效电路．如果可以的话，对于包含凸极发电机在内的复杂电网的分析很重要．有了这个等效电路，在电力系统中，凸极发电机就可以用一些等效的电阻、电感元件来代替．

为了寻找等效电路，看一下图 13-29 的 $\overline{0b}$ 线段相当于一个什么电动势，我们称它为 $\dot{E}_q$，从图中知道

$$\begin{aligned}\dot{E}_q&=\dot{U}+\dot{I}R+\mathrm{j}\dot{I}X_q\\&=\dot{U}+\dot{I}R+(\dot{I}_d+\dot{I}_q)\mathrm{j}X_q\\&=\dot{U}+\dot{I}R+\mathrm{j}\dot{I}_dX_q+\mathrm{j}\dot{I}_qX_q\end{aligned}\tag{13-8}$$

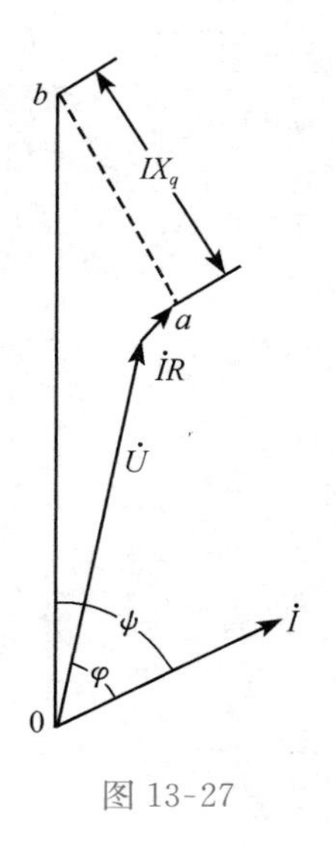

图 13-27

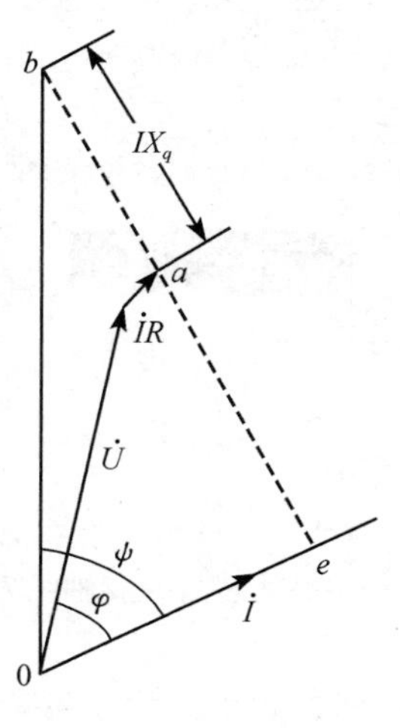

图 13-28

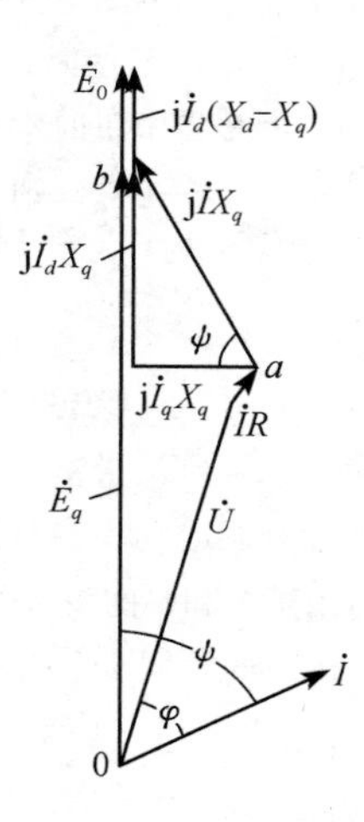

图 13-29

而对比一下 $\dot{E}_0$ 的计算式

$$\dot{E}_0 = \dot{U} + \dot{I}R + \mathrm{j}\dot{I}_d X_d + \mathrm{j}\dot{I}_q X_q$$

从这里看到，$\dot{E}_q$ 与 $\dot{E}_0$ 二者同相，但 $\dot{E}_q$ 比 $\dot{E}_0$ 要小一些，

$$\dot{E}_0 - \dot{E}_q = \mathrm{j}\dot{I}_d(X_d - X_q)$$

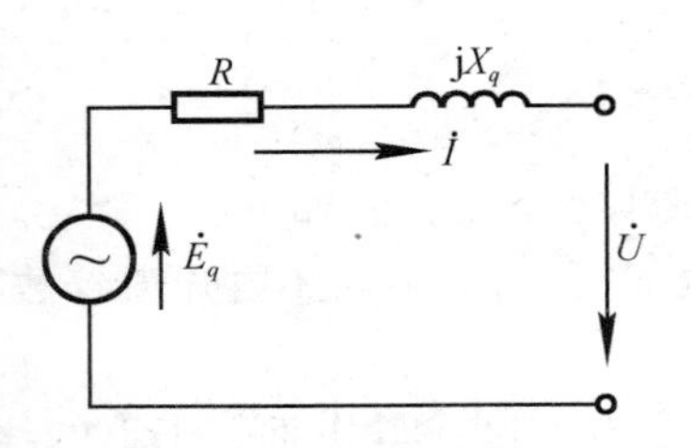

图 13-30 凸极发电机的等效电路

实际上并不存在 $\dot{E}_q$ 这个电动势，但由于它与 $\dot{E}_0$ 同相，在数值上又接近于 $\dot{E}_0$，我们就近似地以 $\dot{E}_q$ 代替 $\dot{E}_0$，找出凸极发电机的等效电路，如图 13-30 所示.

这个等效电路当然是近似的，如果不是分析复杂电网，而是分析单机运行问题，应尽量采用双反应法的电动势相量图.

思考题

13-1 交流电机中，把时间相量图和空间矢量图重合在一起有何方便之处？时空相-矢量图中各时间相量与空间矢量分别代表什么意义？两者有何本质不同？

13-2 在画交流电机时空相-矢量图时，有哪些惯例和规律必须遵循？

13-3 什么叫电枢反应？电枢反应的性质由什么决定？

13-4 对称负载时电枢绕组基波磁动势和谐波磁动势与转子之间有无相对运动？一般所说的电枢反应磁动势 $\dot{F}_a$ 是指什么磁动势？谐波磁动势在哪儿考虑？为什么励磁绕组的谐波磁动势可以在定子绕组中产生谐波电动势，而电枢绕组的谐波磁动势在定子绕组中产生基波电动势？

13-5 凸极电机求出总的合成磁动势 $\dot{F}_\delta$ 有无实用意义？应用双反应理论有什么条件？

13-6 时空相-矢量图中 $\dot{F}_{f1}$、$\dot{F}_a$、$\dot{F}_\delta$、$\dot{E}_0$、$\dot{E}_a$、$\dot{E}_q$ 各代表什么物理量？电抗 X_s、X_a、X_{ad}、X_{aq}、X_d、X_q、X_c 各对应哪些磁通？因数 k_f 在什么情况下使用？数值约多大？

13-7 为什么同步发电机的空载特性曲线与发电机的磁化特性曲线有相似的形状？

13-8 同步电机电枢绕组产生的谐波磁动势与励磁绕组产生的谐波磁动势，二者的极距、转向、转速有什么异同？它们在电枢绕组中感应电动势的频率、相序有什么异同？

13-9 在隐极同步发电机时空相-矢量图中，把 $+A$ 轴与 $+\mathrm{j}$ 轴重合，则基波励磁磁动势 $\dot{F}_{f1}$ 与 A、B、C 相电动势 $\dot{E}_{0A}$、$\dot{E}_{0B}$、$\dot{E}_{0C}$ 的相位差分别是多大？电枢反应磁动势 $\dot{F}_a$ 与三相电流 $\dot{I}_A$、$\dot{I}_B$、$\dot{I}_C$ 的相位差又分别是多少？在画时空相-矢量图时，如果把 $+B$ 轴与 $+\mathrm{j}$ 轴重合，则 $\dot{E}_{0A}$ 与 $\dot{F}_{f1}$ 的相位关系将是怎样的？

13-10 在隐极同步发电机时空相-矢量图中，空间矢量 $\dot{F}_{f1}$、$\dot{F}_a$、$\dot{F}_\delta$ 分别与哪个时间相量相对应？在磁路为线性时，若 $\dot{F}_{f1} = -2\dot{F}_a$，则 E_0、E_a 与 E_δ 间有何数量关系？

习 题

13-1 已知 $t=0$ 时，同步电机转子位置如题图 13-1 所示.

(1) 画出 $\dot{F}_{f1}$ 及 $\dot{B}_0$ 空间矢量图；

(2) 画出 A 相空载电动势 $\dot{E}_0$ 的时间相量图；

(3) 将时间相量图和空间矢量图重合，画出 $\dot{E}_0$ 和 $\dot{F}_{f1}$.

13-2 已知 $t=0$ 时，同步电机转子 S 极中心线超前 A 相轴线 75°. 直接用时空相-矢量图画出 A 相空载电动势 $\dot{E}_0$ 及 $\dot{F}_{f1}$.

13-3 已知同步电机三相绕组对称，$p=1$，A 相电动势表达式为 $e_{0A} = E_{1m}\sin(\omega t - 90°)$. 写出 B、C 相电动势 e_{0B}、e_{0C} 的表达式 $e_{0B} = f(t)$、$e_{0C} = f(t)$，在时间相量图中画出 $\dot{E}_{0A}$、$\dot{E}_{0B}$、$\dot{E}_{0C}$. 在题图 13-2 中画出 $t=0$ 的转子的位置，并画出 $\dot{F}_{f1}$ 的空间矢量图.

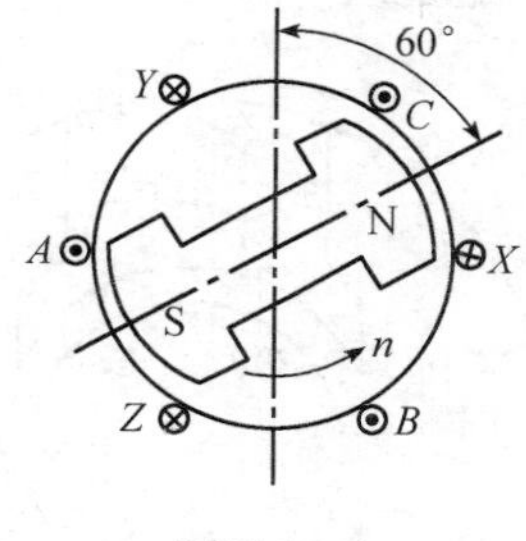

题图 13-1

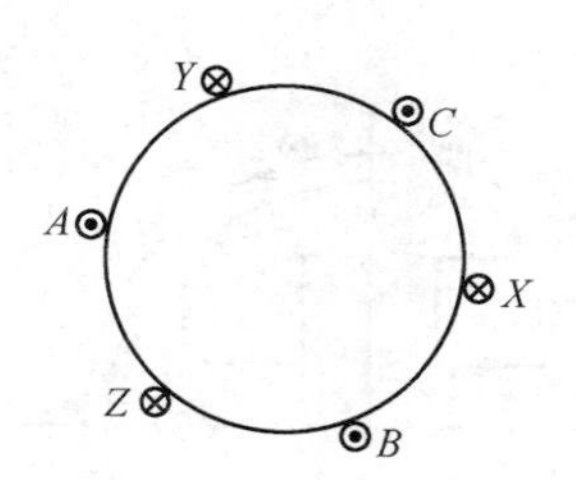

题图 13-2

13-4　已知同步发电机定子三相绕组中的感应电动势为

$$e_A = E_{0m}\cos(\omega t - 30°)$$
$$e_B = E_{0m}\cos(\omega t - 150°)$$
$$e_C = E_{0m}\cos(\omega t - 270°)$$

试作出时空相-矢量图，并画出 $\omega t=0$ 时同步电机转子的位置.

13-5　三相同步发电机转子磁极在 $t=0$ 时的位置如题图 13-3 所示. 假定 $\varphi=60°$，求：

(1) 在时间相量图上画出 $\dot{E}_A$、$\dot{E}_B$、$\dot{E}_C$、$\dot{I}_A$、$\dot{I}_B$、$\dot{I}_C$ 相量；

(2) 在时空相-矢量图上作出 $\dot{F}_{f1}$ 及 $\dot{F}_a$ 矢量，说明电枢反应磁动势的作用.

13-6　一台同步电机绕组分布及绕组中电动势、电流的正方向如题图 13-4 所示. 试求：

(1) 当题图 13-4（b）中 $\alpha=120°$时，画出 A 相绕组空载电动势 $\dot{E}_0$ 的时间相量图；

(2) 若定子绕组电流滞后空载电动势 $\dot{E}_0$ 60°电角度，画出定子绕组产生的合成基波磁动势 F_a 的位置；

(3) 如果 $F_a=\dfrac{1}{3}F_{f1}$，画出磁动势 $\dot{F}_\delta$ 的位置.

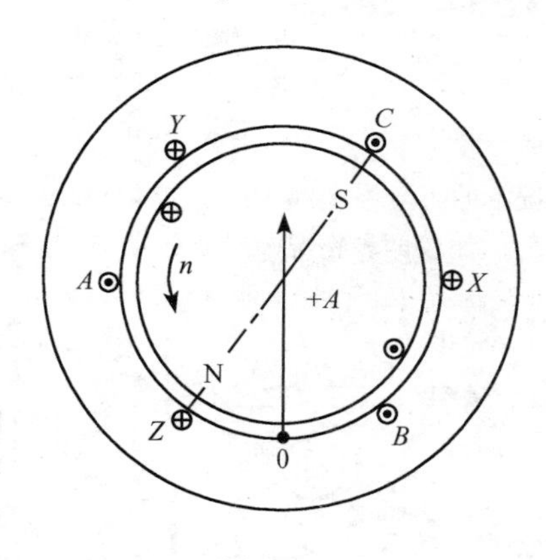

题图 13-3

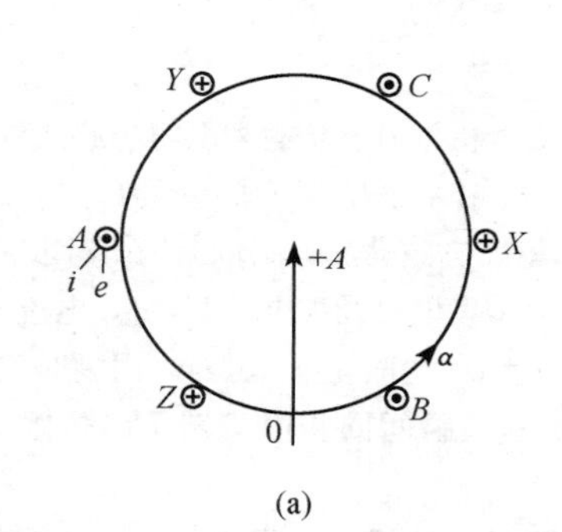

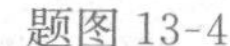
题图 13-4

13-7　一台 4 极同步发电机，电枢绕组的 e、i 正方向如题图 13-5 所示，转子逆时针转动，转速为 1500r/min，已知电枢电流滞后于空载电动势 30°电角度，转子瞬时位置如题图 13-5 所示.

(1) 在空间矢量图上画出 $\dot{F}_{f1}$，标出转向及电角速度 ω 的大小；

(2) 作出电枢绕组三相空载电动势和电流的时间相量图，标出时间角频率 ω 的大小；

(3) 在空间矢量图上画出电枢反应磁动势 $\dot{F}_a$，标出转向及电角速度 ω 的大小，并说明 F_{ad} 的性质.

13-8　一台旋转电枢的同步电机，电动势、电流正方向如题图 13-6 所示.

(1) 当转子转到题图 13-6 所示的瞬间，画出励磁磁动势在电枢绕组里产生的电动势 $\dot{E}_{0A}$、$\dot{E}_{0B}$ 和 $\dot{E}_{0C}$ 的时间相量图；

(2) 已知电枢电流 $\dot{I}_A$、$\dot{I}_B$ 和 $\dot{I}_C$ 分别滞后电动势 $\dot{E}_{0A}$、$\dot{E}_{0B}$ 和 $\dot{E}_{0C}$ 60°电角度，画出电枢反应磁动势 $\dot{F}_a$；

(3) 磁动势 $\dot{F}_a$ 相对于定子的转速是多少?

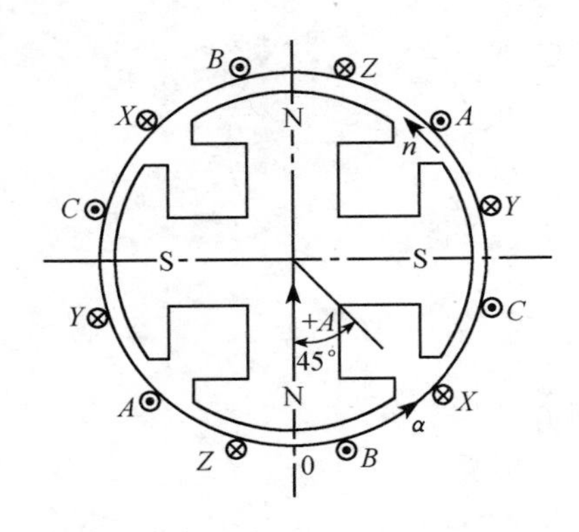

题图 13-5

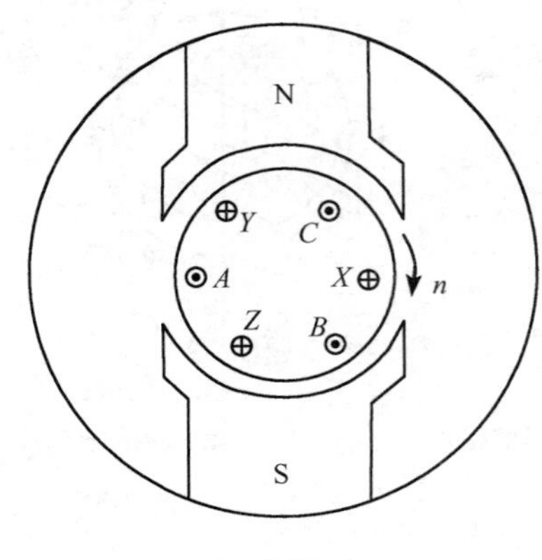

题图 13-6

13-9 有一台同步电机，定子绕组里电动势和电流的正方向分别标在题图 13-7 (a)、(b) 里. 假设定子电流超前电动势 $\dot{E}_0$ 90°电角度. 根据图 (a) 和图 (b) 所示的转子位置，找出电枢反应磁动势 $\dot{F}_a$ 的位置，并说明它是去磁还是增磁性质的.

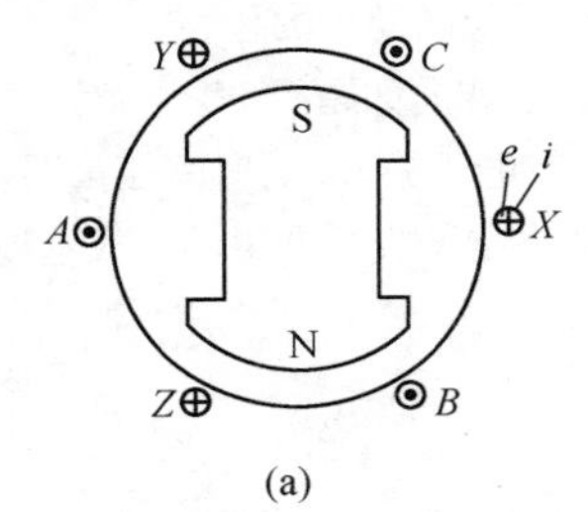

(a)

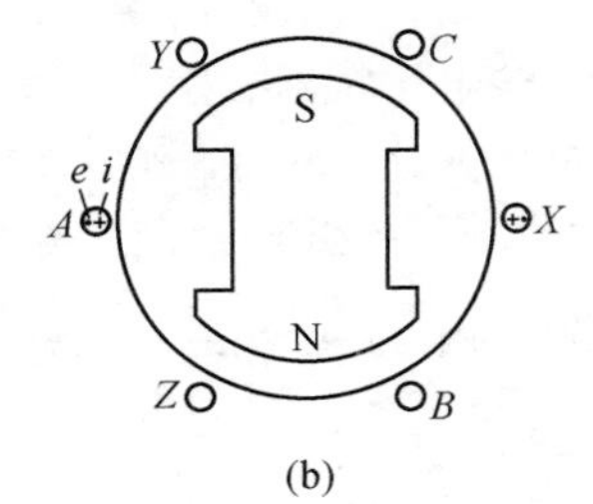

(b)

题图 13-7

13-10 画出隐极同步发电机带电感负载和电容负载两种情况下的时空相-矢量图，忽略电枢绕组电阻，在图上表示出时间相量 $\dot{U}$、$\dot{I}$、$\mathrm{j}\dot{I}X_s$、$\dot{E}_\delta$ 及空间矢量 $\dot{F}_{f1}$、$\dot{F}_a$、$\dot{F}_\delta$. 比较两种情况下励磁磁动势 $\dot{F}_{f1}$ 和合成磁动势 $\dot{F}_\delta$ 的大小，说明电枢反应磁动势 $\dot{F}_a$ 各起什么作用.

13-11 已知一台隐极同步发电机的端电压 $\underline{U}=1$，电流 $\underline{I}=1$，同步电抗 $\underline{X}_c=1$ 和功率因数 $\cos\varphi=1$ (忽略定子电阻). 用画时空相-矢量图的办法找出在题图 13-8 所示的瞬间同步电机转子的位置 (用发电机惯例).

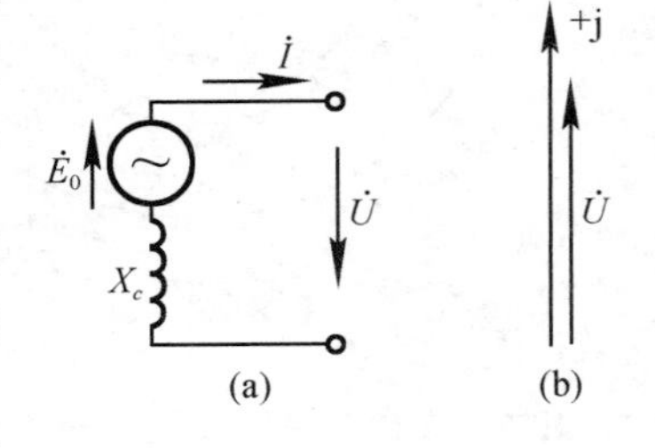

题图 13-8

13-12 一台三相星形联结的隐极同步发电机，每相漏电抗为 2Ω，每相电阻为 0.1Ω. 当负载为 500kV · A、$\cos\varphi=0.8$ (滞后) 时，机端电压为 2300V. 求气隙磁场在一相绕组中产生的电动势.

13-13 一台三相隐极同步发电机，定子绕组 Y 联结，额定电压 $U_N=6300\text{V}$，额定功率 $P_N=400\text{kW}$，额定功率因数 $\cos\varphi_N=0.8$ (滞后)，定子绕组每相漏电抗 $X_s=8.1\Omega$，电枢反应电抗 $X_a=71.3\Omega$，忽略定子电阻，空载特性数据如下:

E_0/V	0	1930	3640	4480	4730
F_f/A	0	3250	6770	12200	16600

用电动势相量图求额定负载下空载电动势 E_0 及 φ 角的大小，并用空载特性气隙线求励磁磁动势 F_f 为多大?

13-14　一台三相星形联结的隐极同步发电机，空载时使端电压为 220V 所需的励磁电流为 3A．当发电机接上每相 5Ω 的星形联结电阻负载时，要使端电压仍为 220V，所需的励磁电流为 3.8A．不计电枢电阻，试求该发电机的同步电抗（不饱和值）是多大？

13-15　一台三相星形联结的隐极同步发电机，额定电流 $I_N=60\text{A}$，同步电抗 $X_c=1\Omega$，电枢电阻忽略不计．调节励磁电流使空载端电压为 480V．保持此励磁电流不变．当发电机输出功率因数为 0.8（超前）的额定电流时，发电机的端电压为多大？此时电枢反应磁动势起何作用？

13-16　一台隐极同步发电机带三相对称负载，$\cos\varphi=1$，此时端电压 $U=U_N$，电枢电流 $I=I_N$，若知该电机的 $\underline{X}_s=0.15$，$\underline{X}_a=0.85$，忽略定子电阻，用时间相量图求出空载电动势 $\underline{E}_0$、ψ 及 θ' 角各为多大？

13-17　已知一台隐极同步电机的端电压 $\underline{U}=1$，$\underline{I}=1$，同步电抗 $\underline{X}_c=1$ 和功率因数 $\cos\varphi=0.866$（$\dot{I}$ 超前 $\dot{U}$）．利用时空相-矢量图，找出当转子转到如题图 13-9 所示位置时电枢反应磁动势 $\dot{F}_a$ 的位置．

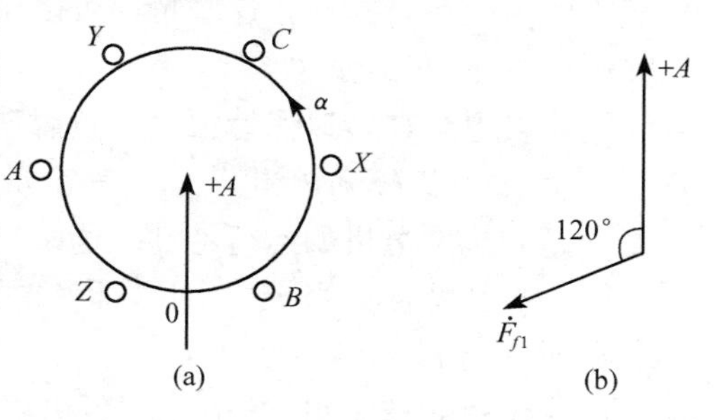

题图 13-9

13-18　一台三相星形联结、1500kW 的水轮发电机，额定电压 6300V，额定功率因数 $\cos\varphi_N=0.8$（滞后）．已知它的参数 $X_d=21.3\Omega$，$X_q=13.7\Omega$，忽略电枢电阻．试求：

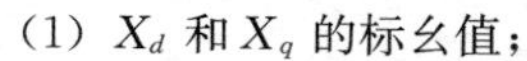

（1）X_d 和 X_q 的标幺值；

（2）画出电动势相量图；

（3）计算额定负载时的电动势 E_0．

13-19　一台三相凸极同步发电机，已知 $\underline{U}=1$，$\underline{I}=1$，$\underline{X}_d=1$，$\underline{X}_q=0.577$，$\cos\varphi=1$，忽略定子绕组电阻．

（1）画出电动势相量图；

（2）用电动势相量图求 θ 角．

13-20　一台三相水轮发电机数据如下：额定容量 $S_N=8750\text{kV}\cdot\text{A}$，额定电压 $U_N=11\text{kV}$（星形联结），每相同步电抗 $X_d=17\Omega$，$X_q=9\Omega$，忽略电阻．当该发电机带上 $\cos\varphi=0.8$（滞后）的额定负载时，

（1）求各同步电抗的标幺值；

（2）用电动势相量图求该机在额定负载运行时的 θ 角及空载电动势 E_0．

13-21　已知一台凸极同步发电机，$\underline{U}=1$，$\underline{I}=1$，$\underline{X}_d=1$，$\underline{X}_q=0.6$，$R=0$，$\cos\varphi=\frac{\sqrt{3}}{2}$（$\dot{I}$ 超前 $\dot{U}$）．当 $t=0$ 时，A 相电流达到正的最大．利用电动势相量图求出 A 相空载电动势 $\underline{E}_0$，并标出 d 轴和 q 轴的位置．

13-22　已知一台 4 极隐极同步发电机，端电压 $\underline{U}=1$，电流 $\underline{I}=1$，同步电抗 $\underline{X}_c=1.2$，功率因数 $\cos\varphi=\frac{\sqrt{3}}{2}$（$\dot{I}$ 滞后 $\dot{U}$），忽略定子电阻，励磁磁动势幅值为 F_{f1}，电枢反应磁动势的幅值 $F_a=\frac{1}{2}F_{f1}$．试用时空相-矢量图求出合成磁动势 $\dot{F}_\delta$ 与 $\dot{F}_{f1}$ 之间的夹角 θ' 和空载电动势 $\underline{E}_0$．

第十四章　同步发电机的运行特性

第十三章对同步发电机的一些基本电磁关系进行了分析，介绍了同步发电机的时间相量图，引出了同步发电机在稳态对称运行时的一些参数．本章将进一步分析同步发电机在对称负载下的有关运行特性，这些特性可以用理论分析和试验方法求得．然后从特性曲线求出同步发电机的主要参数．

同步发电机在转速保持恒定、负载功率因数不变的条件下，有三个主要变量：定子端电压U、负载电流I、励磁电流i_f．三个量之中保持一个量为常数，求其他两个量之间的函数关系就是同步发电机的运行特性．通常有下列五种基本特性：

（1）空载特性．当$I=0$时，即发电机空载，空载电动势（即端电压）和励磁电流之间的关系曲线为$E_0=f(i_f)$．

（2）短路特性．当$U=0$时，发电机短路电流与励磁电流之间的关系曲线为$I_k=f(i_f)$．

（3）负载特性．当$I=$常数，$\cos\varphi=$常数时，端电压和励磁电流之间的关系曲线为$U=f(i_f)$．

（4）外特性．当$i_f=$常数，$\cos\varphi=$常数时，端电压和负载电流之间的关系曲线为$U=f(I)$．

（5）调整特性．当$U=$常数，$\cos\varphi=$常数时，励磁电流和负载电流之间的关系曲线为$i_f=f(I)$．

14-1　同步发电机的空载特性、短路特性和同步电抗的测定

1．同步发电机空载特性曲线的测定

把发电机拖动到同步转速，在励磁绕组中通入励磁电流，改变励磁电流的大小，空载电动势的大小也随之改变．量测两者数值，画在坐标系内，就得到空载特性曲线．由于铁磁材料有磁滞现象，在进行试验时，励磁电流由零增到最大值和由最大值降到零时，量测得到的空载电动势略有不同．画成曲线时，如图14-1（a）所示．一般取下降的这条曲线作为空载特性曲线．由于这条曲线和横坐标的交点不在原点，而在b点，因此还应将整个曲线向右移到原点0的位置，如图14-1（b）所示．空载特性的最高点a，一般作到1.2倍额定电压．上升和下降两条曲线，在不饱和时它们的斜率差不多，对于作气隙线的准确度影响很小，在高饱和区域，它们靠得很近，区别就更小，所以取上升那条曲线作为空载特性，也不会有很大差别．

空载特性虽然简单，但用处很大，是同步电机的基本试验之一．通过空载试验，不仅可以检查励磁系统的工作情况，电枢绕组联结是否正确，还可了解电机磁路饱和的程度．因为正常设计的电机，磁路饱和程度控制在一定范围内，如果设计得太饱和将使励磁绕组用铜太多，运行时调节电压也很困难；如果饱和度太低，则铁心硅钢片利用率太低，浪费材料，运行时负载变化引起的电压变化较大．

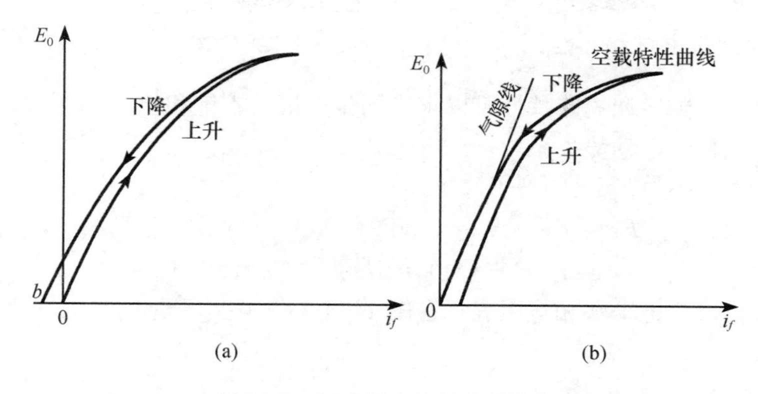

图 14-1　同步发电机的空载特性

2. 同步发电机的短路特性

同步发电机的短路特性是将同步电机定子绕组出线端短路后，定子电流随励磁电流变化的特性. 短路试验也是同步电机的基本试验之一.

做短路试验时，把定子三相出线端短接，将电机拖动到同步转速，在励磁绕组中通入励磁电流 i_f，这时电枢绕组中产生短路电流 I_k. 改变 i_f，把对应的短路电流 I_k 与励磁电流 i_f 记录下来，画在坐标纸上，如图14-2 所示.

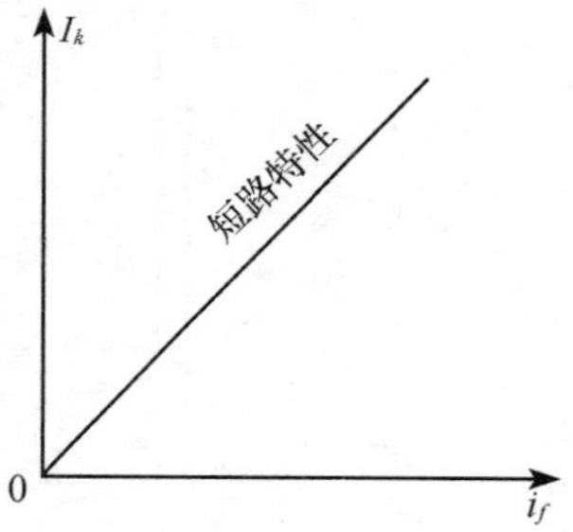

图 14-2　同步发电机短路特性

短路特性是一条直线，I_k 与 i_f 成正比变化，下面以隐极发电机为例，说明理由.

短路时端电压 $U=0$，气隙电动势 E_δ 为

$$\dot{E}_\delta = \dot{I}(R + \mathrm{j}\dot{I}X_s)$$

电流 I 在漏阻抗上的压降较小，使 E_δ 较小，气隙磁通密度 B_δ 也较小，电机磁路处于不饱和状态，合成磁动势 F_δ 也较小. 图 14-3（a）表示隐极发电机处于短路状态时的时空相-矢量图，由于电阻压降 IR 更小，可以忽略，相-矢量图简化为图 14-3（b）所示. 电枢反应磁动势 $\dot{F}_a$ 和励磁磁动势 $\dot{F}_{f1}$ 方向相反，起直轴去磁作用，这时合成磁动势 F_δ 是两个磁动势的差值 $F_\delta=F_{f1}-F_a$. 因此当短路电流 I_k 增加时，电枢反应磁动势 F_a 正比增加，气隙电动势 $E_\delta \approx I_k X_s$ 正比增加，由于磁路不饱和，使合成磁动势 F_δ 也是正比增加，造成励磁磁动势 F_{f1} 也正比增加，励磁电流 i_f 当然也是正比增加，I_k 与 i_f 呈直线关系.

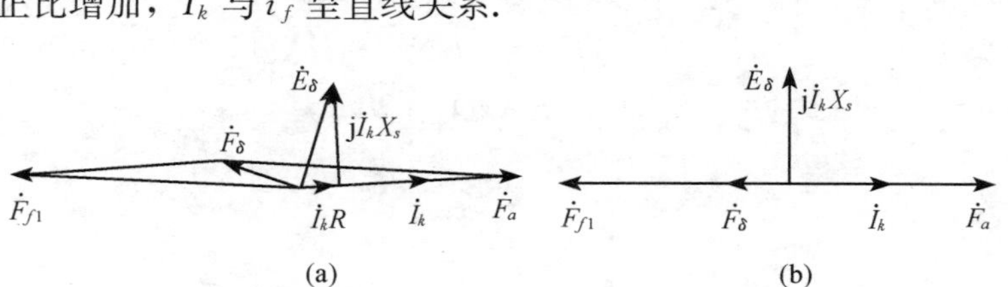

图 14-3　短路时的时空相-矢量图

3. 同步发电机的同步电抗和短路比

利用空载特性气隙线和短路特性可以求出同步电抗的不饱和值.

对于隐极发电机，电动势关系为

$$\dot{E}_\delta = \dot{E}_0 + \dot{E}_a$$

$$\begin{aligned}\dot{E}_0 &= \dot{E}_\delta - \dot{E}_a = \dot{I}_k(R + \mathrm{j}X_s) - (-\mathrm{j}\dot{I}_k X_a) \\ &= \dot{I}_k(R + \mathrm{j}X_c) = \mathrm{j}\dot{I}_k X_c \quad \text{（忽略电阻）}\end{aligned}$$

忽略电阻的隐极发电机电动势相量图表示在图 14-4（a）中，于是同步电抗 X_c 为

$$X_c = \frac{E_0}{I_k}$$

如果漏电抗 X_s 已知，可求电枢反应电抗 X_a 为

$$X_a = X_c - X_s$$

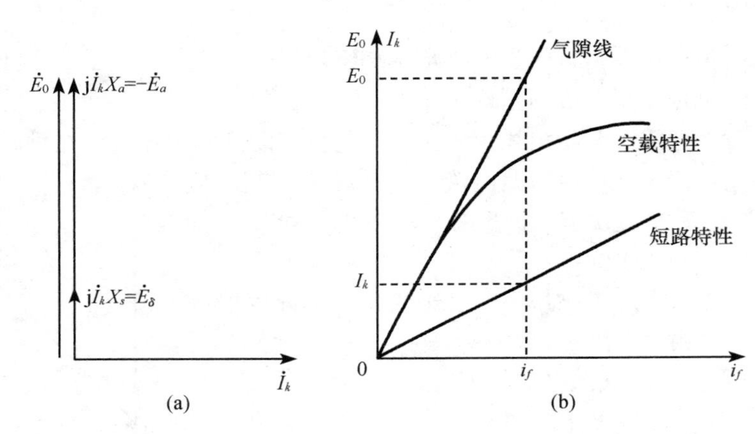

图 14-4 短路特性与空载特性气隙线

图 14-4（b）表示了短路特性与空载特性气隙线. 从短路特性可以找到产生一定的短路电流 I_k 所需要的励磁电流 i_f，同一个 i_f 产生的不饱和励磁电动势 E_0 可以从空载特性的气隙线上找到. 由于电动势相量图是根据磁路线性化得来的，所以必须用空载特性气隙线. 从找到的 E_0 除以 I_k，即可得 X_c.

对于凸极发电机，短路时忽略电阻压降，可得 $\dot{I}_k$ 滞后 $\dot{E}_0$ 90°电角度（即 $\psi=90°$），电枢反应性质是直轴去磁，$\dot{I}_d=\dot{I}_k$，$\dot{I}_q=0$. 所以电动势方程式成为

$$\begin{aligned}\dot{E}_0 &= \dot{E}_\delta - \dot{E}_{ad} = \mathrm{j}\dot{I}_k X_s + \mathrm{j}\dot{I}_k X_{ad} \\ &= \mathrm{j}\dot{I}_k(X_s + X_{ad}) = \mathrm{j}\dot{I}_k X_d\end{aligned}$$

可得

$$X_d = \frac{E_0}{I_k}$$

从空载特性气隙线及短路特性求出相应的 E_0 及 I_k，可得凸极电机直轴同步电抗 X_d.

与同步发电机短路特性有关的另一个物理量叫做发电机的短路比. 当发电机空载运行时，空载电动势等于额定电压，所加的励磁电流为 i_{f0}，保持这个励磁电流，在发电机稳态短路时的短路电流为 I_{kN}，它与发电机额定电流 I_N 的比值就叫短路比，用 K_c 表示，即

$$K_c=\frac{I_{kN}}{I_N}$$

由于短路特性是一条直线，从图 14-5 可知，当短路特性上产生额定电流 I_N 所需励磁电流为 i_{fk} 时，图中△$0ab$ 和△$0cd$ 相似，可知短路比又可表示为

$$K_c=\frac{I_{kN}}{I_N}=\frac{i_{f0}}{i_{fk}}$$

如果 E_0 和 E_k 分别代表空载气隙线上对应于 i_{f0} 和 i_{fk} 的空载电动势，则

$$\frac{i_{f0}}{i_{fk}}=\frac{E_0}{E_k}$$

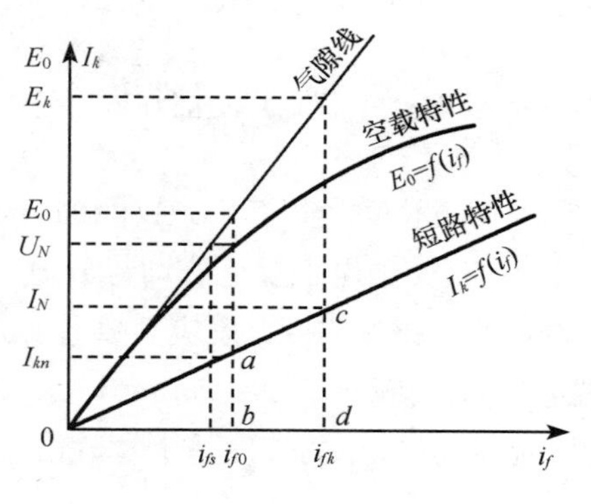

图 14-5　短路比计算图

已知在短路试验时，$E_k\approx I_NX_d$，于是短路比为

$$K_c=\frac{i_{f0}}{i_{fk}}=\frac{E_0}{E_k}=\frac{E_0U_N}{U_NI_NX_d}=\frac{E_0}{U_N}\frac{1}{\underline{X}_d}$$

式中，$\underline{X}_d=\frac{I_N}{U_N}X_d$，是 X_d 的标幺值.

从图 14-5 可以看出，如果电机不饱和，空载时产生 U_N 只需要 i_{fs} 大小的励磁电流就够了，有饱和时需要 i_{f0}，比值 $k_\mu=\frac{i_{f0}}{i_{fs}}$ 称为饱和因数，反映了发电机在空载电压为 U_N 时的饱和程度，从图中可知 $\frac{i_{f0}}{i_{fs}}$ 等于电压之比 $\frac{E_0}{U_N}$，短路比可写成

$$K_c=\frac{E_0}{U_N}\frac{1}{\underline{X}_d}=\frac{i_{f0}}{i_{fs}}\frac{1}{\underline{X}_d}=k_\mu\frac{1}{\underline{X}_d}$$

说明短路比随电机的饱和程度而增加，同时又随电抗 $\underline{X}_d$ 的增大而减小.

同步发电机的短路比一般比 1 还小，短路比的大小对电机影响较大. 短路比大说明同步电抗小，短路电流大，但负载变化时发电机电压变化小，对电力系统运行的稳定性有利. 但 $\underline{X}_d$ 小的电机气隙较大，加上了励磁磁动势安匝，增加了转子用铜量，提高了电机造价. 反之短路比小，稳定性差，但电机造价便宜. 所以短路比的选择要兼顾运行性能和电机造价两个方面. 一般来说，水电站输电距离较长，稳定性问题比较严重，希望选择较大的短路比，有时可以超过 1，汽轮发电机的短路比则一般比 1 小. 随着机组容量的增大，短路比是逐步降低的. 由于现代同步发电机采用快速自动调节励磁装置，大大提高了电力系统运行的稳定性，短路比的值可进一步降低.

14-2　同步发电机零功率因数负载特性及普梯尔电抗的测定

同步发电机的零功率因数负载特性曲线（可以写成 $\cos\varphi=0$ 负载特性），就是让同步发电机带上纯电感负载，保持负载电流 I 为一个固定的常数，发电机的端电压随着励磁电流变化的特性曲线. 测这条特性曲线是为了求电枢绕组的漏电抗. 试验时，电机带上纯电感负载，因而不需要消耗很多的电能，同时，这种负载也较易得到. 例如，一般的电抗器、空载的变压器或者把电机并入电网，使它空载过励运行. 所谓纯电感是指它的功率因数接近于零

的负载．当忽略电枢绕组电阻时，发电机带零功率因数负载时的时空相-矢量图，如图 14-6（a)所示，这时负载电流 $\dot{I}$ 滞后于电压 $\dot{U}$90°电角度，电动势关系为

$$\dot{E}_\delta = \dot{U} + \mathrm{j}\dot{I}X_s$$

由于相量 $\dot{E}_\delta$、$\dot{U}$ 和 $\mathrm{j}\dot{I}X_s$ 都在同一个方向上，上式可以写成代数方程式为

$$E_\delta = U + IX_s$$

从图 14-6（a）看出，这时的 $\psi=90°$，电枢反应磁动势中只有直轴电枢反应磁动势分量 F_{ad}，没有交轴电枢反应磁动势分量 F_{aq}．这时，在电机的直轴上总磁动势（$F_f-k_{ad}F_{ad}$）在气隙里产生磁通密度，感应气隙电动势 E_δ，即图 14-6（b）中的$\overline{hk}$线段．令$\overline{hm}$线段长度等于端电压 U，则$\overline{km}=IX_s$，$\overline{mn}=k_{ad}F_{ad}$．把 k、m 和 n 三点连成三角形，我们知道，$\triangle kmn$ 的两个边 $\overline{km}$ 和 $\overline{mn}$的长度是个常数，这是因为电流 I 是常数．

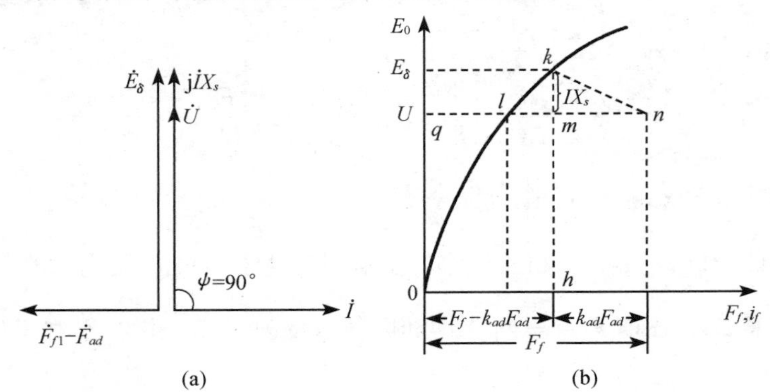

图 14-6 凸极发电机带零功率因数负载时的电动势相量图

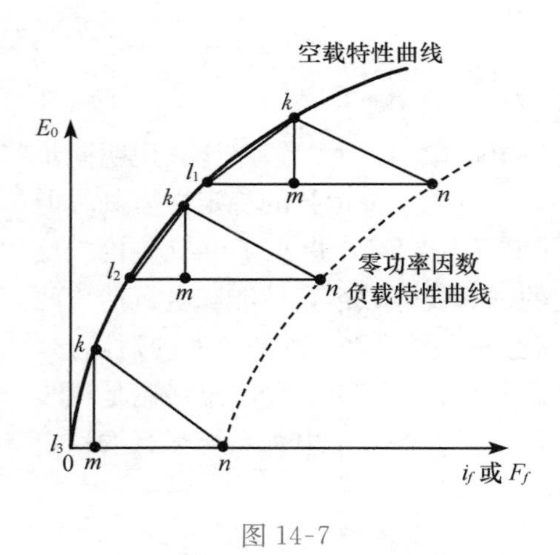

图 14-7

在试验中，不管电机的端电压 U 随着励磁电流如何变化，这个直角三角形的大小不变．假定我们已经得到了零功率因数负载特性曲线，如图 14-7 中的虚线，则在这条曲线上的任何一点，都应能和空载特性曲线之间画出同样大小的直角三角形$\triangle kmn$.

有了这个三角形，就知道了它们的边长$\overline{km}$，这样便可以求出 X_s 为

$$X_s = \frac{\overline{km}\text{ 所代表电动势数值}}{I}$$

式中，I 是电枢电流．

以上从理论上分析了零功率因数负载特性和空载特性之间的电磁关系．图 14-7 也表示了一条理论上的零功率因数负载特性曲线．

但实际情况与理论分析是不同的．因为，零功率因数负载上 n 点的合成磁动势与空载特性上 k 点的励磁磁动势虽然大小相同，但只有两者主磁路的磁阻完全相同时才能产生相同的主磁通，从而感应相同的绕组电动势．可是，零功率因数负载时的主磁路磁阻情况与空载特性的主磁路磁阻情况已经不一样了．主要是零功率因数负载时为了补偿纵轴去磁磁动势，这时的励磁磁动势比空载时的励磁磁动势要大，主磁极本身的饱和度也大，所以零功率因数负载时的磁路磁阻比空载时的磁路磁阻要大．

这两种运行情况下，要想得到相同的主磁通，在绕组中感应相同的电动势，则零功率因数负载时需要更大的励磁磁动势．所以实际得到的零功率因数负载特性曲线与理论上的有差别，如图 14-8 中试验曲线所示．

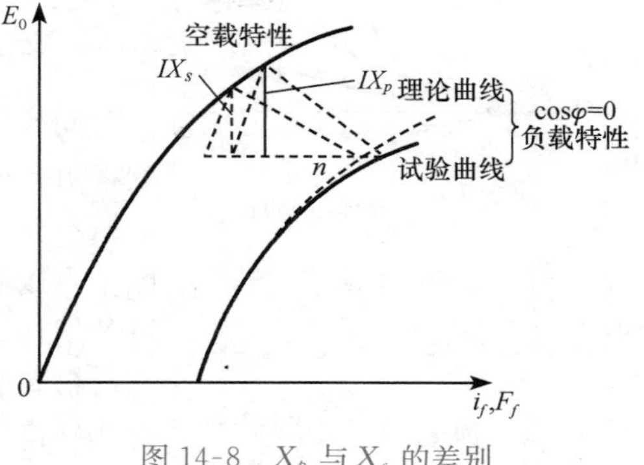

图 14-8　X_p 与 X_s 的差别

根据实际试验的 $\cos\varphi=0$ 负载特性求漏电抗，所得的数值比 X_s 要大些，这从图 14-8 就可以看得出来．为了区别于 X_s，把由实际测得的数值称为普梯尔电抗，用 X_p 表示．

普梯尔电抗 X_p 虽然不是漏电抗 X_s，但是计算同步发电机的负载运行时，由于一般负载都是电阻-电感性的居多，磁极铁心都有额外饱和的现象出现，与 $\cos\varphi=0$ 负载试验时类似．在这种情况下，用普梯尔电抗代替漏电抗 X_s，反而会得到更准确的结果．

14-3　同步发电机的外特性和调整特性

1. 同步发电机的外特性

同步发电机的外特性在 13-3 节已经简单介绍过了，它是指电机的转速为同步速不变，励磁电流 i_f 和负载功率因数均为常数的条件下，改变负载电流 I 时，端电压 U 的变化曲线．图 14-9 表示不同功率因数负载下同步发电机的外特性．从图中可以看出，纯电阻负载 $\cos\varphi=1$ 时，随负载电流增加端电压降落较少，电感性负载 $\cos\varphi=0.8$ 时，随负载电流增加端电压降落较多，而在电容性负载 $\cos(-\varphi)=0.8$ 时，随负载电流增加端电压反而会升高．

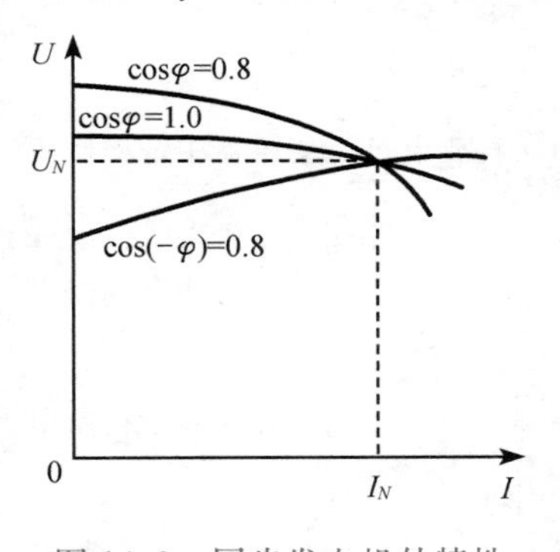

图 14-9　同步发电机外特性

发电机的额定功率因数一般规定为 0.8（滞后），在较大的电机中，也有规定为 0.85 或 0.90．额定功率因数是由电力系统的需要视情况而定的，电机制造部门就按照所要求的额定功率因数进行设计．电机在额定电流下运行时的功率因数不宜低于额定值，否则转子电流将会增加，使它过热．

当发电机投入空载的长输电线时，相当于发电机接电容负载，这种操作称为对输电线充电．发电机的充电电流是运行部门希望知道的数据，它是当励磁电流为零，端电压为额定值 U_N 时的定子电流．

从外特性也可以求出发电机的电压调整率，电压调整率用 ΔU 表示，$\Delta U=\dfrac{E_0-U_N}{U_N}\times 100\%$，它是表示同步发电机运行性能的重要数据之一．电压调整率大的电机，当负载变化时，会引起电网电压值的波动，过去常靠值班人员用手工操作改变电机励磁电流来解决．现代同步发电机大多数装有快速自动调节励磁装置，使负载变化时，电网电压维持不变，对发电机的电压调整率要求已经放宽，但最好小于 50%．

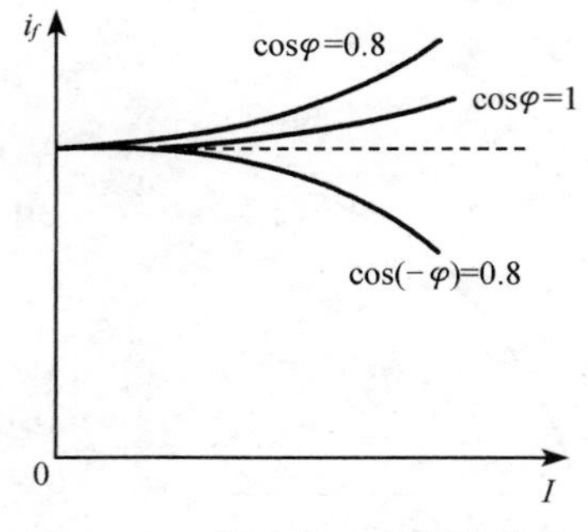

图 14-10　同步发电机调整特性

2. 同步发电机的调整特性

同步发电机的调整特性是指发电机的转速为同步速不变，负载的功率因数不变，当负载电流变化时，为维持端电压不变，励磁电流的变化曲线，表示在图 14-10 上. 从图中可以看到，带纯电阻负载或电感性负载时，随负载电流的增加，励磁电流必须增加才能维持端电压不变. 带电容性负载时，随负载电流的增加励磁电流可能减小. 从调整特性可以知道，发电机运行在一定的功率因数下，维持端电压不变，负载电流可以到多大而不使励磁电流超过制造厂的规定，对运行人员是很有用的.

14-4　转差法和取出转子法求参数

请扫描二维码查看转差法和取出转子法求参数的详细内容。

14-4 节

思 考 题

14-1　什么叫短路比？它与哪些量有关？

14-2　在稳态短路时，同步发电机的短路电流为什么不是很大？而在直流电机与变压器中情况却不一样，为什么？

14-3　测定同步发电机短路特性时，如果把电机的转速由额定转速 n_N 降低到$\frac{1}{2}n_N$，对测量结果有没有影响？

14-4　加在同步发电机定子上的三相对称电压大小不变，在下述两种情况下，哪一种情况下定子电流比较大？

(1) 取出转子；(2) 转子以同步转速旋转，但不加励磁电流.

14-5　利用转差法求同步电机的参数 X_d 和 X_q 时，如果把转子励磁绕组短路起来，问这时求得的参数还是 X_d 和 X_q 吗？如果把转子牵入同步，这时求得的数据又代表什么参数？

14-6　有两台隐极同步电机，气隙分别为 δ_1 和 δ_2，其他如绕组、磁路结构等都完全一样. 已知 $\delta_1=2\delta_2$，现分别在两台电机上进行短路试验，问加同样大小的励磁电流，哪台电机的短路电流比较大？

14-7　比较一台凸极同步发电机下列参数的大小：X_d、X_q、X_{ad}、X_{aq}、X_s、X_p. 凸极同步发电机稳态短路电流的大小主要取决于其中哪个参数？

14-8　以纯电感为负载，在额定转速下做零功率因数负载试验，测得 $U=U_N$、$I=I_N$ 时的励激电流为 i_f. 若保持励磁电流 i_f 和转速 n 不变，那么在去掉负载以后，空载电动势是等于 U_N、大于 U_N，还是小于 U_N？

习 题

14-1　一台隐极同步发电机的同步电抗为$\underline{X}_c=1.8$，额定功率因数 $\cos\varphi_N=0.87$（滞后）. 当励磁电流

$\underline{i}_f=1$时，其空载电动势为$\underline{E}_0=1$. 不计电枢电阻与漏电抗，设磁路线性.

（1）求额定运行时的θ角；

（2）如果将电机气隙加大一倍，则同步电抗标幺值为多大？产生空载额定电压和三相稳态短路额定电流所需的励磁电流标幺值各为多大？

14-2　一台凸极同步发电机额定容量$S_N=62500\text{kV}\cdot\text{A}$，定子绕组星形联结，额定频率为50Hz，额定功率因数为$\cos\varphi_N=0.8$（滞后）. 直轴同步电抗$\underline{X}_d=0.8$，交轴同步电抗$\underline{X}_q=0.6$，$R=0$. 试求：额定负载下发电机的电压调整率.

14-3　一台水轮发电机数据如下：额定容量$S_N=8750\text{kV}\cdot\text{A}$，额定电压$U_N=11000\text{V}$（星形联结），额定功率因数$\cos\varphi_N=0.8$（滞后）. 空载特性数据如下（$E_0$为线电动势）：

i_f/A	0	90	186	211	284	346	456
E_0/V	0	5000	10000	11000	13000	14000	15000

额定电流时零功率因数负载特性试验数据如下（U为线电压）：

i_f/A	345	358	381	410	445	486
U/V	9370	9800	10310	10900	11400	11960

三相短路特性数据如下：

i_f/A	0	34.7	74.0	113.0	152.0	191.0
I_k/A	0	115	230	345	460	575

求：

（1）普梯尔电抗X_p及直轴同步电抗X_d的不饱和值；

（2）短路比K_c.

14-4　一台三相星形联结的汽轮发电机，已知其额定容量$S_N=25000\text{kV}\cdot\text{A}$，额定电压$U_N=10.5\text{kV}$，频率$f=50\text{Hz}$，忽略定子电阻. 空载试验数据及短路试验数据如下：

空载特性

线电压/kV	6.2	10.5	12.3	13.46	14.1
励磁电流/A	77.5	155	232	310	388

短路特性

电枢电流/A	860	1720
励磁电流/A	140	280

求同步电抗$\underline{X}_c$（不饱和值）.

14-5　一台汽轮发电机，额定功率$P_N=12000\text{kW}$，额定电压$U_N=6300\text{V}$，星形联结，额定功率因数$\cos\varphi_N=0.8$（滞后）. 空载试验数据及短路试验数据如下：

空载特性

线电压/V	0	4500	5500	6000	6300	6500	7000	7500	8000
励磁电流/A	0	60	80	92	102	111	130	190	286

短路特性

电枢电流/A	0	I_N
励磁电流/A	0	158

不计电枢电阻，求：

（1）同步电抗 X_c 的不饱和值；

（2）额定负载运行时的励磁电流；

（3）电压调整率 ΔU.

14-6 一台星形联结的同步发电机，额定容量 $S_N=50\text{kV}\cdot\text{A}$，额定电压 $U_N=440\text{V}$，频率 $f=50\text{Hz}$. 该发电机以同步转速被驱动. 测得当定子绕组开路端电压为 440V 时（线电压），励磁电流为 7A；做短路试验，当定子电流为额定时，励磁电流为 5.5A. 设磁路线性. 求每相同步电抗的实际值和标幺值.

14-7 一台汽轮发电机额定数据如下：额定功率 $P_N=25000\text{kW}$，额定电压 $U_N=6300\text{V}$（Y 联结），额定功率因数 $\cos\varphi_N=0.8$（滞后）. 以标幺值表示的特性数据如下：

空载特性

$\underline{E}_0$	0	0.60	1.00	1.16	1.25	1.32	1.37
$\underline{i}_f$	0	0.50	1.00	1.50	2.00	2.50	3.00

短路特性

$\underline{I}_k$	0	0.32	0.63	1.00	1.63
$\underline{i}_f$	0	0.52	1.03	1.63	2.66

零功率因数负载特性（负载电流 $I=I_N$）

$\underline{U}$	0.60	0.80	1.00	1.10
$\underline{i}_f$	2.14	2.40	2.88	3.35

求：

（1）定子漏电抗 X_p 及直轴同步电抗 X_d 的不饱和值，并求其实际值；

（2）短路比 K_c 为多大？

第十五章　同步发电机的并联运行

15-1　概　　述

由一台同步发电机给一群负载供电的电机运行方式现在用得很少，因为它有很多缺点：

(1) 每一台发电机的容量有一定的限制，使发电厂的容量也受到限制.

(2) 负载是经常不断变化的. 当负载很小时，发电机的运行效率很低.

(3) 如果没有备用发电机，一旦发电机需要检修，就无法供电. 如果有备用发电机，等于经常积压一台同容量的发电机，很不经济.

(4) 当负载变化时，由于单机供电，系统容量不大，发电机的频率和端电压都会受到影响. 特别是，当启动一台大容量的电动机而引起大的电流冲击时，一方面由于电枢反应使端电压下降；另一方面，由于负载增加，原动机速度下降，引起发电机频率下降，而频率下降也导致端电压下降. 即使在原动机装有调速装置和发电机装有调压装置的条件下，也很难避免发生频率和端电压的突然低落. 这就会使照明灯光发暗，其他电动机速度下降，并且产生短时过电流. 电压低落严重时，这台要启动的大容量电动机，或者由于启动转矩不足，根本启动不起来；或者要经过很长时间才能启动. 长时间的启动过程，设备产生过热现象.

由于上述的这些缺点，单机运行一般多在农村的小型发电厂里采用. 在广大的工业地区，每个发电厂都是由几台或十几台发电机并联起来发电的. 距离很远的许多发电厂，又通过升压变压器和高电压输电线彼此再并联起来，形成一个巨大的电力系统.

并联运行有以下优点：

(1) 电能的供应可以互相调剂，合理使用. 当某地用电较多时，别地可以送电支援. 在火力发电厂与水力发电厂的配合方面：在旺水时期，由水电厂发出大量廉价电力，火电厂少发电；在枯水期，由火电厂多供电，而水轮发电机这时可不发电或作为同步调相机运行，供给电网无功功率. 在并联运行中，负载大时，就多开几台发电机；负载小时，就少开几台，使每台发电机都能在满载下运行，从而提高运行效率.

(2) 增加供电的可靠性. 一台发电机的损坏不至于造成停电事故. 同时，备用容量也减少了.

(3) 供电的质量提高了. 由于系统容量很大，一台电动机的启动、加载、停机，对系统来说，几乎就没有影响. 因此，电网的电压和频率能保持在要求的恒定范围内.

(4) 系统越大，负载就越趋均匀. 不同性质的负载互相起补偿作用. 以地区来说，地区大，时差也大，使用照明的时间也就错开了. 负载均匀，发电机就能经常带满负载，提高了设备的利用率. 若电力系统处在尖峰负荷（短时用电量较大），可以用增开担负尖峰负载的发电机来解决，不使广大发电机的负载均衡性遭到破坏.

(5) 联成大电力系统后，有可能使发电厂的布局更加合理. 在产煤区，多布置一些火力发电厂；在水力资源丰富的地方，多布置一些水力发电厂. 然后，利用高压输电线对工业中心区域供电.

因为联成大电力系统后有这么多的优点，所以电力系统有越来越扩大的趋势. 当然，随着电力系统的扩大，还必须解决高电压、远距离输电的一系列问题.

并联运行的发电机，从发电机本身的电磁规律来看，与单机运行没有什么两样，但是，运行条件却完全不同. 单机运行时，负载接上后，必然由这台发电机负担. 发电机的频率由带动这台发电机的原动机决定. 发电机的端电压由励磁电流、频率和负载大小决定. 如果调节不好，当负载变化时，发电机的频率和端电压都会发生变化. 并联运行时，当接上负载后，负载由所有并联运行的发电机共同负担. 于是就提出，负载在并联机组之间是如何分配的？当一台发电机要并联到电网时，并联合闸的条件是什么？并联以后，它是怎样分担一部分负载的？

本章首先叙述并联合闸的条件和方法，然后分析发电机与电网并联后的内部电磁关系，以及负载调节问题.

在分析中，采用具体与抽象相结合的办法. 一般来说，一台发电机的容量比起整个电力系统的容量是很小的. 因此，我们在调节一台发电机时，就可以认为电力系统的状况几乎不受影响. 也就是说，系统的频率和电压可以看作不变的. 抽象地说，就是认为系统有无限大的容量，以至于它的电压 $U=$常数、频率 $f=$常数. 但是，实际上，系统的容量是有限的，当负载增加时，就必须相应地增加发电量，否则电压和频率就会下降，这又是很具体的. 在下面的分析中，要把这两者很好地结合起来考虑.

15-2 并联合闸的条件与方法

同步发电机并联到电网时要求它在较短的时间内（例如，几个周波内）不应产生大的电流冲击. 为此，必须满足下述四个条件：

（1）发电机的频率等于电网的频率；

（2）发电机的电压幅值等于电网电压的幅值，且波形一致；

（3）发电机的电压相序与电网电压的相序相同；

（4）在合闸时，发电机的电压相位与电网电压的相位一样.

满足上述四个条件后，发电机端电压的瞬时值与电网电压的瞬时值就完全一样了. 这就保证了在并联合闸瞬间不会引起电流冲击. 关于相位问题，还需要进一步说明，这是一个在并联合闸过程中才能解决的问题. 当按照上述的方法，使并联合闸的发电机在频率、相序、电压幅值与电网差不多都相等时，如果电压相位不同，仍会引起很大的冲击电流. 在图 15-1 中，把电网也形象地看成一台大发电机 S，另外的是一台将要并入电网的发电机 G，它们的端电压及电流的正方向都标在图 15-1（a）上，图 15-1（b）表示了电网和发电机的电压相量，它们彼此不同相位，但各自都是对称的，并且频率、电压和相序都相同. 在这种情况下，如果并联合闸，产生的冲击电流的交变分量由于对称的关系可以按一个相来计算. 图 15-1（c）中，表示出 A 相的电网电压和发电机电压相量，它们之间的相位差为 β 角. 从图 15-1（a）可知，合闸前，开关两端的电压差 $\Delta\dot{U}_A=\dot{U}_{As}-\dot{U}_{Ag}$. 因此，并联合闸时的冲击电流是

$$\dot{I}''_A=\frac{\Delta\dot{U}_A}{Z''_s+Z''_g}$$

式中，Z''_s和Z''_g为电网和发电机的阻抗，它们都属于过渡过程性质的阻抗．它们的数值很小（见第十七章）．尤其是电网的阻抗，由于电网容量很大，它的数据实际接近于零．因此，即使较小的$\Delta\dot{U}_A$，也会产生较大的冲击电流$\dot{I}''_A$．电压差$\Delta\dot{U}_A$与相位差β有密切关系，β值越大，$\Delta\dot{U}_A$也越大．$\beta=180°$时，$\Delta\dot{U}_A$达到最大，为电网电压的两倍．这时，如果进行并联合闸，冲击电流是非常大的．常常会使发电机遭到破坏．所以，并联合闸时，电网电压和发电机电压之间不能有较大的相位差．

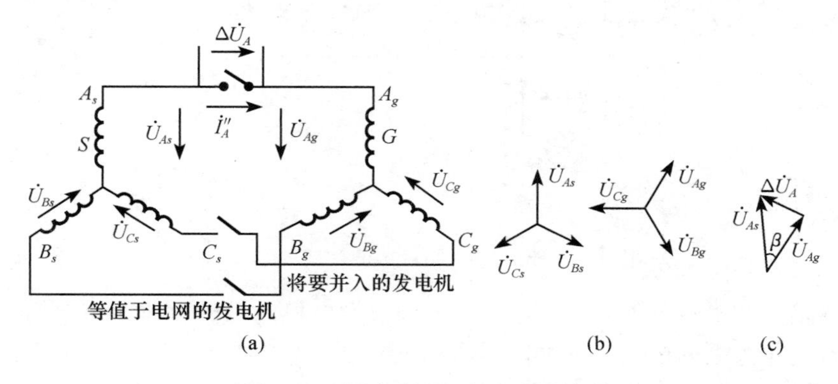

图 15-1　同步发电机与大电网并联

在并联合闸过程中，怎样判断发电机是否满足并联条件，如果不满足又怎样进行调节？下面介绍两个最基本的方法，尽管现在自动化并联装置已经发展到很复杂的程度，但基本道理是一样的．

1．暗灯法

从上述分析知道，要使并联合闸没有冲击电流$\dot{I}''_A$，在并联开关两侧就不能有电压差$\Delta\dot{U}_A$、$\Delta\dot{U}_B$、$\Delta\dot{U}_C$．我们在开关两端接上灯泡，称为相灯，如图 15-2（a）所示．如果这三个相的相灯都熄灭了，就表示电压差$\Delta\dot{U}_A=\Delta\dot{U}_B=\Delta\dot{U}_C=0$．这时，我们就可以进行并联合闸了．这样的方法就称为暗灯法．

要使相灯完全熄灭，只有使发电机完全满足并联合闸的四个条件才能办到．如果不满足，就要逐个加以调节，现分述如下．

1）频率不等

这时图 15-2（b）所示相量图中，电网电压相量的角频率ω_s与发电机电压相量的角频率ω_g不相同，它们之间的相位差β就会不断地从 0°到 360°周而复始地变化．电压差$\Delta\dot{U}_A$、$\Delta\dot{U}_B$、$\Delta\dot{U}_C$也在 0 至$2U_s$（或$2U_g$）的范围内不断变化．三个相灯将呈现着同时暗、同时亮的交替变化现象．这时，只要调节原动机的转速，即可使相灯一明一暗的变化频率减小下来，一直到变化极其缓慢，灯暗后，要隔较长时间再亮起来，就达到了频率差不多相等的要求．

2）电压不等

从图 15-2（b）的相量图中看到，如果发电机的端电压$\dot{U}_{Ag}$不等于电网端电压$\dot{U}_{As}$，即使相位差$\beta=0$，也还存在着电压差$\Delta\dot{U}_A$、$\Delta\dot{U}_B$、$\Delta\dot{U}_C$．这种情况使得相灯没有绝对熄灭的

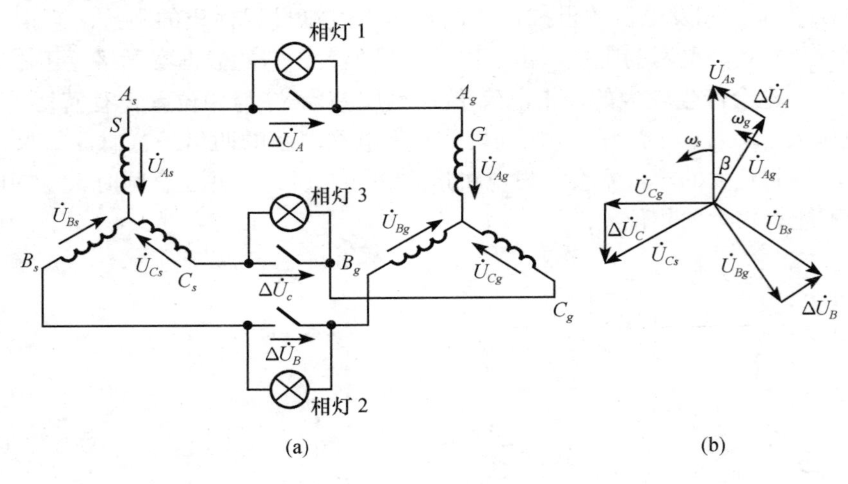

图 15-2　暗灯法的接线

时候，而是在最亮和最暗范围闪烁．这时只要调节发电机的励磁电流，使它们的电压相等，就会出现相灯完全熄灭的情况．不过，实际上如果用白炽灯作为相灯，白炽灯在低电压下也和无电压时一样，呈现熄灭状态．这就容易发生判断错误．所以，一般用电压表先把发电机端电压调到与电网电压相等．

3）相序不等

如果发电机的相序定错了，就会发生把发电机的 C 相接到电网的 B 相，发电机的 B 相接到电网的 C 相的错误．这时，图 15-2 的相灯实际连成了如图 15-3（a）的情况．跨过相灯的电压变成如图 15-3（b）的相量图所示的 $\Delta\dot{U}_1$、$\Delta\dot{U}_2$、$\Delta\dot{U}_3$．它们的大小不相等，因而，相灯亮度也不相等．当 $\beta=0$ 时，只有相灯 1 熄灭，另外两个相灯都亮着．$\beta=120°$时，只有相灯 3 熄灭，另外两个相灯亮．$\beta=240°$时，相灯 2 熄灭，另外两个相灯亮．如果发电机频率低于电网频率时，$\omega_g<\omega_s$，β 由 0°到 120°再到 240°，再回到 0°，相灯则从 1 灯灭到 3 灯灭再到 2 灯灭，再回到 1 灯灭．如果相灯布置在配电板上，如图 15-3（c）所示，相灯暗亮呈旋转状态．当 $\omega_g<\omega_s$ 时，灯光旋转的方向为逆时针；反之，当 $\omega_g>\omega_s$ 时，灯光为顺时针旋转．

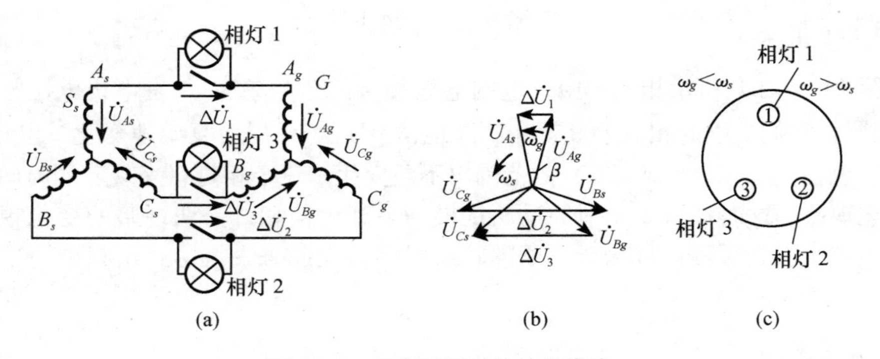

图 15-3　相序不同时的并联线路

因此，遇到相灯不一样明暗，并出现旋转现象时，说明相序接错了．这时，只要把发电机接到并联开关的任两根线互相对调一下接头，就可以了．

4）相角不等

这时 $\beta\neq0$，相灯不会熄灭，不能并联合闸．只要把发电机和原动机转速稍为调节一点，β 角就要起变化，直到 $\beta=0$，三个相灯都熄灭，即可合闸．

2. 灯光旋转法

在暗灯法中，如果相序接错，相灯的灯光就会旋转起来．我们索性把并联合闸的相灯故意接在不同相的电压之间，使它们在正确的相序下，出现旋转的灯光．这种并联合闸的方法，就叫做灯光旋转法．

图 15-4 是灯光旋转法的相灯布置．它实际上和图 15-3 相灯的接法完全一样，所以，分析结果也完全一样．当发电机频率高于或低于电网频率时，灯光就会出现旋转现象．如果灯光出现同时亮或同时暗的情况，就说明相序接错了．实际操作中，可以调节发电机转速大小，使灯光旋转极其缓慢，说明 ω_g 已接近 ω_s；等到相灯 1 熄灭时，说明 $\beta=0$，即可合闸．这时，相灯 2 和 3 都亮着，而且亮度一样．为了合闸瞬间更准确，可在并联刀闸两头接上电压表，如图 15-4 所示．当电压表指针为零时，就合闸．

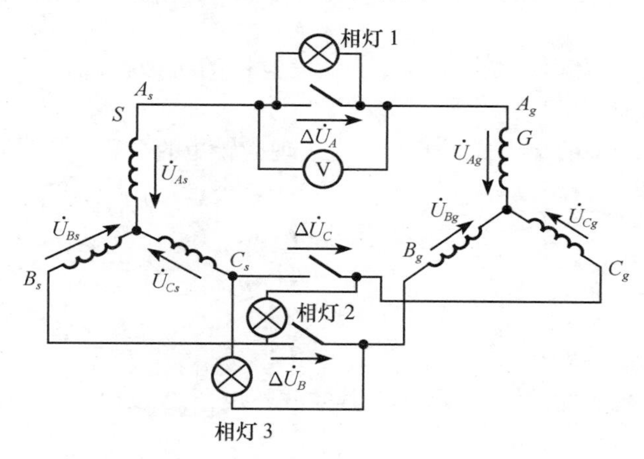

图 15-4　灯光旋转法的接线

利用灯光旋转法判断比暗灯法要准确些．因为相灯 1 熄灭时，相灯 2 和 3 亮度一样；而暗灯法仅靠三个相灯同时熄灭来判断，白炽灯在低于 1/3 额定电压时，灯就不亮，不好判断．另外，根据灯光旋转的方向，还可以知道发电机频率是高于还是低于电网频率，便于调节原动机转速．

上述两个方法的优点是合闸时没有冲击电流；缺点是操作较复杂，这两种方法称为准确同步法．当电网出现故障情况时，需要把发电机迅速投入并联运行，这时，往往采用自同步法．它的操作步骤是：事先校验好发电机的相序，启动发电机后，把转速调到接近同步速，不加励磁（励磁绕组经限流电阻短路），合上并联刀闸，再立即加励磁，靠定、转子间电磁力，自动牵入同步．这种方法的优点是操作简单、迅速，不需增加复杂的并联装置；缺点是合闸后，有电流冲击．

15-3 同步发电机并联运行的理论基础

15-2节介绍了并联合闸的条件和操作方法. 但是，只合上了并联的开关，还不能说就一定能够并联运行. 例如，在并联的条件里，要求发电机的端电压和频率与电网相等. 但是，不可能绝对相等，如果频率差一些，合上闸后，发电机和电网能不能同步呢？另外，一台发电机与大电网并联运行，怎样给并联上去的这台发电机带上负载呢？又如何分配给电网里每台发电机担负的负载呢？这些问题需要从理论上进行分析才行.

为了分析方便，假设同步发电机是在理想条件下，即发电机的端电压和频率与电网完全相等的情况下，并联到电网上去的. 而把实际上发电机的端电压和频率与电网不能完全相等的情况，看成在理想条件下并联后，经过了一些调节的结果来进行分析.

1. 空载运行

同步发电机在理想条件下并联到电网，原动机只供给同步发电机转动时所需的损耗功率，即风阻摩擦等机械损耗以及铁损耗.

$$P_1 = p_m + p_{\mathrm{Fe}} = p_0$$

式中，P_1 是原动机供给发电机的功率；p_m 是发电机的机械损耗；p_{Fe} 是发电机的铁损耗；p_0 是发电机的空载损耗.

此式是一个机械功率的平衡式. 但必然也表现为转矩的平衡. 机械功率除以机械角速度 Ω（rad/s），便得到转矩，所以

$$\frac{P_1}{\Omega} = \frac{p_0}{\Omega}$$

即

$$T_1 = T_0$$

也就是说，原动机的拖动转矩 T_1 等于其空载转矩 T_0. 发电机不向电网输出功率，这就是空载的运行状态.

下面调节一下发电机的励磁电流，看会不会改变这种运行状态.

为了分析简单，忽略电枢绕组电阻.

图15-5（a）是理想条件下并联合闸的情况. 由于发电机合闸前端电压（$\dot{E}_0$）等于电网电压 $\dot{U}$，所以，电枢电流 $\dot{I}=0$.

图15-5（b）是在并联合闸后，把发电机励磁电流 i_f 增大了的情况，i_f 增大，$\dot{F}_{f1}$ 也就增大，由于电网的端电压 $\dot{U}$ 不变，发电机必然输出滞后的无功电流，产生去磁的电枢反应.

图15-5（c）是在并联合闸后，把励磁电流 i_f 减小了的情况. i_f 减小，$\dot{F}_{f1}$ 也就减小，由于电网的端电压 $\dot{U}$ 不变，发电机必然输出超前的无功电流，产生增磁的电枢反应.

如果按照电动势相量图来计算

$$\dot{I} = \frac{\dot{E}_0 - \dot{U}}{\mathrm{j}X_c}$$

由于 $\dot{E}_0$ 和 $\dot{U}$ 同相，电流 $\dot{I}$ 的性质总是无功的. 只是增大励磁时，$E_0>U$，电流 $\dot{I}$ 滞后 $\dot{U}$ 90°电角度；减小励磁时，$E_0<U$，电流 $\dot{I}$ 超前 $\dot{U}$ 90°电角度.

由以上分析可知，改变同步发电机的励磁电流，只能使电枢绕组产生滞后的或超前的纯

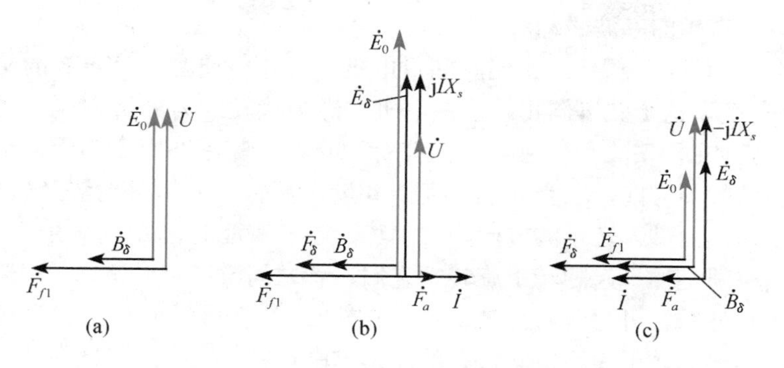

图 15-5　空载并联合闸后的时空相-矢量图

无功电流，不能使发电机输出或输入有功功率．这从能量守恒定律看，也必然是这样．改变发电机励磁电流，并没有增加发电机输入功率，当然也不可能使发电机输出有功功率．

如果发电机在并联合闸前，频率与电网相等，端电压与电网不相等．那么，在并联合闸时，除了发生合闸冲击电流外，合闸后，电机就会有一个无功电流，即向电网发出了无功功率，或者叫做发电机带上了无功负载．

2. 负载运行

并联到电网的发电机，能够调节的物理量有两个：一个是它的励磁电流；另一个是它的原动机的拖动转矩．上面分析了调节励磁电流的情况．下面再分析调节原动机的拖动转矩（它由调节汽轮机的气门、水轮机的水门、内燃机的油门来达到）产生的变化．

当增加发电机拖动转矩 T_1 时，例如，把原动机的气门、水门或油门开大，原来的转矩平衡被破坏，这时 $T_1>T_0$，发电机的转子就要加速．如果这个转矩的不平衡现象持续下去，发电机就要与电网失去同步．当然，实际情况不是这样．我们以隐极同步发电机为例来研究这个问题．为使分析带有普遍意义，假定在增大拖动转矩前，发电机已带有无功负载．

当拖动转矩增加，$T_1>T_0$ 引起转子加速时，首先出现的是转子位置（以 $\dot{F}_{f1}$ 为标志）超前了气隙旋转磁通密度 $\dot{B}_\delta$，如图 15-6 所示．气隙磁通密度 $\dot{B}_\delta$ 在电枢绕组里产生气隙电动势 $\dot{E}_\delta$ 和电网电压 $\dot{U}$ 差不多相等（只差一个漏阻抗压降）．由于电网的频率不会改变，$\dot{E}_\delta$ 的频率也不会变，气隙磁通密度 $\dot{E}_\delta$ 的转速也不能变，维持恒定的同步速度．但是，代表转子位置的空间矢量 $\dot{F}_{f1}$ 却不受这个限制．在空载时，它本来与 $\dot{B}_\delta$ 并肩前进，当 T_1 增大，转子加速，$\dot{F}_{f1}$ 就超前 $\dot{B}_\delta$ 一个角度 θ' 了，如图 15-6 所示．θ' 角的出现很重要，发电机因此产生了一系列变化．

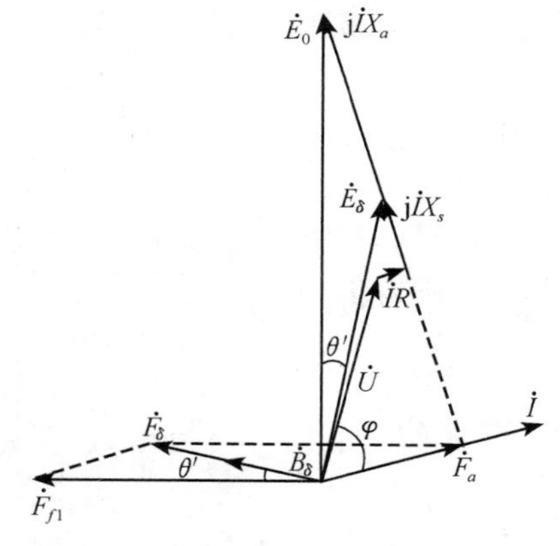

图 15-6　负载运行的时空相-矢量图

1）同步电机的电磁转矩 T

我们先分析一下发电机带负载后，转子表面受力的情况．根据电磁力的公式 $f=bli$，可以求转子受力的大小，公式里的 l 是载流导体的长度；b 是载流导体遇到的磁通密度大小，在电机里就是气隙磁通密度 b_δ，电流 i 就应该是转子励磁绕组里的电流．励磁磁动势 $\dot{F}_{f1}$ 就是由转子励磁电流产生的基波磁动势.

如图 15-7（a）所示，假定画图的瞬间，电机中气隙磁通密度分布波的幅值位置正好超前$+A$轴 90°电角度，这个波以同步转速在电机气隙中旋转. 为分析方便，我们把空间坐标选在转子表面上，如图 15-7（b）所示. 选坐标原点在气隙磁通密度为零的地方，横坐标是沿电机转子表面的圆周方向，以空间电角度α度量，纵坐标表示磁动势及磁通密度的大小，仍然规定出定子内表面进入转子的方向为磁动势、磁通密度的正方向. 由于气隙磁通密度和励磁磁动势连同空间坐标一起随转子旋转，它们三者之间没有相对运动. 气隙磁通密度沿转子表面空间为正弦分布，可写成$b_\delta=B_\delta\sin\alpha$，如图 15-7（c）所示. 由于$\dot{F}_{f1}$超前$\dot{B}_\delta$一个$\theta'$角，可把励磁磁动势沿转子表面空间分布的波形也画在图 15-7（c）上.

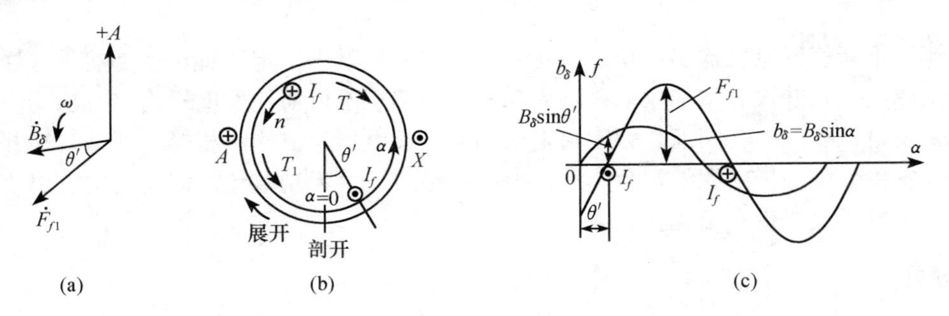

图 15-7　负载情况下气隙磁通密度和励磁磁动势的分布

还有一个问题，转子的励磁电流分布，各种类型电机都不一样，为了使分析带有普遍性，我们用一个等效集中的励磁电流I_f（看成励磁绕组每对极只有一匝）去代替实际的励磁电流，如图 15-7 所示. 等效的励磁电流I_f必须也产生和实际励磁电流同样的基波磁动势$\dot{F}_{f1}$，即$\dfrac{4}{\pi}\dfrac{1}{2}I_f=F_{f1}$，$I_f=\dfrac{\pi}{2}F_{f1}$. 从图 15-7（c）看到，基波励磁磁动势超前于气隙磁通密度一个θ'角，使励磁电流I_f所在处的气隙磁通密度不是零，而是$B_\delta\sin\theta'$，根据电磁力的公式，可以写出转子受力的公式：

$$f=b_\delta lI_f=B_\delta\sin\theta'\cdot l\cdot I_f$$

式中，I_f是等效的集中励磁电流；l是转子轴向有效长度；b_δ是等效励磁电流所在处气隙磁通密度大小.

如果转子极对数为p，整个转子上有$2p$个等效励磁电流，作用在转子上的总电磁转矩为T，则可得

$$\begin{aligned}T&=f\cdot r\cdot 2p=B_\delta\sin\theta' lI_f\cdot r\cdot 2p\\&=\left(\frac{2}{\pi}B_\delta l\tau\right)\frac{\pi p^2}{2}k_fF_f\sin\theta'\\&=\frac{\pi p^2}{2}\Phi_\delta k_fF_f\sin\theta'=C\sin\theta'\end{aligned}$$

式中，r是转子半径，当励磁电流不变时，I_f为常数，稳态运行时气隙磁通密度B_δ差不多不变，其他如l、r、$2p$均不变，所以电磁转矩T可表示为一个常数C与$\sin\theta'$的乘积.

按照左手定则，电磁转矩的方向朝向θ'角减小的方向，所以是一个制动性的转矩.

从这里看到，原动机拖动转矩的增大，导致θ'角的出现，伴随而来的是电磁制动转矩T的产生. 而电磁制动转矩T与$\sin\theta'$成正比.

最大转矩 T_{max}产生在 $\theta'=90°$时，因此，只要原动机的拖动转矩 T_1 不超过 T_{max}，发电机就不会因转矩不平衡造成与电网失去同步．这个问题在以后的运行稳定性中，还要详细分析．同步发电机的电磁转矩能自动与拖动转矩平衡的现象，是同步发电机能够并联运行的关键．这就是说，电网里某一台发电机的拖动转矩增加了，它的转子就往前移，于是 θ'角就增加，产生的电磁转矩也相应增加，强迫这台发电机仍然与其他并联在电网上的发电机同步运行．

2）转矩平衡和功率平衡

当电磁转矩 T 出现后，同步发电机的转矩平衡式变为

$$T_1 = T + T_0$$

即原动机的拖动转矩 T_1 等于发电机的空载转矩 T_0 加上电磁转矩 T，在转矩平衡等式的每项都乘以机械角速度 Ω，就变成了功率平衡式

$$T_1\Omega = T\Omega + T_0\Omega$$

即

$$P_1 = P_M + p_0$$

式中，$P_M=T\Omega$，是电磁制动转矩吸收的机械功率，称为电磁功率．

从能量关系来看，在定子绕组中，上述的电磁功率 P_M 减去定子绕组的铜损耗 $p_{Cu}=mI^2R$就应该成为输出的电功率 P_2．即

$$P_M = P_2 + p_{Cu} = mUI\cos\varphi + mI^2R$$

从图 15-6 可知，$U\cos\varphi+IR=E_0\cos\psi$，所以

$$P_M = mE_0I\cos\psi$$

在这个电磁功率等式中，I、E_0 都是电量，它是一个电功率表达式，可见电磁功率 P_M 既可表示为电磁制动转矩吸收的机械功率 $T\Omega$，又可表示为定子绕组中的电功率 $mE_0I\cos\psi$，说明电机中经过电磁感应作用，把机械功率转化成电功率了．

从原动机输入功率 P_1 中减去空载损耗 p_0 成为电磁功率 P_M，电磁功率 P_M 减去定子绕组的铜损耗 p_{Cu} 就是输出功率 P_2．图 15-8 表示功率的流程图．

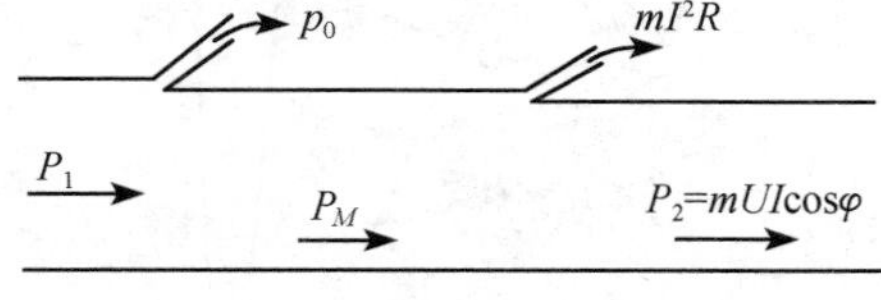

图 15-8　同步发电机的功率流程图

15-4　有功功率的调节和静态稳定

无限大电网并联运行的同步发电机，当增加原动机的拖动转矩时，电机的电磁制动转矩也随之增大，使电机的电磁功率和输出有功功率增大．本节将研究同步发电机有功功率调节的一个重要特性——功角特性；讨论调节有功功率时，同步发电机输出无功功率的变化；以及同步发电机运行中的静态稳定问题．

1. 同步发电机的功角特性

1）隐极发电机

现忽略电枢电阻，采用简化的相量图，如图 15-9 所示．图中 $\dot{E}_0$ 和 $\dot{U}$ 之间的夹角为 θ，

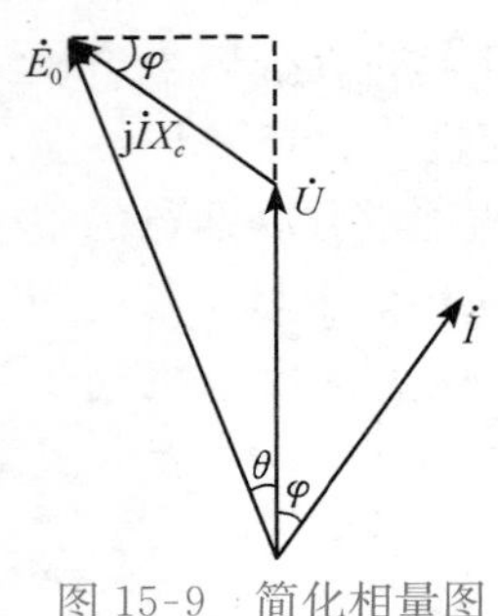

图 15-9　简化相量图

称为功率角. 这时的电磁功率可简化为

$$P_M = P_2 = mUI\cos\varphi$$

从简化相量图上，可以得到

$$IX_c \cdot \cos\varphi = E_0\sin\theta$$

$$I\cos\varphi = \frac{E_0\sin\theta}{X_c}$$

代入电磁功率 P_M 式，得

$$P_M = P_2 = m\frac{UE_0}{X_c}\sin\theta \tag{15-1}$$

式中，θ 是同步发电机的功率角. 可见，P_M 与功率角 θ 的正弦成正比. 下面说明它的物理意义.

在前面画磁动势电动势相-矢量图时，由励磁磁动势 $\dot{F}_{f1}$ 产生空载电动势 $\dot{E}_0$，由合成磁动势 $\dot{F}_\delta$ 产生气隙电动势 $\dot{E}_\delta$，现在发电机并联在电网上，端电压 $\dot{U}$ 是一个常数，我们可以画出一个超前 $\dot{U}$ 90°电角度的磁动势 $\dot{F}'_\delta$(见图 15-10)，把它看成产生端电压 $\dot{U}$ 的磁动势，称为等效合成磁动势. 由于 $\dot{U}$ 的大小不变，$\dot{F}'_\delta$的大小也就固定不变. 由此 θ 角也可以看成产生空载电动势 $\dot{E}_0$ 的励磁磁动势 $\dot{F}_{f1}$ 和产生端电压 $\dot{U}$ 的等效合成磁动势 $\dot{F}'_\delta$之间的夹角，它是一个空间角度，即转子磁极中心线与等效合成磁极中心线之间相差的空间电角度.

利用这个公式来表达电磁功率 P_M，计算起来特别方便. 发电机并联到无限大电网，U 和 i_f 都是常数，E_0 根据励磁电流大小查气隙线找到，在励磁电流不变时，也是常数，X_c 是同步电抗不饱和值，也是常数. 所以，P_M 和 θ 是正弦函数关系，如图 15-11 所示，这就是隐极式的发电机的功角特性.

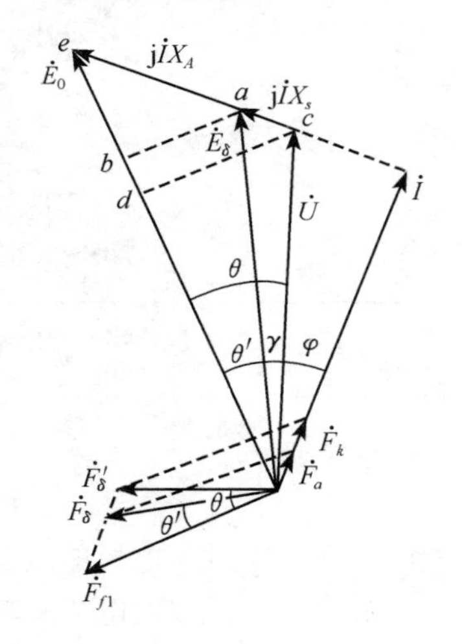

图 15-10　时空相-矢量图与功率角

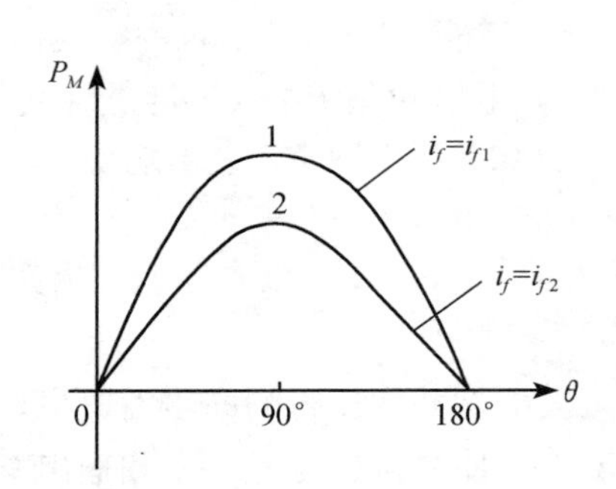

图 15-11　功角特性

当 θ=90°时，出现最大电磁功率 $P_{M\max}$，即

$$P_{M\max} = m\frac{E_0U}{X_c}$$

图 15-11 中画出了两条功角特性：一条是保持励磁电流 i_{f1} 不变得到的；一条是保持励磁电流为 i_{f2} 得到的，其中 $i_{f1}>i_{f2}$.

这条功角特性很重要，它是对一台同步发电机调节有功功率输出的重要特性曲线，有了它还可以讨论同步发电机并联运行的稳定问题.

2）凸极发电机

在凸极发电机中，除了有通入电流的导体在气隙磁场中产生电磁力以外，还有气隙磁场吸引凸极铁磁体所产生的电磁力，后者在隐极发电机中是不存在的.

对于凸极发电机，也可以像隐极发电机那样，先推导出转子受到的电磁力，再求得电磁转矩，这样做较麻烦，为方便起见，可按照能量守恒定律，由输出功率 P_2 出发，求得 P_M 与功率 θ 角的关系.

图 15-12 为凸极发电机的相量图，在图中仍然忽略电枢电阻 R. 这时，电磁功率等于输出功率，即

$$P_M = P_2 = mUI\cos\varphi$$

从图 15-12 中看出

$$\varphi = \psi - \theta$$

于是

$$\begin{aligned}P_M &= mUI\cos\varphi = mUI\cos(\psi-\theta)\\&= mUI\cos\psi\cos\theta + mUI\sin\psi\sin\theta\\&= mUI_q\cos\theta + mUI_d\sin\theta\end{aligned}$$

又看出

$$I_qX_q = U\sin\theta$$
$$I_dX_d = E_0 - U\cos\theta$$

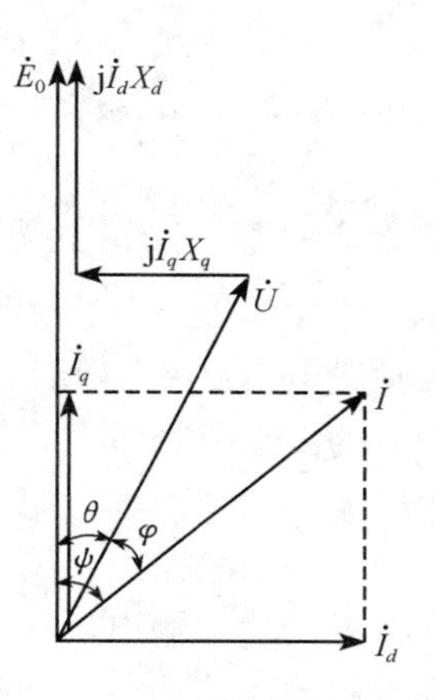

图 15-12　凸极发电机相量图

所以

$$\begin{aligned}P_M &= mU\frac{U\sin\theta}{X_q}\cos\theta + mU\frac{E_0-U\cos\theta}{X_d}\sin\theta\\&= m\frac{E_0U}{X_d}\sin\theta + mU^2\left(\frac{1}{X_q}-\frac{1}{X_d}\right)\sin\theta\cos\theta\\&= m\frac{E_0U}{X_d}\sin\theta + mU^2\frac{X_d-X_q}{2X_dX_q}\sin 2\theta\end{aligned} \tag{15-2}$$

这就是我们所需要的功角特性公式. 在隐极发电机中，$X_d = X_q = X_c$ 代入式（15-2)，同样可得出以前的表达式. 这时，式子的第二项为零.

可以看到，凸极发电机功角特性公式的第一项与空载电动势 E_0 成正比，它是励磁电流在气隙磁场中产生电磁力所引起的，通常称这一项为励磁电磁功率. 公式中的第二项，在隐极发电机中是没有的，它与励磁电流没有关系，但必须有端电压 U，即要有合成等效磁极，以及直、交轴磁阻的差异，即 $X_d \neq X_q$. 而凸极发电机是具有这种特性的. 因此，这项就是合成的等效磁极吸引凸极铁磁体产生电磁力所引起的，称这一项为凸极电磁功率.

在一般凸极同步发电机里，电磁功率公式中第二项的最大值比第一项的最大值要小，因为假定 E_0 等于 U 的话，第二项与第一项之比为 $\dfrac{X_d-X_q}{2X_q}$，它一般比 1 小，实际上，在发电机并联运行中，经常送出滞后的负载电流，即总是 $E_0 > U$，所以第二项比第一项更小了.

大型凸极发电机主要依靠励磁来产生电磁功率. 但是，也有一种小型的凸极同步电机，

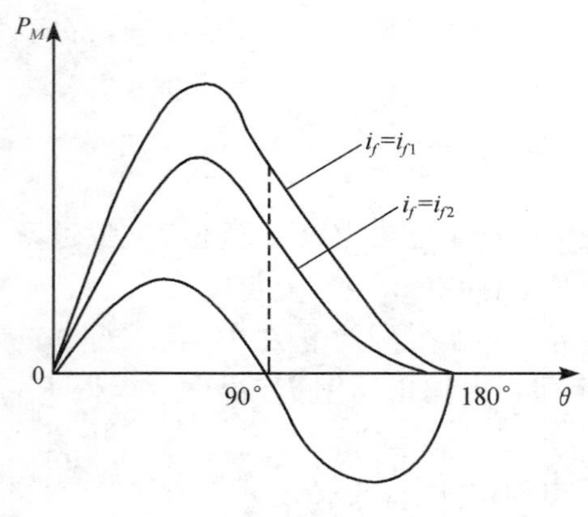

图 15-13　凸极发电机功角特性

转子不装励磁绕组，专门利用凸极电磁转矩来运行的．这种同步电机，称为反应式同步电机，它在运行时，需要从电网吸收滞后的无功功率．

凸极发电机并联在无限大电网时，如果励磁电流保持不变，电磁功率 P_M 与 θ 角的关系从公式可知，为两项功率之和．第一项，励磁电磁功率与 θ 角呈正弦函数关系；第二项，凸极电磁功率与 2θ 角呈正弦函数关系．图 15-13 表示了凸极发电机的功角特性曲线．它是由两项电磁功率曲线叠加而成的．因此，最大电磁功率发生在 θ 角小于 90°的地方．

2. 调节有功功率时发电机输出无功功率的变化

用相量图来分析调节有功功率时，发电机发出无功功率的变化．图 15-14 表示了发电机的励磁电流i_f＝常数时，改变 θ 角来调节发电机输出的有功功率．图中画出三种不同 θ 角情况下的电动势相量图，第一种情况是 θ 角较大，输出有功功率较大，电流 $\dot{I}$ 和电压 $\dot{U}$ 同相，输出无功功率为零；第二种情况是 θ 角减少，输出有功功率减少，电流 $\dot{I}$ 滞后电压 $\dot{U}$，有一定的无功功率输出；第三种情况是 θ 角为零，输出有功功率为零，电流 $\dot{I}$ 滞后端电压 $\dot{U}$90°，只有无功功率输出，从相量图看到，当励磁电流 i_f＝常数时，调节发电机输出的有功功率，发电机的无功功率也会改变，输出有功功率减少时，输出滞后性无功功率会增大．

从相量图可以看到，由于励磁电流 i_f 不变，不同 θ 角时，E_0 大小不变，$\dot{E}_0$ 相量的轨迹是以 O 点为圆心，以 E_0 大小为半径的圆．下面再来看电流 $\dot{I}$ 的轨迹．根据方程式 $\dot{E}_0=\dot{U}+\mathrm{j}\dot{I}X_c$，代表同步电抗压降的相量是 $\mathrm{j}\dot{I}X_c$，这个相量端点的变化轨迹也和 $\dot{E}_0$ 相量端点轨迹完全一样，是同一个圆．将上述方程式每项均除以 $\mathrm{j}X_c$，可得方程式为$\dfrac{\dot{E}_0}{\mathrm{j}X_c}=\dfrac{\dot{U}}{\mathrm{j}X_c}+\dot{I}$，在图 15-14 中作出三种 θ 角情况下对应的$\dfrac{\dot{U}}{\mathrm{j}X_c}$相量、$\dfrac{\dot{E}_0}{\mathrm{j}X_c}$相量及 $\dot{I}$ 相量．将它们与 $\dot{U}$ 相量、$\dot{E}_0$ 相量、$\mathrm{j}\dot{I}X_c$ 相量比较，可发现在大小上缩小了 X_c 倍，相位上滞后了 90°电角度．因此，可以作出$\dfrac{\dot{E}_0}{\mathrm{j}X_c}$相量和 $\dot{I}$ 相量的端点轨迹是以 O' 为圆心、以$\dfrac{E_0}{X_c}$为半径的圆．

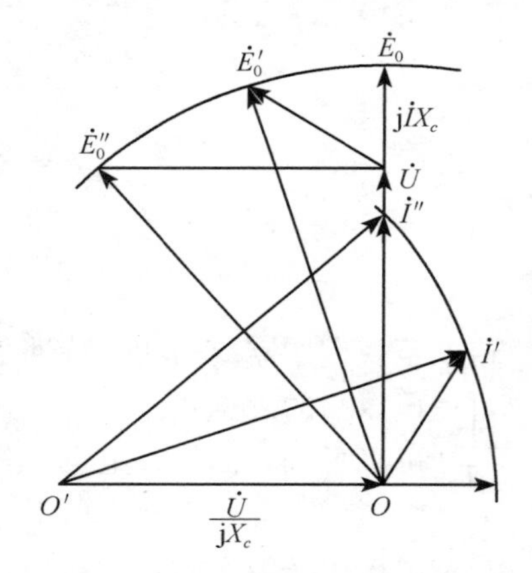

图 15-14　同步电机的圆图

通过上面的分析可以得出结论：并联在电网上的同步发动机，保持励磁电流 i_f 为常数，调节发电机输出的有功功率时，电动势相量 $\dot{E}_0$ 的轨迹是一个圆，电枢电流相量 $\dot{I}$ 的轨迹也是一个圆，往往把它们称为同步电机的圆图．

3. 同步发电机与电网并联运行时的静态稳定

通过功角特性，可以研究和判断发电机并联到电网上的运行稳定问题．

同步发电机的容量，首先受到发热的限制. 超过额定容量运行，时间长了，发电机的电枢绕组就有可能烧坏. 但是，如果单纯改善电枢绕组的冷却条件，使发电机超载后不会烧坏电枢绕组，是否就可以不受限制地加大负载呢？这是不行的. 因为，同步发电机还要受到运行稳定性的限制. 超过一定负载限度，同步发电机就要与电网失去同步，不能并联运行了.

什么是稳定问题、什么因素影响着发电机的稳定，是我们必须加以研究的，也是设计同步发电机时应该考虑的重要问题.

在前边讨论同步发电机并联合闸时已经知道，如果电机的频率和电网的频率不同，会导致很大的电枢电流. 这个电流还时大时小，周期性地变化着. 而且这时电机的输出功率及电磁转矩等，也都相应地变化着. 所以对电机及电网都很危险. 因此，同步发电机并联运行时，必须保证并联运行的发电机与电网的频率完全一致. 实际工作中，有时由于某种原因，例如负载过重，或者调节不当，还可能使电机转速偏离同步转速，从而造成失去同步的现象，这就可能给广大供电地区造成很大的混乱，严重时，甚至造成停电事故. 因此，预防和处理这种事故，便成为一件十分重要的工作. 所谓同步发电机的稳定问题，就是指：包括若干个发电厂或发电机的电力系统，在正常负载调配和不正常事故中，这些电机或电厂是否还能保持同步运行的问题. 同步电机的稳定问题，又分为静态稳定和动态稳定两种.

所谓静态稳定问题，就是讨论发电机在某一稳定运行状态（即发电机和电网并联运行时，电压 U 和频率 f 都为恒定值，励磁电流不变，E_0 等于常数，其输入功率和输出功率都不变的运行状态），如果在电网或原动机方面，偶然发生一些微小的干扰，在这个微小的干扰去掉后，发电机如果能恢复到原来的稳定运行状态，即认为该发电机的运行是稳定的. 反之，干扰去掉后，不能恢复到原来的稳定运行状态，就认为是不稳定的.

所谓同步发电机的动态稳定问题，就是讨论这个发电机在突然加负载、切除负载等正常操作运行中，或者在发生突然短路、电压突变、发电机失去励磁电流等非正常运行中，以及遭受到大的或有一定数值的参数变化或负载变化时，电机是否还能保持同步运行的问题.

把功角公式里的 P_M 除以机械角速度 Ω，就可以得到电磁转矩的公式：

隐极发电机

$$T=\frac{P_M}{\Omega}=\frac{m}{\Omega}\frac{E_0U}{X_c}\sin\theta \tag{15-3}$$

凸极发电机

$$T=\frac{P_M}{\Omega}=\frac{m}{\Omega}\left(\frac{E_0U}{X_d}\sin\theta+\frac{X_d-X_q}{2X_dX_q}U^2\sin2\theta\right) \tag{15-4}$$

可作出转矩角度特性曲线，如图 15-15 所示，其中，图 15-15（a）是隐极发电机的，图 15-15（b）是凸极发电机的.

发电机的电磁转矩 T 对原动机的拖动转矩 T_1 来说，是起制动作用的. 有一台发电机，原先并联运行在功率角 θ_1 上，见图 15-15（a）. 若原动机拖动转矩 T_1 不变，假如这时出现了一个微小的干扰，使 θ 角增大一个 $\Delta\theta$，此时，电磁转矩 T 也增加了一个 ΔT，干扰去掉后，由于制动转矩比拖动转矩大，就能使电机自动回到原来的工作点 θ_1，发电机运行就是稳定的.

用微分形式表示工作点稳定时，当功率角 θ 增加了一个微小的 $\mathrm{d}\theta$，如果电磁转矩也增加了一个 $\mathrm{d}T$，若满足

$$\frac{\mathrm{d}T}{\mathrm{d}\theta}>0$$

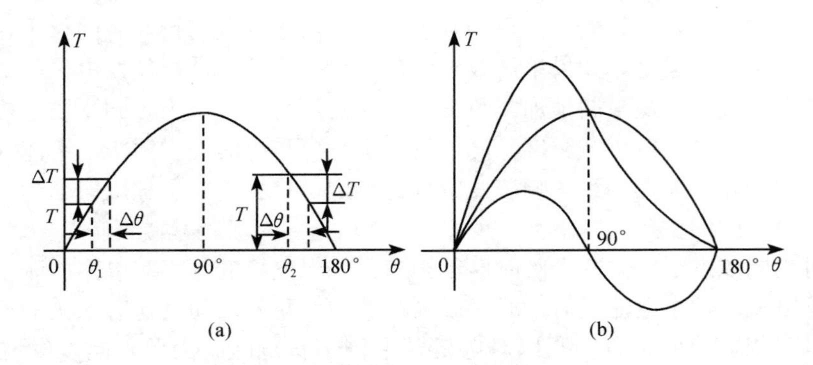

图 15-15 同步发电机的转矩角度特性

则同步发电机运行就是稳定的.

反之，当微小的干扰使功率角增大一个 $\Delta\theta$，如果电磁转矩不是增加，而是减少了一个 ΔT（图 15-15（a）里 $\theta>90^\circ$的情况，发电机运行在 θ_2 上）. 那么由于制动转矩的减小，就再也不能平衡拖动转矩了，结果必然导致电机的转速增大，发电机与电网失去同步，不能稳定运行.

用微分形式表示工作点不稳定时，若满足

$$\frac{\mathrm{d}T}{\mathrm{d}\theta}<0$$

则同步发电机运行就是不稳定的.

电磁转矩 T 对功率角 θ 的微分，实际上就是转矩角度特性曲线的斜率，在不同的功率角 θ 下，有不同的斜率数值，这是可以计算的.

对隐极发电机

$$\frac{\mathrm{d}T}{\mathrm{d}\theta}=\frac{m}{\Omega}\frac{E_0U}{X_c}\cos\theta \tag{15-5}$$

对凸极发电机

$$\frac{\mathrm{d}T}{\mathrm{d}\theta}=\frac{m}{\Omega}\left(\frac{E_0U}{X_d}\cos\theta+\frac{X_d-X_q}{X_dX_q}U^2\cos2\theta\right) \tag{15-6}$$

一般把$\frac{\mathrm{d}T}{\mathrm{d}\theta}$称为整步转矩系数. 把隐极发电机的整步转矩系数随 θ 角的变化曲线，表示在图 15-16 上.

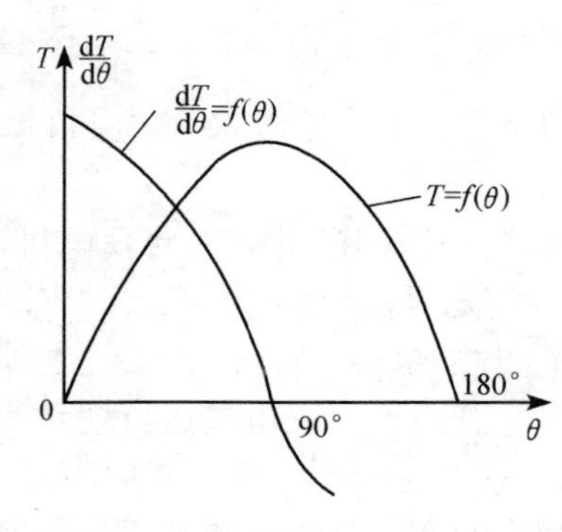

图 15-16 隐极发电机的整步转矩系数随 θ 的变化曲线

从图 15-16 中看出，$\theta<90^\circ$时，$\frac{\mathrm{d}T}{\mathrm{d}\theta}>0$，在这个范围内，电机运行都是稳定的. 但是稳定的能力却不同，θ 角靠近 0°附近，稳定度高，$\theta=0^\circ$时，$\frac{\mathrm{d}T}{\mathrm{d}\theta}$值最大，说明 θ 角稍有变化，会出现一个较大的制动转矩来制止 θ 角的变化，但在 θ 角靠近 90°附近，稳定能力就很低，$\theta=90^\circ$时，$\frac{\mathrm{d}T}{\mathrm{d}\theta}=0$.

$\theta>90°$时，$\frac{dT}{d\theta}<0$，电机运行就不稳定了．总之，$\frac{dT}{d\theta}$的正、负标志了同步发电机是否能稳定运行；而$\frac{dT}{d\theta}$的大小，标志了它的稳定的能力．

在隐极式汽轮发电机里，额定运行点一般设计在$\theta=30°\sim40°$的范围内，这样保证一定大小的整步转矩系数，即电机具备一定的稳定能力．

凸极发电机的情况类似，不同之处是$\frac{dT}{d\theta}=0$的点不在$\theta=90°$，而是在比90°小的功率角上．并且由于凸极转矩的关系，θ角在0°附近，整步转矩系数还更大些．一般设计的凸极发电机，额定运行点在$\theta=20°\sim30°$的范围里．

最大转矩T_{max}（或最大电磁功率P_{Mmax}）与额定电磁转矩T_N（或额定电磁功率P_{MN}）之比，称为过载能力，用k_m表示为

$$k_m=\frac{T_{max}}{T_N}=\frac{P_{Mmax}}{P_{MN}}=\frac{1}{\sin\theta_N} \tag{15-7}$$

隐极发电机中，一般过载能力$k_m=1.5\sim2$，留有这么大的过载能力是否浪费了？关于要求有多大的过载能力，是从静态稳定的观点来考虑的．实际上，在额定运行时，运行时间一长，电机各部分已经达到额定温升了．如果真的利用过载能力增大了发电机的输出功率，时间一长，电机就会烧坏．

15-5　并联运行时无功功率的调节——V形曲线

接到电网上的负载，除了少数电热设备外，绝大多数的负载，都是电感性质的．它们的功率因数都小于1．所以，一个电力系统，除了要供给负载有功功率以外，还要供给负载大量的无功功率．据大致估计，一个现代化的电力系统，异步电动机需要的无功功率占了电网供给的总无功功率的70%，变压器占了20%，其他设备占10%．

电网供给的总无功功率，应该由电网中的全部发电机共同负担．但是，每台发电机究竟负担多少，怎样调节一台发电机的无功功率呢？需要进行分析．

研究一台发电机的无功功率调节时，在电网容量足够大时，对电网的影响是很小的，可以认为电网电压不会改变，频率也不会改变，即认为是一个无限大电网．如果发电机是在理想条件下（发电机与电网电压、频率、初相角都相等），并联合闸到电网上去，合闸后，电枢电流为零，这时的励磁电流称为正常励磁电流，发电机既没有有功负载，又没有无功负载．保持原动机输出不变，这时，如果把励磁电流调大，称为过励磁，发电机送出滞后的无功电流，以产生去磁的电枢反应．如果把励磁电流调小，称为欠励磁，发电机送出超前的无功电流，以产生助磁的电枢反应．

如果发电机带上有功负载后，保持输出有功功率不变，这时发电机电枢电流与励磁电流的关系我们可以根据发电机的电动势相量图来进行分析．当发电机输出的有功功率不变时，即$P_2=mUI\cos\varphi=$常数．在忽略定子电阻的影响时，电磁功率$P_M=m\frac{UE_0}{X_c}\sin\theta=$常数．由于$m$、$U$、$X_c$都不变，得

$$I\cos\varphi=\text{常数}$$

$$E_0 \sin\theta = 常数$$

图 15-17 画出了三种不同负载情况的电动势相量图：①电枢电流 $\dot{I}$ 与电压 $\dot{U}$ 同相；②电枢电流 $\dot{I}$ 滞后电压 $\dot{U}$；③电枢电流 $\dot{I}$ 超前电压 $\dot{U}$. 三种情况下，电枢电流相量的轨迹是 $\overline{BB}$线；电动势相量的轨迹是$\overline{AA}$线. 从图 15-17 看出，在超前电枢电流 $\dot{I}''$情况下，空载电动势 $\dot{E}''_0$ 较小，也就是励磁电流较小，称为欠励磁；反之，在滞后的电枢电流 $\dot{I}'$情况下，空载电动势 $\dot{E}'_0$较大，也就是励磁电流比较大，称为过励磁. 反过来说也一样，如果把励磁电流调到欠励状态，发电机就送出超前的电流；调到过励状态，就送出滞后电流.

在发电机运行时，值班人员希望知道电枢电流与励磁电流的关系，便于控制发电机的运行状况. 根据上面的分析，把空载和不同负载下的电枢电流和励磁电流的关系画成曲线如图 15-18所示. 这些曲线叫做发电机的 V 形曲线.

分析这些曲线我们可以看到：

(1) 有功功率越大，V 形曲线也越高. 图 15-18 里，$P'''_M > P''_M > P'_M$.

(2) 每条 V 形曲线有一个最低点，是表示该输出功率下，功率因数 $\cos\varphi=1$ 的情况. 把这些点连起来的线，称为 $\cos\varphi=1$ 的线. 它微微向右倾斜，说明输出为纯有功功率时，输出功率增大，必须相应地增加一些励磁电流.

(3) $\cos\varphi=1$ 线的左边属于欠励超前功率因数区域；右边属于过励滞后功率因数区域. 还可以把功率因数为其他数值的点连起来，如图 15-18 中 $\cos\varphi=0.8$ 超前（或滞后）线.

(4) 在最左边，由于励磁电流过小，运行的功率角 θ 达到 90°，进入不稳定区.

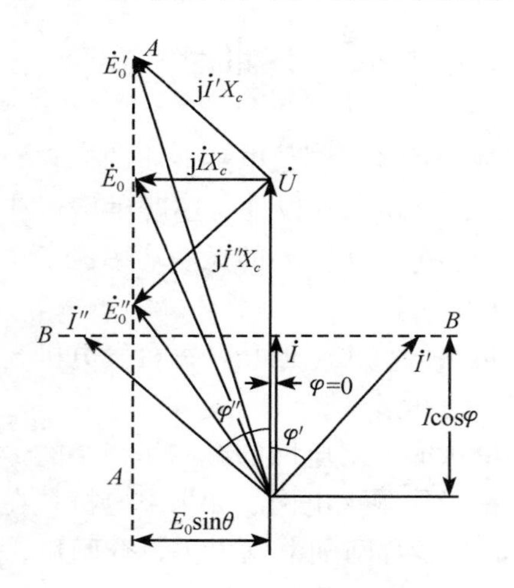

图 15-17 各种负载下的电动势相量图

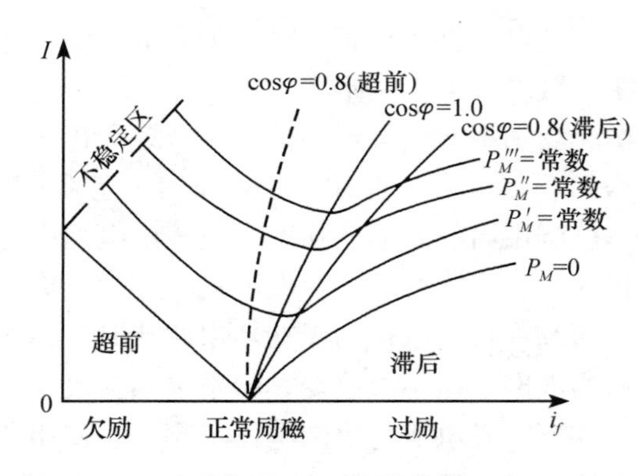

图 15-18 V 形曲线

V 形曲线给运行管理人员的帮助很大. 根据负载大小，给定励磁电流，就能知道电枢电流的大小，以及功率因数的数值. 也可以知道，励磁电流不变时，负载变化对电枢电流和功率因数的影响. 或是为了要维持功率因数不变，当负载变化后，应该怎样去调节发电机的励磁电流.

可以通过测定同步发电机的参数，由画电动势相量图的办法，间接地画出发电机的 V 形曲线. 更可靠的是通过实际的负载试验量测出来 V 形曲线.

上面是根据同步发电机与无限大电网并联运行的情况来分析的. 实际上，所有的电网都是有限的. 如果我们想要维持电网的电压等于额定值，就必须在额定电压下，让电网里各个发电厂保证充分供应负载所需要的总无功功率才行．这个工作由电网的总调度室来完成，它可以指挥各个发电厂发出多少无功功率．发电厂的值班人员用调节发电机励磁电流的办法，发出规定的无功功率数值．

如果负载要求无功功率日益增多，发电机负担的无功功率满足不了要求，必然会导致电网电压维持不了额定值而下降．电网电压的下降，使负载要求的无功功率会自动减少，而发电机相对于端电压来说，过励得多一些，发出的无功功率也就多一些，达到无功功率供求平衡为止．反过来说，如果无功功率供应太多，就会引起电网电压的升高，道理是一样的．

在电网电压升高和降低后，同步发电机的 V 形曲线的形状仍然不变，只是正常励磁的数值改变了．在电压降低后，把这条 V 形曲线向左移动；在电压升高的情况下，向右移动就行了．

电网电压的升高或降低，对负载来说，都不利．电压升高，会引起异步电机励磁电流增大、照明灯泡寿命减少等；电压降低，会引起异步电机负载电流增大，产生过热现象、照明灯泡高度不足等．由此可见，电网电压应能进行自动调节，保证经常发出的是额定电压才好．

如果发电机已没有能力再多发出无功功率了，那么，可以采取一些其他的办法加以补救，例如，在电网里装设电力电容器、同步补偿机、静止式无功补偿器等．

思考题

15-1　同步发电机与电网并联运行的条件是什么？当四个并联条件中的某一个不符合时，会产生什么后果？应采取什么措施使之满足并联条件？

15-2　什么是无限大电网？它对并联于其上的同步发电机有什么约束？

15-3　并联于无限大电网运行的隐极同步发电机，当调节发电机有功功率输出而保持无功功率输出不变时，功率角 θ 及励磁电流 i_f 是否变化？$\dot{I}$ 与 $\dot{E}_0$ 的变化轨迹是什么（忽略电枢电阻）？

15-4　并联于无限大电网运行的隐极同步发电机，原来发出一定的有功功率和感性无功功率．若保持有功输出不变，仅调节励磁电流 i_f 使之减小，问 $\dot{E}_0$ 与 $\dot{I}$ 各按什么轨迹变化？θ 角如何变化？要维持稳定运行，i_f 能否无限减小（忽略电枢电阻）？

15-5　一台与无限大电网并联运行的隐极同步发电机，稳定运行在 $\theta=30^\circ$，若因故励磁电流变为零，这台发电机是否还能稳定运行？

15-6　同步发电机最大电磁转矩与什么电抗有关？

15-7　与电网并联运行的同步发电机过励运行时发出什么性质的无功功率？欠励运行时发出什么性质的无功功率？

15-8　一台并联于无限大电网运行的同步发电机，其电流滞后于电压．若逐渐减小其励磁电流，试问电枢电流如何变化？

15-9　并联在电网运行的同步发电机，当保持励磁电流 i_f 不变时，调节发电机输出的有功功率，输出的无功功率变不变？此时 $\dot{E}_0$ 及 $\dot{I}$ 变化的规律是什么？

15-10　同步发电机并联合闸时，如果

（1）发电机电压 U_g 大于或小于电网电压 U_s，

（2）发电机频率 f_g 大于或小于电网频率 f_s，

其他条件均符合，那么合闸后分别会发生下列哪种情况？

A. 发电机输出滞后无功电流；　　B. 发电机输入滞后无功电流；

C. 发电机输出有功电流；　　D. 发电机输入有功电流．

15-11　一台与电网并联运行的同步发电机，仅输出有功功率，无功功率为零，这时发电机电枢反应的性质是什么？

习 题

15-1 一台三相隐极同步电机，转子不加励磁以同步转速旋转，当把定子绕组接到三相对称的电源 U 上时，绕组中流过的电流为 I，忽略电枢电阻. 试画出此电机的电动势相量图. 说明此时电机是否输出有功功率？输出什么性质的无功功率？

15-2 一台 11kV、50Hz、4 极、星形联结的隐极同步发电机，同步电抗 $X_c=12\Omega$，不计电枢绕组电阻. 该发电机并联于额定电压的电网运行，输出有功功率 3MW，功率因数为 0.8（滞后）.

（1）求每相空载电动势 E_0 和功率角 θ；

（2）如果励磁电流保持不变，求发电机不失去同步时所能产生的最大电磁转矩.

15-3 一台汽轮发电机并联于无限大电网，额定负载时功率角 $\theta=20°$. 现因故障，电网电压降为 60% U_N，问：为使 θ 角不超过 25°，应加大励磁使 E_0 上升为原来的多少倍？

15-4 一台三相汽轮发电机，电枢绕组星形联结，额定容量为 $S_N=15000\text{kV}\cdot\text{A}$，额定电压为 $U_N=6300\text{V}$. 忽略电枢绕组电阻，当发电机运行在 $\underline{U}=1$、$\underline{I}=1$、$\underline{X}_c=1$、负载功率因数角 $\varphi=30°$（滞后）时，求 θ、P_M、k_m 为多大？

15-5 一台汽轮发电机数据如下：额定容量 $S_N=31250\text{kV}\cdot\text{A}$，额定电压 $U_N=10500\text{V}$（星形联结），额定功率因数 $\cos\varphi_N=0.8$（滞后），定子每相同步电抗 $X_c=7.0\Omega$（不饱和值），此发电机并联于无限大电网运行，求发电机额定负载时的功率角 θ_N、电磁功率 P_M、过载能力 k_m 为多大？

15-6 上题这台发电机如有功输出减小一半，励磁电流不变，求 θ、P_M 及功率因数角 φ，问输出无功功率怎样变化？

15-7 仍是题 15-5 的发电机，如果仅调节励磁电流，把它加大 10%，求 θ、P_M 及功率因数角 φ，问输出的有功功率及无功功率怎样变化？

15-8 一台汽轮发电机并联于无限大电网，额定数据如下：额定容量 $S_N=7500\text{kV}\cdot\text{A}$，额定电压 $U_N=3150\text{V}$（星形联结），额定功率因数 $\cos\varphi_N=0.8$（滞后），同步电抗 $X_c=1.5\Omega$，忽略定子电阻. 求：

（1）当发电机带额定负载时，发电机输出的有功功率 P_2、功率角 θ 及过载能力 k_m；

（2）若保持励磁电流不变，当发电机输出的有功功率减小一半时，发电机功率角 θ 及功率因数角 φ.

15-9 一台 6000kV·A、2400V、50Hz、星形联结的三相 8 极凸极同步发电机，并联额定运行时的功率因数为 0.9（滞后）. 电机参数为 $X_d=1\Omega$、$X_q=0.667\Omega$. 不计磁路饱和及电枢绕组电阻.

（1）求额定运行时的每相空载电动势 E_0、基波励磁磁动势与电枢反应磁动势的夹角；

（2）分别通过电机参数与功率角、电压与电流，求额定运行时的电磁转矩，并对结果进行比较.

15-10 一台与无限大电网并联的三相 6 极同步发电机，定子绕组星形联结，额定容量 $S_N=100\text{kV}\cdot\text{A}$，额定电压 $U_N=2300\text{V}$，频率为 60Hz. 定子绕组每相同步电抗 $X_c=64.4\Omega$，忽略电枢绕组电阻，已知空载时，励磁电流为 23A，此时发电机的输入功率为 3.75kW. 设磁路线性. 求：

（1）当发电机发出额定电流，功率因数 $\cos\varphi=0.9$（滞后）时，所需励磁电流为多少？发电机的输入功率是多少？

（2）当发电机输出每相电流为 15A，且励磁电流为 20A 时，发电机的电磁转矩 T 和过载能力 k_m 是多少？

15-11 两台相同的隐极同步发电机并联运行. 定子均为星形联结，同步电抗均为 $\underline{X}_c=1$，忽略定子电阻 R. 两机共同供电给一个功率因数为 $\cos\varphi=0.8$（滞后）的负载，运行时要求系统维持额定电压 $\underline{U}=1$，额定功率 $f=50\text{Hz}$，维持负载电流 $\underline{I}=1$（负载与电机的额定电流相同），并要求其中第一台电机担负负载所需的有功功率，第二台担负其无功功率. 设磁路线性. 求：

（1）每台电机的功率角 θ 及空载电动势 $\underline{E_0}$；

（2）两台电机励磁电流之比.

15-12 一台隐极同步发电机并网运行，已知 $\underline{U}=1$，$\underline{I}=1$，$\underline{X}_c=1$，负载运行时 $\cos\varphi=\dfrac{\sqrt{3}}{2}$（滞后），忽略定子绕组电阻. 现调节原动机使有功输出增加一倍，同时调节励磁电流使其增加 20%，试求：

（1）画出调节后的电动势相量图；

（2）说明无功功率输出是增加了还是减少了？

15-13　一台三相汽轮发电机的空载试验和短路试验都在一半同步转速下进行．已知空载试验的数据 $\underline{i}_f=1.0$，$\underline{E}_0=0.5$；短路试验数据 $\underline{i}_f=1.0$，$\underline{I}_k=1.0$．忽略定子电阻，设磁路线性．当发电机与无限大电网并联运行时，求：

（1）同步电抗的标幺值 $\underline{X}_c$；

（2）同步转速下 $\underline{I}=1.0$，$\cos\varphi=\frac{\sqrt{3}}{2}$（滞后）时的 θ 角；

（3）过载能力 k_m．

15-14　有两台额定功率各为 10000kW、$p=1$ 的汽轮发电机并联运行，已知它们原动机的调速特性分别如题图 15-1 中曲线Ⅰ、Ⅱ所示．忽略两台发电机的空载损耗和电枢绕组电阻．求：

（1）当总负载为 15000kW 时，每台电机各担负多少功率？电网的频率是多少？

（2）如果调整第Ⅰ台发电机的调速器，使它的调速特性可以上下移动（但斜率不变），直至两台电机都输出 7500kW，这时电网的频率是多少？

15-15　一个三相对称负载与电网以及一台同步发电机并联，如题图 15-2 所示，已知电网线电压为 220V，线路电流 I_c 为 50A，功率因数 $\cos\varphi_c=0.8$（滞后）；发电机输出电流 I 为 40A，功率因数为 0.6（滞后）．求：

（1）负载的功率因数为多少？

（2）调节同步发电机的励磁电流，使发电机的功率因数等于负载的功率因数，此时发电机输出的电流 I 为多少？此时从电网吸收的电流 I_c 为多少？

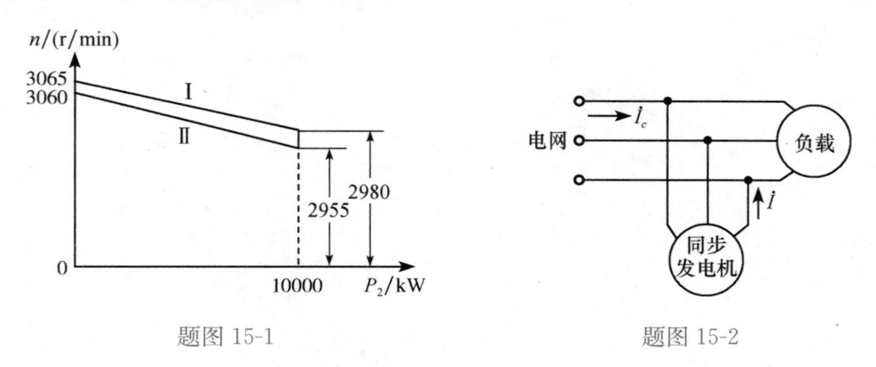

题图 15-1　　题图 15-2

15-16　凸极同步发电机与电网并联，如将发电机励磁电流减为零，发电机还有没有电磁功率？画出此时的电动势相量图．

15-17　由两台同轴的同步电机组成变频机组，定子绕组分别接到 50Hz 与 60Hz 的两个电网上（都是无限大电网），这两台电机定、转子相对位置如题图 15-3 所示，问：

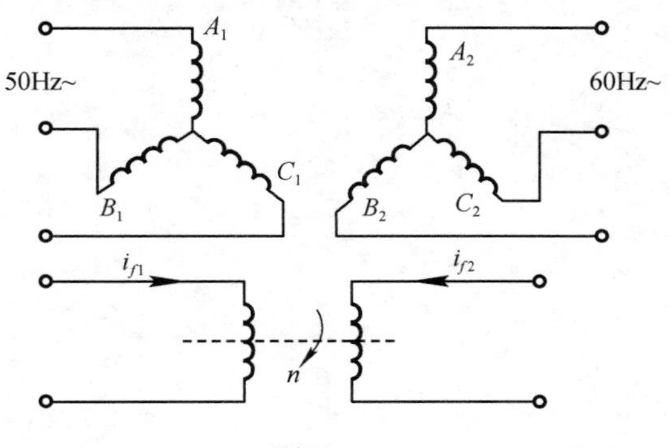

题图 15-3

（1）此机组可能运行的转速是多少？两台电机的极数各为多少？

（2）今欲由 50Hz 电网向 60Hz 电网输出有功功率，仅调节两台电机的励磁电流行吗（设一台电机的定子是可移动的）？

15-18 一台汽轮发电机，并联于无限大电网，额定运行时功率角 $\theta=30^\circ$，今因故障电网电压降为 $0.8U_N$，假定电网频率仍不变．求：

（1）发电机能否继续稳定运行，这时功率角 θ 为多大？

（2）若采用加大励磁的方法，使 E_0 增大到原来的 1.6 倍，这时功率角 θ 为多大？

15-19 一台汽轮发电机数据为：额定功率 $P_N=25000\text{kV}\cdot\text{A}$，额定电压 $U_N=10.5\text{kV}$，额定功率因数 $\cos\varphi_N=0.8$（滞后），三相绕组 Y 联结，忽略定子绕组电阻．此发电机并联于无限大电网，当运行在 $\underline{U}=1$、$\underline{I}=1$、$\underline{X}_c=2.13$、$\cos\varphi_N$ 时，求电机的相电流 I、功率角 θ、空载相电动势 E_0、电磁功率 P_M 及过载能力 k_m 为多大？

15-20 上题这台发电机如有功功率输出减小一半，励磁电流不变，求 θ、P_M 及功率因数角 φ，问输出无功功率怎样变化？

第十六章　同步电动机

16-1　概　　述

随着工业的迅速发展，一些生产机械的功率越来越大，例如，空气压缩机、大型鼓风机、电动发电机组等，它们的功率达数百 kW 到数万 kW，同时，这些生产机械本身也没有调节速度的要求. 如果采用同步电动机去拖动上述的生产机械，可能更为合适. 这是因为，大功率同步电动机与同容量的异步电动机相比较，同步电动机的功率因数高. 在运行时，它不仅不使电网的功率因数降低，相反地，却能够改善电网的功率因数，这点是异步电动机做不到的. 其次，对大功率低转速的电动机，同步电动机的体积比异步电动机要小些.

同步电动机一般都做或凸极式的，在结构上和凸极同步发电机类似. 为了能够自启动，在转子磁极的极靴上装了启动绕组.

随着半导体整流技术的发展，同步电动机可以不用直流励磁机励磁，而是用交流电流经可控硅整流后励磁. 有些同步电动机还采用旋转半导体整流励磁. 这样就把转子上的集电环与电刷装置去掉了，对有些要求防爆的用户来说，是很安全的.

同步电动机不带机械负载运行时，可以作为同步补偿机使用，它可以改善电网的功率因数，调整电网的电压.

对于同步电动机，我们仍然从分析内部电磁关系入手，用矢量图与相量图表示物理量之间的关系，计算电磁功率，分析电机内部的功率传递关系，研究功角特性及 V 形曲线，最后介绍电动机的启动问题及同步补偿机的运行问题.

16-2　同步电动机的运行原理

作为一台电动机，它有一个接通电源后，从静止到旋转的启动过程，这里暂不讨论，而先研究正常运行时的内部电磁关系.

1. 同步电机运行的可逆原理

第十五章曾详细地分析过，一台同步发电机在理想条件下并联到无限大电网后，是怎样带上电的负载，成为发电机运行的. 能够成为发电机运行，输出电功率的根本原因，是把拖动发电机运行的原动机的气门、水门或者油门开大了，增加了拖动转矩 T_1，使标志着转子位置的 $\dot{F}_{f1}$ 矢量比气隙磁通密度 B_δ 超前了一个角度 θ'，θ' 的出现导致了一系列的变化，出现了电磁功率 P_M，它把机械功率转变为电功率，然后从电枢绕组端输送出去.

现在要把一台同步发电机改为同步电动机运行，先要减少原动机带动电机转子的机械功率，发电机发出的电功率相应减少. 当输给转子的机械功率等于发电机的空载损耗时，电机处于空载状态，向电网输出有功功率为零. 从第十五章空载运行相-矢量图可知，这时电机的功率角为零. 如果撤掉原动机，相反在转子上加机械负载，电机转子要开始减速，$\dot{E}_0$ 要

滞后于电压 $\dot{U}$，功率角变为负值，电机的电磁关系有了新的变化.

图 16-1 的相-矢量图是在 θ 为负值时，根据发电机惯例所标的正方向画出的. 在这种规定的正方向下，如果算出电功率 $P_1=mUI\cos\varphi$ 为正值，表示同步电机的电枢绕组发出电功率；如果算出 $P_1=mUI\cos\varphi$ 为负值，表示同步电机的电枢绕组从电源吸收电功率.

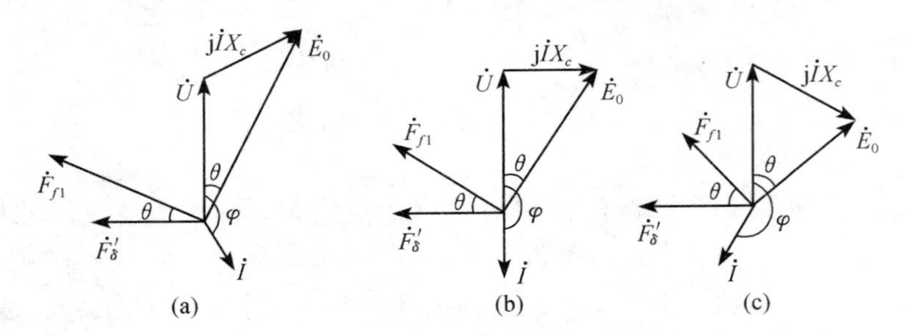

图 16-1　同步电动机时空相-矢量图（发电机惯例）

从图 16-1 看出，在同步电机运行时，φ 角是大于 90°的，因此电功率 $P_1=mUI\cos\varphi$ 是负值. 这就是说，电功率 P_1 不是从电枢绕组输送到电源，而是从电源输入到电机的电枢绕组.

对于隐极同步电机，电磁功率为

$$P_M = m\frac{E_0U}{X_c}\sin\theta$$

对于凸极同步电机，电磁功率为

$$P_M = m\left(\frac{E_0U}{X_d}\sin\theta + U^2\,\frac{X_d - X_q}{2X_dX_q}\sin 2\theta\right)$$

把负值的 θ 角代入上述的电磁功率公式，得到的电磁功率 P_M 当然就是负值了. 说明电磁功率是从电网吸收电功率转变为机械功率，其中绝大部分通过转轴送给机械负载. 它的功率关系为

$$P_M = T\Omega = T_2\Omega + T_0\Omega = P_2 + p_0$$

式中，$T_2\Omega$ 为电机产生的机械功率；$T_0\Omega$ 为同步电机的空载损耗（包括风摩擦和铁损耗）.

相应可以得到转矩平衡式

$$T = T_2 + T_0$$

式中，T_2 是机械负载转矩；T_0 是空载损耗转矩.

这时的电磁转矩是克服负载机械转矩和空载转矩，是一个拖动转矩，它的方向和发电机时相反，是与转子同步转速同方向的.

图 16-1 的（a）、（b）、（c）三种情况，是在电机电枢端输入的有功功率不变时，加上不同的励磁电流情况下的时空相-矢量图，图中忽略了电枢绕组的电阻. 图 16-1（b）是正常励磁电流的情况，这时 $\varphi=180°$，电枢端无功功率 $Q_1=mUI\sin\varphi=0$，没有无功功率输出. 图 16-1（a）是过励磁电流情况，这时 $\varphi<180°$，电枢端的无功功率 $Q_1=mUI\sin\varphi>0$，有无功功率输出，图 16-1（c）是欠励磁电流情况，这时 $\varphi>180°$，电枢端的无功功率为 $Q_1=mUI\sin\varphi<0$，输出无功功率为负值，即从电源吸收无功功率.

从上面的叙述知道，同步电机并联到电网上，如果用原动机去拖它，它就成为发电机运行；如果让它去拖一个机械负载，它就成为电动机运行. 同步电机的这种运行性质，就是它的可逆原理.

2. 同步电动机的基本方程式、相-矢量图和功率平衡关系

在电机的相量图中，我们看惯了 $\varphi<90°$ 的情况，现在用发电机惯例来表示电动机运行，就看不惯了. 要解决这个问题，只要将正方向的惯例，把电流的正方向倒一下，如图 16-2 所示. 按照这种正方向来分析电动机的问题就比较习惯了.

根据图 16-2 规定的正方向，同步电动机的基本方程式为

$$\dot{U}=\dot{E}_0+\dot{I}(R+\mathrm{j}X_s+\mathrm{j}X_a)$$
$$=\dot{E}_0+\dot{I}(R+\mathrm{j}X_c)=\dot{E}_0+\dot{I}Z_c$$

图 16-2　电动机惯例

在这种正方向下，画出的时空相-矢量图表示在图 16-3 中.

将图 16-3 和图 16-1 相比较，只是电流相量 $\dot{I}$ 的方向，以及 $\mathrm{j}\dot{I}X_c$ 相量的方向变反了，其他相-矢量的方向均一样. 这是由于电动机惯例和发电机惯例相比较，电动势和电压的正方向没变，空间坐标轴 $+A$ 的位置也没变，所以时空相-矢量图中 $\dot{E}_0$、$\dot{E}_\delta$、$\dot{U}$ 的方向不变，相应的磁动势 $\dot{F}_{f1}$、$\dot{F}_\delta$、$\dot{F}'_\delta$的方向也不会变，电枢反应磁动势 $\dot{F}_a$ 的方向也不变. 但这时可以看到，电枢磁动势 $\dot{F}_a$ 和电流 $\dot{I}$ 方向相反，即正电流产生了负磁动势.

电流正方向改变后，φ 角就小于 90°了，如果算出电功率 $P_1=mUI\sin\varphi$ 为正值，表示同步电机从电源吸收电功率；如果算出为负值，表示发出电功率. 对于无功功率 $Q_1=mUI\sin\varphi$，如果算出为正值，表示同步电机从电源吸收无功功率；如果算出为负值，表示同步电机发出无功功率. 图 16-3（b）为正常励磁电流情况，$\varphi=0°$，无功功率为零；图 16-3（a）为过励磁电流情况，$\varphi<0°$，无功功率为负值，表示同步电动机可向电网输出无功功率；图 16-3（c）为欠励磁电流情况，$\varphi>0°$，无功功率是正值，表示同步电动机从电源吸收无功功率. 三种励磁电流情况下的有功功率 $P_1=mUI\sin\varphi$ 均为正值，说明电机从电源吸收有功功率，这与功率角 $\theta<0$ 来判断电机吸收电功率的方法是完全一致的.

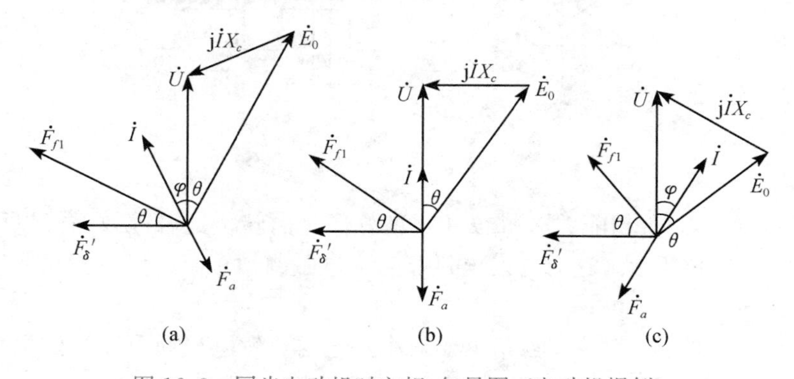

图 16-3　同步电动机时空相-矢量图（电动机惯例）

根据能量守恒可以知道，同步电动机从电源吸收的电功率 P_1 减去定子绕组的铜损耗后，就转变为电磁功率 P_M. 即

$$P_1-p_{\mathrm{Cu}}=P_M$$

式中，$p_{\mathrm{Cu}}=mI^2R$.

再从电磁功率减去同步电动机的空载损耗 p_0，就成为电机轴上输出的机械功率 P_2. 即

$$P_M-p_0=P_2$$

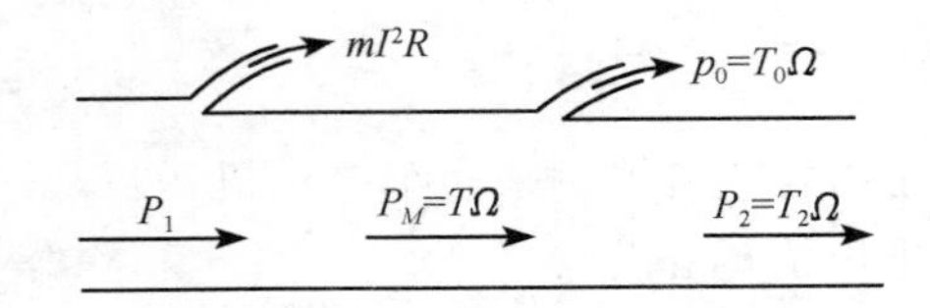

图 16-4 同步电动机功率流程

同步电动机的功率流程图如图 16-4 所示.

无论用发电机惯例还是用电动机惯例，判断一台同步电机究竟是发电机还是电动机运行，关键要看转子励磁磁动势是超前气隙磁通密度 $\dot{B}_\delta$，还是滞后于它，超前时，是发电机；滞后时，就是电动机了.

下面再介绍一种比较形象的看法. 我们知道，当同步电机并联到无限大电网上时，它的电磁关系可以使用第十五章图 15-10 所画的磁动势电动势相-矢量图来表示. 从图中看出，当电网端电压 $\dot{U}$ 维持不变时，等效合成磁动势 $\dot{F}'_\delta$以及由它产生的气隙磁通密度 $\dot{B}'_\delta$的大小也就固定了. 我们把气隙磁通密度 $\dot{B}'_\delta$看成一个等效的磁极，如图 16-5 所示. 这样一来，θ 角就是转子磁极的中心线和合成的等效磁极的中心线之间的角度.

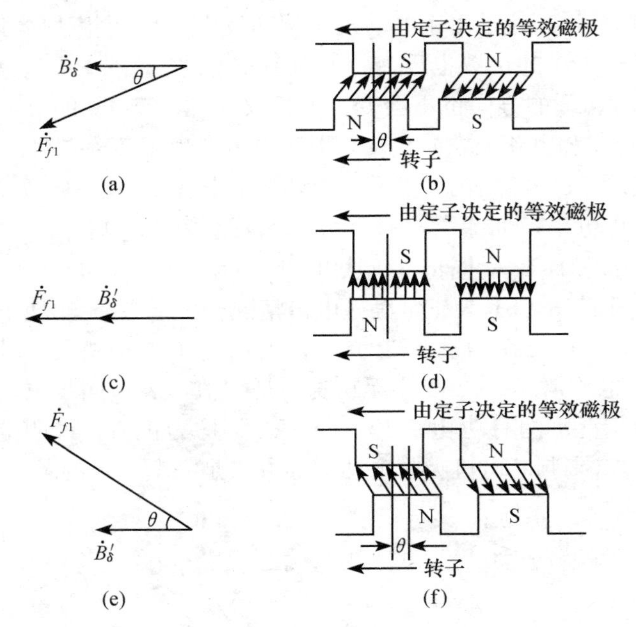

图 16-5 等效磁极

在发电机运行时，$\dot{F}_{f1}$ 超前 $\dot{B}'_\delta$一个 θ 角，就好像是由转子拖着等效磁极以同步转速旋转一样，如图 16-5（b）所示. 这时，发电机产生了电磁制动转矩，由机械功率转变成电功率送到电网.

如果减少原动机的输入功率，θ 角也要减小. 这样，发电机向电网送的电功率也就减少了. 当原动机输给发电机的功率仅仅能够抵偿发电机的空载损耗时，θ 角便等于零，如图 16-5（d）所示. 这时发电机处于空载运行状态，不再往电网里送电功率.

如果把拖动发电机的原动机撤除，则 θ 角就变为负值了. 这就是说，转子磁极由超前等效磁极变成滞后了，即等效磁极拖着转子旋转. 但是，它们之间仍然保持着同步的关系. 这时，同步电机的空载损耗完全由电网来供给. 显然，同步电机已处于空载运行的电动机状态了.

如果在同步电机的转轴上拖上生产机械，即加上机械负载转矩，这时，$\dot{F}_{f1}$ 更加滞后于 $\dot{B}'_\delta$，见图 16-5（f）. 这时同步电机产生的电磁转矩是拖动转矩了，从电网吸收电功率，转变成机械功率，拖动生产机械进行工作.

这种形象的看法，可以帮助我们了解同步电机的可逆原理大致是个什么情况. 但严格来说，这些形象并不十分反映实际情况. 因此，在分析时，还是应该依照电磁定律分析出来的结果，特别是在定量的计算上，更是这样.

3. 同步电动机的稳定性及过载能力

电动机运行稳定性的概念与发电机类似. 它的静态稳定的条件写成数学公式时，也是

$$\frac{\mathrm{d}T}{\mathrm{d}\theta}>0,\quad 稳定$$

$$\frac{\mathrm{d}T}{\mathrm{d}\theta}<0,\quad 不稳定$$

电动机的电磁转矩 T 与功率角 θ 的关系，和发电机的 T 与 θ 的关系一样.

对隐极机

$$T=\frac{mE_0U}{\Omega X_c}\sin\theta$$

对凸极机

$$T=\frac{P_M}{\Omega}=\frac{m}{\Omega}\left[\frac{E_0U}{X_d}\sin\theta+\frac{U^2(X_d-X_q)}{2X_dX_q}\sin2\theta\right]$$

在电动机运行时，只不过是运行在负值的 θ 角上. 把励磁电流一定时的 T 与 θ 关系画成曲线，如图 16-6 所示.

从图 16-6 中看出，功率角从 0°到产生 $T_{\max}$ 的 θ 角内运行都是稳定的. 不过，$|\theta|$ 越大，$\mathrm{d}T/\mathrm{d}\theta$ 的数值越小，稳定度越低，为了留有余地，一般同步电动机稳定运行在 $\theta=-30°$左右. 也就是使最大转矩 $T_{\max}$ 比额定转矩 T_N 要大得多，以保证电动机的可靠运行，不至于因负载的波动把电动机牵出同步. 把 $T_{\max}$ 与 T_N 的比值称为同步电动机的过载能力，用 k_m 表示为

$$k_m=\frac{T_{\max}}{T_N}$$

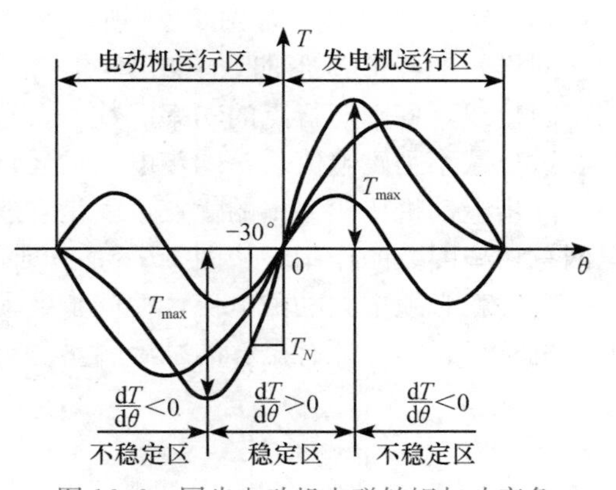

图 16-6　同步电动机电磁转矩与功率角

额定运行的$|\theta|$越大，T_N 越接近于 $T_{\max}$，过载能力就较小. 如果额定运行在 $\theta=-30°$，过载能力大约为 2.

4. 同步电动机的 V 形曲线

与发电机一样，同步电动机的值班人员对于一台电动机，当调节它的励磁电流时，电枢电流会怎样变化，功率因数会怎样变化，并且，在不同的负载下，电流和功率因数的变化又会有什么不同等，是需要掌握的. 为此，只要把接到电网上的同步电动机，在一定负载下，改变它的励磁电流，找出它的电枢电流的变化曲线，就是所谓的 V 形曲线，便能够满足上述的要求.

可以利用画电动势相量图的办法来求同步电动机的 V 形曲线，为了简单起见，采用隐极机的电动势相量图来分析，并且忽略电枢电阻的影响.

同步电动机的负载不变，是指负载转矩 T_2 不变，为了使分析简单些，忽略空载损耗转矩 T_0，这样，$T=T_2+T_0=T_2$，即认为当负载不变时，电磁转矩 T 也就不变了.

在负载转矩不变的条件下，同步电动机的电动势相量图如图 16-7 所示. 图中画出了三个不同励磁电流的情况. 由于电磁转矩 T 不变，三种情况必然都满足

$$T=\frac{mE_0U}{\Omega X_c}\sin\theta=\text{常数}$$

即

$$E_0\sin\theta=\text{常数}$$

由于负载不变，输入的电功率 P_1 也近似地认为不变（因为空载损耗 P_0 和电枢绕组铜损耗 mI^2R 都忽略了），三种励磁情况必然还得满足

$$P_1=mUI\cos\varphi=\text{常数}$$

即

$$I\cos\varphi=\text{常数}$$

图 16-7 的相量图就是按照这两个条件画出来的. 从图 16-7 所示的相量图，就可以得出电枢电流 I 和励磁电流 i_f 的关系. 这是由于知道了电枢电流 I 的大小，就能找到对应的电动势 E_0，然后再根据空载特性的气隙线求出励磁电流 i_f. 把电枢电流 I 与励磁电流 i_f 的关系画成曲线，如图 16-8 所示. 在 $\cos\varphi=1$ 的点，电枢电流最小；$\cos\varphi<1$ 时电枢电流都增大. 从图 16-8 还看出，比正常励磁电流小的情况，功率因数是滞后性的；相反的情况，功率因数是超前性的.

保持另一恒定负载，又可以得出另一条 V 形曲线. 这样，在不同的负载条件下，就可以得到一组 V 形曲线，如图 16-8 所示. 图中 $P_M'''>P_M''>P_M'>P_M$.

同样，把各条 V 形曲线上功率因数相同的点连起来，就得到等功率因数线. 知道了等功率因数线，各个运行点的功率因数，大致上也就可以估计出来了.

过分减小励磁电流后，同步电动机运行就要进入不稳定区.

同步电动机比较突出的优点，就是它能够在超前的功率因数下运行，这就能够起到改善电网总功率因数的作用. 从图 16-8 的 V 形曲线看出，要想让同步电动机在超前的功率因数下运行，就必须增大励磁电流，使同步电动机处于过励状态下运行. 因此，要求在设计同步电动机时，必须保证有足够的励磁容量.

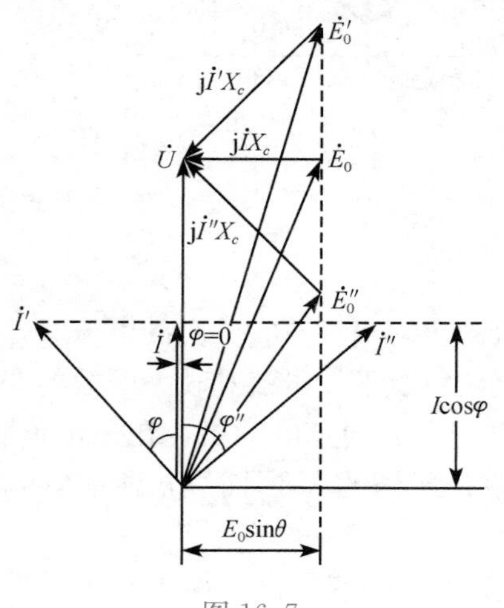

图 16-7

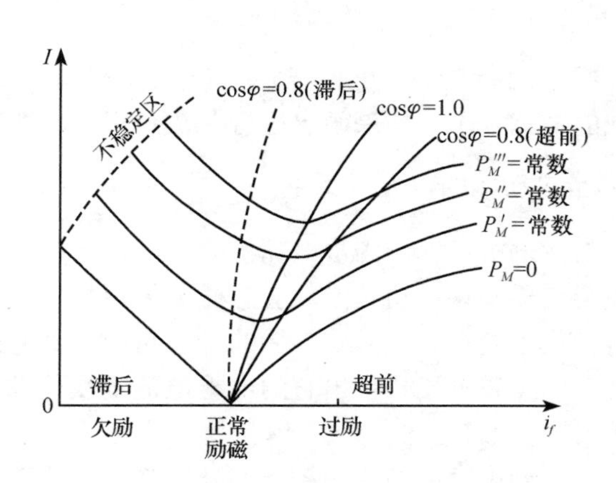

图 16-8 同步电动机的 V 形曲线

16-3　同步电动机的启动

请扫描二维码查看同步电动机启动的详细内容。

16-3 节

16-4　同步补偿机

请扫描二维码查看同步补偿机的详细内容。

16-4 节

思考题

16-1　直流电机中，$E_a \gtrless U$ 是判断电机作为发电机还是电动机运行状态的根据之一，在同步电机中这个结论还正确吗？为什么？决定同步电机运行于发电机还是电动机状态的条件是什么？

16-2　为什么当 $\cos\varphi$ 滞后时，电枢反应在发电机的运行里显示出去磁作用；而在电动机中有增磁作用？

16-3　同步电动机欠励运行时，从电网吸收什么性质的无功功率？过励时，从电网吸收什么性质的无功功率？

16-4　试画出同步电动机与并励直流电动机的机械特性 n-T，并比较两者有何区别，为什么？

16-5　同步电动机带额定负载时 $\cos\varphi=1.0$，若保持励磁电流 i_f 不变，而负载降为零时，功率因数是否会改变？

16-6　为什么反应式同步电动机必须做成凸极式的才行？它建立磁场所需的励磁电流由谁供给？它是否还具有改善电网功率因数的优点？能否单独作为发电机供给电阻或电感负载？为什么？

16-7　运行在大电网上的凸极同步电动机，在失去励磁后能否继续作为同步电动机带轻的负载$\left(如\frac{1}{8}P_N\right)$长期运行？

16-8　同步电动机如已知其空载及短路特性，在由无限大电网供电情况下如可能去掉全部负载，试说明如何测定零功率因数负载特性，以求普梯尔电抗，并用必要的相量图进行说明.

16-9　一台同步电动机，按电动机惯例，定子电流滞后电压. 今不断增加其励磁电流，则此电动机的功率因数将怎样变化？

16-10　并联于电网上运行的同步电机，从发电机状态变为电动机状态时，其功率角 θ、电磁转矩 T、电枢电流 I 及功率因数 $\cos\varphi$ 各会发生怎样的变化？

习　题

16-1　分别按电动机惯例与发电机惯例画出同步电机在下列运行工况下的电动势相量图.

(1) 发出有功功率，发出电感性无功功率；

(2) 发出有功功率，发出电容性无功功率；

(3) 吸收有功功率，发出电感性无功功率；

(4) 吸收有功功率，发出电容性无功功率.

16-2 已知一台同步电机的电压、电流相量图，如题图 16-1 所示.

(1) 如该相量图是按发电机惯例画出，判断该电机是运行在发电机状态还是电动机状态，是运行在过励还是欠励工况？

(2) 如该相量图是按电动机惯例画出，重新回答 (1) 中的问题.

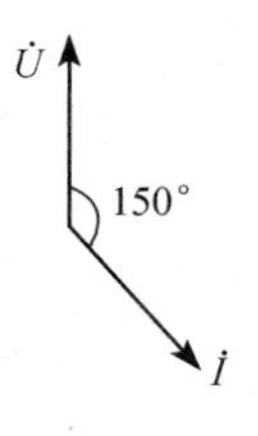

题图 16-1

16-3 一台同步电动机供给一个负载，在额定频率及电压下，其功率角 $\theta=30°$. 现因电网发生故障，它的端电压及频率都下降了 10%，求：

(1) 若此负载为功率不变型，θ 角为多大？

(2) 若此负载为转矩不变型，θ 角为多大？

16-4 一台三相同步电动机的数据如下：额定功率 $P_N=2000$kW，额定电压 $U_N=3000$V (星形联结)，额定功率因数 $\cos\varphi_N=0.9$ (超前)，额定效率 $\eta_N=80\%$，同步电抗为 $X_c=1.5\Omega$，忽略定子电阻. 当电动机的电流为额定值，$\cos\varphi=1.0$ 时，励磁电流为 5A. 如功率改变，电流变为 $0.9I_N$，$\cos\varphi=0.8$ (超前)，求此时的励磁电流 (设空载特性为一直线).

16-5 一台三相同步电动机，$U_N=440$V (星形联结)，$I_N=26.3$A. 求：

(1) 当忽略 R，设 $X_d=X_q=6.06\Omega$，电磁功率为恒定的 15kW 时，对应于相电动势 $E_0=220$V、250V、300V、400V 时的功率角 θ；

(2) 设 $X_d=6.06\Omega$，$X_q=3.43\Omega$，求 (1) 中 θ 对应的 P_M；

(3) 用 (1)、(2) 两种条件求 $E_0=194$V 及 $E_0=400$V 时静稳定极限对应的 θ 与 $P_{M\max}$.

16-6 一台 2kV、星形联结的三相隐极同步电动机，同步电抗为 $0.2+\mathrm{j}10\Omega$. 当电动机从额定电压的电网吸收 80kW 的功率时，求功率因数为下列两种情况时的空载电动势 E_0 和功率角 θ：(1) $\cos\varphi=0.8$ (滞后)；(2) $\cos\varphi=0.8$ (超前).

16-7 一台 6kV、星形联结的三相隐极同步电动机，同步电抗 $X_c=16\Omega$. 保持产生空载端电压为 5kV 时的励磁电流不变，试画出电动机的负载从 0 增大到 8000kW 时电枢电流相量 $\dot{I}$ 的轨迹，并求其间功率因数的最大值 (忽略空载损耗和电枢绕组电阻).

16-8 某工厂使用多台异步电动机，总的输出功率为 3000kW，平均效率为 80%，功率因数为 0.75 (滞后)，该厂电源电压为 6000V. 由于生产需要增加一台同步电动机，当这台同步电动机的功率因数为 0.8 (超前) 时，已将全厂的功率因数调整到 1，求此电动机现在承担多少视在功率和有功功率？

16-9 一台同步电动机在额定电压下运行，从电网吸收功率因数为 0.8 (超前) 的额定电流，该机同步电抗的标幺值 $\underline{X}_d=0.8$，$\underline{X}_q=0.5$. 求空载电动势标幺值 $\underline{E}_0$ 和功率角 θ，并说明这台电动机运行在过励工况还是欠励工况.

16-10 设有一台凸极同步电动机，其参数 $\underline{X}_d=1.0$，$\underline{X}_q=0.6$，忽略电枢电阻及饱和现象. 若在额定电压下具有额定负载电流，功率因数 $\cos\varphi=1.0$. 求空载电动势标幺值 $\underline{E}_0$ 和功率角 θ.

16-11 已知一台隐极同步电动机，端电压 $\underline{U}=1$，电流 $\underline{I}=0.8$，同步电抗 $\underline{X}_c=1.2$，功率因数 $\cos\varphi=0.8$ (超前)，定子电阻 $R=0$. 求：

(1) 画出电动势相量图；

(2) 空载电动势 $\underline{E}_0$ 及功率角 θ.

16-12 已知一台同步电动机，额定电压 $U_N=380$V (星形联结)，额定电流 $I_N=20$A，额定功率因数 $\cos\varphi_N=0.8$ (超前)，同步电抗 $X_c=10\Omega$，忽略定子电阻. 若这台电机在额定工况下运行，求：

(1) 空载电动势 E_0 及功率角 θ_N；

(2) 电磁功率 P_M.

16-13 一台三相隐极同步电动机，额定电压 $U_N=380$V (星形联结)，当功率角 $\theta=30°$时，电磁功率 $P_M=16$kW，同步电抗 $X_c=5\Omega$，忽略定子电阻.

(1) 求此时空载电动势 E_0；

（2）保持（1）中励磁电流不变，求最大电磁功率 $P_{M\max}$.

16-14　一台三相凸极同步发电机，转子不励磁，以同步转速旋转，定子绕组接在对称的电源上．每相电压 $\underline{U}=1.0$，电流 $\underline{I}=1.0$，$\underline{X}_d=1.23$，$\underline{X}_q=0.707$，忽略定子电阻，功率因数角 $\varphi=75°$（超前）．当 A 相电压为正的最大值时，求：

（1）用双反应法画出此时的电动势相量图（按发电机惯例）；

（2）在时空相-矢量图上标出转子位置、电枢反应磁动势 F_a 的位置；

（3）说明电机工作在发电机状态还是电动机状态.

16-15　已知一台三相同步电动机，额定功率 $P_N=2000\text{kW}$．额定电压 $U_N=3000\text{V}$（星形联结），额定功率因数 $\cos\varphi_N=0.85$（超前），额定效率 $\eta_N=95\%$，极对数 $p=3$，定子每相电阻 $R=0.1\Omega$．求：

（1）额定运行时定子输入的电功率 P_{1N}；

（2）额定电流 I_N；

（3）额定电磁功率 P_{MN}；

（4）额定电磁转矩 T_N.

16-16　一台同步电机，其相量图按照发电机惯例，如题图 16-2 所示，判断该同步电机是运行在发电机状态还是电动机状态；电机的励磁状态是过励、欠励还是正常励磁？

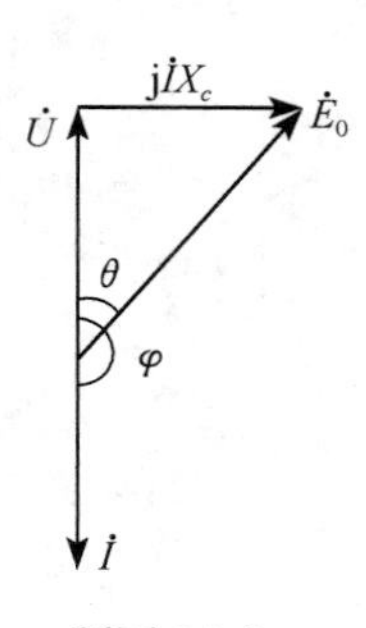

题图 16-2

16-17　一台三相 Y 联结隐极同步电动机，$U_N=220\text{V}$，同步电抗 $X_c=1.27\Omega$，输入功率 $P_1=33\text{kW}$，功率角 $\theta=30°$，忽略定子电阻．作出电动机的电动势相量图，计算输入的无功功率为多大？

16-18　一台隐极同步电机，并联在无限大电网上，原运行在发电机状态，$\underline{U}=1$，$\underline{I}=0.8$，$\underline{X}_c=1.25$，$\cos\varphi=0.866$（滞后）．现保持励磁电流不变，将原动机的输入功率逐步减小至零，然后逐步增加轴上所带的机械负载，使电机成为电动机运行，最后使轴上输出的机械功率和原发电机状态时的输入功率相同．忽略电枢电阻和电机的空载损耗．求：

（1）用相应的正方向惯例，画出原来发电机运行及最后电动机运行两种情况下的电动势相量图，并求出它们的 θ 角；

（2）分析有功功率变化过程中，电机的功率因数、电枢电流大小如何变化？

16-19　一台三相凸极同步电动机，并联在电网上运行，$U_N=380\text{V}$（Y 联结），参数 $X_d=15\Omega$，$X_q=11\Omega$，忽略电枢电阻．已知在额定电压下输入功率 $P_1=11.43\text{kW}$，功率因数 $\cos\varphi=0.866$（超前）.

（1）画出运行时的电动势相量图，并求出 θ、I_d、I_q、E_0 各为多少？

（2）若此时电机失去励磁，问能否继续稳定运行？

第十七章　同步电机的非正常运行

17-1　概　　述

请扫描二维码查看有关同步电机非正常运行的概述。

17-1 节

17-2　不对称运行的相序方程和等效电路

请扫描二维码查看不对称运行的相序方程和等效电路的详细内容。

17-2 节

17-3　几种不对称稳态短路的分析

请扫描二维码查看几种不对称稳态短路的分析。

17-3 节

17-4　负序和零序参数的测定

请扫描二维码查看负序和零序参数的测定。

17-4 节

17-5　不对称运行对同步电机的影响

请扫描二维码查看不对称运行对同步电机的影响。

17-5 节

17-6　超导体闭合回路磁链守恒定则

请扫描二维码查看超导体闭合回路磁链守恒定则的详细内容。

17-6 节

17-7　同步发电机空载时三相突然短路的分析

请扫描二维码查看同步发电机空载时三相突然短路的分析。

17-7 节

17-8　突然短路与同步电机及电力系统的关系

请扫描二维码查看突然短路与同步电机及电力系统的关系介绍。

17-8 节

思考题

17-1　负序电抗 X_2 的物理意义是什么？它与有无阻尼绕组有什么关系？

17-2　有两台同步发电机，定子的材料、尺寸、结构都完全一样，但转子所用材料不同，一个转子的磁极用钢片叠成，另一个为实心磁极（整块钢件）．问哪台电机的负序电抗要小些？

17-3　当转子以额定转速旋转时，定子绕组通入负序电流后，定子绕组与转子绕组之间的电磁联系与通入正序电流时有何本质区别？

17-4　一台同步电机定子加恒定的三相对称交流低电压，在气隙里产生正转的旋转磁场．已知转子上有阻尼绕组，忽略定子绕组电阻．若

（1）转子以同步转速正转，励磁绕组短路，测得的定子电流为 I_1；

（2）转子以同步转速反转，励磁绕组短路，测得的定子电流为 I_2；

（3）转子以同步转速反转，励磁绕组开路，测得的定子电流为 I_3．

试比较上述 3 个电流的大小．

17-5　若一台同步电机定子为分布、短距、双层绕组，它的零序电抗为 X_0，定子漏电抗为 X_s，试比较 X_0 与 X_s 的大小．

17-6　负序电流对发电机有哪些不利的影响？

17-7　为何单相同步发电机通常都在转子上装有较强的阻尼绕组？

17-8　为什么三相突然短路电流比三相稳态短路电流要大许多倍？有阻尼绕组的同步发电机与无阻尼绕组的相比，三相突然短路电流哪个大？为什么？

17-9 同步发电机空载三相突然短路时，各绕组中突然短路电流的周期分量和非周期分量是如何产生的？在什么情况下电枢绕组电流的非周期分量最大？

17-10 同步电机三相突然短路时，定子各相电流周期分量的初始值与发生突然短路瞬间转子的位置 α_0 有关，那么与它对应的转子绕组电流的非周期分量幅值是否也与 α_0 有关？为什么？

17-11 同步电机三相突然短路时，定子各相电流非周期分量的初始值与发生突然短路瞬间转子的位置 α_0 有关，那么与其对应的转子绕组电流的周期分量幅值是否也与 α_0 有关？为什么？

17-12 三相突然短路时，定、转子绕组的突然短路电流各分量为什么会衰减？衰减时，哪几个分量是主动的，哪几个是被动的？

习 题

17-1 一台同步发电机，星形联结，三相电流不对称，$I_A=I_N$，$I_B=0.8I_N$，$I_C=0.8I_N$，试用对称分量法求出负序电流.

17-2 一台两相电机，两相绕组在空间上相差 90°电角度，匝数相等. 已知两相电流分别为 $\dot{I}_A$ 及 $\dot{I}_B$（I_A 不等于 I_B，二者之间的相位差也不等于 90°）. 试用对称分量法求出 A 相的正序电流与负序电流的大小.

17-3 一台三相同步发电机，星形联结，在 A 相与中点间接入一个单相负载，阻抗大小为 Z_L，B、C 两相开路，试用对称分量法求出通过单相负载的电流 $\dot{I}$ 的计算公式. 设同步发电机的空载电动势 $\dot{E}_A$ 及正序阻抗 Z_1、负序阻抗 Z_2、零序阻抗 Z_0 均已知.

17-4 用对称分量法分别求出下列三种情况的等效电路（设短路均发生在发电机的出线端）:

（1）两相短路；

（2）两相对中点短路；

（3）一相对中点短路.

17-5 一台同步发电机的参数（标幺值）为$\underline{X}_1=1.55$，$\underline{X}_2=0.215$，$\underline{X}_0=0.054$. 设空载电压为额定电压，求发生下述短路故障时的稳态短路电流（忽略定子绕组电阻）:

（1）三相短路；

（2）二线之间短路；

（3）一线对中点短路.

17-6 一台汽轮发电机的额定电压为 $U_N=6300\text{V}$（星形联结），在空载额定电压下做三相突然短路试验，测得电枢一相短路电流的周期分量的包络线方程为

$$i=6206\mathrm{e}^{-\frac{t}{0.03}}+8407\mathrm{e}^{-t}+3608\ (\text{A})$$

试求发电机的参数 X''_d、X'_d、X_d 和 T''_d、T'_d.

17-7 一台汽轮同步发电机，电抗的标幺值与时间常数分别为 $X_d=1.845$，$X'_d=0.332$，$X''_d=0.245$，$T''_d=0.04\text{s}$，$T'_d=0.83\text{s}$，$T_a=0.2\text{s}$. 当该发电机在空载额定电压下发生机端三相突然短路时，试求以标幺值表示的：

（1）电枢绕组突然短路电流的瞬时值表达式；

（2）在最不利情况下电枢绕组突然短路电流的瞬时值表达式；

（3）最大瞬时冲击电流；

（4）在突然短路开始后 0.2s 和 3s 时的短路电流瞬时值.

17-8 一台汽轮发电机，$P_N=6000\text{kW}$，$U_N=3150\text{V}$（星形联结），$\cos\varphi_N=0.8$（滞后），以标幺值表示的参数值为 $X''_d=0.117$，$X'_d=0.202$，$X_d=1.50$，$X_2=0.143$，$X_0=0.063$. 试求此发电机在空载额定电压下分别发生机端三相、二相、单相突然短路时，突然短路电流的超瞬态、瞬态和稳态周期分量的有效值.

第五篇　异步电机

第十八章　三相异步电动机的结构和基本工作原理

18-1　异步电动机的用途与分类

三相异步电机主要用作电动机，拖动各种生产机械．例如，在工业应用中，它可以拖动风机、泵、压缩机、中小型轧钢设备、各种金属切削机床、轻工机械、矿山机械等．在农业应用中，可以拖动水泵、脱粒机、粉碎机以及其他农副产品的加工机械等．在民用电器中，电扇、洗衣机、电冰箱、空调机等都由单相异步电动机拖动．总之，异步电动机应用范围广，需要量大，是实现电气化不可缺少的动力设备．

异步电动机的主要优点为：结构简单、容易制造、价格低廉、运行可靠、坚固耐用、运行效率较高和具有适用的工作特性．缺点是功率因数较差．异步电动机运行时，必须从电网里吸收滞后性的无功功率，它的功率因数总是小于1．由于电网的功率因数可以用别的办法进行补偿，这并不妨碍异步电动机的广泛使用．

对那些单机容量较大、转速又恒定的生产机械，一般采用同步电动机拖动为好．因为，同步电动机的功率因数是可调的（可使 $\cos\varphi=1$ 或超前）．但并不是说，异步电动机就不能拖动这类生产机械，而是要根据具体情况进行分析比较，以确定采用哪种电机．

异步电动机运行时，定子绕组接到交流电源上，转子绕组自身短路，由于电磁感应的关系，在转子绕组中产生电动势、电流，从而产生电磁转矩．所以，异步电机又叫感应电机．

异步电动机的种类很多，从不同角度看，有不同的分类方法．例如：

按定子相数分，有单相异步电动机、两相异步电动机和三相异步电动机．

按转子结构分，有绕线型异步电动机和鼠笼型异步电动机．后者又包括单鼠笼异步电动机、双鼠笼异步电动机和深槽异步电动机．

18-2　三相异步电动机的结构

图18-1是一台鼠笼型三相异步电动机的结构图．它主要是由定子和转子两大部分组成的，定、转子中间是空气隙．此外，还有端盖、轴承、机座、风扇等部件．

高电压大、中型容量的异步电动机定子绕组常采用Y联结，只有三根引出线．对中、小型容量低电压异步电动机，通常把定子三相绕组的六根出线头都引出来，如图18-2所示，图（a）为Y联结，图（b）为D联结．

如果是绕线型异步电动机，则转子绕组也是三相绕组．转子绕组的三条引线分别接到三个集电环上，用一套电刷装置引出来，如图18-3所示．这就可以把外接电阻或其他装置串联到转子绕组回路里，其目的是调速或软启动．

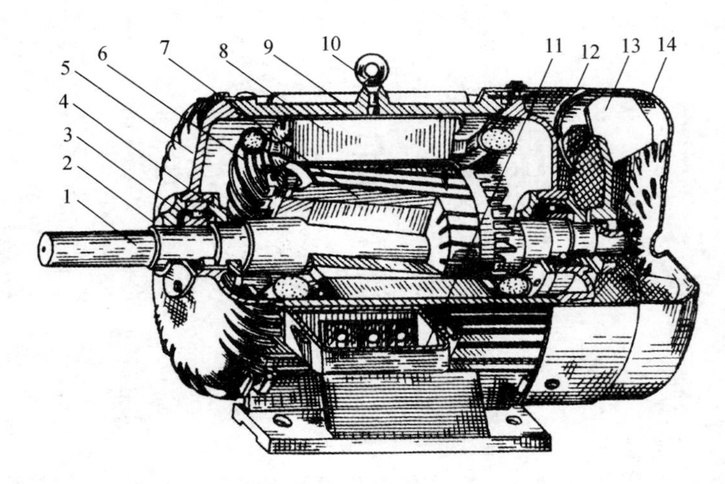

图 18-1 三相鼠笼型异步电动机的结构图

1—轴；2—轴承盖；3—轴承；4—轴承盖；5—端盖；6—定子绕组；
7—转子；8—定子铁心；9—机座；10—吊环；11—出线盒；
12—端盖；13—风扇；14—风罩

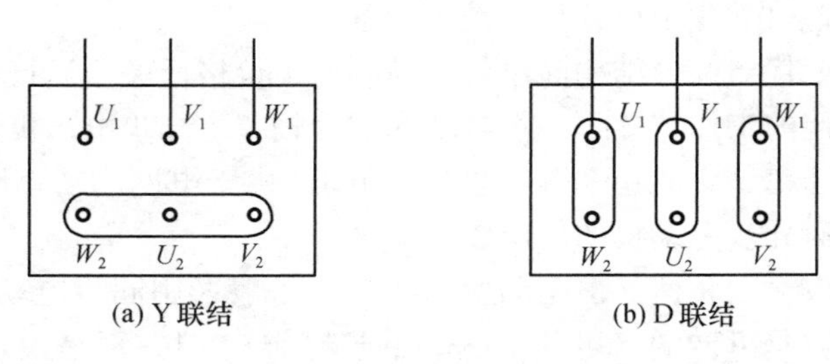

图 18-2 三相异步电动机的引出线

鼠笼型绕组与定子绕组大不相同，它是一个自己短路的绕组．在转子的每个槽里放上一根导体，每根导体都比铁心长，在铁心的两端用两个端环把所有的导条都短路起来，形成一个自己短路的绕组．如果把转子铁心拿掉，则可看出，剩下的绕组形状像个松鼠笼子，如图 18-4 所示，因此叫鼠笼转子．导条的材料有用铜的，也有用铝的．

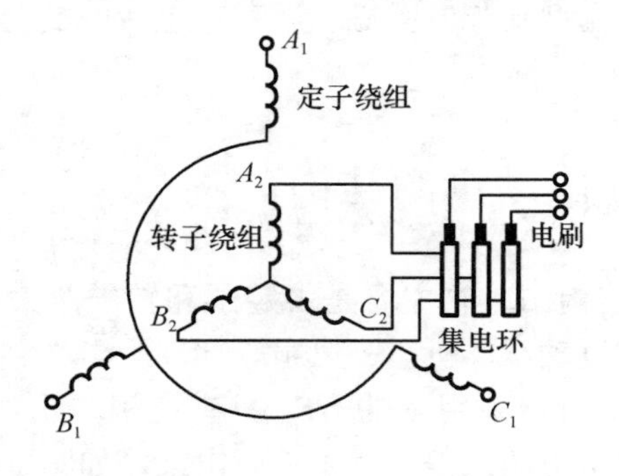

图 18-3 绕线型异步电动机定、转子绕组联结方式

图 18-4 鼠笼转子

18-3　三相异步电动机的额定值

（1）额定功率 P_N：指电动机在额定运行时，转轴输出的机械功率，单位是 kW.

（2）额定电压 U_N：指额定运行状态下，加在定子绕组上的线电压，单位为 V.

（3）额定电流 I_N：指电动机在定子绕组上加额定电压、转轴输出额定功率时，定子绕组中的线电流，单位为 A.

（4）额定频率 f：我国规定工业用电的频率是 50Hz.

（5）额定转速 n_N：指电动机定子加额定频率的额定电压，且轴端输出额定功率时电机的转速，单位为 r/min.

（6）额定功率因数 $\cos\varphi_N$：指电动机在额定负载时，定子边的功率因数.

（7）绝缘等级与温升.

此外，还应标明电动机定子绕组的联结法. 对绕线型异步电机，还应标明转子绕组的额定电动势 E_{2N}（指定子绕组加额定电压、转子绕组开路时，集电环之间的线电动势）和转子额定线电流 I_{2N}.

电动机的额定输出转矩可以由额定功率 P_N、额定转速 n_N 计算，公式为

$$T_{2N}=9550\frac{P_N}{n_N}$$

式中，功率的单位是 kW，转速的单位是 r/min，转矩的单位是 N·m.

如何根据电机的铭牌进行定子的接线？如果电动机定子绕组有六根引出线，并已知其首、末端，分几种情况讨论：

（1）当电动机铭牌上标明“电压 380/220V、Y/D 联结”时，这种情况下，究竟是联结成 Y 还是 D，要看电源电压的大小. 如果电源电压为 380V，则联结成 Y；电源电压为 220V 时，则联结成 D. 不可乱接.

（2）当电动机铭牌上标明“电压 380V、D 联结”时，则只有一种 D 联结法. 但是，在电动机启动过程中，可联结成 Y，接在 380V 电源上，启动完毕，恢复 D 联结.

对高压电动机，定子绕组只有三根引出线，只要电源电压符合电动机铭牌电压值，便可使用.

18-4　三相异步电动机的简单工作原理

把异步电机的定子接到三相电源时，定子中会有三相电流，根据同步电机中分析的结果知道，定子电流产生一系列的气隙旋转磁通密度. 其中起主要作用的是以同步速、顺着绕组相序旋转的基波气隙旋转磁通密度. 同步速的大小决定于电网的频率和绕组极对数，即 $n_1=60f/p$.

图 18-5（a）是一台二极异步电机的示意图，n_1 箭头表示气隙旋转磁通密度的方向，最里边的那个大圆圈代表转子，其中两个小圆圈代表转子绕组的导体. 先考虑转子还没有转起来的情况. 在图中所示的瞬间，气隙旋转磁通密度形象地用 N、S 极表示，例如，这时 N 极在上面，S 极在下面. 于是，转子导体切割气隙旋转磁通密度而感应电动势，它的方向如图 18-5中的⊕和⊙所示. 因为转子绕组是短路的，在转子绕组中会有电流. 图 18-5 所示瞬

间，导体中电流的方向假设与感应电动势同相．根据气隙旋转磁通密度的极性和电流方向，利用左手定则可以看出，会产生一个与气隙旋转磁通密度同方向的电磁转矩，作用在转子上．如果这个电磁转矩能克服加在转子上的负载转矩，转子就能旋转起来，并加速旋转．

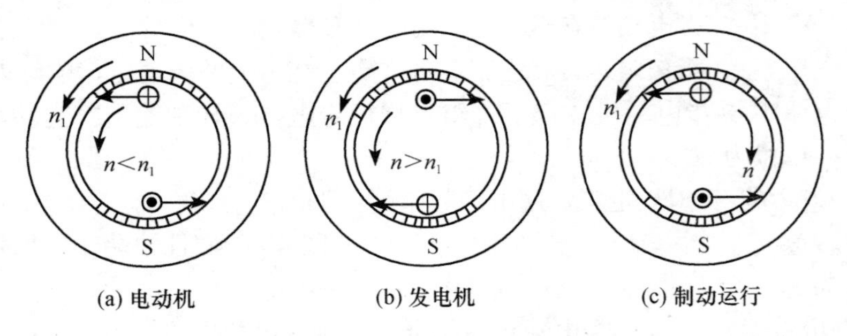

图 18-5　异步机三种运行情况

如果转子的转速 n 能加速到等于同步转速 n_1 时，转子绕组和气隙旋转磁通密度之间就没有相对运动，当然转子绕组中也就不再感应电动势了，电流和电磁转矩都等于零．这就是说，这种情况不可能维持下去．但是，只要 $n<n_1$，转子绕组和气隙旋转磁通密度之间就有相对运动，转子绕组里就会有电流，也就有电磁转矩作用在转子上．当电磁转矩等于负载转矩时，转子就以恒速 n 运行．这种情况下，定子方面从电源吸收有功功率．这就是异步电动机简单的运行原理．可见，异步电动机转子的转速 n 不可能达到同步转速 n_1，一般总是略小于 n_1，异步二字就是由此而来的．

通常把同步转速 n_1 和电动机转子转速 n 二者之差与同步转速 n_1 的比值称为转差率，用 s 表示．

关于转差率的定义如下．

当电机的定子绕组接电源时，站在定子边看，如果气隙旋转磁通密度与转子的转向一致，则转差率 s 为

$$s=\frac{n_1-n}{n_1}$$

如果两者转向相反，则

$$s=\frac{n_1+n}{n_1}$$

式中，n_1、n 都理解为转速的绝对值；s 是一个没有单位的数，它的大小能反映电动机转子的转速．例如，$n=0$ 时，$s=1$；$n=n_1$ 时，$s=0$；$n>n_1$ 时，s 为负；电动机转子的转向与气隙旋转磁通密度相反时，$s>1$．

如果用另外一台原动机拖动异步电机，使它的转速高于同步转速 n_1 运行，即 $n>n_1$ 或 $s<0$，如图 18-5（b）所示．由于 $n>n_1$，气隙旋转磁通密度切割转子导体的方向反了，导体中电动势、电流的方向以及产生电磁转矩的方向也反了．这种情况下，电磁转矩对原动机来说，是一个制动转矩．要保持电机转子继续转动，原动机必须给电机输入机械功率．于是，异步电机定子方面由从电网吸收电功率，改变为向电网发出电功率，即处于发电机状态了．

如果用其他机械拖动电机转子向着气隙旋转磁通密度相反的方向转动，即 $s>1$，如图 18-5（c）所示．这时转子中电动势、电流的方向仍然与电动机工作状态时的一样，作用

在转子上的电磁转矩方向仍然与气隙旋转磁通密度的方向一致，但是，与转子的实际转向却相反了．可见，这种情况，电磁转矩与拖动机械加在电机转子上的转矩二者方向相反，互相平衡，而电磁转矩为制动性转矩．把这种情况叫做电机处于电磁制动状态运行．电机除了吸收拖动机械的机械功率外，还从电网吸收了电功率，这两部分功率在电机内部都以损耗的方式最终转化为热能散发出来．

思考题

18-1　异步电动机有哪些主要部件？它们各起什么作用？

18-2　异步电动机的转子有哪两种类型？各有何特点？

18-3　异步电动机的气隙比同步电动机的气隙大还是小？为什么？

18-4　异步电动机定子绕组通电产生的旋转磁场转速与电机的极对数有何关系？为什么异步电动机工作时，转子转速总是小于同步转速？

18-5　什么叫转差率？转差率是怎样计算的？如何根据转差率的数值来判断异步电机的三种运行状态？三种状态时电功率和机械功率的流向如何？

习题

18-1　一台三相 4 极异步电机，接到 50Hz 的交流电源上，已知转子的转速为下列 4 种情况，求各种情况下的转差率 s（“−”号表示转子转向与旋转磁场转向相反）．

（1）1550r/min；　（2）1350r/min；

（3）0r/min；　（4）−500r/min．

18-2　已知一台三相异步电动机的额定功率 $P_N = 4\text{kW}$，额定电压 $U_N = 380\text{V}$，额定功率因数 $\cos\varphi_N = 0.77$，额定效率 $\eta_N = 0.84$，额定转速 $n_N = 960\text{r/min}$，求该电动机的额定电流 I_N．

第十九章　三相异步电动机的运行原理

19-1　三相异步电动机转子不转、转子绕组开路时的电磁关系

正常运行的异步电动机转子总是旋转的．但是，为了便于理解，先从转子不转时进行分析，最后再分析转子旋转的情况．在下面的分析过程中，先讨论绕线型异步电动机，再讨论鼠笼型异步电动机．

1. 规定正方向

图 19-1 是一台绕线型三相异步电动机，定、转子绕组都是 Y 联结，定子绕组接在三相对称电源上，转子绕组开路．其中图 19-1（a）仅仅画出定、转子三相绕组的联结方式，并在图中标明各有关物理量的正方向．图 19-1（b）是定、转子三相等效绕组在定、转子铁心中的布置图．此图是从电机轴向看进去的，应该想象它的铁心和导体都有一定的轴向长度．这两个图是一致的，是从不同的角度画出的，应当弄清楚．

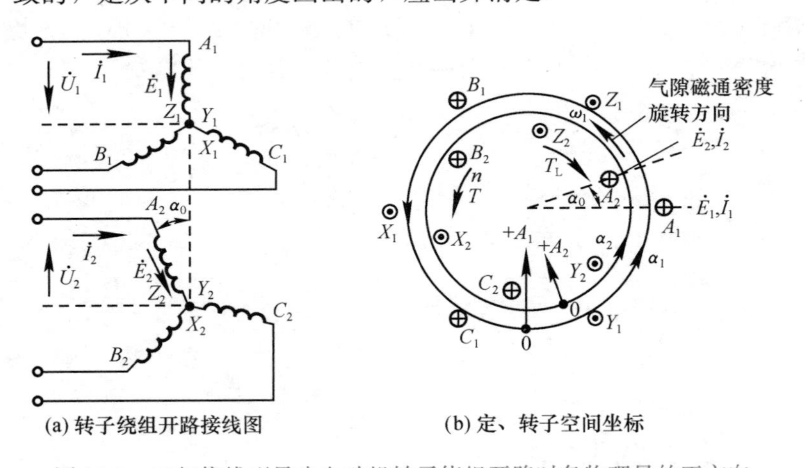

图 19-1　三相绕线型异步电动机转子绕组开路时各物理量的正方向

图 19-1 中，$\dot{U}_1$、$\dot{E}_1$、$\dot{I}_1$ 分别是定子绕组的相电压、相电动势和相电流；$\dot{U}_2$、$\dot{E}_2$、$\dot{I}_2$ 分别是转子绕组的相电压、相电动势和相电流，图中箭头的指向，表示各量的正方向．还规定磁动势、磁通和磁通密度都以从定子出来、进入转子的方向为它们的正方向．另外，把定、转子空间坐标轴的纵轴都选在 A 相绕组的轴线处，如图 19-1（b）中的 $+A_1$ 和 $+A_2$，其中 $+A_1$ 是定子空间坐标轴；$+A_2$ 是转子空间坐标轴．假设 $+A_1$ 和 $+A_2$ 两轴之间相距 α_0 空间电角度．

2. 励磁磁动势

当三相异步电动机的定子绕组接到三相对称电源上时，定子绕组里就会有三相对称电流

流过，其有效值分别用 I_{0A}、I_{0B}、I_{0C} 表示．由于对称，只考虑 A 相电流 $\dot{I}_{0A}$ 相量即可．为了简单，A 相电流 $\dot{I}_{0A}$ 下标 A 也不标出来了，用 $\dot{I}_0$ 表示，并画在图 19-2（a）的时间参考轴上．从对交流绕组产生磁动势的分析中知道，三相对称电流流过三相对称绕组能产生合成基波旋转磁动势（后面的分析中，如不指明，都为基波磁动势．为此，不再强调“基波”二字了）．

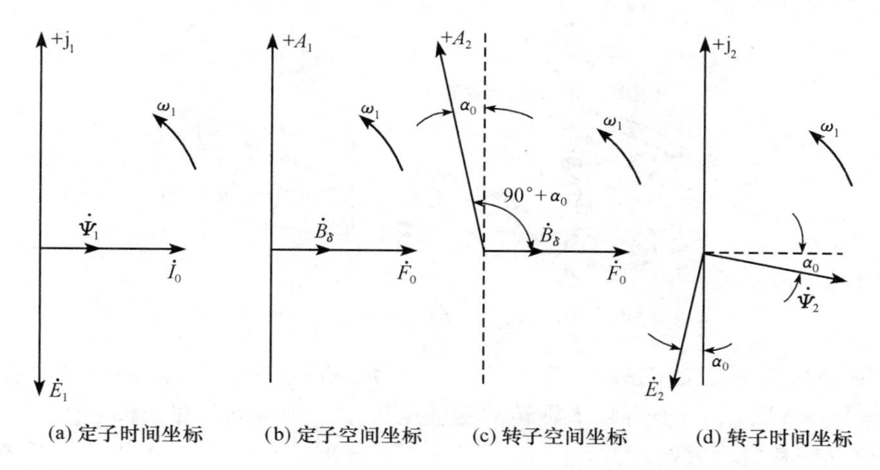

图 19-2　三相异步电动机转子绕组开路时各相、矢量关系

三相异步电动机定子绕组里流过三相对称电流，产生的空间合成旋转磁动势矢量用 $\dot{F}_0$（每极安匝）表示．其特点如下：

（1）幅值．

$$F_0 = \frac{3}{2}\frac{4}{\pi}\frac{\sqrt{2}}{2}\frac{N_1 k_{dp1}}{p} I_0$$

式中，N_1 和 k_{dp1} 为定子一相绕组串联匝数和基波绕组因数；p 为极对数．

（2）转向．

由于定子电流的相序为 $A_1 \rightarrow B_1 \rightarrow C_1$ 的次序，所以磁动势 $\dot{F}_0$ 的转向是 $+A_1 \rightarrow +B_1 \rightarrow +C_1$．在图 19-1（b）中，是逆时针方向旋转．

（3）转速．

$\dot{F}_0$ 相对于定子绕组以角频率 $\omega_1 = 2\pi p n_1/60$（单位 rad/s）旋转，n_1 是它的同步转速，单位是 r/min.

（4）瞬间位置．

图 19-2（a）中，定子 A_1 相电流 $\dot{I}_0$ 再过 90°时间电角度，就转到 $+\mathrm{j}_1$ 轴上，即达到正最大值，那时，三相合成旋转磁动势 $\dot{F}_0$ 就应在 $+A_1$ 的轴上．所以，画图的瞬间，三相合成旋转磁动势 $\dot{F}_0$ 就应画在图 19-2（b）中滞后 $+A_1$ 轴 90°空间电角度的地方．

转子空间坐标轴 $+A_2$ 顺正相序方向超前 $+A_1$ 轴 α_0 空间电角度（见图 19-1），所以，$\dot{F}_0$ 滞后 $+A_2$ 轴 $90°+\alpha_0$ 空间电角度，如图 19-2（c）所示．

由于转子绕组是开路的，不可能有电流，当然也不会产生转子磁动势．这时，作用在磁路上只有定子磁动势 $\dot{F}_0$，于是，$\dot{F}_0$ 就要在电机的磁路里产生磁通．为此，$\dot{F}_0$ 称为励磁磁动势，电流 $\dot{I}_0$ 为励磁电流．

3. 主磁通与定子漏磁通

这种情况下，作用在磁路上只有励磁磁动势 $\dot{F}_0$ 产生磁通，如图 19-3 所示．把通过气隙同时链着定、转子两个绕组的磁通称为主磁通，气隙里每极主磁通量用 Φ_m 表示．把不链转子绕组而只链定子绕组本身的磁通称为定子绕组漏磁通，简称定子漏磁通，用 Φ_{s1} 表示．漏磁通主要有槽部漏磁通、端部漏磁通和由谐波磁动势产生的谐波磁通．关于谐波磁通，这里不介绍．

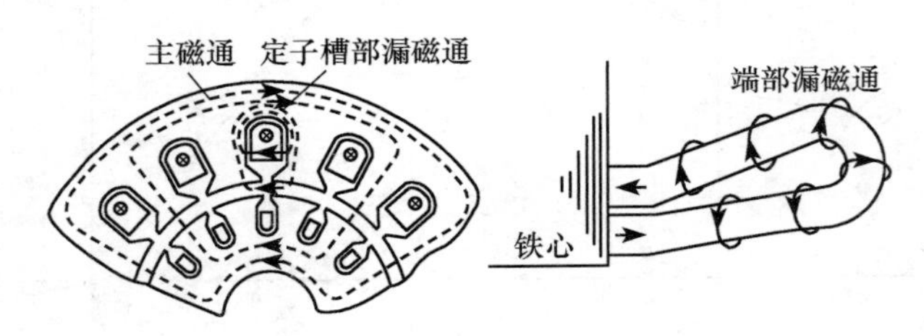

图 19-3　异步电动机的主磁通与定子漏磁通

气隙是均匀的，励磁磁动势 $\dot{F}_0$ 产生的主磁通 Φ_m 所对应的气隙磁通密度，是一个在空间按正弦分布并且以 ω_1 同步角频率旋转的磁通密度波，用空间矢量 $\dot{B}_\delta$ 表示，B_δ 是其最大值，$\dot{B}_\delta$ 的位置在其最大值处．

暂时不考虑主磁路里磁滞、涡流的影响，气隙磁通密度 $\dot{B}_\delta$ 与励磁磁动势 $\dot{F}_0$ 两个空间矢量应同方向，画在图 19-2（b）与（c）里．这是因为，励磁磁动势 $\dot{F}_0$ 的幅值所在处，该处气隙磁通密度也为最大值．

气隙里每极主磁通 Φ_m 为

$$\Phi_m = \frac{2}{\pi} B_\delta \tau l$$

式中，$\frac{2}{\pi} B_\delta$ 是气隙平均磁通密度；τ 是定子的极距；l 是电机轴向的有效长度．

下面分析由气隙旋转磁通密度 B_δ 产生的主磁通 Φ_m 在定、转子绕组里引起的磁链关系．

定、转子绕组在空间上是静止的，气隙旋转磁通密度波穿过每相绕组的磁通量随时间发生变化，致使每相磁链也随时间发生变化．当磁通密度波幅值分别处于定、转子坐标轴 $+A_1$ 或 $+A_2$ 处时，定、转子 A 相磁链达最大值．磁链用 ψ 表示．

定子一相磁链最大值为

$$\psi_{m1} = N_1 k_{dp1} \Phi_m$$

转子一相磁链最大值为

$$\psi_{m2} = N_2 k_{dp2} \Phi_m$$

式中，N_1、N_2 和 k_{dp1}、k_{dp2} 是定子、转子绕组一相的匝数和基波绕组因数．

仍以图 19-2 所示瞬间作为时间的起点，即 $t=0$，可得定、转子 A 相磁链 ψ_{A1}、ψ_{A2} 表达式为

$$\psi_{A1} = \psi_{m1} \sin\omega_1 t = N_1 k_{dp1} \Phi_m \sin\omega_1 t$$

$$\psi_{A2} = \psi_{m2} \sin(\omega_1 t - \alpha_0) = N_2 k_{dp2} \Phi_m \sin(\omega_1 t - \alpha_0)$$

磁链既然是随时间按正弦变化的，可用相量 $\dot{\Psi}_{A1}$、$\dot{\Psi}_{A2}$ 表示，分别画在图 19-2（a）和（d）里，下标 A 也省略了．图 19-2（d）里的 $+\mathrm{j}_2$ 轴，是转子相量的时间参考轴，它与定子

相量时间参考轴是一致的.

4. 感应电动势

磁链 $\dot{\Psi}_1$ 在定子相绕组里感应的电动势瞬时值为

$$e_1 = -\frac{d\psi_1}{dt} = \omega_1 N_1 k_{dp1} \Phi_m \sin(\omega_1 t - 90°)$$
$$= \sqrt{2} E_1 \sin(\omega_1 t - 90°)$$

式中，E_1 是定子绕组相电动势的有效值，大小为

$$E_1 = \frac{1}{\sqrt{2}} \omega_1 N_1 k_{dp1} \Phi_m = 4.44 f_1 N_1 k_{dp1} \Phi_m$$

磁链 $\dot{\Psi}_2$ 在转子相绕组里感应的电动势瞬时值为

$$e_2 = -\frac{d\psi_2}{dt} = \omega_1 N_2 k_{dp2} \Phi_m \sin(\omega_1 t - \alpha_0 - 90°)$$
$$= \sqrt{2} E_2 \sin(\omega_1 t - \alpha_0 - 90°)$$

式中，E_2 是转子绕组相电动势的有效值，大小为

$$E_2 = \frac{1}{\sqrt{2}} \omega_2 N_2 k_{dp2} \Phi_m = 4.44 f_1 N_2 k_{dp2} \Phi_m$$

用相量 $\dot{E}_1$、$\dot{E}_2$ 表示上述的电动势，它们分别滞后 $\dot{\Psi}_1$、$\dot{\Psi}_2$ 90°时间电角度，也画在图 19-2（a）和（d）里.

定、转子每相电动势（有效值）之比，用电压变比 k_e 表示，即

$$k_e = \frac{E_1}{E_2} = \frac{N_1 k_{dp1}}{N_2 k_{dp2}}$$

可见，$E_1 = k_e E_2$.

令 $E_2' = k_e E_2$，于是

$$\dot{E}_1 = \dot{E}_2' \tag{19-1}$$

E_2'的意义，是把转子每相绕组的有效匝数 $N_2 k_{dp2}$，看成和定子每相绕组有效匝数 $N_1 k_{dp1}$ 一样时，转子相绕组的感应电动势.

定子绕组的漏磁通在定子绕组里的感应电动势用 $\dot{E}_{s1}$ 表示，称为定子漏电动势.

把图 19-2 中四个图形都画在同一个图上，即把 $+A_1$ 轴、$+j_1$ 轴和 $+j_2$ 轴三者重合在一起，$+A_2$ 超前 $+A_1$ 轴 α_0 空间电角度，就得到图 19-4（a）. 从图中看出，$\dot{I}_0$、$\dot{F}_0$、$\dot{B}_\delta$ 和 $\dot{\Psi}_1$ 重合在一起，$\dot{E}_1$ 滞后 $\dot{\Psi}_1$ 90°时间电角度，$\dot{E}_2$ 滞后 $\dot{\Psi}_1$ 90°$+\alpha_0$ 时间电角度.

同样，图 19-4（a）仅仅是为了作图方便，其中相量与矢量之间的角度没有任何物理意义.

当转子任意移动时，α_0 是可变的角度，电动势 $\dot{E}_2$ 仅在相位上随 α_0 发生变化，其有效值大小不变. 这种情况运行的异步电机，实际上是个移相器.

5. 励磁电流

由于气隙磁通密度 $\dot{B}_\delta$ 与定、转子都有相对运动，在定、转子铁心中产生了磁滞和涡流损耗，即铁损耗. 与变压器一样，这部分损耗是由电源供给的，励磁电流也由 I_{0a} 和 I_{0r} 两分量组成. I_{0a} 提供铁损耗，是有功分量；I_{0r} 建立磁动势产生主磁通 Φ_m，是无功分量. 因此

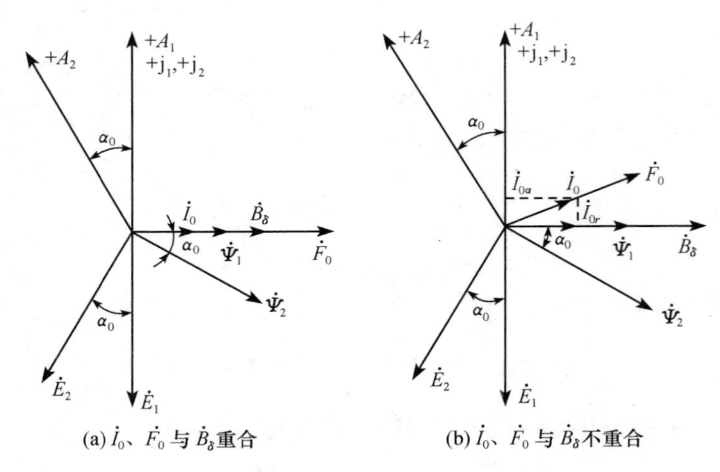

图 19-4 转子开路时定、转子时空相-矢量图

$$\dot{I}_0 = \dot{I}_{0\alpha} + \dot{I}_{0r}$$

有功分量 $I_{0\alpha}$ 很小，因此，$\dot{I}_0$ 超前 $\dot{I}_{0r}$ 一个不大的角度. 为此，将图 19-4（a）改画成图 19-4（b），其中 $\dot{I}_0$ 与 $\dot{F}_0$ 相位相同，$\dot{I}_{0r}$ 与 $\dot{\Psi}_1$ 相位一样，$\dot{I}_0$ 和 $\dot{F}_0$ 超前 $\dot{\Psi}_1$ 一个不大的角度.

6. 定子回路电压方程式

一般来说，由于漏磁通走的磁路大部分是空气，因此漏磁通本身比较小. 由漏磁通产生的漏电动势其大小与电流 I_0 成正比. 把漏磁通在定子绕组里感应漏电动势看成定子电流 $\dot{I}_0$ 在漏电抗 X_1 上的压降. 根据图 19-1 中规定的电动势、电流正方向，$\dot{E}_{s1}$ 在相位上要滞后 $\dot{I}_0$ 90°时间电角度，写成

$$\dot{E}_{s1} = -\mathrm{j}\dot{I}_0 X_1$$

式中，X_1 是定子每相的漏电抗，它主要包括定子槽漏电抗、端部漏电抗和差漏电抗（谐波漏磁通对应的电抗）.

这里要说明，X_1 虽然是定子一相的漏电抗，但是它所对应的漏磁通却是由三相电流共同产生的（因为电机定子槽里导体电流不都属于同一相电流）. 有了漏电抗这个参数，就能把电流产生磁通，磁通又在绕组中感应电动势的复杂关系，简化成电流在电抗上的压降形式，这对以后的分析计算都很方便. 定子绕组电阻 R_1 上的压降为 $\dot{I}_0 R_1$.

根据图 19-1 给出各量的正方向，可以列出定子一相回路的电压方程式，为

$$\begin{aligned}\dot{U}_1 &= -\dot{E}_1 + \dot{I}_0 R_1 - \dot{E}_{s1} \\ &= -\dot{E}_1 + \dot{I}_0 R_1 + \mathrm{j}\dot{I}_0 X_1 \\ &= -\dot{E}_1 + \dot{I}_0 Z_1\end{aligned} \tag{19-2}$$

式中，$Z_1 = R_1 + \mathrm{j}X_1$ 是定子一相绕组的漏阻抗.

7. 等效电路

如果用励磁电流 $\dot{I}_0$ 在参数 Z_m 上的压降表示 $-\dot{E}_1$，则

$$-\dot{E}_1 = \dot{I}_0(R_m + \mathrm{j}X_m) = \dot{I}_0 Z_m \tag{19-3}$$

式中，$Z_m = R_m + \mathrm{j}X_m$，称为励磁阻抗；$R_m$ 称为励磁电阻，它是等效铁损耗的参数；X_m 称为励磁电抗.

于是，定子一相电压平衡等式为

$$\begin{aligned}\dot{U}_1 &= -\dot{E}_1 + \dot{I}_0(R_1 + \mathrm{j}X_1) \\ &= \dot{I}_0(R_m + \mathrm{j}X_m) + \dot{I}_0(R_1 + \mathrm{j}X_1) \\ &= \dot{I}_0(Z_m + Z_1)\end{aligned}$$

转子回路电压方程式为

$$\dot{U}_2 = \dot{E}_2$$

图 19-5 是三相异步电动机转子绕组开路的等效电路.

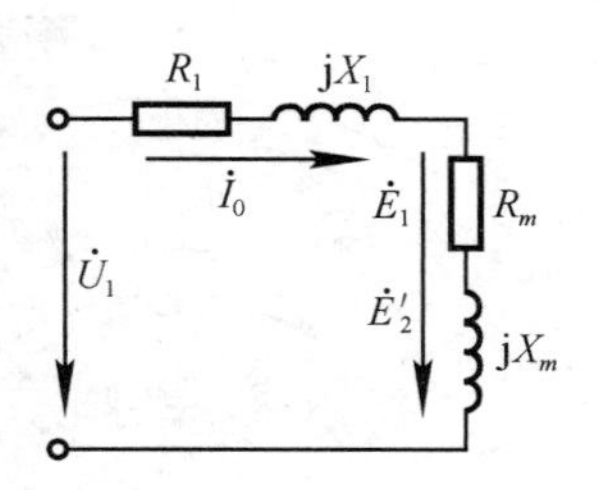

图 19-5　三相异步电动机转子绕组开路的等效电路

下面是这种情况下电磁关系的示意.

$\dot{U}_1 \longrightarrow \dot{I}_0$：$\dot{I}_0 R_1$

$\dot{\Phi}_{s1} \longrightarrow \dot{E}_{s1} = -\mathrm{j}\dot{I}_0 X_1$

$\dot{\Phi}_m \longrightarrow \dot{E}_1,\ \dot{E}_2$

$\dot{U}_1 = -\dot{E}_1 + \dot{I}_0(R_1 + \mathrm{j}X_1)$

$\dot{U}_2 = \dot{E}_2$

19-2　三相异步电动机转子堵转时的电磁关系

1. 转子漏磁通

图 19-6 是三相异步电动机转子三相绕组短路的接线图，三相定子绕组接电源电压，转子堵住不转，各量的正方向标在图中. 既然转子绕组自己短路，它的线电压为零，相电压也为零，即 $\dot{U}_2=0$. 转子绕组感应电动势 $\dot{E}_2$ 并不为零，于是在转子三相绕组里产生三相对称电流，每相电流用相量 $\dot{I}_2$ 表示.

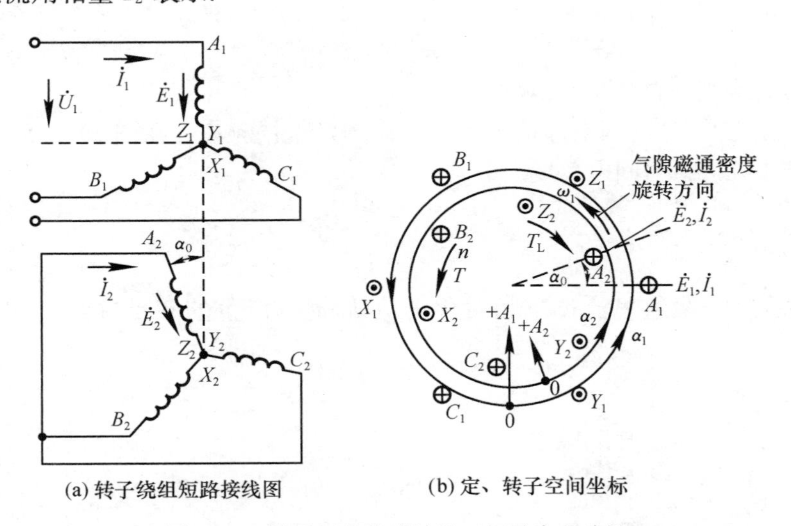

图 19-6　转子短路并堵转的三相异步电动机

定子电流 $\dot{I}_1$ 产生的漏磁通，表现的漏电抗为 X_1，由于漏磁路是线性的，X_1 为常数. 同样，转子绕组中有电流 $\dot{I}_2$ 时，也要产生漏磁通，如图 19-7 所示，表现的每相漏电抗为 X_2，它也是由槽漏电抗、端部漏电抗和差漏电抗组成的.

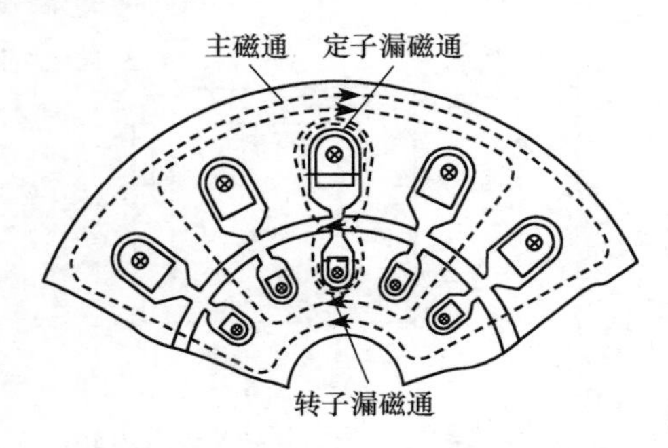

图 19-7　三相异步电动机定、转子漏磁通

对绕线型异步电动机，当然也是三相转子电流在产生一相的漏磁通时都起作用．一般情况下，转子漏电抗 X_2 也是一个常数．只有当定、转子电流非常大时，例如直接启动异步电动机，由于堵转电流很大（为额定电流的 4～7 倍），这时，定、转子的漏磁路也会出现饱和现象，使定、转子漏电抗 X_1、X_2 数值变小．

在异步电动机里，虽然把磁通分成主磁通和漏磁通的方法与变压器的分析方法一样，但是要注意，变压器中的主磁通是脉振磁通，Φ_m 是它的最大振幅．在异步电动机中，气隙里每极主磁通对应的磁通密度波是沿气隙圆周方向正弦分布的，幅值为 B_δ，以同步速 n_1 相对于定子绕组在旋转，Φ_m 是每极磁通量．

2. 转子回路电压方程式

当转子绕组里有电流 $\dot{I}_2$ 时，在转子绕组每相电阻 R_2 上的压降为 $\dot{I}_2R_2$，在每相漏电抗 X_2 上的压降为 $\mathrm{j}\dot{I}_2X_2$．于是，转子绕组一相的回路电压方程，根据图 19-6 给定的正方向，为

$$0=\dot{E}_2-\dot{I}_2(R_2+\mathrm{j}X_2)=\dot{E}_2-\dot{I}_2Z_2 \tag{19-4}$$

式中，$Z_2=R_2+\mathrm{j}X_2$ 是转子绕组的漏阻抗．

转子相电流 $\dot{I}_2$ 为

$$\dot{I}_2=\frac{\dot{E}_2}{R_2+\mathrm{j}X_2}=\frac{\dot{E}_2}{\sqrt{R_2^2+X_2^2}}\mathrm{e}^{-\mathrm{j}\varphi_2}$$

$$\varphi_2=\arctan\frac{X_2}{R_2}$$

式中，φ_2 是转子绕组回路的功率因数角．

上式中 $\dot{E}_2$、$\dot{I}_2$、X_2 的频率都是 $f_2=f_1$，即与定子同频率．在图 19-8（d）中，转子电流 $\dot{I}_2$ 滞后电动势 $\dot{E}_2$ φ_2 时间电角度．

3. 转子磁动势

在三相对称转子绕组里流过三相对称电流 $\dot{I}_2$ 时，产生的转子旋转磁动势 $\dot{F}_2$ 的特点如下。

（1）幅值．

$$F_2=\frac{3}{2}\frac{4}{\pi}\frac{\sqrt{2}}{2}\frac{N_2k_{dp2}}{p}I_2$$

（2）转向．

假设气隙旋转磁通密度 B_δ 逆时针方向旋转，在转子绕组里感应电动势及产生电流 $\dot{I}_2$ 的相序为 $A_2\rightarrow B_2\rightarrow C_2$，则磁动势 $\dot{F}_2$ 也是逆时针方向旋转，即从 $+A_2$ 转到 $+B_2$，再转到 $+C_2$．

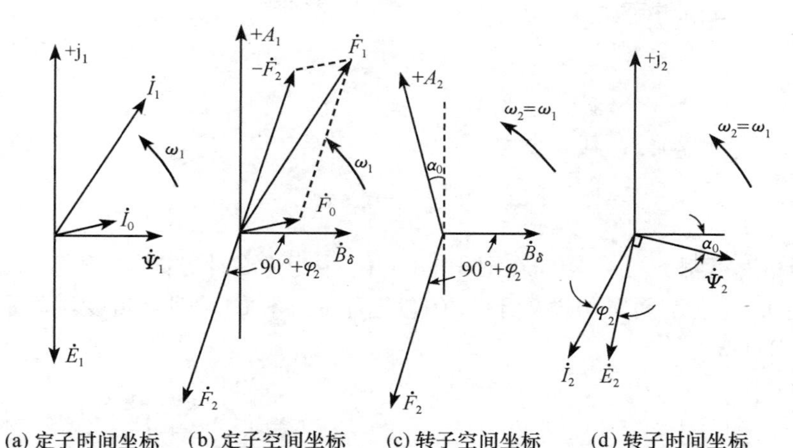

图 19-8　三相异步电动机转子绕组短路并堵转时各相、矢量关系

(3) 转速.

$\dot{F}_2$ 相对于转子绕组的转速为 $n_2=\dfrac{60f_2}{p}=\dfrac{60f_1}{p}=n_1$，因为转子电流的频率 $f_2=f_1$. 用角频率表示时，为 $\omega_2=2\pi pn_2/60=\omega_1$(rad/s).

(4) 瞬间位置.

同样，把转子电流 $\dot{I}_2$ 理解为转子边 A_2 相绕组里的电流. 当图 19-8 (d) 所示 $\dot{I}_2$，再过 $180°+\alpha_0+\varphi_2$ 时间电角度时，达到正最大值. 那时，$\dot{F}_2$ 应转到 $+A_2$ 处，所以，$\dot{F}_2$ 应画在图 19-8 (c) 所示瞬时位置，即距 $+A_2$ 轴 $180°+\alpha_0+\varphi_2$ 空间电角度.

从图 19-8 (c) 看出，转子旋转磁动势 $\dot{F}_2$ 与气隙旋转磁通密度 $\dot{B}_\delta$ 以同方向、同旋转角速度 ($\omega_2=\omega_1$)、相距 $90°+\varphi_2$ 空间电角度，一前一后同步旋转.

单看 $\dot{F}_2$ 与 $\dot{B}_\delta$ 之间的距离为 $90°+\varphi_2$ 空间电角度，与 α_0 空间电角度无关. 这样，便可以把 $\dot{F}_2$ 画在图 19-8 (b) 中，使其滞后于 $\dot{B}_\delta$ $90°+\varphi_2$ 空间电角度即可.

4. 定子磁动势和励磁磁动势

当三相异步电动机转子绕组短路时，定子边电流不再是 $\dot{I}_0$，而是 $\dot{I}_1$ 了. 由定子电流 $\dot{I}_1$ 产生的气隙旋转磁动势，用 $\dot{F}_1$ 表示，称为定子旋转磁动势.

根据磁路的全电流定律知道，产生气隙磁通密度 $\dot{B}_\delta$ 的磁动势，是作用在磁路上所有磁动势的总和. 现在磁路上有两个磁动势 $\dot{F}_1$ 和 $\dot{F}_2$，应将它们的矢量相加，得到合成磁动势，仍用 $\dot{F}_0$ 表示，它才是产生气隙磁通密度 $\dot{B}_\delta$ 的磁动势.

合成磁动势为

$$\dot{F}_0=\dot{F}_1+\dot{F}_2$$

或写成

$$\dot{F}_1=(-\dot{F}_2)+\dot{F}_0$$

上式可看成，定子磁动势是由两个分量组成：一为 $-\dot{F}_2$ 分量；一为 $\dot{F}_0$ 分量. 其中，$-\dot{F}_2$ 分量大小与 $\dot{F}_2$ 一样，而方向与 $\dot{F}_2$ 相反，它的作用是抵消转子磁动势 $\dot{F}_2$ 对气隙磁通密度 $\dot{B}_\delta$ 的影响. 另一分量 $\dot{F}_0$ 才是产生气隙磁通密度 $\dot{B}_\delta$ 的. 把 $\dot{F}_1$、$-\dot{F}_2$、$\dot{F}_0$ 都画在图 19-8 (b) 中.

定子磁动势 $\dot{F}_1$ 大小为

$$F_1 = \frac{3}{2}\frac{4}{\pi}\frac{\sqrt{2}}{2}\frac{N_1 k_{dp1}}{p} I_1$$

合成磁动势就是励磁磁动势，其大小为

$$F_0 = \frac{3}{2}\frac{4}{\pi}\frac{\sqrt{2}}{2}\frac{N_1 k_{dp1}}{p} I_0$$

$\dot{F}_1$、$\dot{F}_0$ 的旋转角速度都为 ω_1，转向在图 19-8（b）中为逆时针方向.

已知 $\dot{F}_1$ 距 $+A_1$ 的空间电角度等于定子电流 $\dot{I}_1$ 距 $+\mathrm{j}_1$ 的时间电角度，于是，可以把 $\dot{I}_1$ 画在图 19-8（a）中.

5. 转子位置角的折合

异步电动机定、转子之间没有电路上的联系，仅有磁动势之间的联系. 这就是说，转子侧与定子侧之间相互作用，是通过磁动势 $\dot{F}_2$ 来完成的. 从电动机定子侧看问题时，尽管 $+A_2$ 轴与 $+A_1$ 轴不重合，$\alpha_0 \neq 0$，由于 $\dot{F}_2$ 与 $\dot{B}_\delta$ 之间的夹角为 $90° + \varphi_2$ 空间电角度，与 α_0 无关，因此，不必要再关心 α_0 的大小. 为了简单，把 $+A_2$ 轴看成与 $+A_1$ 轴重合，即令 $\alpha_0 = 0$. 这就是所谓转子位置角的折合. 折合后的 $\dot{E}_2$ 和 $\dot{E}_1$ 同相位，$\dot{I}_2$ 与 $\dot{F}_2$ 也重合了.

异步电机作移相器时，不能采用转子位置角的折合.

6. 转子绕组的折合

异步电动机定、转子之间没有电路上的联系，只有磁路的联系，这点和变压器的情况相类似. 从定子侧看，转子只有转子旋转磁动势 $\dot{F}_2$ 与定子旋转磁动势 $\dot{F}_1$ 起作用. 只要维持转子旋转磁动势 $\dot{F}_2$ 的大小、相位不变，至于转子边的电动势、电流以及每相串联有效匝数是多少都无关紧要. 根据这个道理，我们设想把实际电动机的转子抽出，换上一个新转子，它的相数、每相串联匝数以及绕组因数都分别和定子的一样（新转子也是三相，$N_1 k_{dp1}$）. 这时，在新换的转子中，每相的感应电动势为 E_2'，电流为 I_2'，转子漏阻抗为 $Z_2' = R_2' + \mathrm{j}X_2'$，但产生的转子旋转磁动势 $\dot{F}_2$ 却和原转子产生的一样. 虽然换成了新转子，但转子旋转磁动势 $\dot{F}_2$ 并没有改变，所以不影响定子侧，这就是进行折合的依据.

根据定、转子磁动势的关系

$$\dot{F}_1 + \dot{F}_2 = \dot{F}_0 \tag{19-5}$$

可以写成

$$\frac{3}{2}\frac{4}{\pi}\frac{\sqrt{2}}{2}\frac{N_1 k_{dp1}}{p}\dot{I}_1 + \frac{m_2}{2}\frac{4}{\pi}\frac{\sqrt{2}}{2}\frac{N_2 k_{dp2}}{p}\dot{I}_2 = \frac{3}{2}\frac{4}{\pi}\frac{\sqrt{2}}{2}\frac{N_1 k_{dp1}}{p}\dot{I}_0$$

令

$$\frac{m_2}{2}\frac{4}{\pi}\frac{\sqrt{2}}{2}\frac{N_2 k_{dp2}}{p}\dot{I}_2 = \frac{3}{2}\frac{4}{\pi}\frac{\sqrt{2}}{2}\frac{N_1 k_{dp1}}{p}\dot{I}_2' \tag{19-6}$$

这样可得

$$\frac{3}{2}\frac{4}{\pi}\frac{\sqrt{2}}{2}\frac{N_1 k_{dp1}}{p}\dot{I}_1 + \frac{3}{2}\frac{4}{\pi}\frac{\sqrt{2}}{2}\frac{N_1 k_{dp1}}{p}\dot{I}_2' = \frac{3}{2}\frac{4}{\pi}\frac{\sqrt{2}}{2}\frac{N_1 k_{dp1}}{p}\dot{I}_0$$

简化为

$$\dot{I}_1 + \dot{I}_2' = \dot{I}_0 \tag{19-7}$$

至于电流 $\dot{I}'_2$ 与原来电流 $\dot{I}_2$ 的关系，可以从式（19-6）得到，为

$$m_2 N_2 k_{dp2} \dot{I}_2 = 3 N_1 k_{dp1} \dot{I}'_2$$

$$\dot{I}'_2 = \frac{m_2}{3} \frac{N_2 k_{dp2}}{N_1 k_{dp1}} \dot{I}_2 = \frac{1}{k_i} \dot{I}_2$$

式中，$k_i = \frac{I_2}{I'_2} = \frac{3N_1 k_{dp1}}{m_2 N_2 k_{dp2}} = \frac{3}{m_2} k_e$，称为电流变比.

上式中 m_2 是转子绕组的相数，只有绕线型三相异步电动机转子绕组是三相，鼠笼型异步电动机转子绕组一般不是三相，而是 m_2 相.

从式（19-5）看出，本来三相异步电动机定、转子之间存在着磁动势的联系，没有电路上的直接联系，经过上述的变换，把复杂的相数、匝数和绕组因数统统消掉后，剩下来的是电流之间的联系. 从表面上看，好像定、转子之间真的在电路上有了联系. 所以式（19-7）的关系只是一种存在于等效电路上的联系.

在计算三相异步电动机时，如果能求得转子折合电流 $\dot{I}'_2$ 而又想找出原转子的实际电流 $\dot{I}_2$，并不困难，只要知道电流变比 k_i，用 k_i 去乘 $\dot{I}'_2$ 就是电流 $\dot{I}_2$ 了. 电流变比 k_i 除了用计算的方法得到外，也能用试验的方法求得.

以上把异步电动机转子绕组的实际相数 m_2、匝数 N_2 和绕组因数 k_{dp2}，硬看成和定子的相数 3、匝数 N_1 和绕组因数 k_{dp1} 完全一样的办法，称为转子绕组向定子绕组折合，$\dot{I}'_2$ 称为转子折合电流.

折合过的转子绕组感应电动势为 $\dot{E}'_2$，见式（19-1）.

既然对异步电动机的转子相数、匝数和绕组因数都进行了折合，折合后的电动势为 $\dot{E}'_2$，电流为 $\dot{I}'_2$，显然，新转子的漏阻抗也不应再是原来的漏阻抗 $Z_2 = R_2 + \mathrm{j}X_2$ 了，也存在着折合的问题. 转子绕组漏阻抗的折合值，用 $Z'_2 = R'_2 + \mathrm{j}X'_2$ 表示. 于是，转子回路的电压方程式由式（19-4）变为

$$0 = \dot{E}'_2 - \dot{I}'_2 (R'_2 + \mathrm{j}X'_2) \tag{19-8}$$

Z'_2 与 Z_2 的关系为

$$Z'_2 = R'_2 + \mathrm{j}X'_2 = \frac{\dot{E}'_2}{\dot{I}'_2} = \frac{k_e \dot{E}_2}{\frac{\dot{I}_2}{k_i}} = k_e k_i (R_2 + \mathrm{j}X_2)$$

$$= k_e k_i R_2 + \mathrm{j} k_e k_i X_2$$

于是折合后转子漏阻抗与折合前转子漏阻抗的关系为

$$R'_2 = k_e k_i R_2$$

$$X'_2 = k_e k_i X_2$$

阻抗角

$$\varphi'_2 = \arctan \frac{X'_2}{R'_2} = \arctan \frac{k_e k_i X_2}{k_e k_i R_2} = \varphi_2$$

折合前后漏阻抗的阻抗角没有改变.

折合前后的功率关系不变. 例如，转子里的铜损耗，用折合后的关系表示为

$$3 I'^2_2 R'_2 = 3 \left(\frac{I_2}{k_i} \right)^2 k_e k_i R_2 = 3 \left(\frac{I_2}{k_i} \right)^2 \frac{m_2}{3} k_i^2 R_2 = m_2 I_2^2 R_2$$

折合前后的无功功率也不变. 例如，转子漏电抗上的无功功率，用折合后的关系式表示为

$$3I_2'^2X_2' = 3\left(\frac{I_2}{k_i}\right)^2 k_e k_i X_2 = 3\left(\frac{I_2}{k_i}\right)^2 \frac{m_2}{3} k_i^2 X_2 = m_2 I_2^2 X_2$$

它说明了折合前后，在转子绕组电阻里的损耗不变，在电抗里的无功功率也不变.

7. 基本方程式、等效电路和相量图

将前面分析三相异步电动机转子绕组并堵转的方程式，如式（19-2）、式（19-3）、式（19-1）、式（19-8）和式（19-7），列写如下：

$$\left.\begin{aligned} \dot{U}_1 &= -\dot{E}_1 + \dot{I}_1(R_1 + \mathrm{j}X_1) \\ \dot{E}_1 &= -\dot{I}_0(R_m + \mathrm{j}X_m) \\ \dot{E}_1 &= \dot{E}_2' \\ \dot{E}_2' &= \dot{I}_2'(R_2' + \mathrm{j}X_2') \\ \dot{I}_1 + \dot{I}_2' &= \dot{I}_0 \end{aligned}\right\} \tag{19-9}$$

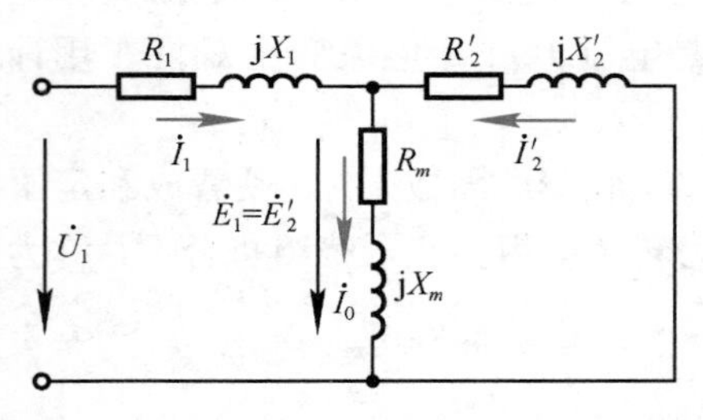

图 19-9 转子绕组短路并堵转时的等效电路

注意，式（19-2）中的电流已由转子开路时的 $\dot{I}_0$ 变为 $\dot{I}_1=\dot{I}_0+(-\dot{I}_2')$.

根据以上五个方程式，可画出如图19-9 所示转子绕组短路并堵转时的等效电路.

把图 19-8（a）、（b）、（c）和（d）四个图中的坐标 $+A_1$、$+A_2$、$+\mathrm{j}_1$、$+\mathrm{j}_2$ 重合在一起，并根据式（19-9），可画出三相异步电动机转子绕组短路并堵转的时空相-矢量图和相量图，分别如图 19-10 和图 19-11 所示.

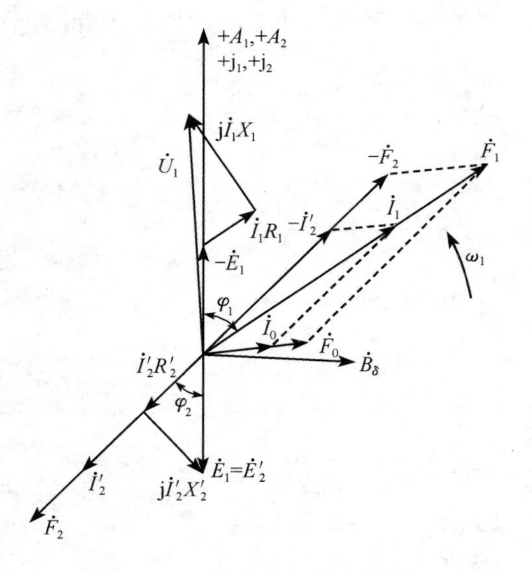

图 19-10 转子绕组短路并堵转的时空相-矢量图

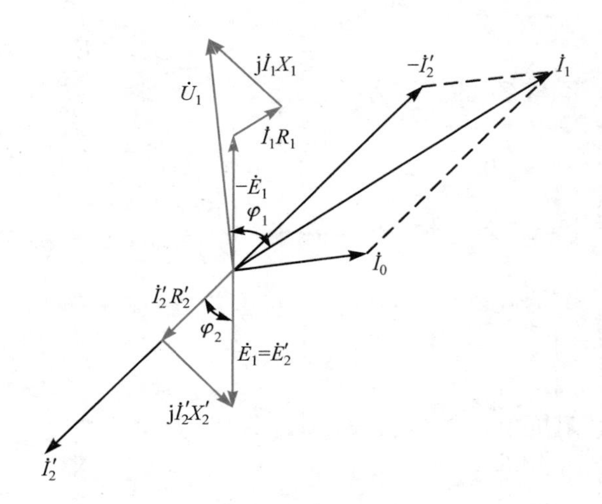

图 19-11 三相异步电动机转子绕组短路并堵转时的相量图

三相异步电动机定、转子的漏阻抗标幺值都是比较小的，如果在它的定子绕组上加上额定电压，这时定、转子的电流都很大，是额定电流的 4～7 倍. 这就是异步电动机加额定电压直接启动而转速等于零的瞬间情况. 如果使电动机长期工作在这种状态，则有可能将电机烧坏.

为了测量异步电动机的参数，采用转子绕组短路并堵转试验. 为了不使电动机定、转子过电流，必须降低加在定子绕组上的电压，以限制定、转子绕组中的电流.

有时为了试验，可以在转子绕组短路并堵转时，定子加额定电压. 试验时应控制加压的时间.

19-3　三相异步电动机转子旋转时的电磁关系

1. 转子回路电压方程

当三相异步电动机转子以转速 n 恒速旋转时，转子回路的电压方程式为

$$\dot{E}_{2s} = \dot{I}_{2s}(R_2 + jX_{2s}) \tag{19-10}$$

式中，$\dot{E}_{2s}$是转子转速为 n 时，转子绕组的相电动势；$\dot{I}_{2s}$是上述情况下转子的相电流；X_{2s}是转子转速为 n 时，转子绕组一相的漏电抗（注意，X_{2s}与 X_2 的数值不同，下面还要介绍）；R_2 是转子一相绕组的电阻.

转子以转速 n 恒速旋转时，转子绕组的感应电动势、电流和漏电抗的频率（下面简称转子频率）用 f_2 表示，这就和转子不转时大不一样. 异步电动机运行时，转子的转向与气隙旋转磁通密度 B_δ 的转向一致，它们之间的相对转速为 $n_2=n_1-n$，表现在电动机转子上的频率 f_2 为

$$f_2 = \frac{pn_2}{60} = \frac{p(n_1 - n)}{60} = \frac{pn_1}{60}\frac{n_1 - n}{n_1} = f_1 s \tag{19-11}$$

式中，$s=\dfrac{n_1-n}{n_1}$为转差率.

转子频率 f_2 等于定子频率 f_1 乘以转差率 s. 为此，转子频率 f_2 也叫转差频率. s 为任何值时，上式的关系都成立.

正常运行的异步电动机，转子转速 n 接近于同步转速 n_1，转差率 s 很小，一般 $s=0.01\sim0.05$，转子频率 f_2 为 0.5～2.5Hz.

转子旋转时，转子绕组中感应电动势为

$$E_{2s} = 4.44 f_2 N_2 k_{dp2} \Phi_m = 4.44 s f_1 N_2 k_{dp2} \Phi_m = sE_2$$

式中，E_2 是转子不转时转子绕组中的感应电动势. 上式说明了，当转子旋转时，每相感应电动势与转差率 s 成正比.

值得注意的是，电动势 E_2 并不是异步电动机堵转时真正的电动势. 因为，电动机堵转时，气隙主磁通 Φ_m 的大小要发生变化，在以后还要叙述. 上式中的 Φ_m 是电动机正常运行时气隙里每极磁通量，可认为是常数.

转子漏电抗 X_{2s}是对应转子频率 f_2 时的漏电抗，它与转子不转时转子漏电抗 X_2（对应于频率 $f_1=50$Hz）的关系为

$$X_{2s} = sX_2$$

可见，当转子以不同的转速旋转时，转子的漏电抗 X_{2s}是个变数，它与转差率 s 成正比变化.

正常运行的异步电动机，$X_{2s} \ll X_2$.

2. 定、转子磁动势关系

下面对转子旋转时，定、转子绕组电流产生的空间磁动势进行分析.

1） *定子磁动势 $\dot{F}_1$*

当三相异步电动机旋转起来后，定子绕组里流过的电流为 $\dot{I}_1$，产生旋转磁动势 $\dot{F}_1$，它的特点在前面已经分析过了．这里仍假设它相对于定子绕组以同步转速 n_1 逆时针方向旋转．

2） *转子磁动势 $\dot{F}_2$*

（1） 幅值．

当三相异步电动机以转速 n 旋转时，由转子电流 $\dot{I}_{2s}$产生的磁动势$\dot{F}_2$ 的幅值为

$$F_2 = \frac{m_2}{2}\frac{4}{\pi}\frac{\sqrt{2}}{2}\frac{N_2 k_{dp2}}{p}I_{2s}$$

（2） 转向．

在前面分析转子堵转、转子绕组短路时知道，气隙旋转磁通密度 $\dot{B}_\delta$ 逆时针旋转时，在转子绕组里感应电动势、电流的相序为 $A_2 \to B_2 \to C_2$．现在的情况是，转子已经旋转起来，有一定的转速 n，由于是电动机状态，转子旋转的方向与气隙旋转磁通密度 $\dot{B}_\delta$ 相同，仅仅是转子的转速 n 小于气隙旋转磁通密度$\dot{B}_\delta$ 的转速n_1．这时，如果站在转子上看气隙旋转磁通密度 $\dot{B}_\delta$，它相对于转子的转速为 $n_1 - n$，转向为逆时针方向．这样，由气隙旋转磁通密度 $\dot{B}_\delta$ 在转子每相绕组感应电动势、电流的相序，仍为 $A_2 \to B_2 \to C_2$，如图 19-1 所示．

既然转子电流 $\dot{I}_{2s}$的相序为$A_2 \to B_2 \to C_2$，由转子电流 $\dot{I}_{2s}$产生的旋转磁动势$\dot{F}_2$ 的转向，相对于转子绕组而言，也是由$+A_2$ 到$+B_2$，再转到$+C_2$，为逆时针方向旋转．

（3） 转速．

转子电流 $\dot{I}_{2s}$的频率为f_2，显然，由转子电流 $\dot{I}_{2s}$产生的旋转磁动势$\dot{F}_2$，它相对于转子绕组的转速，用 n_2 表示，为

$$n_2 = \frac{60 f_2}{p}$$

（4） 瞬间位置．

当转子绕组哪相电流达正最大值时，$\dot{F}_2$ 正好位于该相绕组的轴线上．

3） *励磁磁动势*

搞清楚了定、转子旋转磁动势 $\dot{F}_1$、$\dot{F}_2$ 的特点后，现在希望再站在定子侧看定、转子旋转磁动势 $\dot{F}_1$、$\dot{F}_2$ 的关系．

（1） 幅值．

定、转子磁动势 $\dot{F}_1$、$\dot{F}_2$ 的幅值，不因站在定子侧看而有什么改变，仍为前面分析的结果．

（2） 转向．

$\dot{F}_1$、$\dot{F}_2$ 二者的转向相对于定子都为逆时针方向旋转．

（3） 转速．

定子旋转磁动势 $\dot{F}_1$ 相对于定子绕组的转速为 n_1．转子旋转磁动势 $\dot{F}_2$ 相对于转子绕组以转速为 n_2 逆时针方向旋转，转子本身相对于定子绕组以转速 n 逆时针方向旋转．为此，站在定子绕组上看转子旋转磁动势 $\dot{F}_2$，其转速应为 $n_2 + n$，且也为逆时针方向旋转．

已知

$$n_2 = \frac{60f_2}{p} = \frac{60sf_1}{p} = sn_1$$

于是，转子旋转磁动势 $\dot{F}_2$ 相对于定子绕组的转速为

$$n_2 + n = sn_1 + n = \frac{n_1 - n}{n_1}n_1 + n = n_1$$

这就是说，站在定子绕组上看转子旋转磁动势 $\dot{F}_2$，它以转速 n_1 逆时针方向旋转着. 可见，磁动势 $\dot{F}_1$、$\dot{F}_2$ 相对于定子来说，是同转向、同转速、一前一后旋转着，称为同步旋转.

作用在三相异步电动机磁路上的定、转子旋转磁动势 $\dot{F}_1$ 与 $\dot{F}_2$，既然以同步转速一道旋转，就应该把它们按矢量法加起来，得到一个合成磁动势，也就是励磁磁动势，仍用 $\dot{F}_0$ 来表示，即

$$\dot{F}_1 + \dot{F}_2 = \dot{F}_0$$

由此可见，当三相异步电动机转子以转速 n 旋转时，定、转子磁动势关系并未改变，只是每个磁动势的大小及相互之间的相位有所不同而已.

顺便要说明一下，这种情况下的合成磁动势，与前面介绍过的一样，都是产生气隙每极主磁通 Φ_m 的励磁磁动势. 但现在的励磁磁动势 $\dot{F}_0$，才是异步电动机运行时的励磁磁动势. 对应的电流 $\dot{I}_0$ 是励磁电流，它的大小为（20%～50%）I_{1N}.

4）转子时间相量和空间矢量

当三相异步电动机转子以转速 n 旋转时，转子频率为 f_2、磁动势为 $\dot{F}_2$ 以 n_2 转速相对于转子坐标轴 $+A_2$ 逆时针方向旋转.

图 19-12（b）中，所有转子侧的时间相量都应以角频率 ω_2 逆时针方向绕 $+\mathrm{j}_2$ 旋转. 其中，转子电动势 $\dot{E}_{2s}$ 滞后转子磁链 $\dot{\Psi}_2$ 90°时间电角度. 转子电流 $\dot{I}_{2s}$ 滞后 $\dot{E}_{2s}$ φ_2 时间电角度. $\varphi_2 = \arctan\dfrac{X_{2s}}{R_2}$. 将转子磁动势 $\dot{F}_2$ 画在图 19-12（a）里，根据 $\dot{I}_{2s}$ 确定 $\dot{F}_2$ 的位置. 当 $\dot{I}_{2s}$ 再过 $180° + \alpha_0 + \varphi_2$ 时间电角度达正最大值时，$\dot{F}_2$ 应在 $+A_2$ 轴上. 所以画图瞬间，$\dot{F}_2$ 就应在图 19-12（a）所示位置. 显然，$\dot{F}_2$ 与 $\dot{B}_\delta$ 之间的夹角仍为 $90° + \varphi_2$.

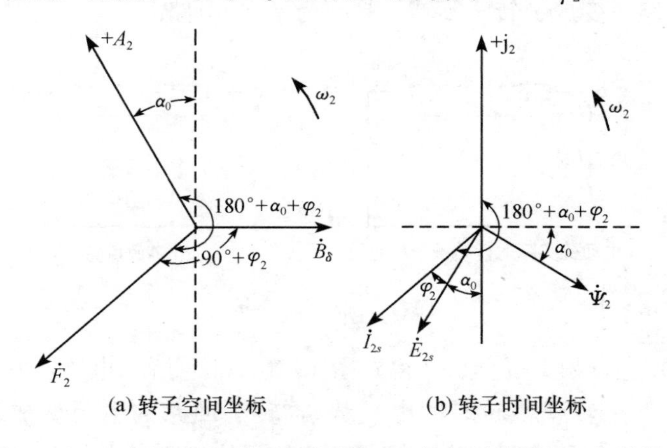

图 19-12　三相异步电动机转子以转速 n 旋转时转子相、矢量关系

3. 转子绕组频率折合

前面已经分析过，转子电流频率 f_2 的大小仅仅影响转子旋转磁动势 $\dot{F}_2$ 相对于转子坐标轴 $+A_2$ 的转速，而 $\dot{F}_2$ 相对于定子坐标轴 $+A_1$ 的转速永远为 n_1，与 f_2 的大小无关. 另外，定、转子之间是通过磁动势相联系的，只要保持转子磁动势 $\dot{F}_2$ 大小不变，站在定子侧看，产生 $\dot{F}_2$ 的转子电流其频率是多少无所谓. 根据这个概念，把式（19-10）变换为

$$\dot{I}_{2s}=\frac{\dot{E}_{2s}}{R_2+\mathrm{j}X_{2s}}=\frac{s\dot{E}_2}{R_2+\mathrm{j}sX_2}=\frac{\dot{E}_2}{\dfrac{R_2}{s}+\mathrm{j}X_2}=\dot{I}_2$$

式中，$\dot{E}_{2s}$、$\dot{I}_{2s}$、X_{2s}分别是三相异步电动机转子旋转时，转子绕组一相的电动势、电流和漏电抗（其对应的频率为 f_2）；$\dot{E}_2$、$\dot{I}_2$、X_2分别是电动机转子不转时，转子绕组一相的电动势、电流和漏电抗（其对应的频率为 f_1）.

由上式还可看出，在频率变换的过程中，除了电流有效值保持不变外，转子电路中电动势与电流之间的功率因数角 φ_2 也没有发生任何变化. 即

$$\varphi_2=\arctan\frac{X_{2s}}{R_2}=\arctan\frac{sX_2}{R_2}=\arctan\frac{X_2}{\dfrac{R_2}{s}}$$

在上式的变换过程中，并没有任何假设，只是变换的结果保持两个电流 $\dot{I}_{2s}$和 $\dot{I}_2$ 的有效值和相角完全相等.

关于电流 $\dot{I}_{2s}$，它是由转子绕组的转差电动势 $\dot{E}_{2s}$和转子绕组本身的电阻 R_2 以及实际运行时转子的漏电抗 X_{2s}求得的，对应的电路是图 19-13（a）. 电流 $\dot{I}_2$，却是由转子不转时的电动势 $\dot{E}_2$ 和转子的等效电阻$\dfrac{R_2}{s}$、转子不转时转子漏电抗 $X_2$$\left(\text{注意，}X_2=\dfrac{X_{2s}}{s}\right)$得到的. 对应的电路是图 19-13（b）. 图（b）是等效电路. 所谓等效，就是两个电路的电流有效值大小彼此相等而已. 两个电流的频率虽然不同，由于有效值相等，产生磁动势 $\dot{F}_2$ 的幅值都一样. 从定子侧看磁动势 $\dot{F}_2$ 并没有任何不同. 这就是转子电路的频率折合，即把转子旋转时实际频率为 f_2 的电路，变成了转子不转、频率为 f_1 的电路.

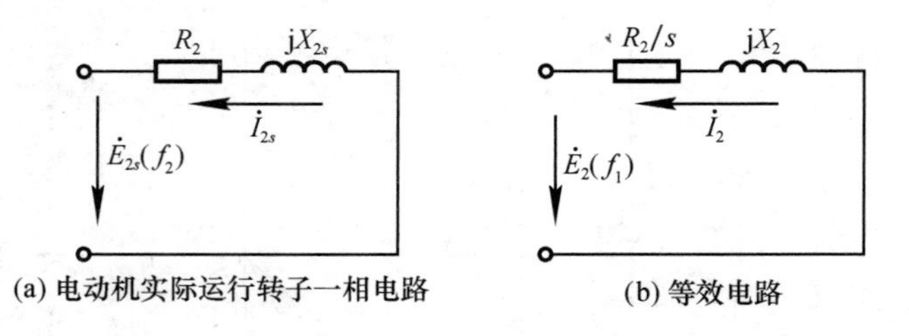

图 19-13 转子频率折合

对图 19-13（a）进行频率折合后，得到图 19-13（b）所示电路，它的电动势为转子不转时的 $\dot{E}_2$（注意，不是转子堵转时的电动势），转子回路的电阻变成R_2/s，漏电抗变成 $X_{2s}/s=X_2$. 对其中转子回路电阻来说，除了原来转子绕组本身电阻 R_2 外，相当于多串一个大小为$\dfrac{1-s}{s}R_2$ 的电阻；漏电抗也变成了转子不转时的漏电抗 X_2 了（即对应的频率为 f_1）.

再考虑把转子绕组的相数、匝数以及绕组因数都折合到定子侧，转子回路的电压方程式变为

$$\dot{E}'_2=\dot{I}'_2\left(\frac{R'_2}{s}+\mathrm{j}X'_2\right) \tag{19-12}$$

当异步电动机转子电路进行频率折合后，转子旋转磁动势 $\dot{F}_2$ 的幅值可写成

$$F_2=\frac{m_2}{2}\frac{4}{\pi}\frac{\sqrt{2}}{2}\frac{N_2k_{dp2}}{p}I_2$$

再考虑转子绕组的相数、匝数折合，F_2 为

$$F_2=\frac{3}{2}\frac{4}{\pi}\frac{\sqrt{2}}{2}\frac{N_1k_{dp1}}{p}I'_2$$

这样一来，定、转子旋转磁动势 $\dot{F}_1+\dot{F}_2=\dot{F}_0$ 的关系，又可写成

$$\dot{I}_1+\dot{I}'_2=\dot{I}_0$$

即为电流关系了.

4. 基本方程式

与三相异步电动机转子绕组短路并堵转时相比较，在基本方程式中，只有转子绕组回路的电压方程式进行了频率折合，其他几个方程式都一样. 可见，用式（19-12）代替式（19-8），就能得到三相异步电动机转子旋转时的基本方程式，为

$$\left.\begin{aligned}
&\dot{U}_1=-\dot{E}_1+\dot{I}_1(R_1+\mathrm{j}X_1)\\
&-\dot{E}_1=\dot{I}_0(R_m+\mathrm{j}X_m)\\
&\dot{E}_1=\dot{E}'_2\\
&\dot{E}'_2=\dot{I}'_2\left(\frac{R'_2}{s}+\mathrm{j}X'_2\right)\\
&\dot{I}_1+\dot{I}'_2=\dot{I}_0
\end{aligned}\right\} \tag{19-13}$$

5. 等效电路

根据式（19-13）的基本方程式，可以画出如图 19-14 所示的等效电路，与图 19-9 相比较，在转子回路里增加了一项$\dfrac{1-s}{s}R'_2$的电阻.

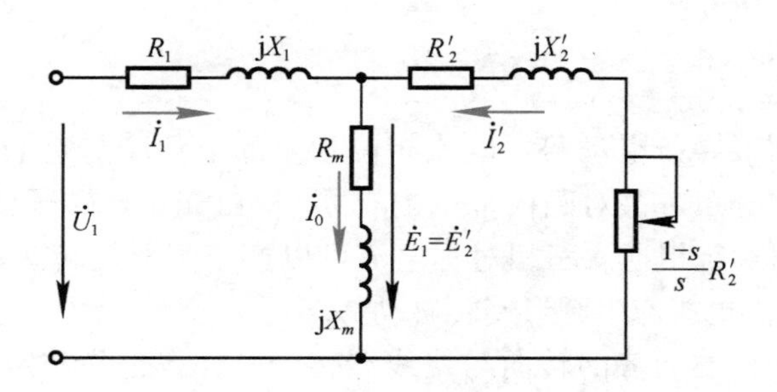

图 19-14 三相异步电动机的 T 形等效电路

从图 19-14 等效电路看出，当异步电动机空载时，转子的转速接近同步速，转差率 s 很小，R_2'/s 趋于∞，电流 $\dot{I}_2'$可认为等于零，这时定子电流 $\dot{I}_1$ 就是励磁电流 $\dot{I}_0$，电动机的功率因数很低.

当电动机运行于额定负载时，转差率 $s\approx0.05$，R_2'/s 约为R_2'的 20 倍，等效电路中转子侧呈电阻性，功率因数 $\cos\varphi_2$ 较高. 这时，定子侧的功率因数 $\cos\varphi_1$ 也比较高，可达 0.8～0.85.

已知气隙主磁通 Φ_m 的大小与电动势 E_1 的大小成正比，而$-\dot{E}_1$ 的大小又决定于 $\dot{U}_1$ 与 $\dot{I}_1Z_1$ 的相量差. 由于异步电动机定子漏阻抗 Z_1 不很大，所以，定子电流 $\dot{I}_1$ 从空载到额定负载时，在定子漏阻抗上产生的压降 I_1Z_1 与 U_1 相比也是较小的，可见 $\dot{U}_1$ 差不多等于$-\dot{E}_1$. 这就是说，异步电动机从空载到额定负载运行时，由于定子电压 U_1 不变，主磁通 Φ_m 基本上也是固定的数值. 因此，励磁电流也差不多是个常数. 但是，当异步电动机运行于低速时，例如刚启动时，转速 $n=0$ $(s=1)$，这时，定子电压 U_1 全部降落在定、转子的漏阻抗上. 已知定、转子漏阻抗 $Z_1\approx Z_2'$，这样，定、转子漏阻抗上的电压降各近似为定子电压 U_1 的一半. 也就是说，E_1 近似是 U_1 的一半，气隙主磁通 Φ_m 也将变为空载时的一半左右.

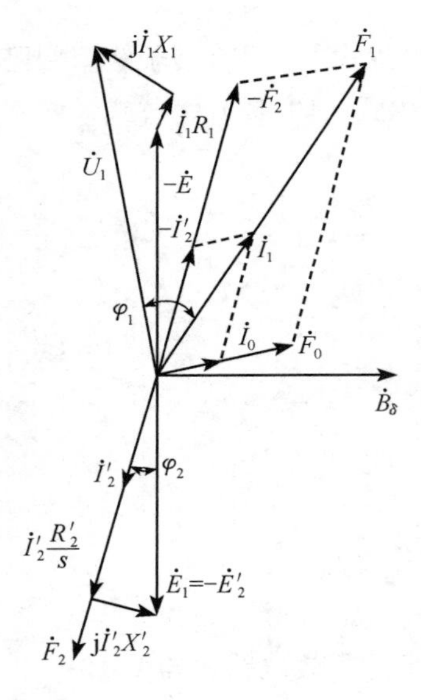

图 19-15 三相异步电动机时空相-矢量图

既然异步电动机稳态运行可以用一个等效电路表示，那么，当知道了电动机的参数时，通过等效电路就可以计算出电动机的性能.

6. 时空相-矢量图、相量图

三相异步电动机经过各种折合，综合考虑图 19-8、图 19-12 的关系，并把各坐标都重叠在一起，再根据式(19-13)可画出其时空相-矢量图和相量图，分别如图 19-15和图 19-16 所示. 图中未画出坐标.

7. 简化等效电路

为了方便，把图 19-14 三相异步电动机的 T 形等效电路简化为图 19-17 所示的简化等效电路，虽然有些误差，工程上也是允许的. 图中

$$\dot{I}_0'=\frac{\dot{U}_1}{Z_1+Z_m},\quad -\dot{I}_2''=\frac{-\dot{I}_2'}{\dot{c}_1},\quad \dot{c}_1=1+\frac{Z_1}{Z_m}$$

不仔细推导了.

8. 鼠笼转子

鼠笼转子每相邻两根导条电动势、电流相位相差的电角度与它们空间相差的电角度相同. 转子上的导条均匀分布，一对磁极范围内有 m_2 根鼠笼条，转子就感应产生 m_2 相对称电动势和电流. 三相对称绕组通入三相对称电流可以产生圆形旋转磁动势，m_2 相对称鼠笼绕组流入 m_2 相对称电流也能产生圆形旋转磁动势.

鼠笼转子产生的旋转磁动势的转向与绕线型转子一样，也是与定子旋转磁动势转向一致，$\dot{F}_1$ 与 $\dot{F}_2$ 一前一后同步转动. 其极数也与定子的相同.

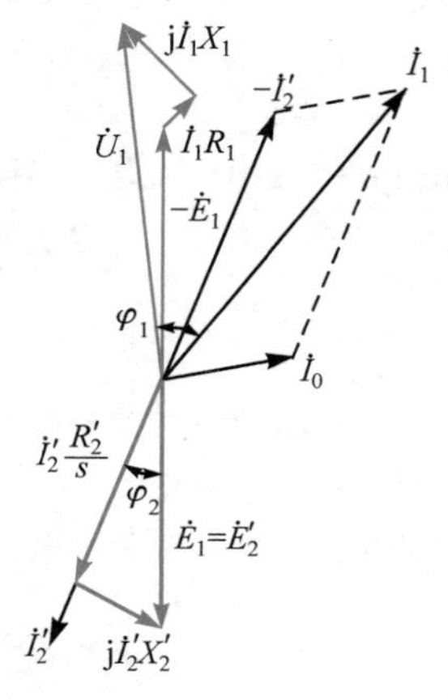

图 19-16　三相异步电动机相量图

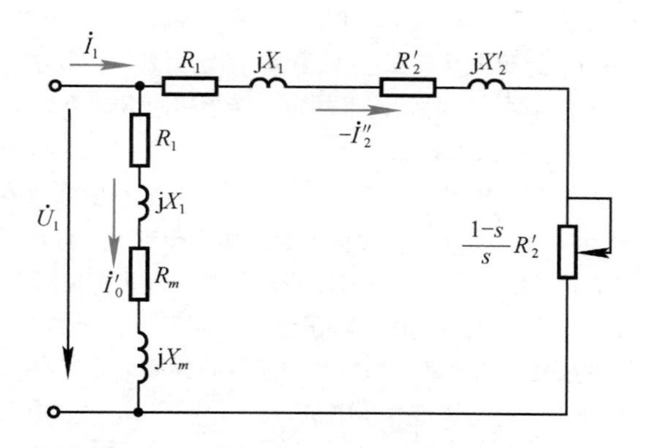

图 19-17　三相异步电动机的简化等效电路

鼠笼型异步电动机电磁关系与绕线型的相同，只是在进行折合算法时，转子的相数为 m_2，每相绕组匝数 $N_2=\frac{1}{2}$，绕组因数为 1.

思考题

19-1　三相异步电动机的主磁通指什么磁通？它是由各相电流分别产生的各相磁通，还是由三相电流共同产生的？在等效电路中哪个电抗参数与之对应？这个参数本身是一相的，还是三相的值？它与同步电机的哪个参数相对应？与变压器中的励磁电抗是完全相同的概念吗？

19-2　三相异步电动机的主磁通在定、转子绕组中感应电动势的大小、相序、相位与什么有关？它在定子 A 相绕组和转子 a 相绕组中所感应电动势的相位关系是固定不变的吗？为什么？这与变压器一相的一、二次绕组感应电动势的关系有何不同？

19-3　一台已经造好的异步电动机，其主磁通的大小与什么因素有关？

19-4　如果电源电压不变，则三相异步电机的主磁通大小与什么因素有关？

19-5　当主磁通确定之后，异步电动机的励磁电流大小与什么有关？有人说，根据任意两台同容量异步电机励磁电流的大小，便可比较其主磁通的大小，此话对吗？为什么？

19-6　在已造好的异步电动机中，其励磁电流大小随外施电压如何变化？为什么？

19-7　异步电动机和变压器在额定电压时的空载电流标幺值哪个大？为什么？

19-8　异步电机的定子漏磁通、转子漏磁通由哪些电流产生？异步电机的定子漏电抗与同步电机的哪个参数相对应？与变压器的一次绕组漏电抗是完全相同的概念吗？为什么？

19-9　异步电动机转子电路中感应电动势的大小、漏电抗的大小、转子电流与转子电动势间相位差的大小与转子的转差率有何关系？如果通过集电环从外部给绕线型异步电动机的转子绕组串联上电抗器，这个电抗数值会随转子转速而改变吗？为什么？

19-10　异步电机的转子磁动势是怎样产生的？这个磁动势相对转子的转向、转速与转子自身的转向及转速有何关系？相对定子的转向、转速呢？由此说明进行转子频率折合是否可行？是否适用于异步电机的任何状态？

19-11　试比较异步电动机与变压器在折合的目的、折合的条件、折合的内容和折合的结果上的异同.

19-12　异步电动机定、转子的频率互不相同，为什么能把定、转子的时空相-矢量图重合在一起？时空相-矢量图上转子各量是表示它们的实际大小吗？

19-13 异步电动机的各物理量 $\dot{E}_1$、$\dot{E}_2$、$\dot{I}_1$、$\dot{I}_2$、$\dot{I}_0$、$\dot{\Psi}_1$、$\dot{\Psi}_2$、$\dot{B}_\delta$、$\dot{F}_1$、$\dot{F}_2$、$\dot{F}_0$ 哪些是时间相量，哪些是空间矢量？在画定、转子的时空相-矢量图时，$\dot{\Psi}_1$、$\dot{\Psi}_2$ 与 $\dot{B}_\delta$ 有什么关系？$\dot{I}_1$、$\dot{I}_0$、$\dot{I}_2$ 与 $\dot{F}_1$、$\dot{F}_0$、$\dot{F}_2$ 有什么关系？$\dot{E}_1$、$\dot{E}_2$ 与 $\dot{B}_\delta$ 有什么关系？为什么存在这样的关系？

19-14 异步电动机在空载运行、额定负载运行及堵转运行三种情况下的等效电路有什么不同？当定子外加电压一定时，三种情况下的定、转子感应电动势大小、转子电流、转子功率因数角、定子电流及定子功率因数角有什么不同？

19-15 异步电动机运行时，为什么总是要从电源吸收滞后的无功电流？

19-16 绕线型异步电动机定子上加三相电压，将转子上两个集电环并联后，在此二集电环与第三集电环之间加直流电压，问此电机能否运行？运行状态是同步电机状态，还是异步电机状态？

19-17 绕线型异步电机转子绕组的相数、极对数总是设计得与定子相同，鼠笼型异步电机的转子相数、极对数又是如何确定的呢？与导条的数量有关吗？

19-18 一台绕线型异步电机：

(1) 定子通三相交流电，其频率为 f_1，产生逆时针旋转磁场，同步转速为 n_1，转子绕组短路，求转子的转向；

(2) 转子绕组通入频率为 f_2 的三相交流电，产生相对转子逆时针旋转的磁场，其同步转速为 n_2，定子绕组短路，求转子的转向；

(3) 如果向定子绕组通入频率为 f_1 的三相交流电，其旋转磁场相对定子以同步转速 n_1 逆时针旋转，同时向转子绕组通入频率为 f_2、相序相反的三相交流电，其旋转磁场相对于转子的同步转速为 n_2，求转子的转向及转速 n.

习 题

19-1 异步电动机转子开路：

(1) 如题图 19-1 (a) 所示，转子 a 相绕组的轴线 $+A_2$ 超前定子 A 相绕组轴线 $+A_1$ 30°，$t=0$ 时 $\dot{B}_\delta$ 的位置与 $+A_1$ 重合，在相量图上画出 $\dot{\Psi}_1$、$\dot{\Psi}_2$ 及 $\dot{E}_1$、$\dot{E}_2$ 的位置；

(2) 如题图 19-1 (b) 所示，$+A_2$ 滞后于 $+A_1$ 90°，$t=0$ 时 $\dot{B}_\delta$ 的位置与 $+A_2$ 重合，在相量图上画出 $\dot{\Psi}_1$、$\dot{\Psi}_2$ 及 $\dot{E}_1$、$\dot{E}_2$.

19-2 一台异步电动机转子短路并堵转，已知 $t=0$ 时的气隙磁通密度 $\dot{B}_\delta$ 在空间的位置如题图 19-2 所示．当转子位置处在题图 19-2 (a)、(b) 两种情况下时，在相量图上画出 $\dot{\Psi}_2$、$\dot{E}_2$、$\dot{I}_2$ 的位置，在空间矢量图上画出转子磁动势 $\dot{F}_2$ 的位置（已知转子阻抗角 $\varphi_2=80°$）.

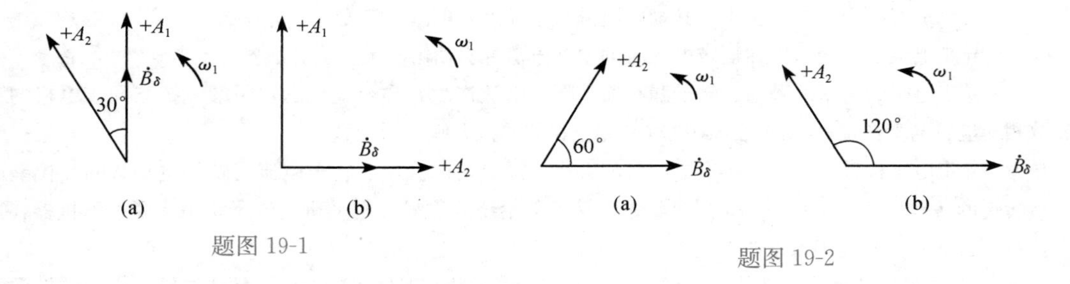

题图 19-1

题图 19-2

19-3 已知一台绕线型异步电机，定子绕组接在三相对称的电源上，转子绕组自己短路，且转子被卡住不转．如果转子的位置分别如题图 19-3 (a) 和 (b) 所示的两种情况（已知定子漏阻抗 $Z_1=R_1+jX_1$，转子漏阻抗 $Z_2=R_2+jX_2$，转子的漏阻抗角 $\varphi_2=45°$）：

(1) 画出 $\dot{B}_\delta$ 在 $\alpha_1=-60°$ 位置时定、转子的时空相-矢量图；

(2) 如果题图 19-3 (a)、(b) 中定、转子轴线重合，时空相-矢量图又是什么样？

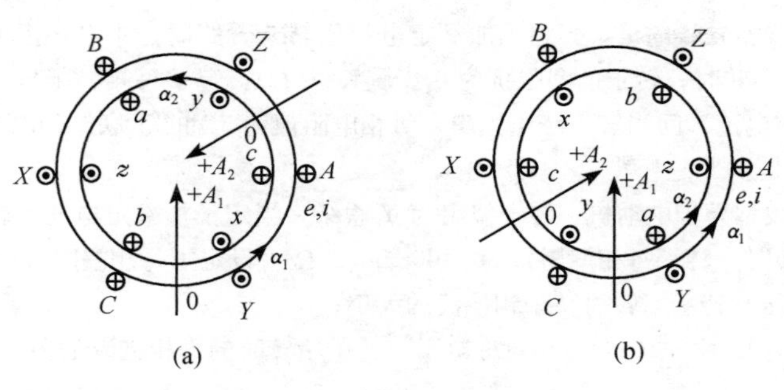

题图 19-3

19-4　已知绕线型异步电机，定、转子有效匝数比为 $k=\frac{N_1 k_{dp1}}{N_2 k_{dp2}}$. 今将定、转子绕组按题图 19-4 接线方式联结起来，把转子卡住不转，转子绕组接在三相对称电源上，求在空载时：

(1) 转子绕组轴线滞后定子绕组轴线 α 角时，定子输出的电压 U_2 是多少（忽略励磁电流在转子里引起的漏阻抗压降）?

(2) 要想获得 U_2 为最大或最小，应如何安排转子的位置?

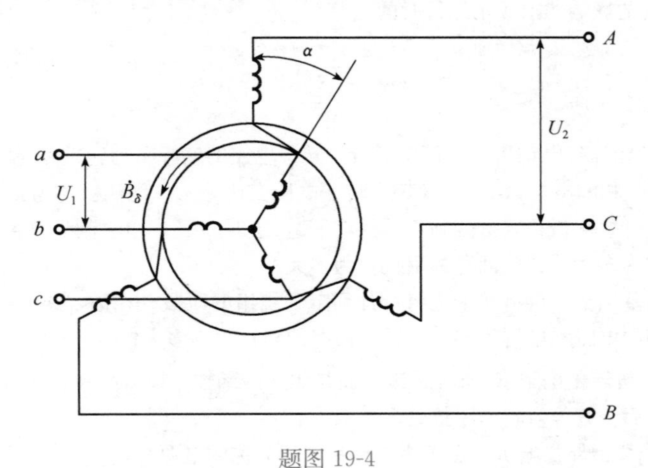

题图 19-4

19-5　一台三相绕线型异步电机，额定电压 $U_N=380\text{V}$，额定电流 $I_N=35\text{A}$，定、转子绕组均为 Y 联结，每相绕组的匝数和绕组因数为 $N_1=320$，$k_{dp1}=0.945$，$N_2=170$，$k_{dp2}=0.93$. 求：

(1) 这台电机的变比 k_e、k_i；

(2) 若转子绕组开路，定子加额定电压，求转子每相感应电动势 E_2；

(3) 若转子绕组短路堵转，定子接电源，量得定子电流为额定值，求转子每相电流 I_2（忽略励磁电流）.

19-6　一台三相绕线型异步电机，额定电压 $U_N=380\text{V}$，当定子加额定电压、转子不转并开路时的集电环电压为 254V，定、转子绕组都为 Y 联结. 已知定、转子一相的参数为 $R_1=0.044\Omega$，$X_1=0.54\Omega$，$R_2=0.027\Omega$，$X_2=0.24\Omega$，忽略励磁电流，求：

(1) 这台电机的变比 k_e、k_i；

(2) 定子加额定电压、转子堵转时的转子相电流.

19-7　有一台三相 4 极 50Hz 的绕线型异步电动机，转子每相电阻 $R_2=0.02\Omega$，转子不转时每相的漏电抗 $X_2=0.08\Omega$，电压变比 $k_e=\frac{E_1}{E_2}=10$. 当 $E_1=200\text{V}$ 时，求转子堵转时转子一相电动势 E_2、转子相电流 I_2 以及转子功率因数 $\cos\varphi_2$.

19-8 一台三相绕线型异步电机，当定子加额定电压而转子开路时，集电环上电压为 60V，转子绕组为 Y 联结. 已知当转子不转时，转子的漏阻抗为 $0.6+\mathrm{j}4.0$（Ω），定子每相漏阻抗 $Z_1=Z'_2$（Z'_2为转子漏阻抗的折合值），忽略励磁电流. 问当转子绕组里串入每相电阻值为 5Ω 的 Y 联结的电阻，在额定电压下堵转时，转子绕组中的电流是多少？

19-9 一台三相绕线型异步电动机，转子绕组为 Y 联结，当定子加额定电压而转子开路时，集电环上电压为 260V，转子不转时，转子每相漏阻抗为 $0.06+\mathrm{j}0.2$(Ω)（设定子每相漏阻抗 $Z_1=Z'_2$）. 求：

（1）定子加额定电压、转子堵转时转子相电流的大小；

（2）在转子回路串入每相 0.2Ω 的三相对称电阻，转子堵转时的每相电流是多大？

19-10 一台三相异步电动机，定子绕组接到频率 $f_1=50\mathrm{Hz}$ 的三相对称电源上，已知它运行在额定转速 $n_N=960\mathrm{r/min}$. 求：

（1）该电动机的极对数 p 是多少？

（2）额定转差率 s_N 是多少？

（3）额定转速运行时，转子电动势的频率 f_2 是多少？

19-11 一台三相 6 极绕线型异步电机，当定子接到额定电压、转子不转且开路时，转子每相感应电动势为 110V，电源频率为 50Hz. 已知电机的额定转速 $n_N=980\mathrm{r/min}$，转子堵转时的参数 $R_2=0.1\Omega$，$X_2=0.5\Omega$，忽略定子漏阻抗的影响，求额定运行时的：

（1）转子电流频率 f_2；

（2）转子每相电动势 E_{2s}；

（3）转子每相电流 I_{2s}.

19-12 已知一台三相异步电动机，在额定运行时转子电路的实际量为转差率 s，一相电流 I_{2s}，相电动势 E_{2s}，一相电阻 R_2，一相漏电抗 X_{2s}，又知定、转子电压变比为 k_e、电流变比为 k_i. 求：

（1）将转子绕组进行频率折合（折合到不转的转子），这时转子一相电流为多大？一相电动势为多大？转子回路的电阻和电抗为多大？转子回路的阻抗角为多大？

（2）在频率折合的基础上，再将转子绕组折合到定子绕组的匝数、相数，这时转子一相电流、一相电动势为多大？转子回路的电阻和电抗为多大？转子回路的阻抗角为多大？

19-13 如果异步电机转子电阻 R_{2s} 不是常数，而是频率的函数，设 $R_{2s}=\sqrt{s}R_a$（R_a 为一已知数）. 在分析过程中采用频率折合后，其等效转子阻抗是多少？

19-14 一台三相绕线型异步电机，定子绕组接在三相对称的电源上，今由另一台原动机拖动此异步电机，并使它的转速 n 超过同步转速 n_1，并且 n 与 n_1 转向相同. 已知定子漏阻抗 $Z_1=R_1+\mathrm{j}X_1$，转子不转时漏阻抗 $Z_2=R_2+\mathrm{j}X_2$. 分析：

（1）气隙磁通密度 B_δ 在定、转子绕组中感应电动势的频率；

（2）定、转子绕组感应电动势的相序；

（3）画出转子的时空相-矢量图；

（4）把转子磁动势 $\dot{F}_2$ 画在定子的空间矢量图上，作出定子的空间矢量图；

（5）画出定子的时空相-矢量图；

（6）作用在转子上的电磁转矩是拖动转矩还是制动转矩？

（7）这时异步电机的电磁功率流动方向如何？

19-15 一台鼠笼型三相异步电动机，已知数据如下：$P_N=10\mathrm{kW}$，$f_1=50\mathrm{Hz}$，$U_N=220\mathrm{V}$，D 联结，定子绕组每相串联匝数 $N_1=114$ 匝，绕组因数 $k_{dp1}=0.902$，$R_1=0.488\Omega$，$X_1=1.2\Omega$，$R_m=3.72\Omega$，$X_m=39.2\Omega$，极数 $2p=4$，转子导条数 $Q_2=42$，每根导条包括端环部分的电阻 $R_2=0.135\times10^{-3}\Omega$，漏电抗 $X_2=0.44\times10^{-3}\Omega$. 求：

（1）画出等效电路，并标明各参数的数值；

（2）计算空载时的线电流（可认为 $s\approx0$）；

（3）当定子加额定电压，$n_N=1460\mathrm{r/min}$ 时的定子电流（相值）是多少？

第二十章　三相异步电动机的功率、转矩与运行性能

20-1　三相异步电动机的功率与转矩关系

1. 功率关系

当三相异步电动机以转速 n 稳定运行时，从电源输入的有功功率 P_1 为

$$P_1 = 3U_1 I_1 \cos\varphi_1$$

定子铜损耗 p_{Cu1} 为

$$p_{Cu1} = 3I_1^2 R_1$$

正常运行情况下的三相异步电动机，由于转子转速接近于同步转速，气隙旋转磁通密度 B_δ 与转子铁心的相对转速很小，再加上转子铁心和定子铁心同样是用 0.5mm 厚的硅钢片叠压而成的，所以转子铁损耗很小，可忽略不计. 因此，电动机的铁损耗只有定子铁损耗 p_{Fe1}，即

$$p_{Fe1} = 3I_0^2 R_m$$

从图 19-14 的 T 形等效电路看出，传输给转子回路的电磁功率 P_M 等于转子回路全部电阻上的损耗. 即

$$P_M = P_1 - p_{Cu1} - p_{Fe1} = 3I_2'^2\left(R_2' + \frac{1-s}{s}R_2'\right) = 3I_2'^2\frac{R_2'}{s}$$

电磁功率也可表示为

$$P_M = 3E_2' I_2' \cos\varphi_2 = m_2 E_2 I_2 \cos\varphi_2$$

转子绕组中的铜损耗 p_{Cu2} 为

$$p_{Cu2} = 3I_2'^2 R_2' = sP_M$$

电磁功率 P_M 减去转子绕组中的铜损耗 p_{Cu2} 就是等效电阻 $\frac{1-s}{s}R_2'$ 上的损耗. 这部分等效损耗实际上是传输给电机转轴上的机械功率，用 P_m 表示. 它是转子绕组中电流与气隙旋转磁通密度共同作用产生的电磁转矩，带动转子以转速 n 旋转所对应的功率. 即

$$P_m = P_M - p_{Cu2} = 3I_2'^2\frac{1-s}{s}R_2' = (1-s)P_M$$

电动机在运行时，会产生轴承以及风阻等摩擦阻转矩，这也要损耗一部分功率. 把这部分功率称为机械损耗，用 p_m 表示.

在异步电动机中，除了上述各部分的损耗外，由于定、转子开了槽和定、转子磁动势中含有谐波磁动势，还要产生一些附加损耗，用 p_a 表示. p_a 一般不易计算，往往根据经验估算. 在大型异步电动机中，p_a 约为输出额定功率的 0.5%；而在小型异步电动机中，满载时，可达输出额定功率的 1%～3%或更大些.

机械功率 P_m 减去机械损耗 p_m 和附加损耗 p_a，才是转轴上真正输出的功率，用 P_2 表示，为

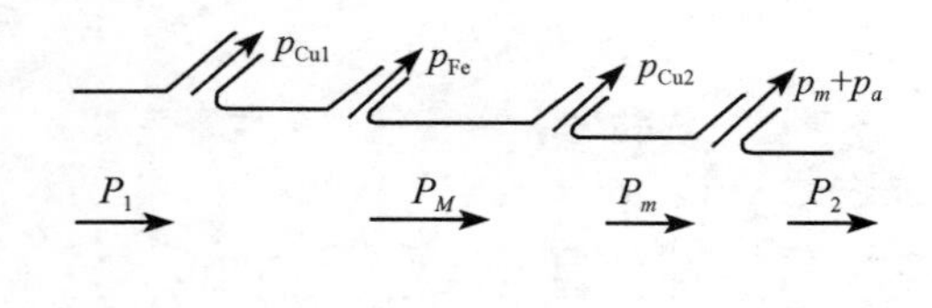

图 20-1 三相异步电动机的功率流程

$$P_2 = P_m - p_m - p_a$$

可见，异步电动机运行时，从电源输入电功率 P_1 到转轴上输出功率 P_2 的全过程为

$$P_2 = P_1 - p_{Cu1} - p_{Fe1} - p_{Cu2} - p_m - p_a$$

用功率流程图表示，如图 20-1 所示.

从以上功率关系定量分析中看出，异步电动机运行时，电磁功率、转子回路铜损耗和机械功率三者之间的比例关系是

$$P_M : p_{Cu2} : P_m = 1 : s : (1-s)$$

这个式子说明，若电磁功率一定，转差率 s 越小，转子回路铜损耗越小，机械功率越大. 电机运行时，若 s 增大，效率降低.

2. 转矩关系

旋转体的机械功率等于作用在旋转体上的转矩与它的机械角速度的乘积. 在异步电动机中，机械功率 P_m 就是电磁转矩 T 乘以转子机械角速度 Ω，即

$$P_m = T\Omega$$

已知

$$P_m = P_2 + p_m + p_a$$

把上式两边都除以 Ω，得转矩关系为

$$T = T_2 + T_m + T_a = T_2 + T_0$$

式中，T_2 为电动机转轴输出转矩；T_m 为机械损耗转矩；T_a 为电动机附加损耗转矩；$T_0 = T_m + T_a$ 为空载转矩.

电磁转矩 T 与电磁功率 P_M 的关系为

$$T = \frac{P_m}{\Omega} = \frac{P_m}{\frac{2\pi n}{60}} = \frac{P_m}{(1-s)\frac{2\pi n_1}{60}} = \frac{P_M}{\Omega_1} \tag{20-1}$$

式中，Ω_1 是同步角速度（用机械角度表示），等于常数. 可见，电磁转矩 T 与电磁功率 P_M 成正比. 由式（20-1）看出，电磁转矩 T 可以用机械功率 P_m 除以转子角速度 Ω 来计算，也可以用电磁功率 P_M 除以同步角速度 Ω_1 来计算. 它们的计算结果是一样的.

将电磁功率 $P_M = m_2E_2I_2\cos\varphi_2$ 代入式（20-1），得电磁转矩 T 表达式为

$$T = \frac{m_2E_2I_2\cos\varphi_2}{\frac{2\pi n_1}{60}} = \frac{m_2(4.44f_1N_2k_{dp2}\Phi_m)I_2\cos\varphi_2}{\frac{2\pi n_1}{60}}$$

$$= C_T\Phi_mI_2\cos\varphi_2 \tag{20-2}$$

式中，Φ_m 是气隙每极磁通量；m_2 是转子绕组的相数；N_2 是转子绕组每相的匝数；k_{dp2} 是转子绕组的基波绕组因数；I_2 是转子绕组相电流；$C_T = \frac{m_2}{\sqrt{2}}pN_2k_{dp2}$ 称为转矩因数.

式（20-2）是根据 MKS 单位制写出的公式，其中，磁通 Φ_m 的单位是 Wb，电流的单位是 A，转矩的单位是 N・m.

从式（20-2）看出，三相异步电动机电磁转矩 T 的大小与气隙每极磁通量 Φ_m、转子相电流 I_2 以及转子功率因数 $\cos\varphi_2$ 三者的乘积成正比. 或者说，与气隙每极磁通量和转子电

流的有功分量乘积成正比.

20-2　三相异步电动机的机械特性

三相异步电动机的机械特性是指在定子电压、频率和参数固定的条件下，电磁转矩 T 与转速 n（或转差率 s）之间的函数关系.

1. 机械特性的参数表达式

三相异步电动机的机械特性呈非线性关系，写函数表达式时，选转速 n（或转差率 s）作为自变量，电磁转矩 T 为因变量，即 $T=f(n)$ 或 $T=f(s)$，更为方便. 用曲线表示时，习惯上仍把转速 n（或转差率 s）画在纵坐标上，横坐标为电磁转矩 T，简称 T-s 曲线.

在推导机械特性数学表达式之前，先定性地分析一下当转差率 s 变化时，和电磁转矩有关各量的变化趋势，从物理概念上对机械特性有所理解.

单从式（20-2）不能明显地看出电磁转矩 T 与转差率 s 之间的变化规律，要从分析气隙每极磁通量 Φ_m、转子相电流 I_2 以及转子功率因数 $\cos\varphi_2$ 与转差率 s 之间的关系着手，间接地找出其变化规律.

1）Φ_m 与 s 之间的关系

当异步电动机定子电压 U_1 大小一定时，从空载到额定负载，电机的转差率 s 很小，而且数值变化也不大，定子电动势 E_1 的值接近于 U_1，Φ_m 与 E_1 成正比. 这就是说，Φ_m 几乎为常数. 但是，随着转差率 s 的增大，定子电流 I_1 要增大，定子漏阻抗压降 $\dot{I}(R_1+\mathrm{j}X_1)$ 的值要增大，致使电动势 E_1 与电压 U_1 相差较大. 可见，随着转差率 s、I_1 的增大，气隙每极磁通量 Φ_m 要减小. 例如，在刚启动时（$s=1$），Φ_m 要减小为额定时的一半左右.

2）I_2 与 s 之间的关系

转子每相电流有效值为

$$I_{2s}=\frac{E_{2s}}{\sqrt{R_2^2+X_{2s}^2}}=I_2$$

从上式看出，转子每相电阻 R_2 是个常数，而转子每相漏电抗 X_{2s} 和转子每相感应电动势 E_{2s} 都与转差率 s 成正比. 其中，E_{2s} 还与气隙每极磁通量 Φ_m 成正比. 当转差率 $|s|$ 很小时，$R_2\gg X_{2s}$，这时，R_2 起主导作用，电流 I_{2s} 随 $|s|$ 的增大接近正比增大. 当 $|s|$ 值增大很多时，转子频率 f_2 增大，X_{2s} 起主导作用，使 I_{2s} 增大的程度变小，呈非线性关系.

3）$\cos\varphi_2$ 与 s 之间的关系

已知转子功率因数 $\cos\varphi_2$ 为

$$\cos\varphi_2=\frac{R_2}{\sqrt{R_2^2+X_{2s}^2}}$$

当 $|s|$ 值很小时，X_{2s} 的影响可忽略不计，这时的 $\cos\varphi_2\approx 1$. 当 $|s|$ 值增大时，X_{2s} 相应增大，这时的 $\cos\varphi_2$ 值要变小.

可见，电磁转矩 T 随转差率 s 的变化关系，绝不是线性变化关系.

初步分析，当$|s|$较小时，Φ_m 变化不大，$\cos\varphi_2 \approx 1$，电磁转矩 T 几乎与转子电流 I_2 成正比. 但是，当$|s|$很大时，例如 $s \approx 1$，这时 Φ_m 减小了，$\cos\varphi_2$ 数值很小，尽管转子电流增大，其有功电流 $I_2\cos\varphi_2$ 不大，电磁转矩 T 反而减小了. 可以猜想，三相异步电动机机械特性在某转差率下，有可能出现最大转矩.

已知，电磁转矩 T 与转子电流关系为

$$T = \frac{P_M}{\Omega_1} = \frac{3I_2'^2\frac{R_2'}{s}}{\frac{2\pi n_1}{60}} = \frac{3I_2'^2\frac{R_2'}{s}}{\frac{2\pi f_1}{p}}$$

三相异步电动机等效电路中，由于励磁阻抗比定、转子漏阻抗大得多，把 T 形等效电路中励磁阻抗这一段电路认为开路，计算出的 I_2 误差很小. 故

$$I_2' = \frac{U_1}{\sqrt{\left(R_1 + \frac{R_2'}{s}\right)^2 + (X_1 + X_2')^2}}$$

代入上面电磁转矩公式中，得到

$$T = \frac{3U_1^2\frac{R_2'}{s}}{\frac{2\pi n_1}{60}\left[\left(R_1 + \frac{R_2'}{s}\right)^2 + (X_1 + X_2')^2\right]} = \frac{3pU_1^2\frac{R_2'}{s}}{2\pi f_1\left[\left(R_1 + \frac{R_2'}{s}\right)^2 + (X_1 + X_2')^2\right]} \tag{20-3}$$

这就是三相异步电动机机械特性的参数表达式. 给定 U_1、f_1 及阻抗等参数，$T = f(s)$ 画成曲线便为 T-s 曲线.

2. 固有机械特性

三相异步电动机在电压、频率均为额定值不变，定、转子回路不串入任何电路元件条件下的机械特性，称为固有机械特性，其 T-s 曲线（即 T-n 曲线）如图 20-2 所示. 其中曲线 1 为电源正相序时的，曲线 2 为负相序时的曲线.

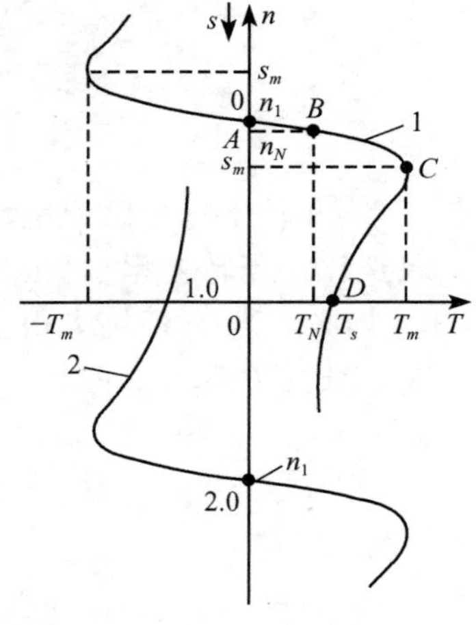

图 20-2　三相异步电动机固有机械特性

从图 20-2 中看出，三相异步电动机固有机械特性不是一条直线. 在电源为正相序时（对应的曲线 1），它具有以下特点：在 $0<s\leqslant 1$，即 $n_1<n\leqslant 0$ 的范围内，特性在第Ⅰ象限，电磁转矩 T 和转速 n 都为正，从规定正方向判断，T 与 n 同方向，n 与同步转速 n_1 同方向，电动机工作在此范围内是电动状态；在 $s<0$ 范围内，$n>n_1$，特性在第Ⅱ象限，电磁转矩为负值，是制动性转矩，电磁功率也是负值，是发电状态；在 $s>1$ 范围内，$n<0$，特性在第Ⅳ象限，$T>0$，也是一种制动状态.

在第Ⅰ象限电动状态的特性上，B 点为额定运行点，其电磁转矩与转速均为额定值. A

点$n=n_1$，$T=0$，为理想空载运行点．C点是电磁转矩最大点．D点$n=0$，转矩为T_s是启动点，如图20-2所示．

1）额定电磁转矩

额定电磁转矩用T_N表示，对应的转速为额定转速，用n_N表示（额定转差率用s_N表示），电动机可以长期连续运行在额定状态．

从三相异步电动机产品样本查得额定功率P_N和额定转速n_N，可用下式近似算出额定电磁转矩T_N．已知输出转矩T_2为

$$T_2=\frac{P_N}{\frac{2\pi n_N}{60}}=9550\times\frac{P_N}{n_N}\approx T_N$$

式中，P_N的单位为kW；n_N的单位为r/min；转矩的单位为N·m.

2）最大电磁转矩

正、负最大电磁转矩可以从参数表达式（20-3）求得，令

$$\frac{\mathrm{d}T}{\mathrm{d}s}=0$$

得最大电磁转矩为

$$T_m=\pm\frac{1}{2}\frac{3pU_1^2}{2\pi f_1\left[\pm R_1+\sqrt{R_1^2+(X_1+X_2')^2}\right]} \tag{20-4}$$

产生最大电磁转矩时的转差率称为临界转差率，用s_m表示，为

$$s_m=\pm\frac{R_2'}{\sqrt{R_1^2+(X_1+X_2')^2}} \tag{20-5}$$

式中，"+"号适用于电动机状态；"－"号适用于发电机状态．

一般情况下，R_1^2值不超过$(X_1+X_2')^2$的5%，可以忽略R_1的影响．这样一来，有

$$\left.\begin{aligned}T_m&=\pm\frac{1}{2}\frac{3pU_1^2}{2\pi f_1(X_1+X_2')}\\ s_m&=\pm\frac{R_2'}{X_1+X_2'}\end{aligned}\right\} \tag{20-6}$$

也就是说，异步发电机状态和电动机状态的最大电磁转矩绝对值可近似认为相等，临界转差率也近似认为相等，机械特性具有对称性．

以上两式说明，最大电磁转矩T_m与电压U_1的平方成正比，与漏电抗X_1+X_2'成反比；临界转差率s_m与电阻R_2'成正比，与漏电抗X_1+X_2'成反比，与电压U_1大小无关．

最大电磁转矩与额定电磁转矩的比值称为最大转矩倍数，又称过载能力，用k_m表示，为

$$k_m=\frac{T_m}{T_N}$$

一般地，三相异步电动机的$k_m=1.6\sim2.2$，起重、冶金用的异步电动机$k_m=2.2\sim2.8$．应用于不同场合的三相异步电动机都有足够大的过载能力，这样，当电压突然降低或负载转矩突然增大时，电动机转速变化不大．待干扰消失后，又恢复正常运行．但是，要注意，绝

不能让电动机长期工作在最大转矩处，这样电流过大，温升会超出允许值，有可能烧毁电机，同时在最大转矩处运行，转速也不稳定.

3）堵转转矩

电动机堵转时（$n=0$，$s=1$）的电磁转矩称为堵转转矩，将 $s=1$ 代入式（20-3）中，得到堵转转矩 T_s 为

$$T_s=\frac{3pU_1^2R_2'}{2\pi f_1[(R_1+R_2')^2+(X_1+X_2')^2]} \tag{20-7}$$

从式（20-7）中看出，T_s 与电压 U_1 的平方成正比，漏电抗越大，堵转转矩越小.

堵转转矩与额定转矩的比值称为堵转转矩倍数，用 k_{st} 表示，有

$$k_{st}=\frac{T_s}{T_N}$$

三相异步电动机的堵转转矩倍数，见有关产品样本.

3. 人为机械特性

1）降低定子端电压的人为机械特性

式（20-3）中除了自变量与因变量外，保持其他量都不变，只改变定子电压 U_1 的大小，研究这种情况下的机械特性. 由于异步电机的磁路在额定电压下已有点饱和了，故不宜再升高电压. 下面只讨论降低定子端电压 U_1 时的人为机械特性.

已知异步电机的同步转速 n_1 与电压 U_1 毫无关系，可见，不管 U_1 变为多少，都不会改变 n_1 的大小. 这就是说，不同电压 U_1 的人为机械特性，都得通过 n_1 点. 我们知道，电磁转矩 T 与 U_1^2 成正比，为此最大转矩 T_m 以及堵转转矩 T_s 都要随 U_1 的降低而按平方规律减小. 至于最大转矩对应的转差率 s_m 与电压 U_1 无关，并不改变大小. 把不同电压 U_1 的人为机械特性画在图 20-3 中.

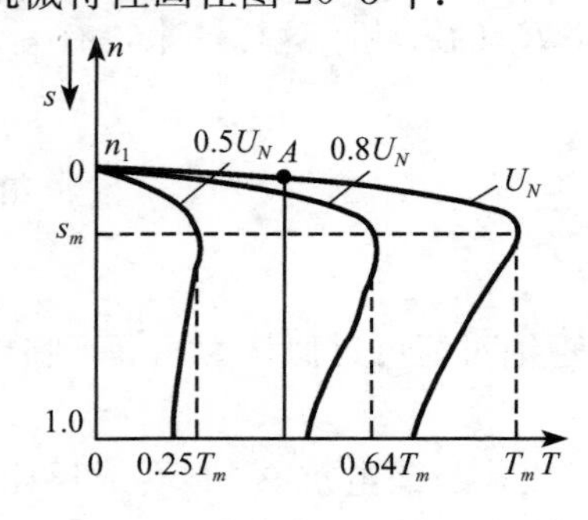

图 20-3 改变定子电压 U_1 的人为机械特性

顺便指出，如果异步电动机原来拖动额定负载工作在 A 点（图 20-3），当负载转矩 T_L 不变，仅把电机的端电压 U_1 降低了，电机的转速略降低一些. 由于负载转矩不变，电压 U_1 虽然减小了，但是电磁转矩依然不变. 从电磁转矩 $T=C_T\Phi_mI_2\cos\varphi_2$ 看出，当定子端电压降低后，气隙主磁通 Φ_m 减小了，但转子功率因数 $\cos\varphi_2$ 却变化不大（因转速 n 变化不大），所以转子电流 I_2 要增大，同时定子电流也要增大. 从电机的损耗来看，主磁通的减小虽然能降低铁损耗，但是，随着电流 I_2 的增大，铜损耗与电流的平方成正比，增加很快. 如果电压降低过多，拖动额定负载的异步电动机长期处于低电压下运行，由于铜损耗增大很多，有可能烧坏电机，这点要十分注意. 相反地，如果三相异步电动机处于非常轻的负载下运行，降低它的定子端电压 U_1，使主磁通 Φ_m 减小以降低电机的铁损耗，从节能的角度看，又是有好处的.

2）转子回路串入三相对称电阻的人为机械特性

绕线型三相异步电动机通过电刷、集电环，可以把三相对称电阻串入转子回路，而后三相再短路.

从式（20-4）看出，最大电磁转矩与转子每相电阻值无关，即转子串入电阻 R_s 后，T_m 不变. 从式（20-5）看出，s_m 与转子回路总电阻成正比.

转子回路串电阻并不改变同步转速 n_1.

转子回路串三相对称电阻后的人为机械特性，如图 20-4 所示.

从图 20-4 看出，转子回路串入电阻，可以增大堵转转矩，串的电阻合适时，可使

$$s_m=\frac{R_2'+R_s'}{X_1+X_2'}=1$$

$$T_s=T_m$$

即堵转转矩为最大电磁转矩，其中 R_s'为所串电阻的折合值.

但是，若串入转子回路的电阻再增加，则 $s_m>1$，$T_s<T_m$. 因此，转子回路串电阻增大堵转转矩并非是电阻越大越好，而是有一个限度.

三相异步电动机改变定子电源频率的人为机械特性将在第二十二章中介绍.

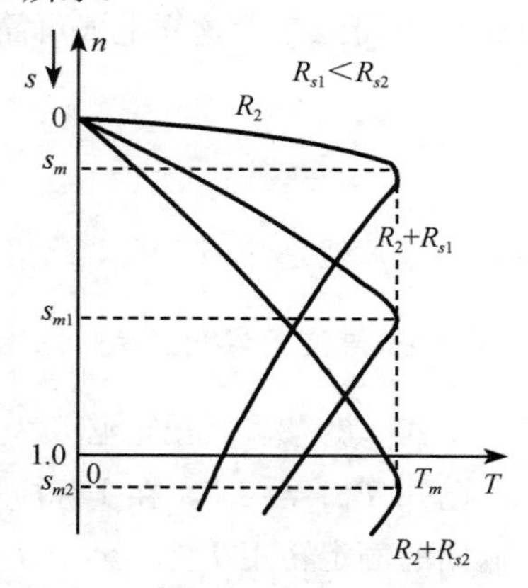

图 20-4　转子回路串三相对称电阻的人为机械特性

4. 机械特性的实用公式

1）实用公式

实际应用时，三相异步电动机的参数不易得到，所以式（20-3）使用不便. 若利用三相异步电动机产品样本中给出的数据，找出它的机械特性公式，即便粗糙些，但也很有用，这就是实用公式. 下面进行推导.

用式（20-4）去除式（20-3）得

$$\frac{T}{T_m}=\frac{2R_2'[R_1+\sqrt{R_1^2+(X_1+X_2')^2}]}{s\left[\left(R_1+\frac{R_2'}{s}\right)^2+(X_1+X_2')^2\right]}$$

从式（20-5）知道

$$\sqrt{R_1^2+(X_1+X_2')^2}=\frac{R_2'}{s_m}$$

代入上式，得

$$\frac{T}{T_m}=\frac{2R_2'\left(R_1+\frac{R_2'}{s_m}\right)}{\frac{s(R_2')^2}{s_m^2}+\frac{(R_2')^2}{s}+2R_1R_2'}$$

$$=\frac{2\left(1+\frac{R_1}{R_2'}s_m\right)}{\frac{s}{s_m}+\frac{s_m}{s}+2\frac{R_1}{R_2'}s_m}=\frac{2+q}{\frac{s}{s_m}+\frac{s_m}{s}+q}$$

式中，$q=\frac{2R_1}{R_2'}s_m\approx 2s_m$，其中 s_m 在 0.1～0.2 范围内. 上式中，显然在任何 s 值时，都有

$$\frac{s}{s_m}+\frac{s_m}{s}\geqslant 2$$

而 $q\ll 2$，可忽略，这样上式可简化为

$$\frac{T}{T_m}=\frac{2}{\frac{s}{s_m}+\frac{s_m}{s}} \tag{20-8}$$

式（20-7）就是三相异步电动机机械特性的实用公式.

2）如何使用实用公式

从式（20-8）看出，必须先知道最大电磁转矩 T_m 和临界转差率 s_m，才能应用该式.

已知 $T_m=k_mT_N$，在实际应用中，忽略空载转矩，近似认为额定电磁转矩 T_N 等于转轴上输出的额定转矩 T_{2N}. 至于 T_{2N}，则可以用额定功率 P_N 和额定转速 n_N 求得.

关于临界转差率 s_m，有两种方法求得.

当知道额定电磁转矩 T_N 和额定转差率 s_N 时，代入式（20-8）得

$$\frac{1}{k_m}=\frac{2}{\frac{s_N}{s_m}+\frac{s_m}{s_N}}$$

解上式得

$$s_m=s_N\left(k_m+\sqrt{k_m^2-1}\right)$$

当已知电磁转矩 T_N 和运行中某状态下的电磁转矩 T 及其对应的转差率 s 时，用式（20-8）也能求得 s_m：

$$s_m=s\left[k_m\frac{T_N}{T}+\sqrt{k_m^2\left(\frac{T_N}{T}\right)^2-1}\right]$$

三相异步电动机的电磁转矩实用公式很简单，使用起来也较方便，应该记住. 同时，最大电磁转矩对应的转差率 s_m 的公式也应记住.

当三相异步电动机在额定负载范围内运行时，它的转差率小于额定转差率（$s_N=0.01$～0.05）.

$$\frac{s}{s_m}\ll\frac{s_m}{s}$$

忽略 s/s_m 也是可以的，这样一来，式（20-7）变为

$$T=\frac{2T_m}{s_m}s$$

经过以上简化，三相异步电动机的机械特性呈线性变化关系，使用起来更为方便. 但

是，上式只能用于转差率在 $s_N>s>0$ 的范围内．在这个条件下，把额定工作点的值代入上式得到产生最大电磁转矩时的转差率 s_m 为

$$s_m = 2k_m s_N$$

20-3　三相异步电动机的工作特性

三相异步电动机定子侧从电网吸收的电能经变换成机械能之后，通过转轴输出给机械负载．机械负载有各种各样，它们对电动机有不同的要求．为满足特定机械负载而设计、制造的电机称为专用电机．有些通用机械负载对电机无特殊要求，国家有关部门组织统一设计，开发三相异步电动机通用系列产品，并规定了一些性能指标，以满足用户的需要．

1．性能指标

1）效率

电动机效率的定义为输出功率 P_2 与输入功率 P_1 之比，用 η 表示，即 $\eta=\dfrac{P_2}{P_1}\times 100\%$．从使用的观点看，要求电动机的效率高，在同样负载条件下就省电．技术标准中规定了三相异步电动机在额定功率时的额定效率 η_N．

2）功率因数

任何感性负载，除了从电源中吸收有功功率外，还必须从电源中吸收滞后性无功功率．三相异步电动机的功率因数 $\cos\varphi_1$（φ_1 是定子电压 $\dot{U}_1$ 与定子电流 $\dot{I}_1$ 之间的相位差）永远小于 1．技术标准规定了它的额定功率因数 $\cos\varphi_N$ 数值．

3）堵转转矩

电动机应有足够大的堵转转矩，否则拖动机械负载时，无法启动．因此，电动机在额定电压下启动时，技术标准规定了它的堵转转矩倍数值．

4）堵转电流

三相异步电动机在定子加额定电压启动瞬间，由于气隙旋转磁通密度相对于转子以同步速旋转，转子绕组感应很高的电动势和产生很大的电流，同时，定子电流也很大，称为堵转电流．如果堵转电流太大，使输电线路的阻抗压降增大，降低了电网电压，影响其他用户用电．同时，也会影响电动机本身的寿命和正常使用．因此，电动机在额定电压下启动时，不应超过技术标准规定的堵转电流倍数．

5）过载能力

三相异步电动机的最大电磁转矩代表了电动机所能拖动的最大负载能力．运行时，由于某种原因，短时间内负载突然增大，只要不超过最大转矩，电动机仍能维持运行，不会停转．因此，电动机在额定电压下运行时，它的过载倍数 k_m 不应小于技术标准规定的数值．

三相异步电动机的工作特性是指，在电动机的定子绕组加额定电压，电压的频率又为额

定值，这时电动机的转速 n、定子电流 I_1、功率因数 $\cos\varphi_1$、电磁转矩 T、效率 η 等与输出功率 P_2 的关系. 即

$$U_1 = U_N、f_1 = f_N \text{时}, \quad n, I_1, \cos\varphi_1, T, \eta = f(P_2)$$

可以通过直接给异步电动机带负载测得工作特性，也可以利用等效电路计算而得.

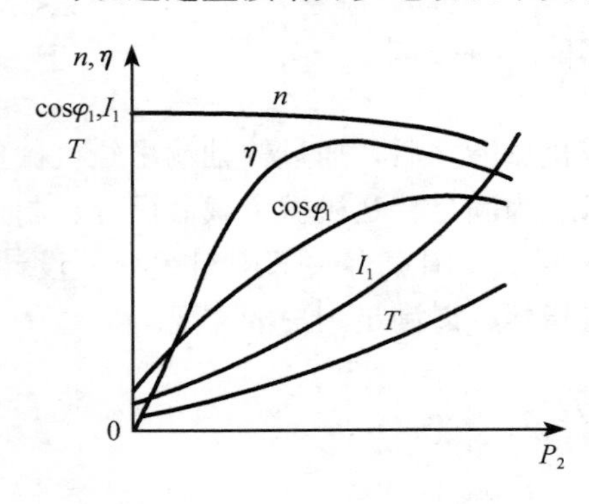

图 20-5　三相异步电动机的工作特性

图 20-5 是三相异步电动机的工作特性曲线. 分别叙述如下.

2. 工作特性的分析

1）转速特性 $n=f(P_2)$

三相异步电动机空载时，转子转速 n 接近于同步转速 n_1. 随着负载的增加，转速 n 要略微降低，这时转子电动势 E_{2s} 增大，转子电流 I_{2s} 增大，以产生大的电磁转矩来平衡负载转矩. 因此，随着 P_2 的增加，转子转速 n 下降，转差率 s 增大.

2）定子电流特性 $I_1=f(P_2)$

当电动机空载时，转子电流 I_2 差不多为零，定子电流等于励磁电流 I_0. 随着负载的增加，转速下降，转子电流增大，定子电流也增大.

3）定子侧功率因数 $\cos\varphi_1=f(P_2)$

三相异步电动机运行时，必须从电网中吸取滞后性无功功率，它的功率因数永远小于 1. 空载时，定子功率因数很低，不超过 0.2. 当负载增大时，定子电流中的有功电流增加，使功率因数提高了. 额定负载时，$\cos\varphi_1$ 最高. 如果负载进一步增大，由于转差率 s 增大，因 $\varphi_2=\arctan\dfrac{sX_2}{R_2}$变大，$\cos\varphi_1$ 又开始减小.

4）电磁转矩特性 $T=f(P_2)$

稳态运行时，三相异步电动机的转矩方程为

$$T = T_2 + T_0$$

输出功率 $P_2=T_2\Omega$，所以

$$T = \frac{P_2}{\Omega} + T_0$$

当电动机空载时，电磁转矩 $T=T_0$. 随着负载增大，P_2 增大，由于机械角速度 Ω 变化不大，电磁转矩 T 随 P_2 的变化近似为一条直线.

5）效率特性 $\eta=f(P_2)$

根据

$$\eta = \frac{P_2}{P_1} = 1 - \frac{\sum p}{P_2 + \sum p}$$

式中，$\sum p$ 是电动机的总损耗，包括定、转子铜耗，铁损耗，机械损耗和附加损耗．电动机空载时，$P_2=0$，$\eta=0$．随着输出功率 P_2 的增加，效率 η 也增加．在正常运行范围内，因气隙每极磁通和转速变化较小，所以铁损耗、机械损耗变化很小，称为不变损耗．定、转子铜损耗与电流平方成正比，变化较大，称为可变损耗．

当不变损耗等于可变损耗时，电动机的效率达到最大．对中、小型异步电动机，大约 $P_2=0.75P_N$时，效率最高．如果负载继续增大，效率反而要降低．一般来说，电动机的容量越大，效率越高．

由于三相异步电动机在额定功率附近其效率与功率因数都最高，因此选用电动机时，应使电动机容量与负载相匹配．如果电动机容量比负载大得多，不仅增加了购买电机本身的费用，而且降低了运行时的效率及功率因数．反之，如果负载超过电动机容量，则电动机运行时，其温升要超过允许值，影响寿命甚至损坏电机．

3. 用试验法测三相异步电动机的工作特性

如果用直接负载法求三相异步电动机的工作特性，要先测出电动机的定子电阻、铁损耗和机械损耗．这些参数都能从电动机的空载试验中得到．

直接负载试验是在电源电压为额定电压 U_N、额定频率 f_N 的条件下，给电动机的轴上带上不同的机械负载，测量不同负载下的输入功率 P_1、定子电流 I_1、转速 n，即可算出各种工作特性，并画成曲线．

如果用试验法能测出三相异步电动机的参数以及测出机械损耗和附加损耗（附加损耗也可以估算），利用异步电动机的等效电路，也能够间接地计算出电动机的工作特性．

20-4　三相异步电动机参数的测定

上面已经说明，为了要用等效电路计算三相异步电动机的工作特性，应先知道它的参数．和变压器一样，通过做空载和堵转两个试验，就能求出三相异步电动机的 R_1、X_1、R_2'、X_2'、R_m 和 X_m．

1. 堵转试验

堵转试验即把绕线型异步电机的转子绕组短路，并把转子卡住，不使其旋转．鼠笼型电机转子本身已短路．为了在做堵转试验时不出现过电流，可把加在三相异步电动机定子上的电压降低．一般从 $U_1=0.4U_N$ 开始，然后逐渐降低电压．试验时，记录定子绕组加的端电压 U_1、定子电流 I_{1k}和定子输入功率 P_{1k}．试验时，还应量测定子绕组每相电阻 R_1 的大小．根据试验的数据，画出三相异步电动机的堵转特性 $I_{1k}=f(U_1)$，$P_{1k}=f(U_1)$，如图 20-6 所示．

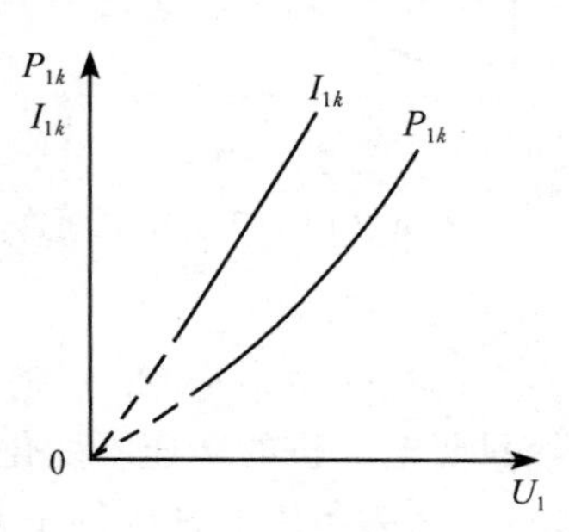

图 20-6　三相异步电动机的堵转特性

图 19-9 是三相异步电动机堵转时的等效电路．因电压低，铁损耗可忽略．为了简单起见，可认为 $|Z_m|\gg|Z_2'|$，$I_0\approx0$，即图 19-9 等效电路的励磁支路开路．由于试验时，转速$n=0$，机械损耗 $p_m=0$，定子全部的输入功率 P_{1k} 都损耗在定、转子的电阻上，即

$$P_{1k}=3I_1^2R_1+3(I_2')^2R_2'$$

由于

$$I_0\approx 0$$
$$I_2'\approx I_1=I_{1k}$$

所以

$$P_{1k}=3I_{1k}^2(R_1+R_2')$$

根据堵转试验测得的数据，可以算出短路阻抗$|Z_k|$、短路电阻R_k和短路电抗X_k. 即

$$|Z_k|=\frac{U_1}{I_{1k}}$$
$$R_k=\frac{P_{1k}}{3I_{1k}^2}$$
$$X_k=\sqrt{|Z_k|^2-R_k^2}$$

式中

$$R_k=R_1+R_2'$$
$$X_k=X_1+X_2'$$

从R_k中减去定子电阻R_1，即得R_2'. 对于X_1和X_2'，在大、中型三相异步电动机中，可认为

$$X_1\approx X_2'\approx\frac{X_k}{2}$$

2. 空载试验

空载试验的目的是测励磁阻抗R_m、X_m、机械损耗p_m和铁损耗p_{Fe}. 试验时，电动机的转轴上不加任何负载，即处于空载运行. 把定子绕组接到频率为额定的三相对称电源上. 当电源电压为额定值时，让电动机运行一段时间，使其机械损耗达到稳定值. 用调压器改变加在电动机定子绕组上的电压，使其从$(1.1\sim1.3)U_N$开始，逐渐降低电压，直到电动机的转速发生明显的变化为止. 记录电动机的端电压U_1、空载电流I_0、空载功率P_0和转速n，并画成曲线，如图20-7所示，即三相异步电动机的空载特性.

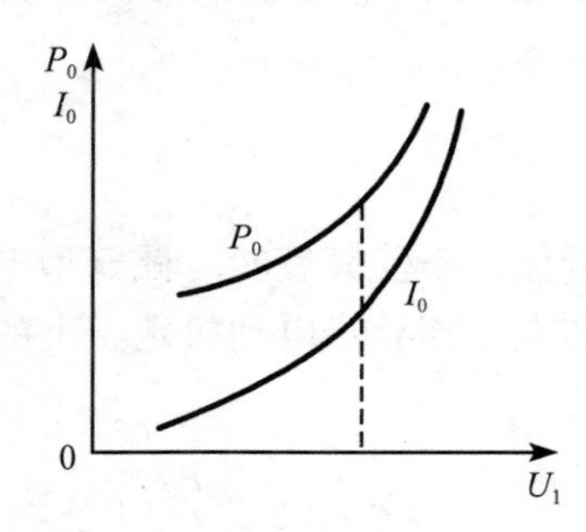

图20-7 异步电动机的空载特性

由于三相异步电动机处于空载状态，转子电流很小，转子铜损耗可忽略不计. 在这种情况下，定子输入的功率P_0消耗在定子铜损耗$3I_0^2R_1$、铁损耗p_{Fe}、机械损耗p_m和空载附加损耗p_a中，即

$$P_0=3I_0^2R_1+p_{Fe}+p_m+p_a$$

从输入功率P_0中减去定子铜损耗$3I_0^2R_1$，并用P_0'表示得

$$P_0'=P_0-3I_0^2R_1=p_{Fe}+p_m+p_a$$

上述损耗中，p_{Fe}和p_a随着定子端电压U_1的改变而发生变化，p_m的大小与电压U_1无关，只要电动机的转速不变化或变化不大，就认为是个常数. 由于铁损耗p_{Fe}和空载附加损耗p_a可认为与磁通密度的平方成正比，近似地看成与电动机的端电压U_1^2成正比. 这样可以把P_0'对U_1^2的关系画成曲线，如图20-8所示. 把图20-8中的曲线延长与纵坐标轴交于点$0'$，过$0'$作一条水平虚线，把曲线的纵坐标分成两部分. 由于机械损耗p_m与转速有关，电

动机空载时，转速接近于同步转速，对应的机械损耗是个不变的数值. 即可由虚线与横坐标轴之间的部分来表示这个损耗，其余部分当然就是铁损耗 p_{Fe} 和空载附加损耗 p_a 了.

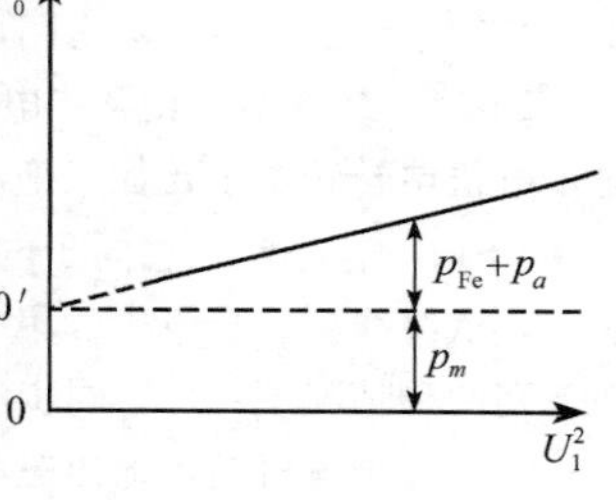

图 20-8　$P_0'=f(U_1^2)$ 曲线

定子加额定电压时，根据空载试验测得的数据 I_0 和 P_0，可以算出

$$|Z_0| = \frac{U_1}{I_0}$$

$$R_0 = \frac{P_0 - p_m}{3I_0^2}$$

$$X_0 = \sqrt{|Z_0|^2 - R_0^2}$$

式中，P_0 是测得的三相输入功率；I_0、U_1 分别是相电流和相电压.

电动机空载时，$s\approx 0$，从图 19-14 的 T 形等效电路中看出，这时

$$\frac{1-s}{s}R_2' \approx \infty$$

可见

$$X_0 = X_m + X_1$$

式中，X_1 可从堵转试验中测出，于是励磁电抗为

$$X_m = X_0 - X_1$$

励磁电阻则为

$$R_m = R_0 - R_1$$

思考题

20-1　三相异步电动机运行时，内部有哪些损耗？当电动机从空载到额定负载运行时，这些损耗中哪些基本不变？哪些是随负载变化的？

20-2　三相异步电动机定子铁损耗和转子铁损耗大小与什么有关？只要电压不变，定子铁损耗和转子铁损耗的大小就基本不变吗？

20-3　三相异步电动机铭牌上的额定功率指的是什么功率？额定运行时的电磁功率、机械功率和转子铜损耗之间有何数量关系？当电机定子接电源而转子短路且不转时，这台电机是否还有电磁功率、机械功率或电磁转矩？

20-4　三相异步电动机产生电磁转矩的原因是什么？从转子侧来看，电磁转矩与电动机内部的哪些量有关？当外加电压 U 及转差率 s 不变时，电动机的电磁转矩 T 是否也不会改变？是不是电动机轴上的机械负载越大，转差率 s 就越大？

20-5　三相异步电动机的负载转矩是否任何时候都绝不可超过额定转矩？为什么？

20-6　一台绕线型三相异步电动机，当负载转矩不变时，在转子回路中串入一个附加电阻 R_s，它的大小等于转子绕组电阻 R_2，问这时电动机的转差率将会怎样变化（近似认为电磁转矩不变）？

20-7　三相异步电动机外加电压的大小与堵转电流有什么关系？与堵转转矩又有什么关系？为什么电磁转矩随外加电压的平方变化？

20-8　一台原设计在频率 $f_1=50$Hz 电源上运行的三相异步电动机，现改用在电压相同、频率 $f_1=60$Hz 的电网上，问电动机的堵转转矩、堵转电流和最大转矩如何变化？

20-9　一台三相异步电动机，如果：

（1）转子电阻加倍；（2）定子电阻加倍；（3）定、转子漏电抗加倍.

各对最大转矩、堵转转矩有何影响？

20-10 三相异步电动机运行时，若负载转矩不变而电源电压下降10%，对电机的同步转速n_1、转子转速n、主磁通Φ_m、转子电流I_2、转子功率因数$\cos\varphi_2$、定子电流I_1等有何影响？如果负载转矩为额定转矩，长期低电压运行，会有何后果？

20-11 绕线型三相异步电机转子串电阻改善了$\cos\varphi_2$（$\cos\varphi_2$增加了），使堵转转矩增加；鼠笼型三相异步电机堵转转矩小，如果把电阻串在定子绕组里以改善功率因数，堵转转矩能否提高？为什么？

20-12 有一台三相同步电机与一台三相绕线型异步电机同轴联结，两台电机的定子都接到50Hz的电源上，从绕线型异步电机的集电环上引出转子三相电作为电源输出，两台电机定子接到电源的相序未知，在下列两种情况下：(a) 同步电机为8极，异步电机为4极；(b) 同步电机为4极，异步电机为8极．求：

(1) 异步电机转子输出三相电流的频率，其相序是否与定子相序相同？

(2) 异步电机内电磁功率的传递方向．

习 题

20-1 一台三相异步电机运行时的输入功率为60kW，定子总损耗为1kW，转差率为0.03．求这台电机的电磁功率、机械功率和转子每相铜损耗．

20-2 一台三相异步电动机，额定运行时的输入功率为$P_1=3600\text{W}$，转子铜损耗$p_{\text{Cu2}}=100\text{W}$，额定转差率$s_N=0.03$，机械损耗和附加损耗$p_m+p_a=100\text{W}$，求：

(1) 电磁功率P_M；

(2) 定子总损耗；

(3) 输出机械功率P_2．

20-3 一台三相6极异步电机，额定电压为380V，Y联结，频率为50Hz，额定功率为28kW，额定转速为950r/min，额定负载时的功率因数$\cos\varphi_N=0.88$，定子铜损耗及铁损耗共为2.2kW，机械损耗为1.1kW，忽略附加损耗．计算在额定负载时的：

(1) 转差率；

(2) 转子铜损耗；

(3) 效率；

(4) 定子电流；

(5) 转子电流的频率．

20-4 一台三相异步电动机的数据为：$P_N=17\text{kW}$，$U_N=380\text{V}$，定子绕组为D联结，4极，$f_1=50\text{Hz}$．额定运行时，定子铜损耗$p_{\text{Cu1}}=700\text{W}$，转子铜损耗$p_{\text{Cu2}}=500\text{W}$，铁损耗$p_{\text{Fe}}=450\text{W}$，机械损耗$p_m=150\text{W}$，附加损耗$p_a=200\text{W}$．计算这台电机额定运行时的：

(1) 额定转速n_N；

(2) 负载转矩（输出转矩）T_2；

(3) 空载转矩T_0；

(4) 电磁转矩T．

20-5 一台三相4极Y联结绕线型异步电动机，$f_1=50\text{Hz}$，$P_N=150\text{kW}$，$U_N=380\text{V}$，额定负载时测得其转子铜损耗$p_{\text{Cu2}}=2210\text{W}$，机械损耗$p_m=2640\text{W}$，附加损耗$p_a=1000\text{W}$，并已知电机的参数为：$R_1=R_2'=0.012\Omega$，$X_1=X_2'=0.06\Omega$，忽略励磁电流，求：

(1) 额定运行时的P_M、s、n、T；

(2) 当电磁转矩不变时，在转子每相绕组回路中串入电阻$R_s'=0.1\Omega$（已折合到定子侧）后的s、n、p_{Cu2}；

(3) 产生最大电磁转矩时的转差率s_m；

(4) 欲使堵转转矩最大，应在转子回路中串入多少电阻（折合到定子侧的值）？

20-6 上题的电机，求：

(1) 堵转转矩和堵转电流；

(2) 转子回路每相串入电阻 $R_s'=0.1\Omega$（折合值）后的堵转转矩和堵转电流；

(3) 定子每相串入电抗 $X_s=0.1\Omega$ 后的堵转转矩和堵转电流.

20-7　如果某异步电机的转子电阻 R_{2s} 不是常数，而是频率的函数，设 $R_{2s}=\sqrt{s}R_a$（R_a 为一已知数）. 找出它的电磁功率 P_M、机械功率 P_m 和转子铜损耗 p_{Cu2} 之间的关系.

20-8　已知一台三相4极绕线型异步电机，定、转子绕组均为Y联结，额定功率 $P_N=14\text{kW}$，额定运行时的数据为：额定转差率 $s_N=0.05$，转子电阻 $R_2=0.01\Omega$，机械损耗 $p_m=0.7\text{kW}$. 今在转子每相中串入附加电阻 $R_s=\dfrac{1-s_N}{s_N}R_2=0.19\Omega$，并把转子卡住不转，忽略附加损耗. 求：

(1) 气隙磁通 Φ_m、转子磁动势 $\dot{F}_2$ 和定子磁动势 $\dot{F}_1$ 的大小及相对位置与额定运行时比较有没有变化？

(2) 此时的电磁功率 P_M、转子铜损耗 p_{Cu2}、输出功率 P_2 和电磁转矩 T 是多少？

20-9　一台三相异步电动机的数据为 $P_N=50\text{kW}$，$U_N=380\text{V}$，频率 $f_1=50\text{Hz}$，极对数 $p=4$，额定负载时的转差率为 $s_N=0.025$，最大电磁转矩为额定转矩的2倍. 求产生最大电磁转矩时的转速是多少（用转矩的实用公式）？

20-10　一台三相6极异步电机，折合到定子侧的定、转子总漏电抗为每相 0.1Ω，折合到定子侧的转子电阻为每相 0.02Ω，电源的频率为50Hz. 求产生最大转矩时的转速. 又如需要产生的堵转转矩为 $\dfrac{2}{3}$ 最大转矩. 问需在转子中接入多大电阻（折合到定子侧的值，并忽略定子电阻的影响）？

20-11　已知一台三相50Hz绕线型异步电动机，额定电压 $U_N=380\text{V}$，额定功率 $P_N=100\text{kW}$，额定转速 $n_N=950\text{r/min}$. 在额定转速下运行时，机械损耗 $p_m=1\text{kW}$，忽略附加损耗，求额定运行时的转差率 s_N、电磁功率 P_M 及转子铜损耗 p_{Cu2}.

20-12　上题中的异步电动机，在额定运行时的电磁转矩、输出转矩及空载转矩各为多少？

20-13　一台三相6极鼠笼型异步电动机，定子绕组Y联结，额定电压 $U_N=380\text{V}$，额定转速 $n_N=957\text{r/min}$，电源频率 $f_1=50\text{Hz}$，定子电阻 $R_1=2.08\Omega$，定子漏电抗 $X_1=3.12\Omega$，转子电阻折合值 $R_2'=1.53\Omega$，转子漏电抗折合值 $X_2'=4.25\Omega$. 计算：

(1) 额定电磁转矩；

(2) 最大电磁转矩及过载能力；

(3) 产生最大电磁转矩时的转差率 s_m；

(4) 堵转转矩及堵转转矩倍数.

20-14　已知一台三相异步电动机，额定功率 $P_N=70\text{kW}$，额定电压220/380V，额定转速 $n_N=725\text{r/min}$，过载能力 $k_m=2.4$. 求其转矩的实用公式（转子不串电阻）.

20-15　一台三相绕线型异步电动机，已知额定功率 $P_N=150\text{kW}$，额定电压 $U_N=380\text{V}$，额定频率 $f_1=50\text{Hz}$，额定转速 $n_N=1460\text{r/min}$，过载能力 $k_m=2.3$. 求电动机转差率 $s=0.02$ 时的电磁转矩及拖动恒转矩负载860N·m时电动机的转速（不计空载转矩 T_0）.

第二十一章　三相异步电动机的启动

21-1　三相异步电动机直接启动

从三相异步电动机的固有机械特性分析中知道，如果在额定电压下直接启动三相异步电动机，由于最初启动瞬间主磁通 Φ_m 约减少到额定值的一半，功率因数 $\cos\varphi_2$ 又很低，造成启动电流相当大，而启动转矩并不大的结果．以普通三相鼠笼型异步电动机为例，堵转电流 $I_s=(4\sim7)\ I_N$，堵转转矩 $T_s=(1.4\sim2.2)\ T_N$，I_N、T_N 分别为额定电流和额定电磁转矩．图 21-1 所示为三相异步电动机直接启动时的电流特性（曲线 1）与固有机械特性（曲线 2）．

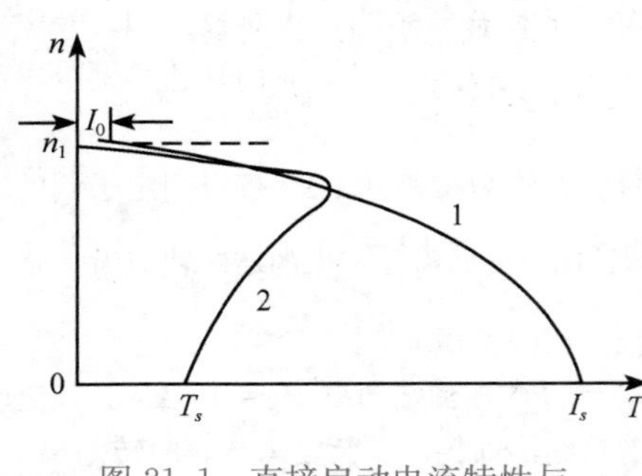

图 21-1　直接启动电流特性与固有机械特性

堵转电流 I_s 大有什么影响呢？

启动过程中出现的大电流，对电动机本身有没有太大的影响？我们知道，异步电动机不存在换向问题，对不频繁启动的异步电动机来说，短时大电流没什么关系．对频繁启动的异步电动机来说，频繁出现短时大电流，会使电动机内部引起绝缘材料过热．但是，只要限制每小时最多启动次数，电动机也是能承受得住的．

供电变压器正常运行时，由于其电流不超过额定电流，输出电压比较稳定，电压变化率在允许范围之内．三相异步电动机直接启动时，变压器提供较大的启动电流，有可能引起输出电压下降．若变压器额定容量相对电动机额定功率很大，短时较大的启动电流不会使变压器输出电压下降太多，因此没什么关系．若变压器额定容量相对电动机额定功率不算大，电动机短时较大的启动电流，会使变压器输出电压短时下降幅度较大，例如，$\Delta U>10\%$或更多．这样一来，有如下影响：

（1）对启动电动机本身，由于电压太低，堵转转矩呈平方下降（$T_s\propto U_1^2$），当负载较重时，可能无法启动；

（2）对同一台配电变压器供电的其他负载有影响，例如，电灯会变暗、数控设备可能失常、重载的其他异步电动机可能停转等．

显然，即使偶尔出现一次短时间供电电源电压大幅度降低，也是不允许的．按规定变压器额定容量相对电动机讲不是足够大时，不允许直接启动三相异步电动机．

关于堵转转矩，只有在堵转转矩 T_s 大于负载转矩 T_L 的条件下，电动机才能正常启动．一般地说，如果异步电动机轻载和空载启动，对堵转转矩大小要求不高．但是，如果是重载启动，或要求快速启动，其堵转转矩就应选大些，否则很难满足要求．

降低堵转电流的方法有：①降低电源电压；②加大定子侧电阻或电抗；③加大转子侧电阻或电抗．加大堵转转矩的方法是，对三相绕线型异步电动机，只能适当加大转子电阻，但不能过分，否则堵转转矩反而可能减小．

在供电变压器容量较大，电动机容量较小的前提下，三相鼠笼型异步电动机可以直接启动. 一般地说，容量在 7.5kW 以下的小容量鼠笼型异步电动机都可直接启动.

直接启动，不需要专门的启动设备，这是三相异步电动机的优点之一.

21-2　三相鼠笼型异步电动机降压启动

1. 定子串接电抗器启动

三相异步电动机启动时定子串电抗器，启动后，切除电抗器，进入正常运行.

三相异步电动机直接启动时，其每相等效电路如图 21-2（a）所示，电源额定电压 $\dot{U}_N$ 直接加在短路阻抗 $Z_k=R_k+\mathrm{j}X_k$ 上. 定子侧串入电抗 X 启动时，每相等效电路如图 21-2（b）所示，$\dot{U}_N$ 加在 $\mathrm{j}X+Z_k$ 上，而 Z_k 上的电压是 $\dot{U}_1'$. 定子侧串电抗当然可以理解为增大定子侧电抗值，但也可以理解为降低了定子绕组实际所加电压，$\dot{U}_1'<\dot{U}_N$，其目的是减小启动电流.

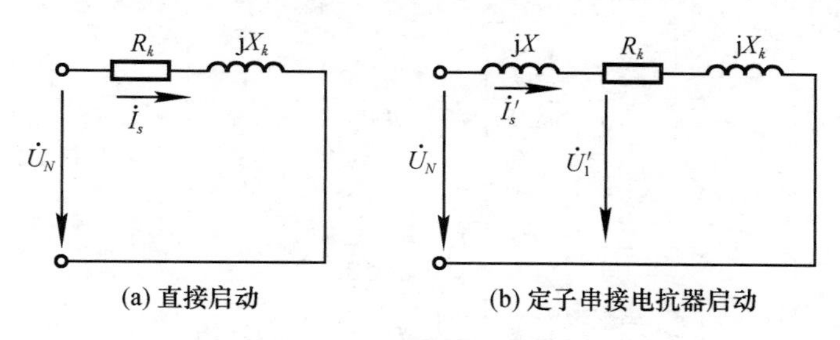

图 21-2　定子串接电抗器启动时的等效电路

根据图 21-2 所示的等效电路，电动机定子串了电抗 X 后，其堵转电流 $\dot{I}_s'$ 为

$$\dot{I}_s'=\frac{\dot{U}_N}{Z_k+\mathrm{j}X}=\frac{\dot{U}_1'}{Z_k}$$

三相异步电动机直接启动时转子功率因数很低，这是由于电动机设计时，短路阻抗 $Z_k=R_k+\mathrm{j}X_k$ 中 $X_k\approx|Z_k|$ 所致，一般来说，$X_k>0.9|Z_k|$. 因此，串电抗启动时，可以近似把 Z_k 的模直接与 X 相加，而不考虑阻抗角，误差不大. 设串电抗时电动机定子电压 $\dot{U}_1'$ 与直接启动时定子加额定电压 $\dot{U}_N$ 的比值为 u，则

$$\frac{U_1'}{U_N}=u=\frac{|Z_k|}{|Z_k|+X}$$

$$\frac{I_s'}{I_s}=\frac{U_1'}{U_N}=u=\frac{|Z_k|}{|Z_k|+X}$$

$$\frac{T_s'}{T_s}=\left(\frac{U_1'}{U_N}\right)^2=u^2=\left(\frac{|Z_k|}{|Z_k|+X}\right)^2$$

式中，I_s'、I_s 分别是定子串电抗与不串电抗时的堵转电流；T_s'、T_s 分别是定子串电抗与不串电抗时的堵转转矩.

当选定 u 值时，定子应串的电抗为

$$X=\frac{1-u}{u}\cdot|Z_k|$$

大功率异步电动机有采用定子串水电阻降压启动的. 既能减小启动电流，又能改善定子边功率因数，增大启动转矩. 另外，启动设备也较便宜.

2. Y-△启动

对于额定电压运行时定子绕组为三角形联结的三相鼠笼型异步电动机，为了减小启动电流，可以采用Y-△降压启动方法，即启动时，定子绕组星形联结，启动后换成三角形联结，其接线图如图21-3所示．开关K_1闭合接通电源后，开关K_2合到下边，电动机定子绕组星形联结，电动机开始启动．当转速升高到一定程度后，开关K_2从下边断开合向上边，定子绕组三角形联结，电动机进入正常运行．

电动机直接启动时，定子绕组三角形联结，如图21-4（a）所示，每一相绕组启动电压大小为$U_1=U_N$，每相启动电流为$I_\triangle$，线上的启动电流为$I_s=\sqrt{3}I_\triangle$．采用Y-△启动，启动时，定子绕组星形联结，如图21-4（b）所示，每相启动电压为

$$U_1'=\frac{U_1}{\sqrt{3}}=\frac{U_N}{\sqrt{3}}$$

每相启动电流I_Y为

$$\frac{I_Y}{I_\triangle}=\frac{U_1'}{U_1}=\frac{U_N/\sqrt{3}}{U_N}=\frac{1}{\sqrt{3}}$$

启动线电流I_s'为

$$I_s'=I_Y=\frac{1}{\sqrt{3}}I_\triangle$$

$$\frac{I_s'}{I_s}=\frac{\frac{1}{\sqrt{3}}I_\triangle}{\sqrt{3}I_\triangle}=\frac{1}{3} \tag{21-1}$$

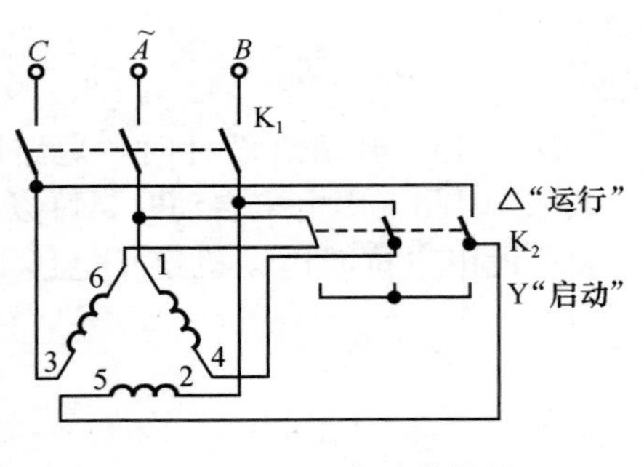

图21-3 Y-△启动接线图

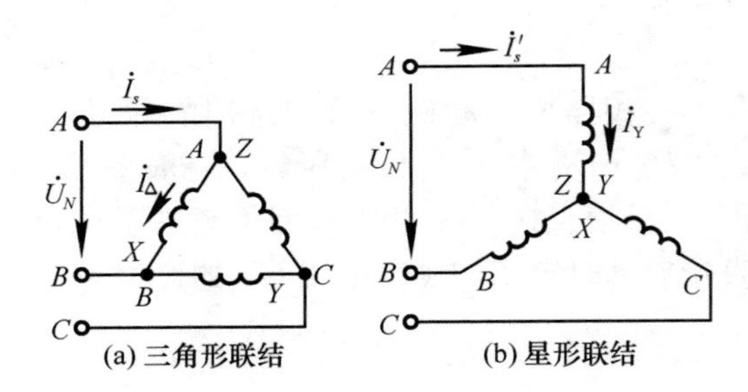

图21-4 Y-△启动

式（21-1）说明，Y-△启动时，尽管相电压和相电流与直接启动时相比降低到原来的$1/\sqrt{3}$了，但是，对供电变压器造成冲击的启动电流，则降低到直接启动时的1/3.

直接启动时堵转转矩为T_s，Y-△启动时，堵转转矩T_s'为

$$\frac{T_s'}{T_s}=\left(\frac{U_1'}{U_1}\right)^2=\frac{1}{3} \tag{21-2}$$

式（21-1）与式（21-2）表明，堵转转矩与堵转电流降低的倍数一样，都是直接启动时的1/3．显然，Y-△启动可以用于拖动负载转矩$T_L\leqslant\frac{T_s'}{1.1}=\frac{T_s}{1.1\times 3}=0.3T_s$的轻负载.

Y-△启动方法简单、只需一个Y-△转换开关（做成Y-△启动器），价格便宜．对轻载

运行的电机，可优先采用.

为了实现 Y-△启动，电动机定子三相绕组的六个出线端都要引出来. 我国生产的低电压（380V）三相异步电动机，定子绕组都是△联结，可用于 Y-△启动.

3. 自耦变压器（启动补偿器）降压启动

三相鼠笼型异步电动机采用自耦变压器降压启动称为自耦减压启动，其接线图如图 21-5 所示. 启动时，开关 K 投向启动一边，电动机的定子绕组通过自耦变压器接到三相电源上，属于降压启动. 当转速升高到一定程度后，开关 K 投向运行边，自耦变压器被切除，电动机定子直接接在电源上，电动机进入正常运行.

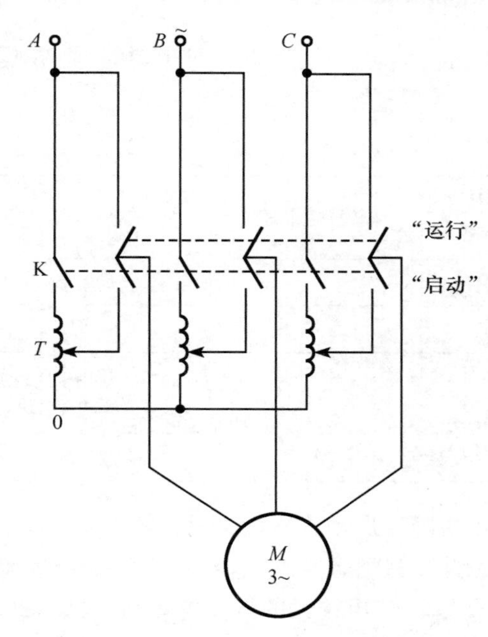

图 21-5　自耦减压启动

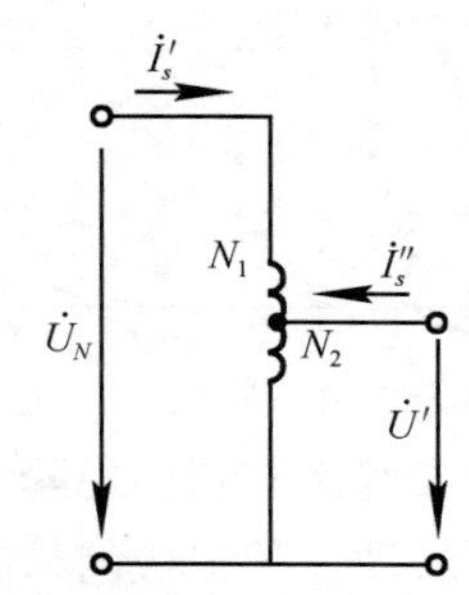

图 21-6　自耦减压启动的一相线路

自耦减压启动时，一相电路如图 21-6 所示，电动机启动电压下降为 U'，与直接启动时电压 U_N 的关系为

$$\frac{U'}{U_N}=\frac{N_2}{N_1}$$

电动机降压启动电流为 I_s''，与直接启动时的启动电流 I_s 之间的关系为

$$\frac{I_s''}{I_s'}=\frac{U'}{U_N}=\frac{N_2}{N_1}$$

自耦变压器高压边的启动电流为 I_s'，与 I_s''之间的关系为

$$\frac{I_s'}{I_s''}=\frac{N_2}{N_1}$$

因此，自耦变压器降压启动与直接启动相比，供电变压器提供的启动电流的 I_s'关系为

$$\frac{I_s'}{I_s}=\left(\frac{N_2}{N_1}\right)^2 \tag{21-3}$$

自耦变压器降压启动时电动机的堵转转矩为 T_s'，与直接启动时堵转转矩 T_s 之间的关系为

$$\frac{T_s'}{T_s}=\left(\frac{U'}{U_N}\right)^2=\left(\frac{N_2}{N_1}\right)^2 \tag{21-4}$$

式（21-3）和式（21-4）表明，采用自耦减压启动时，与直接启动相比较，电压降低为额定电压时的 N_2/N_1，堵转电流与堵转转矩均降低为额定电压时的 $(N_2/N_1)^2$.

实际上，启动用的自耦变压器，备有几个抽头（即匝比 N_2/N_1 不同）供选用.

当限定的启动电流相同时，自耦变压器降压启动相比定子串电抗启动，堵转转矩损失得较少，比 Y-△启动灵活，并且当 N_2/N_1 较大时，可以拖动较大的负载启动. 但是，自耦变压器体积大，价格高，也不能带重负载启动. 自耦减压启动在较大容量的鼠笼型异步电动机上广泛应用.

为了便于比较三相鼠笼型异步电动机降压启动与直接启动，列出其主要数据于表21-1 中.

表 21-1

启动方法	启动电压相对值（电动机相电压）	启动电流相对值（供电变压器线电流）	堵转转矩相对值	启动设备
直接启动	1	1	1	最简单
串电抗启动	u	u	u^2	一般
Y-△启动	$1/\sqrt{3}$	1/3	1/3	简单，只用于三角形联结 380V 电机
自耦减压启动	u	u^2	u^2	较复杂

到现在为止，本书介绍的几种鼠笼型异步电动机降压启动方法，主要目的都是减小启动电流，但同时又都不同程度地降低了堵转转矩，因此，只适合空载或轻载启动. 对于重载启动，尤其要求启动过程很快的情况下，则经常需要堵转转矩较大的异步电动机. 式（20-7）表明，加大堵转转矩的方法是增大转子电阻. 对绕线型异步电动机，可在转子回路内串电阻. 对于鼠笼型异步电动机，只有加大鼠笼本身的电阻值，称为高转差电动机.

21-3 高启动转矩的三相鼠笼型异步电动机

请扫描二维码查看高启动转矩的三相鼠笼型异步电动机的详细内容。

21-3 节

21-4 三相绕线型异步电动机的启动

三相绕线型异步电动机有两种串电阻的启动方法，介绍如下.

1. 转子回路串电阻

三相绕线型异步电动机转子回路串入电阻，从图 19-14 等效电路看出，可以减小定子电流. 当所串的电阻 R_s 合适，可以增大堵转转矩值. 当所串电阻折合值 R'_s 为

$$R'_s + R'_2 = X_1 + X'_2$$
$$R'_s = X_1 + X'_2 - R'_2$$

即 $s_m = 1$，电机的堵转转矩达到最大转矩值.

为什么在三相绕线型异步电动机转子回路串入电阻后，定、转子电流减小了，而堵转转矩却能增大？从电动机电磁转矩公式 $C_T\Phi_m I'_2\cos\varphi_2$ 知道，在气隙每极磁通量 Φ_m 一定时，电磁转矩 T 与转子有功电流 $I'_2\cos\varphi_2$ 成正比. 已知串入电阻 R_s 后，转子功率因数角 $\varphi_2 = \arctan\dfrac{X_{2s}}{R_2 + R_s}$，即 φ_2 角比不串 R_s 时小很多，使 $\cos\varphi_2$ 值增大. 尽管刚启动时，因串电阻 R_s 使 I_2 减小，但 $\cos\varphi_2$ 值的增大，使转子有功电流 $I_2\cos\varphi_2$ 反而增大了，从而增大堵转转矩值. 当然，过分增大所串电阻 R_s，虽然 $\cos\varphi_2$ 会增大，但其极限值为 1，因转子电流减小使堵转转矩也跟着减小.

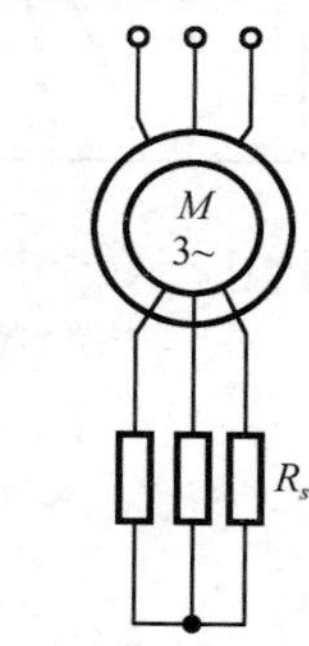

图 21-7　三相绕线型异步电动机转子串电阻启动

图 21-7 是绕线型异步电动机转子串电阻的电路图. 所串电阻可以是金属电阻，也可以是水电阻.

三相绕线型异步电动机多用于拖动那些要求堵转转矩大的生产机械，如起重机械、球磨机、皮带运输机以及矿井提升机等.

为了减小三相绕线型异步电动机运行时电刷与集电环间的摩擦损耗，有些电机安装了电刷提起装置. 当电动机启动完毕后，把转子三相绕组彼此短路，将电刷从集电环上举起.

2. 转子串频敏变阻器启动

对于单纯为了限制启动电流、增大堵转转矩的绕线型异步电动机，可以采用转子串频敏变阻器启动，如图 21-8 所示.

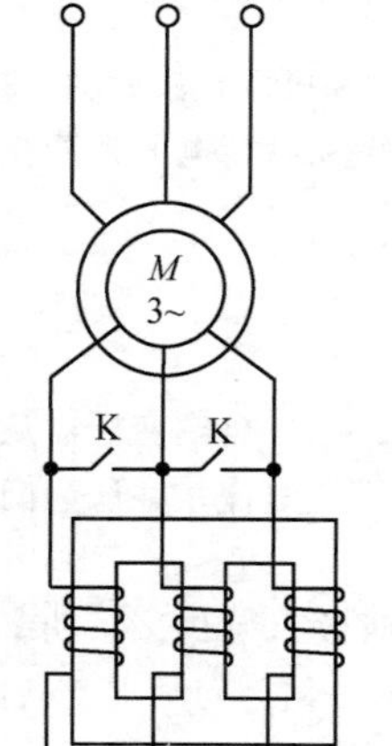

图 21-8　三相绕线型异步电动机转子串频敏变阻器启动

频敏变阻器是一个三相铁心线圈，它的铁心是由厚钢板叠成的. 图 21-8 中，接触器触点 K 断开时，电动机转子串入频敏变阻器启动. 启动结束后，触点 K 闭合，切除频敏变阻器，电动机进入正常运行状态.

频敏变阻器每一相的等效电路与变压器空载运行时的一样. 忽略绕组漏阻抗，其励磁阻抗 Z_m 为励磁电阻 R_m 与励磁电抗 X_m 串联，用 $Z_m = R_m + jX_m$ 表示. 但是，与一般变压器励磁阻抗不完全相同，主要表现在以下两点：

（1）频率为 50Hz 的电流通过时，阻抗 $Z_m = R_m + jX_m$ 比一般变压器励磁阻抗小得多. 这样，串在转子回路中，既限制了定、转子电流，又不致使堵转电流过小而减小堵转转矩.

（2）频率为 50Hz 的电流通过时，$R_m > X_m$. 其原因是，频敏变阻器中磁通密度取得较高，铁心处于饱和状态，励磁电流较大，因此，

励磁电抗 X_m 较小．而铁心是厚钢板的，磁滞、涡流损耗都很大，频敏变阻器的单位重量铁心中的损耗，与一般变压器相比较要大几百倍，因此 R_m 较大．

三相绕线型异步电动机转子串频敏变阻器启动时($s=1$)，转子回路频率为 50Hz，因 $R_m>X_m$，转子回路主要是串入了电阻，提高了转子回路功率因数，既限制了堵转电流，又提高了堵转转矩．

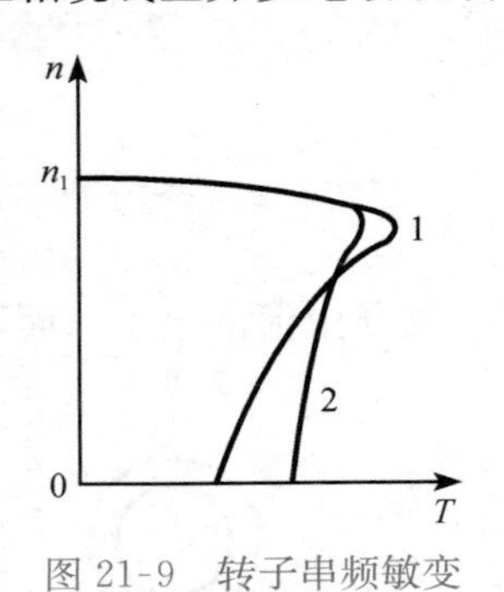

图 21-9　转子串频敏变阻器的机械特性
1—固有机械特性；2—人为机械特性

启动过程中，随着转速升高，转子回路频率 sf_1 逐渐降低，频敏变阻器中铁损耗减小，电阻 R_m 也小，电抗 X_m 也小．正因如此，电动机在几乎整个启动过程中始终保持较大的电磁转矩．启动结束后，可以闭合接触器触点 K，予以切除．

利用频敏变阻器随频率改变参数的特点，可以获得堵转转矩接近于最大转矩的机械特性，如图 21-9 中曲线 2 所示（其中曲线 1 为固有机械特性）．

思 考 题

21-1　三相异步电动机的堵转电流与外加电压、电机所带负载是否有关？关系如何？是否堵转电流越大堵转转矩也越大？负载转矩的大小会对启动过程产生什么影响？

21-2　采用定子串接电抗器、Y-△和自耦减压等几种降压启动方法时，堵转电流及堵转转矩与直接启动时相比，会有什么变化？

21-3　试分析与比较绕线型异步电动机在转子回路串电阻和不串电阻启动时的 Φ_m、I_2、$\cos\varphi_2$、I_1 有何不同．是否所串电阻越大，堵转转矩也越大？

21-4　深槽和双鼠笼异步电动机为什么能减小堵转电流，同时增大堵转转矩？

21-5　两台同样的鼠笼型异步电动机拖动一个负载，启动时将它们的定子串联后接至电网，启动完毕后再改为并联，分析这种启动方式对堵转电流和堵转转矩的影响．

21-6　判断以下各种说法是否正确：

(1) 额定运行时定子绕组为 Y 联结的三相异步电动机，不能采用 Y-△启动．

(2) 三相鼠笼型异步电动机直接启动时，堵转电流很大，为了避免启动过程中因过大电流而烧毁电动机，轻载时需要采取降压启动．

(3) 电动机拖动的负载越大，电流就越大，因此只要是空载，三相异步电动机就都可以直接启动．

(4) 三相绕线型异步电动机，若在定子侧串入电阻或电抗，都可以减小堵转转矩和堵转电流；若在转子侧串入电阻或电抗，都可以增大堵转转矩和减小堵转电流．

习　题

21-1　一台鼠笼型异步电动机由自耦变压器降压启动．已知自耦变压器变比为 2∶1，自耦变压器从高压侧看入的短路阻抗实际值等于异步电动机从定子侧看入的短路阻抗实际值．忽略励磁电流，并认为两个短路阻抗角相等．问此时的堵转电流、堵转转矩为直接启动时的多少倍？

21-2　一台三相 4 极异步电动机，额定功率 28kW，额定电压 380V，额定负载时效率为 90%，功率因数 $\cos\varphi_N=0.88$，定子绕组为三角形联结．在额定电压下的堵转电流为额定电流的 5.6 倍．问用 Y-△启动时的堵转电流是多少？

21-3　一台三相绕线型异步电动机，$P_N=155\text{kW}$，$I_N=294\text{A}$，$2p=4$，$U_N=380\text{V}$，星形联结，每相参数 $R_1=R_2'=0.012\Omega$，$X_1=X_2'=0.06\Omega$，忽略励磁电流，电压及电流变比 $k_e=k_i=2$，现在把堵转电流限制为 3 倍额定电流，求在转子每相中应串入多大的启动电阻？这时的堵转转矩为多少？

21-4　上题所述的电动机，若采用自耦减压启动，保持上题同样的堵转电流，求：

(1) 自耦变压器应在何处抽头？

(2) 堵转转矩是多少？

21-5　一台三相绕线型异步电动机的堵转试验数据为 $U_k=\frac{1}{4}U_N$，$I_k=I_N$，用定子串接电抗器降压启动，不计定、转子电阻，求：

(1) 若堵转电流不超过额定电流，应串入标幺值为多大的电抗器？此时堵转转矩为直接启动时堵转转矩的多少倍？

(2) 若必须保证降压后的堵转转矩不低于直接启动时的25%，则堵转电流是直接启动时堵转电流的多少倍？

21-6　上题的电动机，已知堵转试验时 $\cos\varphi_k=0.2$，并假定定子漏阻抗与转子漏阻抗折合值相等，且阻抗角也相等. 当采用转子回路串接电阻的方法启动且保证堵转电流不超过额定值时，求：

(1) 应串入电阻的标幺值；

(2) 此时堵转转矩是直接启动时的多少倍？

21-7　一台三相鼠笼型异步电动机的有关数据为：$P_N=60\text{kW}$，$U_N=380\text{V}$（星形联结），$I_N=136\text{A}$，堵转转矩倍数 $k_{st}=1.1$，堵转电流倍数 $k_{si}=6.5$，供电变压器限制该电动机最大堵转电流为500A.

(1) 若采用定子串接电抗器空载启动，求每相串入的电抗最少应是多大？

(2) 若拖动 $T_L=0.3T_N$ 恒转矩负载，是否可以采用定子串接电抗器启动？若可以，每相串入的电抗值的范围是多少？

21-8　一台三相鼠笼型异步电动机，定子绕组为三角形联结，$P_N=28\text{kW}$，$U_N=380\text{V}$，$I_N=58\text{A}$，$\cos\varphi_N=0.88$，$n_N=1455\text{r/min}$，堵转转矩倍数 $k_{st}=1.1$，堵转电流倍数 $k_{si}=6$，过载能力 $k_m=2.3$. 供电变压器要求堵转电流不大于150A，启动时负载转矩为73.5N·m.

(1) 该电动机能否用Y-△启动？

(2) 该电动机能否用定子串接电抗器启动？如可以，计算所需的电抗值.

21-9　上题的异步电动机，若采用自耦减压启动，自耦变压器抽头有55%、64%、73%三种，问用哪种抽头启动才能满足要求？

第二十二章　三相异步电动机的调速

22-1　概　　述

三相异步电动机由于结构简单、价格便宜、运行可靠，在工农业生产中使用得很普遍．为了提高生产效率和保证产品的质量，有的生产机械要求能在不同的转速下工作．在这方面异步电动机就不如直流电机．因此，在许多调速要求较高的电力拖动系统中，不得不采用直流电动机．近年来，随着电力电子技术的进步和微型计算机控制技术的发展以及现代控制理论的应用，交流调速技术发展很快．在调速性能、可靠性及造价等方面，都能与直流调速系统相媲美、相竞争．随着国内外交流调速技术的发展，交流调速系统将在我国的各个工业领域里得到应用．可以预料，最终交流调速系统要取代直流调速系统．

已知三相异步电动机的转速为

$$n=(1-s)n_1=(1-s)\frac{60f_1}{p}$$

由上式可看出，可以从以下几个方面着手调节其转速：

(1) 改变转差率 s 调速，用降低定子绕组电压和绕线型三相异步电动机转子回路串电阻等方法实现；

(2) 改变电机定子绕组极对数 p 调速；

(3) 改变电机供电电源频率 f_1 调速．

22-2　三相鼠笼型异步电动机改变定子电压调速

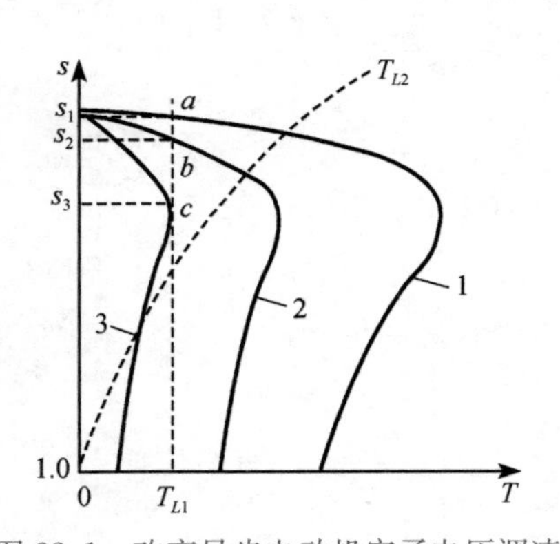

图 22-1　改变异步电动机定子电压调速

图 22-1 中曲线 1 是三相异步电动机定子上加额定电压时的 T-s 曲线．端电压降低时的 T-s 曲线如图中的曲线 2 和 3．在恒转矩负载 T_{L1} 的情况下，降低定子端电压，转差率由 s_1 变为 s_2 或 s_3．转差率超过 s_3 时，异步电动机就不能稳定运行．可见这种调速方法对恒转矩负载来说，调速范围是很小的．但对风机负载（如图 22-1 中虚线 T_{L2}），当转差率大于最大转矩对应的转差率时，异步电动机仍能稳定运行，调速范围显著扩大了，但要注意，电动机有可能出现过电流的问题．降低三相异步电动机定子电压，只作降低启动电流运行，不用来调速．

22-3　转子回路串接电阻调速

这种调速方法只能用于三相绕线型异步电动机. 从图 20-4 看出，增大转子回路的电阻，T-s 曲线向下移动. 如果负载转矩不变，在转子串不同电阻时，其转差率不一样，串入电阻大，转差率相应增大，转速降低，达到了调速的目的.

这种调速方法属于恒转矩调速性质. 已知电磁转矩 T 为

$$T = C_T \Phi_m I_2 \cos\varphi_2$$

当电源电压 U_1 一定时，主磁通 Φ_m 基本上是定值，转子电流 I_2 可以维持在额定值工作. 关于 $\cos\varphi_2$ 推导如下.

转子电流

$$I_{2N} = \frac{E_2}{\sqrt{\left(\frac{R_2}{s_N}\right)^2 + X_2^2}}$$

$$I_2 = \frac{E_2}{\sqrt{\left(\frac{R_2 + R_s}{s}\right)^2 + X_2^2}}$$

从上式看出，转子回路串接电阻调速时，如果保持转子电流为额定值，即 $I_2 = I_{2N}$，必有

$$\frac{R_2}{s_N} = \frac{R_2 + R_s}{s} = \text{常数}$$

的关系. 式中，R_s 是转子电路串接的电阻.

转子回路串电阻 R_s 其功率因数为

$$\cos\varphi_2 = \frac{(R_2 + R_s)/s}{\sqrt{\left(\frac{R_2 + R_s}{s}\right)^2 + X_2^2}}$$

考虑上式后

$$\cos\varphi_2 = \frac{(R_2 + R_s)/s}{\sqrt{\left(\frac{R_2 + R_s}{s}\right)^2 + X_2^2}} = \frac{R_2/s_N}{\sqrt{\left(\frac{R_2}{s_N}\right)^2 + X_2^2}} = \cos\varphi_2 = \text{常数}$$

可见，转子回路串接电阻调速属于恒转矩调速方法.

这种调速方法的调速范围不大，转速的上限是电机的额定转速，下限受允许的静差率限制，实际调速范围能达（2～3）∶1. 负载小时，调速范围就更小了.

由于转子回路电流很大，电阻箱体积笨重，抽头也不容易，所以调速的平滑性不好.

调速时的效率很低. 在恒转矩调速时，电磁功率 $P_M = T\Omega_1$ 是常数，sP_M 功率都消耗在电机的转子回路（包括外串的电阻 R_s）中，很不经济. 转速越低，情况越严重.

这种调速方法多用于电动机软启动，既能限制启动电流，又能增大启动转矩.

22-4 变极调速

在频率不变的条件下，异步电机的同步转速与极对数成反比，所以，改变电机绕组的极对数，就能够达到调速的目的. 绕组有多少种极对数，转速就有多少级. 可见，这种变极调速方法，只能是一级一级地改变转速，不是平滑调速. 我们把变速比为 2∶1 的调速称为倍极比调速；把变速比不是 2∶1，例如是 3∶2 或 4∶3 的调速，称为非倍极比调速.

改变定子绕组极对数的办法有：

(1) 在定子槽里放上两套极对数不一样的独立绕组；

(2) 在同一套定子绕组，改变它的联结方法，得到不同的极对数；

(3) 在定子槽里放上两套极对数不一样的独立绕组，而每套独立绕组本身又可以通过改变它的联结方法，得到不同的极对数.

过去用同一套绕组只能得到倍极比的两种转速，至于非倍极比以及三速、四速，需要用两套独立绕组才行，定子上装了两套独立绕组，显然会使电机的体积增大、用料多、成本高. 近年来，由于单绕组变速理论的发展，单绕组既可以倍极比调速，又可以非倍极比调速，还可以做到单绕组三速甚至四速电机.

单绕组多速异步电动机的转子都是鼠笼型的. 这是因为，鼠笼型转子能自动适应定子的极对数，不必再采用另外的措施. 如果电机的转子是绕线型的，在改变定子绕组极对数的同时，相应地还要改变转子绕组的极对数，那就非常复杂了，所以不用.

目前单绕组多速异步电动机已普遍地用在车、铣、镗、磨、钻床以及拖动风机、水泵负载上.

最简单的是用一套定子绕组，通过改变其联结方法以实现变速，是电流反向变极法. 图 22-2中，电机定子上有两个短距线圈 A_1X_1 和 A_2X_2. 如果按图 22-2 (a)、(b) 所示的联结方式，电机工作时，气隙里是四极磁场；如果按图 22-2 (c)、(d) 联结，就变为两极机. 这是由于在图 22-2 (d) 或 (e) 中，线圈 A_1X_1 流过电流反方向造成的. 所以称为电流反向变极法.

电流反向变极法早已淘汰，代之采用变极新理论，这里就不仔细介绍了.

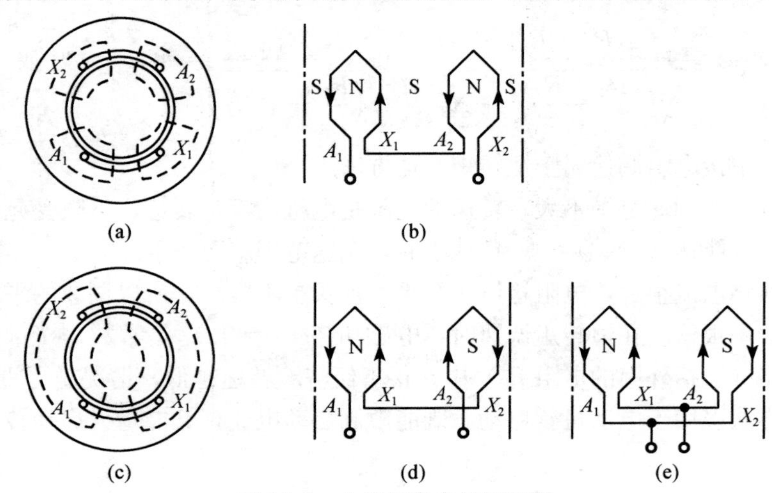

图 22-2 电流反向变极原理图

22-5 变频调速

我们把三相异步电动机的额定频率称为基频．变频调速时，可以从基频往下调，也可往上调．

1. 从基频往下调节

三相异步电动机定子相电压 U_1 为

$$U_1 \approx E_1 = 4.44 f_1 N_1 k_{dp1} \Phi_m$$

当 U_1 值一定时，如果降低频率 f_1，则主磁通 Φ_m 要增大．电机的主磁路本来就已有点饱和，Φ_m 再增加，势必使主磁路过饱和，励磁电流猛增，这是不允许的．为此，在调频的同时，一定要调电压．有两种方法．

1）保持 E_1/f_1 等于常数

降低 f_1 时，同时使 E_1 减小，以保持 E_1/f_1 为常数．这时 Φ_m 保持不变，属恒磁通控制方式．

电磁转矩

$$T=\frac{P_M}{\Omega_1}=\frac{3(I_2')^2\dfrac{R_2'}{s}}{\dfrac{2\pi n_1}{60}}=\frac{3p}{2\pi f_1}\left(\frac{E_2'}{\sqrt{\left(\dfrac{R_2'}{s}\right)^2+(X_2')^2}}\right)^2\frac{R_2'}{s}$$

$$=\frac{3pf_1}{2\pi}\left(\frac{E_1}{f_1}\right)^2\frac{1}{\dfrac{R_2'}{s}+\dfrac{s(X_2')^2}{R_2'}} \tag{22-1}$$

式（22-1）是保持 Φ_m 为常数，频率 f_1 向下调三相异步电动机的机械特性表达式．

把式（22-1）微分，使

$$\frac{\mathrm{d}T}{\mathrm{d}s}=0$$

得最大转矩 T_m 及临界转差率 s_m，分别为

$$T_m=\frac{1}{2}\frac{3p}{2\pi}\left(\frac{E_1}{f_1}\right)^2\frac{f_1}{X_2'}=\frac{1}{2}\frac{3p}{2\pi}\left(\frac{E_1}{f_1}\right)^2\frac{1}{2\pi L_2'}=\text{常数} \tag{22-2}$$

$$s_m=\frac{R_2'}{X_2'} \tag{22-3}$$

式中，$X_2'=2\pi f_1 L_2'$，L_2'是转子漏电感系数的折合值．

最大转矩处的转速降落为

$$\Delta n_m=s_m n_1=\frac{R_2'}{X_2'}\frac{60f_1}{p}=\frac{R_2'}{2\pi L_2'}\frac{60}{p}=\text{常数} \tag{22-4}$$

从式（22-2）、式（22-3）看出，变频调速时，若保持 E_1/f_1 为常数，其 T_m 与频率 f_1 无关．

根据式（22-1）画出的机械特性如图 22-3 所示．其特点为机械特性硬、调速范围宽、

稳定性好，且能无级变速，运行效率高.

2）保持U_1/f_1等于常数

这种情况下，主磁通Φ_m近于常数. 转矩表达式为

$$T=\frac{3p}{2\pi}\left(\frac{U_1}{f_1}\right)^2\frac{f_1\frac{R_2'}{s}}{\left(R_1+\frac{R_2'}{s}\right)^2+(X_1+X_2')^2} \tag{22-5}$$

最大转矩为

$$T_m=\frac{1}{2}\frac{3p}{2\pi}\left(\frac{U_1}{f_1}\right)^2\frac{f_1}{R_1+\sqrt{R_1^2+(X_1+X_2')^2}}$$

保持U_1/f_1为常数，降低频率f_1时，其T_m不为常数. 这是由于电抗X_1+X_2'随f_1在变化，而R_1与f_1无关. 在额定频率f_{1N}附近，$R_1\ll(X_1+X_2')$，而f_1较低时，X_1+X_2'变小，这时R_1相对较大，致使频率降低时，其T_m减小了.

根据式（22-5），可画出保持U_1/f_1为常数时降低频率f_1的机械特性曲线，如图22-4所示. 图中虚线是保持E_1/f_1为常数的机械特性，以示比较.

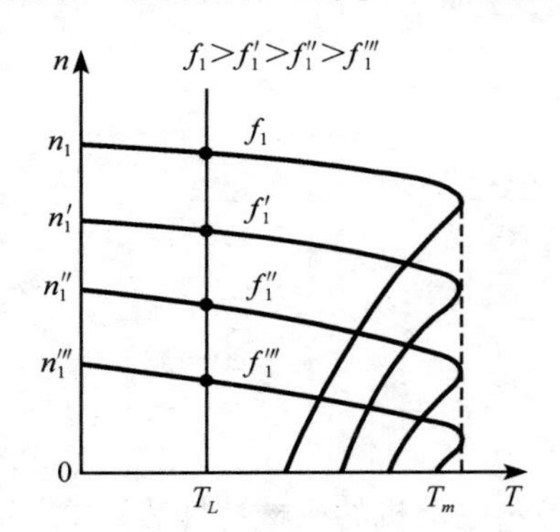

图22-3 保持E_1/f_1为常数，异步电动机变频调速的机械特性

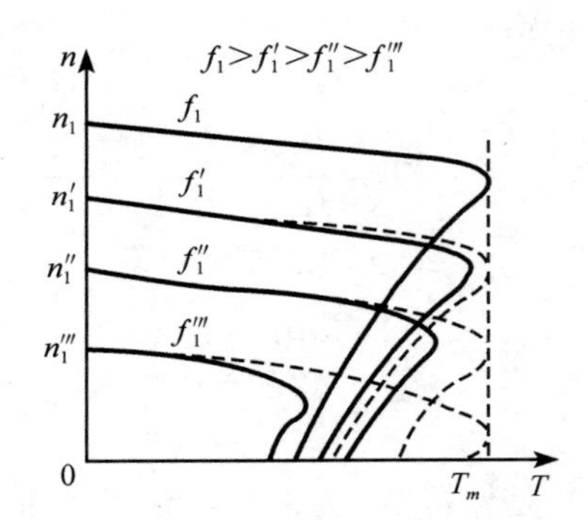

图22-4 保持U_1/f_1为常数，异步电动机变频调速的机械特性

2. 从基频往上调节

由于电源电压不能高于电动机的额定电压，在频率f_1从基频往高调节时，电动机电压只能保持额定电压U_N不变. 于是，主磁通Φ_m要降低；频率f_1越高，Φ_m就越低. 相当于弱磁调速的方法.

当频率f_1较高时，电阻R_1比X_1、X_2'、R_2'/s都小很多，故最大转矩及临界转差率s_m变为

$$T_m=\frac{1}{2}\frac{3pU_1^2}{2\pi f_1\left[R_1+\sqrt{R_1^2+(X_1+X_2')^2}\right]}\approx\frac{1}{2}\frac{3pU_1^2}{2\pi f_1(X_1+X_2')}\propto\frac{1}{f_1^2}$$

$$s_m=\frac{R_2'}{\sqrt{R_1^2+(X_1+X_2')^2}}\approx\frac{R_2'}{X_1+X_2'}\propto\frac{1}{f_1}$$

最大转矩处的转速降落为

$$\Delta n_m = s_m n_1 \approx \frac{R_2'}{2\pi f_1(L_1 + L_2')} \frac{60 f_1}{p} = 常数$$

图 22-5 是保持电压为 U_N，升高频率 f_1 时的机械特性.

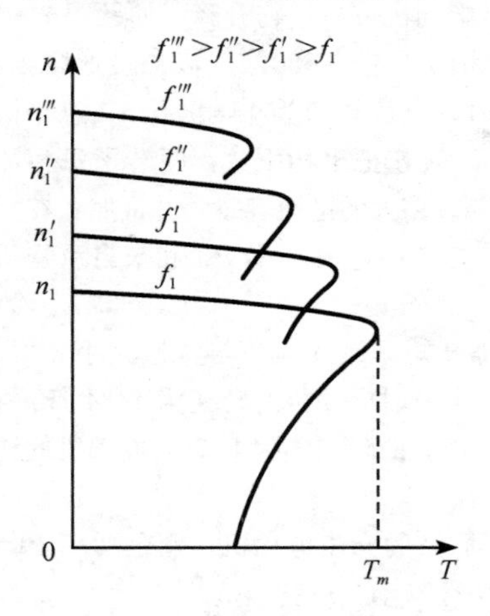

图 22-5　保持 U_N 不变，异步电动机升频的机械特性

异步电动机变频调速具有很好的调速性能，可与直流电动机调速性能相媲美.

22-6　交流电机矢量控制基本概念

请扫描二维码查看交流电机矢量控制基本概念的介绍。

22-6 节

22-7　鼠笼型异步电动机的转矩直接控制

请扫描二维码查看鼠笼型异步电动机的转矩直接控制的介绍。

22-7 节

思 考 题

22-1　鼠笼型异步电动机和绕线型异步电动机各有哪些调速方法？这些方法的依据各是什么？各有何特点？

习　题

22-1　一台三相 4 极绕线型异步电机，频率 $f_1=50\text{Hz}$，额定转速 $n_N=1485\text{r/min}$. 已知转子每相电阻 $R_2=0.02\Omega$. 若电源电压和频率不变，电机的电磁转矩不变，问必须在转子每相串多少电阻才能使转速降为 1050r/min？

22-2 一台三相绕线型异步电机的转子绕组为星形联结，转子每相电阻 $R_2=0.16\Omega$，已知在额定运行时转子电流为 50A，转速为 1440r/min. 现将转速降为 1300r/min，问每相应串入多大电阻（假定电磁转矩不变）？降速运行时电机的电磁功率是多少？

22-3 一台三相 4 极绕线型异步电动机带一重物升降. 如题图 22-1 所示. 已知绞车半径 $r=20\text{cm}$，重物的质量 $G=50\text{kg}$，转子星形联结，每相电阻 $R_2=0.05\Omega$. 当重物上升时，电机转速为 1440r/min，忽略机械摩擦转矩，今要使电机以 750r/min 转速把重物下放，问转子每相需串入多少附加电阻 R_s？附加电阻需要有多大的电流容量？并证明：在重物下降时，转子铜损耗 p_{Cu2} 等于来自定子的电磁功率 P_M 和来自重物所做的机械功率 P_m 之和.

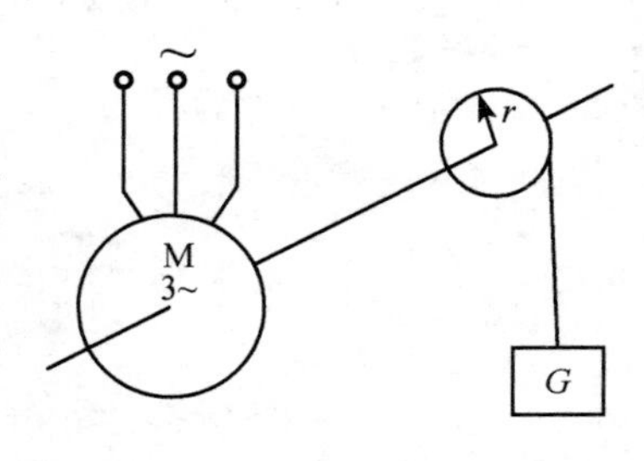

题图 22-1

22-4 上题如果考虑到机械摩擦转矩（设其为一与转速大小无关、与转向相反的常数）的影响，当重物上升时电动机的转速为 1434r/min；当重物下降时，在转子回路中仍串同样大的附加电阻 R_s，问电动机的转速是多少？原来串入的附加电阻的电流容量够不够？

22-5 已知一台三相 4 极、星形联结的异步电动机，额定功率 $P_N=1.7\text{kW}$，额定电压 380V，额定电流 3.9A，额定转速 $n_N=1445\text{r/min}$，今拖动一恒转矩负载 $T_L=11.38\text{N}\cdot\text{m}$ 连续工作，此时定子绕组平均温升已达绝缘材料允许的温度上限. 若电网电压下降为 300V，在上述负载下电机转速为 1400r/min，求此时电动机的铜损耗为原来的多少倍？此电机能否长期工作下去（忽略励磁电流和机械损耗）？

22-6 某起重机的原动机是一台三相绕线型异步电动机，转子绕组为 Y 联结，电动机的额定数据为：$P_N=40\text{kW}$，$n_N=1460\text{r/min}$，$E_{2N}=420\text{V}$，$I_{2N}=61.5\text{A}$，过载能力 $k_m=2.6$. 提升重物时，电动机负载转矩 $T_L=0.75T_N$，若采用转子串接电阻调速，当转子每相串入的电阻分别为 0.165Ω、0.589Ω 和 1.672Ω 时，电动机运行的转速各为多少？

22-7 一台三相绕线型异步电动机，转子绕组为 Y 联结，其额定数据为：$P_N=75\text{kW}$，$U_N=380\text{V}$，$I_N=148\text{A}$，$n_N=720\text{r/min}$，$E_{2N}=213\text{V}$，$I_{2N}=220\text{A}$，过载能力 $k_m=2.4$. 拖动恒转矩负载 $T_L=0.85T_N$ 时，要求电动机运行在 $n=540\text{r/min}$.

（1）若采用转子串接电阻调速，求每相应串入的电阻值；

（2）若采用改变定子电压调速，求定子电压应是多少？

（3）若采用变频调速，保持 $U/f=$ 常数，求频率与电压各为多少？

第二十三章　三相异步电机的其他运行方式

23-1　三相异步发电机

请扫描二维码查看三相异步发电机的详细内容。

23-1 节

23-2　感应调压器

请扫描二维码查看感应调压器的详细内容。

23-2 节

思考题

23-1　画出表示异步发电机各种功率和损耗的分配、传递情况的功率流程图.

23-2　并网运行的异步发电机能否发出滞后的无功功率？为什么？

习　题

23-1　一台三相 4 极、星形联结的异步电动机，并联在额定电压 $U_N=380\text{V}$、频率 $f=50\text{Hz}$ 的电网上. 已知电机的参数为 $R_1=0.488\Omega$，$X_1=1.2\Omega$，$R_m=3.72\Omega$，$X_m=39.5\Omega$，$R_2'=0.408\Omega$，$X_2'=1.333\Omega$，现由原动机拖动使转子转速为 1550r/min 作发电机运行.

(1) 计算转差率 s；

(2) 求电机发出的有功功率 P_2、无功功率 Q 及其性质；

(3) 求电机的电磁功率 P_M 及能量转换方向；

(4) 计算电机转子吸收的机械功率 P_m；

(5) 设电机的机械损耗与附加损耗之和为 0.14kW，求原动机输入给电机的机械功率 P_1.

23-2　将一台三相移相器的定、转子对应相的线圈串联起来，用作三相可调电抗器，并使其定、转子各自产生的基波磁动势 $\bar{F}_1$ 和 $\bar{F}_2$ 同向旋转. 设定子 A_1 相在空间上超前于转子 A_2 相轴线一个电角度 β，定、转子每相有效匝数分别为 N_1k_{dp1}、N_2k_{dp2}，且 $N_2k_{dp2}=\dfrac{1}{\sqrt{3}}N_1k_{dp1}$，忽略绕组漏电抗，当绕组中有电流 I 时，求合成基波磁动势的幅值为多少？

23-3　一台三相单感应调压器，转子绕组接电网，电网线电压为 400V，已知定子每相有效匝数为 30，转子每相有效匝数为 126，求这台感应调压器的调压范围.

第六篇　特种电机

第二十四章　自控式同步电动机

24-1　概　　述

请扫描二维码查看自控式同步电动机的概述内容。

24-1 节

24-2　交直交自控式同步电动机的工作原理

请扫描二维码查看交直交自控式同步电动机的工作原理。

24-2 节

24-3　转子位置检测器

请扫描二维码查看转子位置检测器的详细内容。

24-3 节

24-4　交直交自控式同步电动机的运行性能

请扫描二维码查看交直交自控式同步电动机的运行性能。

24-4 节

24-5　交交变频同步电动机的工作原理

请扫描二维码查看交交变频同步电动机的工作原理。

24-5 节

思考题

24-1　自控式同步电动机与传统的他控式同步电动机的主要区别是什么？

24-2　交直交自控式同步电动机也称为直流无换向器电动机，试简述其电子换相原理.

24-3　采用交直交电源供电的自控式同步电动机所产生的电枢磁动势与常规三相电网供电的同步电动机所产生的电枢旋转磁动势有什么不同？对电机的电磁转矩会有什么影响？

24-4　自控式同步电动机的电磁转矩公式与直流电动机的电磁转矩公式有何相同之处？有何不同之处？

24-5　自控式同步电动机运行时调节励磁电流的作用与一般他控式同步电动机调节励磁电流的作用有什么不同？

24-6　自控式同步电动机的调速方法有几种？

第二十五章　永 磁 电 机

25-1　概　　述

请扫描二维码查看永磁电机的概述内容。

25-1 节

25-2　永磁磁路的磁化特性

请扫描二维码查看永磁磁路的磁化特性介绍。

25-2 节

25-3　永磁磁路中电枢反应的影响

请扫描二维码查看永磁磁路中电枢反应的影响。

25-3 节

25-4　永磁材料和永磁电机结构简介

请扫描二维码查看永磁材料和永磁电机结构的介绍。

25-4 节

25-5　永磁无刷直流电动机

请扫描二维码查看永磁无刷直流电动机的详细内容。

25-5 节

思考题

25-1 简述永磁电机的特点.

25-2 永磁电机工作在磁化曲线的哪个象限？它是怎样产生所需要的电机气隙磁通的？

25-3 永磁电机为了保证电机有良好的磁性能，对磁钢有什么要求？

25-4 为什么有的永磁电机的转子可以多次取出而不影响其磁性能，而有的转子却不能抽出？

25-5 永磁无刷直流电动机的基本结构是怎样的？它与普通直流电动机相比有何主要优点？

25-6 简述永磁无刷直流电动机的机械特性.

第二十六章　绕线型双馈异步电动机

26-1　双馈电动机的特点

请扫描二维码查看双馈电动机的特点。

26-1 节

26-2　双馈电机转子电流及功率

请扫描二维码查看双馈电机转子电流及功率的内容。

26-2 节

26-3　双馈电机在各种运行状态的功率流动关系

请扫描二维码查看双馈电机在各种运行状态的功率流动关系。

26-3 节

26-4　双馈异步电动机调速系统的组成

请扫描二维码查看双馈异步电动机调速系统的组成。

26-4 节

思考题

26-1　什么是双馈异步电动机？它与一般的绕线型异步电动机的主要区别是什么？

26-2　如何调节双馈异步电动机的转速？其转速可以是同步转速或者超过同步转速吗？为什么？

26-3　怎样调节双馈异步电机的有功功率和无功功率？

26-4　试比较一般的绕线型异步电机和双馈异步电机运行于电动状态时的功率平衡关系.

26-5　简述双馈异步电动机调速系统的构成.

第二十七章　开关磁阻电机调速系统

27-1　开关磁阻电机的基本运行原理

请扫描二维码查看开关磁阻电机的基本运行原理。

27-1 节

27-2　开关磁阻电机的电磁转矩

请扫描二维码查看开关磁阻电机的电磁转矩。

27-2 节

27-3　开关磁阻电机调速系统

请扫描二维码查看开关磁阻电机调速系统的详细内容。

27-3 节

思考题

27-1　开关磁阻电机的主要结构特点是什么？其定、转子极的数量能否相同或者为整数倍关系？

27-2　开关磁阻电机调速系统由哪几部分构成？它们分别起什么作用？

27-3　开关磁阻电机的电磁转矩是什么性质的？为什么它一般都采用双凸极结构而不采用单凸极（仅转子是凸极）的结构？

27-4　改变开关磁阻电动机绕组电流方向是否会改变其转向？为什么？怎样才能改变它的转向？

27-5　开关磁阻电动机在低速和高速运行时应分别采用什么控制方式？两种方式下分别可以产生怎样的机械特性？开关磁阻电动机的自然机械特性又是怎样的？

参考文献

高景德，王祥珩，李发海，2005. 交流电机及其系统的分析. 2版. 北京：清华大学出版社.

纳萨尔 S A，昂尼韦尔 L E，1992. 电机及其电子控制. 朱东起，等译. 北京：科学出版社.

章名涛，1973. 电机学（上、下册）. 北京：科学出版社.

SEN P C，1989. Principles of electric machines and power electronics. New York：John Wiley & Sons.